Das Gesamtwerk:

Heinrich · Severin
Training Mathematik
Band 1:
Grundlagen

Heinrich · Severin
Training Mathematik
Band 2:
Analysis

Heinrich · Severin
Training Mathematik
Band 3:
Lineare Algebra und Analytische Geometrie

Heinrich · Severin
Training Mathematik
Band 4:
Stochastik und Statistik

Training Mathematik

Band 3

Lineare Algebra und Analytische Geometrie

Von

Prof. Dr. Gert Heinrich

und

Dipl.-Math. Thomas Severin

3., unwesentlich veränderte Auflage

R. Oldenbourg Verlag München Wien

Für

Anja, Susanne,

Felicitas, Sabine und Tim

Bibliografische Information Der Deutschen Bibliothek

Die Deutsche Bibliothek verzeichnet diese Publikation in der Deutschen Nationalbibliografie; detaillierte bibliografische Daten sind im Internet über <http://dnb.ddb.de> abrufbar.

Rosenheimer Straße 145, D-81671 München
Telefon: (089) 45051-0
www.oldenbourg.de

Gedruckt auf säure- und chlorfreiem Papier
Gesamtherstellung: Druckhaus „Thomas Müntzer“ GmbH, Bad Langensalza

ISBN 3-486-57686-0

Vorwort

Während unserer Lehrtätigkeiten an den verschiedensten Einrichtungen (Universität, Berufsakademie, Volkshochschule) mußten wir bedauerlicherweise feststellen, daß besonders in den letzten Jahren ein hoher Prozentsatz der Schüler die erforderlichen Studienvoraussetzungen im Fach Mathematik nicht oder nur sehr unvollständig besitzt. Auch Absolventen nichtmathematischer Fakultäten haben teilweise sogar bei sehr simplen mathematischen Sachverhalten Verständnisschwierigkeiten.

Diese vierteilige Buchreihe (Grundlagen, Analysis, Lineare Algebra und Analytische Geometrie sowie Stochastik) soll Schülern und Studenten helfen, die Grundkenntnisse der elementaren Mathematik zu erlernen und vor allem durch Üben zu festigen.

Die gesamte Buchreihe ist so aufgebaut, daß zu Beginn eines jeden Kapitels die jeweilige Theorie kurz dargeboten wird. An einer Vielzahl von Beispielen werden Anwendungsmöglichkeiten gezeigt. Diese Beispiele decken den theoretisch behandelten Stoff vollständig ab. Auf die Beweise zu den Sätzen wird größtenteils verzichtet. Kernstücke dieses Buches sind, wie bereits bei den vorangegangenen Werken dieser Reihe, die **Beispiele und Aufgaben**, die mit **vollständigem Lösungsweg** versehen sind.

Im hier vorliegenden **Band 3** geht es, wie der Titel schon sagt, um **Lineare Algebra und Analytische Geometrie**. Die behandelten Themen spielen sowohl im Mathematik-Abitur, als auch im Grundstudium der verschiedensten Studienrichtungen eine wichtige Rolle.
In Kapitel 1 werden endlichdimensionale reelle Vektorräume und deren Elemente behandelt. Hier geht es um Vektoren, Linearkombinationen, Skalarprodukte, Beträge und Winkel. Im zweiten Kapitel wird der zweidimensionale reelle Vektorraum betrachtet. Es werden vor allem Geraden und Kreise näher untersucht. In Kapitel 3 geht es eine Dimension höher, in den dreidimensionalen reellen Vektorraum. Es werden z.B. Fragen nach dem Abstand

windschiefer Geraden oder nach den Darstellungsformen von Ebenen und Geraden im $\mathbb{R}^3$ beantwortet. In Kapitel 4 werden Matrizen und als wichtige Anwendung die Theorie der affinen Abbildungen vorgestellt. In Kapitel 5 werden lineare Gleichungssysteme unter die Lupe genommen.

Für die kritische Durchsicht des Manuskripts bedanken wir uns bei den Herren Dipl.-Math. Andreas Rosenthal und Dipl.-Math. Martin Severin, sowie bei Frau Susanne Heinrich für das Korrekturlesen. Unser besonderer Dank gilt Herrn Dipl. Volkswirt Martin Weigert vom Oldenbourg-Verlag für die angenehme Zusammenarbeit und die Freiheiten, auch zeitlicher Natur, die er uns bei der Entstehung dieses Buches einräumte.

Für Hinweise auf Fehler und Verbesserungsvorschläge sind wir jedem Leser dankbar.

Fellbach, Uhingen-Baiereck — Gert Heinrich, Thomas Severin

Inhaltsverzeichnis

Kapitel 1

Vektorräume und Vektoren

In diesem Kapitel werden grundlegende Begriffe behandelt. Ausgehend von der Definition eines allgemeinen Vektorraums über $\mathbb{R}$ werden n-dimensionale reellen Vektorräume ($\mathbb{R}^n, n \in \mathbb{N}$) eingeführt. Desweiteren werden spezielle Eigenschaften der Elemente eines Vektorraums - Vektoren genannt - beschrieben.

1.1 Der allgemeine Fall eines reellen Vektorraums

Um die Definition eines Vektorraums angeben zu können, benötigt man zunächst den Begriff des **Körpers**.

Definition 1.1.1
Ein nichtleere Menge K, auf der zwei Abbildungen

$$+ : K \times K \to K, \quad (\alpha, \beta) \mapsto \alpha + \beta \qquad \textbf{(Addition)}$$

$$\cdot : K \times K \to K, \quad (\alpha, \beta) \mapsto \alpha \cdot \beta \qquad \textbf{(Multiplikation)}$$

mit den nachfolgenden Eigenschaften definiert sind, nennt man einen **Körper**.

A1 Assoziativgesetz der Addition:
$\alpha + (\beta + \gamma) = (\alpha + \beta) + \gamma$ *für alle* $\alpha, \beta, \gamma \in K$.

A2 Existenz eines neutralen Elements der Addition:
Es existiert ein Element $0 \in K$ **(Null)**, *so daß* $\alpha + 0 = \alpha$ *für alle* $\alpha \in K$ *gilt.*

A3 Existenz eines inversen Elements der Addition:
Zu jedem Element $\alpha \in K$ *gibt es ein Element* $-\alpha \in K$ *mit* $\alpha + (-\alpha) = 0$.

A4 Kommutativgesetz der Addition:
$\alpha + \beta = \beta + \alpha$ *für alle* $\alpha, \beta \in K$.

M1 Assoziativgesetz der Multiplikation:
$\alpha \cdot (\beta \cdot \gamma) = (\alpha \cdot \beta) \cdot \gamma$ *für alle* $\alpha, \beta, \gamma \in K$.

M2 Existenz eines neutralen Elements der Multiplikation:
Es existiert ein Element $1 \in K$ **(Eins)**, *welches von* $0 \in K$ **(Null)** *verschieden ist, so daß* $\alpha \cdot 1 = \alpha$ *für alle* $\alpha \in K$ *gilt.*

M3 Existenz eines inversen Elements der Multiplikation:
Zu jedem von (der Null) 0 verschiedenen Element $\alpha \in K$ *gibt es ein Element* $\alpha^{-1} \in K$ *mit* $\alpha \cdot \alpha^{-1} = 1$.

M4 Kommutativgesetz der Multiplikation:
$\alpha \cdot \beta = \beta \cdot \alpha$ *für alle* $\alpha, \beta \in K$.

D1 Distributivgesetz:
$\alpha \cdot (\beta + \gamma) = (\alpha \cdot \beta) + (\alpha \cdot \gamma)$ *für alle* $\alpha, \beta, \gamma \in K$.

Bemerkung:

1.) Die Menge der reellen Zahlen $\mathbb{R}$ versehen mit der bereits bekannten Addition und Multiplikation (aus Band 1: Grundlagen) ist ein Körper.

2.) Ein Körper besteht aus mindestens zwei verschiedenen Elementen, 0 (Null) und 1 (Eins).

Beispiel 1.1.1

Die Menge $K = \{a, b\}$ mit den Verknüpfungen (Abbildungen) $+$ und $\cdot$, die durch die Tabellen

$+$	a	b
a	a	b
b	b	a

$\cdot$	a	b
a	a	a
b	a	b

erklärt sind, ist ein Körper. In diesem Körper ist a die Null und b die Eins. Setzt man $a = 0$ und $b = 1$, so erhält man die Menge $K = \{0, 1\}$ mit den Verknüpfungen (Abbildungen) $+$ und $\cdot$, die durch die Tabellen

$+$	0	1
0	0	1
1	1	0

$\cdot$	0	1
0	0	0
1	0	1

erklärt sind.
Bemerkenswert ist hier, daß $1 + 1 = 0$ gilt, d.h. $1 = -1$.
Um nachzuweisen, daß es sich hierbei tatsächlich um einen Körper handelt, muß die Gültigkeit der Axiome **A1** bis **A4**, **M1** bis **M4** und **D1** aus Definition 1.1.1 nachgewiesen werden (siehe Aufgabe 1.4.1).

Definition 1.1.2
Ein **Vektorraum** *über* $\mathbb{R}$ (**reeller Vektorraum**) *ist eine nichtleere Menge* V*, auf der die Abbildungen*

$$+ : V \times V \to V, \quad (\vec{x}, \vec{y}) \mapsto \vec{x} + \vec{y} \qquad \textbf{(Addition)}$$

$$\cdot : \mathbb{R} \times V \to V, \quad (\alpha, \vec{x}) \mapsto \alpha \cdot \vec{x} \qquad \textbf{(skalare Multiplikation)}$$

definiert sind, die folgende Eigenschaften besitzen:

A1 Assoziativgesetz der Vektoraddition:
$\vec{x} + (\vec{y} + \vec{z}) = (\vec{x} + \vec{y}) + \vec{z}$ *für alle* $\vec{x}$, $\vec{y}$, $\vec{z} \in V$.

A2 Existenz eines neutralen Elements der Vektoraddition:
Es existiert ein Element $\vec{0} \in V$ *mit* $\vec{x} + \vec{0} = \vec{x}$ *für alle* $\vec{x} \in V$.
Dieses neutrale Element wird auch **Nullvektor** *genannt.*

A3 Existenz eines inversen Elements der Vektoraddition:
Für alle $\vec{x} \in V$ *existiert ein Element* $-\vec{x} \in V$ *mit* $\vec{x} + (-\vec{x}) = \vec{0}$.

A4 Kommutativgesetz der Vektoraddition:
$\vec{x} + \vec{y} = \vec{y} + \vec{x}$ *für alle* $\vec{x}, \vec{y} \in V$.

M1 Assoziativgesetz der skalaren Multiplikation:
$(\alpha \cdot \beta) \cdot \vec{x} = \alpha \cdot (\beta \cdot \vec{x})$ *für alle* $\alpha, \beta \in \mathbb{R}$, *für alle* $\vec{x} \in V$.

M2 Existenz eines neutralen Elements der skal. Multiplikation:
$1 \cdot \vec{x} = \vec{x}$ *für alle* $\vec{x} \in V$, $1 \in \mathbb{R}$.

D1 Distributivgesetz:
$\alpha \cdot (\vec{x} + \vec{y}) = (\alpha \cdot \vec{x}) + (\alpha \cdot \vec{y})$ *für alle* $\alpha \in \mathbb{R}$, *für alle* $\vec{x}, \vec{y} \in V$.

D2 Distributivgesetz:
$(\alpha + \beta) \cdot \vec{x} = (\alpha \cdot \vec{x}) + (\beta \cdot \vec{x})$ *für alle* $\alpha, \beta \in \mathbb{R}$, *für alle* $\vec{x} \in V$.

Die Elemente von V *nennt man* **Vektoren**, *die Menge der reellen Zahlen* $\mathbb{R}$ **Skalarkörper** *und die Elemente von* $\mathbb{R}$ **Skalare**.

Bezeichnung:
Das 3-Tupel $(V, +, \cdot)$ *bezeichnet einen Vektorraum über* $\mathbb{R}$ *mit den Operationen* $+$ *und* $\cdot$.

Bemerkung:

1.) Zur Bezeichnung von Vektoren und Skalaren:
Vektoren, also Elemente eines Vektorraums, tragen im folgenden einen Pfeil, d.h. $\vec{x}$ bezeichnet einen Vektor. Wird der Pfeil hingegen weggelassen, so soll es sich um einen Skalar handeln, d.h. x bezeichnet einen Skalar.

2.) Manchmal spricht man auch von einem **linearen Raum**, statt von einem Vektorraum.

3.) In der Regel wird nur die Bezeichnung V anstelle von $(V, +, \cdot)$ verwendet, d. h. die Operationen werden einfach weggelassen.

4.) Es ist nicht nötig sich auf $\mathbb{R}$ als Skalarkörper zu beschränken. Anstelle von $\mathbb{R}$ kann man jeden beliebigen **Körper** als Skalarkörper heranziehen.

5.) Es gibt auch Vektorräume über „Körpern" bei denen die Kommutativgesetze aus Definition 1.1.1 nicht gelten. Legt man einen solchen „Körper" der Definition 1.1.2 zugrunden, so spricht man von einem linksunitären Vektorraum, falls die skalare Multiplikation wie in obiger Definition nur von links erklärt ist. Analog hierzu kann man auch rechtsunitäre Vektorräume definieren.

6.) Betrachtet man z.B. das Distributivgesetz D2, so erkennt man, daß die Abbildung „+" für zwei unterschiedliche Additionen verwendet wird. Zum einen werden Skalare $\alpha + \beta$ addiert; hier gilt dann die Addition, wie sie im Körper $\mathbb{R}$ erklärt ist.
Zum anderen werden Vektoren $(\alpha \cdot \vec{x}) + (\beta \cdot \vec{x})$ addiert; hierbei gilt dann die Addition, wie sie in Definition 1.1.2 beschrieben ist.
Ebenso kann die Multiplikation zwei Bedeutungen haben. Zum einen kann es sich um die Multiplikation in $\mathbb{R}$ handeln, zum anderen um die Multiplikation im Vektorraum $(V, +, \cdot)$ über $\mathbb{R}$.
Im folgenden sollen die Operationen in $\mathbb{R}$ und die Operationen auf dem Vektorraum über $\mathbb{R}$ dieselbe Bezeichnung haben. Die Unterschiede gehen aus dem Zusammenhang hervor.

Definition 1.1.3
Sei $(V, +, \cdot)$ ein Vektorraum über $\mathbb{R}$. Eine Teilmenge $U \subset V$, die mit den Verknüpfungen $+$ und $\cdot$ aus V versehen ist, heißt ein **Unterraum** *von $(V, +, \cdot)$, falls gilt:*

1.) $U \neq \emptyset$.

2.) **Abgeschlossenheit bezüglich der Vektoraddition + :**
Für alle $\vec{x}, \vec{y} \in U$ gilt: $\vec{x} + \vec{y} \in U$.

3.) **Abgeschlossenheit bezüglich der skalaren Multiplikation · :**
Für alle $\alpha \in \mathbb{R}$, für alle $\vec{x} \in U$ gilt: $\alpha \cdot \vec{x} \in U$.

Beispiel 1.1.2
Triviale Unterräume:

1.) $\left(\left\{\vec{0}\right\}, +, \cdot\right)$ ist stets ein Unterraum von $(V, +, \cdot)$.
Diesen nennt man den **Nullraum** von $(V, +, \cdot)$.

2.) $(V, +, \cdot)$ ist stets ein Unterraum von $(V, +, \cdot)$.

1.2 Der endlichdimensionale reelle Vektorraum

1.2.1 Definition des n-dimensionalen reellen Vektorraums

Gegeben sei für $n \in \mathbb{N}$ die Menge

$$\mathbb{R}^n = \left\{ \left(\begin{array}{c} x_1 \\ \vdots \\ x_n \end{array} \right) \middle| \, x_i \in \mathbb{R} \text{ für alle } i = 1, 2, \ldots, n \right\}.$$

Die Vektoraddition sei definiert durch die Abbildung
$+ : \mathbb{R}^n \times \mathbb{R}^n \to \mathbb{R}^n$ mit

$$(\vec{x}, \vec{y}) \mapsto \vec{x} + \vec{y} = \left(\begin{array}{c} x_1 \\ \vdots \\ x_n \end{array} \right) + \left(\begin{array}{c} y_1 \\ \vdots \\ y_n \end{array} \right) = \left(\begin{array}{c} x_1 + y_1 \\ \vdots \\ x_n + y_n \end{array} \right)$$

für alle $\vec{x}, \vec{y} \in \mathbb{R}^n$.
Die skalare Multiplikation sei definiert durch die Abbildung
$\cdot : \mathbb{R} \times \mathbb{R}^n \to \mathbb{R}^n$ mit

$$(\alpha, \vec{x}) \mapsto \alpha \cdot \vec{x} = \alpha \cdot \left(\begin{array}{c} x_1 \\ \vdots \\ x_n \end{array} \right) = \left(\begin{array}{c} \alpha \cdot x_1 \\ \vdots \\ \alpha \cdot x_n \end{array} \right)$$

für alle $\alpha \in \mathbb{R}$ und alle $\vec{x} \in \mathbb{R}^n$.
Mit diesen Operationen versehen, ist $\mathbb{R}^n$ ein Vektorraum über $\mathbb{R}$, d. h. $(\mathbb{R}^n, +, \cdot)$ ist ein reeller Vektorraum, denn die Eigenschaften aus Definition 1.1.2 sind alle erfüllt. Dies wird im folgenden nachgewiesen.

Zuvor noch eine Definition zur Darstellungsform von Vektoren.

Definition 1.2.1

Den Vektor $\vec{x} = \begin{pmatrix} x_1 \\ \vdots \\ x_n \end{pmatrix} \in \mathbb{R}^n$ *nennt man einen* **Spaltenvektor**.

Der zu $\vec{x}$ **transponierte** *Vektor* $\vec{x}^T = \begin{pmatrix} x_1 \\ \vdots \\ x_n \end{pmatrix}^T = (x_1, \ldots, x_n) \in \mathbb{R}^n$ *heißt* **Zeilenvektor**.

Die n reellen Zahlen x_i, $i = 1, 2, \ldots, n$ *heißen* **Komponenten** *des Vektors* $\vec{x}$ *(bzw. des Vektors* $\vec{x}^T$ *). n ist die* **Dimension** *des Vektors* $\vec{x}$ *(bzw. des Vektors* $\vec{x}^T$ *).*

Im Zusammenhang mit der Darstellung eines Vektors kann man sich nun die Frage stellen, wann den zwei Vektoren gleich sind?

Zwei Vektoren $\vec{x}$ und $\vec{y}$ des $\mathbb{R}^n$ sind genau dann **gleich**, wenn sie komponentenweise gleich sind, d. h.

$$\begin{pmatrix} x_1 \\ \vdots \\ x_n \end{pmatrix} = \begin{pmatrix} y_1 \\ \vdots \\ y_n \end{pmatrix} \iff x_i = y_i \text{ für alle } i = 1, 2, \ldots, n.$$

Doch zurück zur Behauptung, daß es sich im obigen Fall tatsächlich um einen Vektorraum handelt. Der Beweis nutzt im wesentlichen die Eigenschaften des (Skalar)Körpers $\mathbb{R}$ aus, die sich direkt auf die Komponenten der Vektoren übertragen lassen. Es ist noch zu bemerken, daß der $\mathbb{R}^n$ nicht leer ist.

A1 Assoziativgesetz der Vektoraddition:

$$\begin{aligned} \vec{x} + (\vec{y} + \vec{z}) &= \begin{pmatrix} x_1 \\ \vdots \\ x_n \end{pmatrix} + \left(\begin{pmatrix} y_1 \\ \vdots \\ y_n \end{pmatrix} + \begin{pmatrix} z_1 \\ \vdots \\ z_n \end{pmatrix} \right) \\ &= \begin{pmatrix} x_1 \\ \vdots \\ x_n \end{pmatrix} + \begin{pmatrix} y_1 + z_1 \\ \vdots \\ y_n + z_n \end{pmatrix} \end{aligned}$$

$$= \begin{pmatrix} x_1 + (y_1 + z_1) \\ \vdots \\ x_n + (y_n + z_n) \end{pmatrix} \stackrel{*}{=} \begin{pmatrix} (x_1 + y_1) + z_1 \\ \vdots \\ (x_n + y_n) + z_n \end{pmatrix}$$

$$= \begin{pmatrix} x_1 + y_1 \\ \vdots \\ x_n + y_n \end{pmatrix} + \begin{pmatrix} z_1 \\ \vdots \\ z_n \end{pmatrix}$$

$$= \left(\begin{pmatrix} x_1 \\ \vdots \\ x_n \end{pmatrix} + \begin{pmatrix} y_1 \\ \vdots \\ y_n \end{pmatrix} \right) + \begin{pmatrix} z_1 \\ \vdots \\ z_n \end{pmatrix}$$

$$= (\vec{x} + \vec{y}) + \vec{z}$$

für alle $\vec{x}$, $\vec{y}$, $\vec{z} \in \mathbb{R}^n$, da das Assoziativgesetz im Skalarkörper $\mathbb{R}$ (und somit in jeder Komponente eines Vektors) gilt. Diese Eigenschaft geht an der mit * gekennzeichneten Stelle ein.

A2 Existenz eines neutralen Elements der Vektoraddition:

Der Vektor $\vec{0} = \begin{pmatrix} 0 \\ \vdots \\ 0 \end{pmatrix} \in \mathbb{R}^n$ ist der gesuchte **Nullvektor**, denn es gilt:

$$\vec{x} + \vec{0} = \begin{pmatrix} x_1 \\ \vdots \\ x_n \end{pmatrix} + \begin{pmatrix} 0 \\ \vdots \\ 0 \end{pmatrix} = \begin{pmatrix} x_1 + 0 \\ \vdots \\ x_n + 0 \end{pmatrix} = \begin{pmatrix} x_1 \\ \vdots \\ x_n \end{pmatrix} = \vec{x}$$

für alle $\vec{x} \in \mathbb{R}^n$.

A3 Existenz eines inversen Elements der Vektoraddition:

Ist $\vec{x} = \begin{pmatrix} x_1 \\ \vdots \\ x_n \end{pmatrix} \in \mathbb{R}^n$, so ist auch $-\vec{x} = \begin{pmatrix} -x_1 \\ \vdots \\ -x_n \end{pmatrix} \in \mathbb{R}^n$, da mit $x_i \in \mathbb{R}$

auch $-x_i \in \mathbb{R}$ für alle $i = 1, 2, \ldots, n$ gilt. Es folgt somit:

$$\vec{x} + (-\vec{x}) = \begin{pmatrix} x_1 \\ \vdots \\ x_n \end{pmatrix} + \begin{pmatrix} -x_1 \\ \vdots \\ -x_n \end{pmatrix} = \begin{pmatrix} x_1 + (-x_1) \\ \vdots \\ x_n + (-x_n) \end{pmatrix}$$

$$= \begin{pmatrix} 0 \\ \vdots \\ 0 \end{pmatrix} = \vec{0} \in \mathbb{R}^n .$$

A4 Kommutativgesetz der Vektoraddition:

$$\vec{x} + \vec{y} = \begin{pmatrix} x_1 \\ \vdots \\ x_n \end{pmatrix} + \begin{pmatrix} y_1 \\ \vdots \\ y_n \end{pmatrix}$$

$$= \begin{pmatrix} x_1 + y_1 \\ \vdots \\ x_n + y_n \end{pmatrix} \overset{*}{=} \begin{pmatrix} y_1 + x_1 \\ \vdots \\ y_n + x_n \end{pmatrix}$$

$$= \begin{pmatrix} y_1 \\ \vdots \\ y_n \end{pmatrix} + \begin{pmatrix} x_1 \\ \vdots \\ x_n \end{pmatrix} = \vec{y} + \vec{x}$$

für alle $\vec{x}$, $\vec{y} \in \mathbb{R}^n$, da die reellen Zahlen kommutativ bezüglich der Addition sind. Diese Eigenschaft geht an der mit * gekennzeichneten Stelle ein.

M1 Assoziativgesetz der skalaren Multiplikation:

$$(\alpha \cdot \beta) \cdot \vec{x} = \begin{pmatrix} (\alpha \cdot \beta) \cdot x_1 \\ \vdots \\ (\alpha \cdot \beta) \cdot x_n \end{pmatrix} \overset{*}{=} \begin{pmatrix} \alpha \cdot (\beta \cdot x_1) \\ \vdots \\ \alpha \cdot (\beta \cdot x_n) \end{pmatrix}$$

$$= \alpha \cdot \begin{pmatrix} \beta \cdot x_1 \\ \vdots \\ \beta \cdot x_n \end{pmatrix} = \alpha \cdot (\beta \cdot \vec{x})$$

für alle $\alpha, \beta \in \mathbb{R}$, für alle $\vec{x} \in \mathbb{R}^n$, da die reellen Zahlen assoziativ bezüglich der Multiplikation sind. Diese Eigenschaft geht an der mit * gekennzeichneten Stelle ein.

M2 Existenz eines neutralen Elements der skalaren Multiplikation:

$$1 \cdot \vec{x} = 1 \cdot \begin{pmatrix} x_1 \\ \vdots \\ x_n \end{pmatrix} = \begin{pmatrix} 1 \cdot x_1 \\ \vdots \\ 1 \cdot x_n \end{pmatrix} = \begin{pmatrix} x_1 \\ \vdots \\ x_n \end{pmatrix} = \vec{x}$$

für alle $\vec{x} \in \mathbb{R}^n$.

D1 Distributivgesetz:

$$\begin{aligned} \alpha \cdot (\vec{x} + \vec{y}) &= \alpha \cdot \left(\begin{pmatrix} x_1 \\ \vdots \\ x_n \end{pmatrix} + \begin{pmatrix} y_1 \\ \vdots \\ y_n \end{pmatrix} \right) \\ &= \alpha \cdot \begin{pmatrix} x_1 + y_1 \\ \vdots \\ x_n + y_n \end{pmatrix} \\ &= \begin{pmatrix} \alpha \cdot (x_1 + y_1) \\ \vdots \\ \alpha \cdot (x_n + y_n) \end{pmatrix} \stackrel{*}{=} \begin{pmatrix} \alpha \cdot x_1 + \alpha \cdot y_1 \\ \vdots \\ \alpha \cdot x_n + \alpha \cdot y_n \end{pmatrix} \\ &= \begin{pmatrix} \alpha \cdot x_1 \\ \vdots \\ \alpha \cdot x_n \end{pmatrix} + \begin{pmatrix} \alpha \cdot y_1 \\ \vdots \\ \alpha \cdot y_n \end{pmatrix} \\ &= \alpha \cdot \begin{pmatrix} x_1 \\ \vdots \\ x_n \end{pmatrix} + \alpha \cdot \begin{pmatrix} y_1 \\ \vdots \\ y_n \end{pmatrix} \\ &= (\alpha \cdot \vec{x}) + (\alpha \cdot \vec{y}) \end{aligned}$$

für alle $\alpha \in \mathbb{R}$, für alle $\vec{x}$, $\vec{y} \in \mathbb{R}^n$, da das Distributivgesetz in $\mathbb{R}$ gilt. Diese Eigenschaft geht an der mit * gekennzeichneten Stelle ein.

D2 Distributivgesetz:

$$
\begin{aligned}
(\alpha+\beta)\cdot\vec{x} &= (\alpha+\beta)\cdot\begin{pmatrix} x_1 \\ \vdots \\ x_n \end{pmatrix} \\
&= \begin{pmatrix} (\alpha+\beta)\cdot x_1 \\ \vdots \\ (\alpha+\beta)\cdot x_n \end{pmatrix} \overset{*}{=} \begin{pmatrix} \alpha\cdot x_1+\beta\cdot x_1 \\ \vdots \\ \alpha\cdot x_n+\beta\cdot x_n \end{pmatrix} \\
&= \begin{pmatrix} \alpha\cdot x_1 \\ \vdots \\ \alpha\cdot x_n \end{pmatrix} + \begin{pmatrix} \beta\cdot x_1 \\ \vdots \\ \beta\cdot x_n \end{pmatrix} \\
&= \alpha\cdot\begin{pmatrix} x_1 \\ \vdots \\ x_n \end{pmatrix} + \beta\cdot\begin{pmatrix} x_1 \\ \vdots \\ x_n \end{pmatrix} \\
&= (\alpha\cdot\vec{x})+(\beta\cdot\vec{x})
\end{aligned}
$$

für alle $\alpha,\beta\in\mathbb{R}$, für alle $\vec{x}\in\mathbb{R}^n$, da das Distributivgesetz in $\mathbb{R}$ gilt. Diese Eigenschaft geht an der mit * gekennzeichneten Stelle ein.

Bemerkung:

1.) Es ist ein Unterschied, ob man die **Menge**

$$
\mathbb{R}^n = \left\{ \begin{pmatrix} x_1 \\ \vdots \\ x_n \end{pmatrix} \middle| \; x_i\in\mathbb{R} \text{ für alle } i=1,2,\ldots,n \right\}
$$

oder den n-dimensionalen **reellen Vektorraum** $(\mathbb{R}^n,+,\cdot)$, betrachtet. Bei den Elementen der **Menge** $\mathbb{R}^n$ handelt es sich lediglich um **n-dimensionale Punkte**, deren Komponenten (vgl. Definition 1.2.1) reelle Zahlen sind. Bei den Elementen des **reellen Vektorraums** $(\mathbb{R}^n,+,\cdot)$ handelt es sich um **Vektoren**, auf die man Operationen

(Addition, skalare Multiplikation) anwenden kann. Das Ergebnis dieser Operationen ist wieder ein Element des Vektorraums. Im folgenden bezeichne $\mathbb{R}^n$ ebenfalls den n-dimensionalen Vektorraum $(\mathbb{R}^n, +, \cdot)$. Ist mit $\mathbb{R}^n$ nur die oben beschriebene Menge gemeint, so wird darauf extra hingewiesen, falls es nicht unmittelbar aus dem Zusammenhang erkennbar ist.

2.) Bei der skalaren Multiplikation wird häufig das Malzeichen $\cdot$ weggelassen, d.h. man schreibt $\alpha\vec{x}$ anstelle von $\alpha \cdot \vec{x}$. Hierbei ist $\alpha \in \mathbb{R}$ ein Skalar und $\vec{x}$ ein Vektor.

$\alpha \begin{pmatrix} x_1 \\ \vdots \\ x_n \end{pmatrix}$ steht dann also für $\alpha \cdot \begin{pmatrix} x_1 \\ \vdots \\ x_n \end{pmatrix}$.

1.2.2 Linearkombination

Definition 1.2.2

Im reellen Vektorraum $(\mathbb{R}^n, +, \cdot)$ *heißt ein Vektor* $\vec{x} \in \mathbb{R}^n$ **Linearkombination** *der Vektoren* $\vec{x}_i \in \mathbb{R}^n$, $i = 1, 2, \ldots, m$, *falls Skalare* $\lambda_i \in \mathbb{R}$, $i = 1, 2, \ldots, m$ *existieren, so daß gilt:*

$$\vec{x} = \sum_{i=1}^{m} \lambda_i \cdot \vec{x}_i.$$

Beispiel 1.2.1

Der Vektor $\vec{x} = \begin{pmatrix} 1 \\ 2 \\ -3 \end{pmatrix}$ ist Linearkombination der Vektoren

$$\vec{e}_1 = \begin{pmatrix} 1 \\ 0 \\ 0 \end{pmatrix}, \vec{e}_2 = \begin{pmatrix} 0 \\ 1 \\ 0 \end{pmatrix}, \vec{e}_3 = \begin{pmatrix} 0 \\ 0 \\ 1 \end{pmatrix},$$

denn es gilt:

$$\begin{pmatrix} 1 \\ 2 \\ -3 \end{pmatrix} = 1 \cdot \begin{pmatrix} 1 \\ 0 \\ 0 \end{pmatrix} + 2 \cdot \begin{pmatrix} 0 \\ 1 \\ 0 \end{pmatrix} - 3 \cdot \begin{pmatrix} 0 \\ 0 \\ 1 \end{pmatrix}$$

$$= 1 \cdot \vec{e}_1 + 2 \cdot \vec{e}_2 - 3 \cdot \vec{e}_3.$$

Der Vektor $\vec{x}$ ist auch Linearkombination der Vektoren

$$\vec{y} = \begin{pmatrix} 0.5 \\ 0.0 \\ 0.0 \end{pmatrix}, \vec{z} = \begin{pmatrix} 0 \\ 6 \\ -9 \end{pmatrix},$$

denn es gilt:

$$\vec{x} = 2 \cdot \begin{pmatrix} 0.5 \\ 0.0 \\ 0.0 \end{pmatrix} + \frac{1}{3} \cdot \begin{pmatrix} 0 \\ 6 \\ -9 \end{pmatrix} = 2 \cdot \vec{y} + \frac{1}{3} \cdot \vec{z}.$$

Definition 1.2.3

Die Vektoren $\vec{x}_1, \ldots, \vec{x}_m$ *des reellen Vektorraums* $(\mathbb{R}^n, +, \cdot)$ *heißen*

1.) **linear unabhängig**, *falls aus*

$$\lambda_1 \cdot \vec{x}_1 + \ldots + \lambda_m \cdot \vec{x}_m = \sum_{i=1}^{m} \lambda_i \cdot \vec{x}_i = \vec{0}$$

mit $\lambda_i \in \mathbb{R}$ *für alle* $i = 1, 2, \ldots, m$ *stets folgt:*

$$\lambda_i = 0 \quad \text{für alle } i = 1, 2, \ldots, m.$$

2.) **linear abhängig**, *falls sie nicht linear unabhängig sind, d.h. es existieren Koeffizienten* λ_i *mit* $1 \leq i \leq m$, *so daß*

$$\sum_{i=1}^{m} \lambda_i \cdot \vec{x}_i = \vec{0}$$

und es existiert mindestens ein Index $i \in \{1, \ldots, m\}$ *mit* $\lambda_i \neq 0$.

Bemerkung:

1.) Im $\mathbb{R}^n$ sind mehr als n Vektoren stets linear abhängig.

2.) Sind m Vektoren linear abhängig, so ist mindestens einer dieser m Vektoren als Linearkombination der übrigen Vektoren darstellbar. Dies soll nun auch bewiesen werden:
Gegeben seien die m linear abhängigen Vektoren $\vec{x}_i$ mit $1 \le i \le m$ des reellen Vektorraums $(\mathbb{R}^n, +, \cdot)$. Dann existieren Koeffizienten λ_i mit $1 \le i \le m$, so daß

$$\sum_{i=1}^{m} \lambda_i \cdot \vec{x}_i = \vec{0},$$

wobei mindestens ein Index $i \in \{1, \ldots, m\}$ existiert mit $\lambda_i \neq 0$. Sei nun $i^* \in \{1, \ldots, m\}$ ein solcher Index. Dann gilt

$$-\lambda_{i^*} \vec{x}_{i^*} = \sum_{j=1\,,\,j \neq i^*}^{m} \lambda_j \cdot \vec{x}_j \,.$$

Da $\lambda_{i^*} \neq 0$ ist, kann man auf beiden Seiten der Gleichung durch $-\lambda_{i^*}$ dividieren. Somit ist $\vec{x}_{i^*}$ als Linearkombination der $m-1$ Vektoren $\vec{x}_j$ mit $1 \le j \le m\,, j \neq i^*$ darstellbar, d.h.

$$\vec{x}_{i^*} = \sum_{j=1\,,\,j \neq i^*}^{m} \frac{\lambda_j}{-\lambda_{i^*}} \cdot \vec{x}_j = \sum_{j=1\,,\,j \neq i^*}^{m} \mu_j \cdot \vec{x}_j$$

mit $\mu_j = \dfrac{\lambda_j}{-\lambda_{i^*}}$ für alle $j \in \{1, \ldots, m\}\,, j \neq i^*$.

Beispiel 1.2.2

1.) Die Vektoren $\vec{e}_1 = \begin{pmatrix} 1 \\ 0 \\ 0 \end{pmatrix}$, $\vec{e}_2 = \begin{pmatrix} 0 \\ 1 \\ 0 \end{pmatrix}$, $\vec{e}_3 = \begin{pmatrix} 0 \\ 0 \\ 1 \end{pmatrix}$

des reellen Vektorraums $\mathbb{R}^3$ sind linear unabhängig, da die Gleichung

$$\lambda_1 \begin{pmatrix} 1 \\ 0 \\ 0 \end{pmatrix} + \lambda_2 \begin{pmatrix} 0 \\ 1 \\ 0 \end{pmatrix} + \lambda_3 \begin{pmatrix} 0 \\ 0 \\ 1 \end{pmatrix} = \begin{pmatrix} 0 \\ 0 \\ 0 \end{pmatrix}$$

nur die triviale Lösung $\lambda_1 = \lambda_2 = \lambda_3 = 0$ besitzt, denn es muß gelten:

$$\begin{pmatrix} \lambda_1 \cdot 1 + \lambda_2 \cdot 0 + \lambda_3 \cdot 0 \\ \lambda_1 \cdot 0 + \lambda_2 \cdot 1 + \lambda_3 \cdot 0 \\ \lambda_1 \cdot 0 + \lambda_2 \cdot 0 + \lambda_3 \cdot 1 \end{pmatrix} = \begin{pmatrix} \lambda_1 \\ \lambda_2 \\ \lambda_3 \end{pmatrix} = \begin{pmatrix} 0 \\ 0 \\ 0 \end{pmatrix}.$$

Da zwei Vektoren genau dann gleich sind, wenn die jeweiligen Komponenten gleich sind, folgt die bereits angegebene triviale Lösung.

2.) Die Vektoren $\vec{x} = \begin{pmatrix} 1 \\ 0 \\ 3 \end{pmatrix}$, $\vec{y} = \begin{pmatrix} 1 \\ 2 \\ 0 \end{pmatrix}$, $\vec{z} = \begin{pmatrix} 0 \\ 2 \\ -3 \end{pmatrix}$

des reellen Vektorraums $\mathbb{R}^3$ sind linear abhängig, da die Gleichung

$$\lambda_1 \begin{pmatrix} 1 \\ 0 \\ 3 \end{pmatrix} + \lambda_2 \begin{pmatrix} 1 \\ 2 \\ 0 \end{pmatrix} + \lambda_3 \begin{pmatrix} 0 \\ 2 \\ -3 \end{pmatrix} = \begin{pmatrix} 0 \\ 0 \\ 0 \end{pmatrix}$$

die nichttriviale Lösung $\lambda_1 = 1$, $\lambda_2 = -1$, $\lambda_3 = 1$ besitzt, denn es gilt:

$$1 \begin{pmatrix} 1 \\ 0 \\ 3 \end{pmatrix} + (-1) \begin{pmatrix} 1 \\ 2 \\ 0 \end{pmatrix} + 1 \begin{pmatrix} 0 \\ 2 \\ -3 \end{pmatrix} = \begin{pmatrix} 0 \\ 0 \\ 0 \end{pmatrix}.$$

Rechnerisch erhält man diese Lösung durch Auflösen des folgenden Gleichungssystems:

$$\begin{pmatrix} 1 \cdot \lambda_1 & + & 1 \cdot \lambda_2 & + & 0 \cdot \lambda_3 \\ 0 \cdot \lambda_1 & + & 2 \cdot \lambda_2 & + & 2 \cdot \lambda_3 \\ 3 \cdot \lambda_1 & + & 0 \cdot \lambda_2 & + & (-3) \cdot \lambda_3 \end{pmatrix}$$

$$= \begin{pmatrix} \lambda_1 & + & \lambda_2 & & \\ & & 2 \cdot \lambda_2 & + & 2 \cdot \lambda_3 \\ 3 \cdot \lambda_1 & & & - & 3 \cdot \lambda_3 \end{pmatrix} = \begin{pmatrix} 0 \\ 0 \\ 0 \end{pmatrix}.$$

Da zwei Vektoren genau dann gleich sind, wenn die jeweiligen Komponenten gleich sind, folgt:

$$\begin{array}{rcrcrcl} \lambda_1 & + & \lambda_2 & & & = & 0 \\ & & 2 \cdot \lambda_2 & + & 2 \cdot \lambda_3 & = & 0 \\ 3 \cdot \lambda_1 & & & - & 3 \cdot \lambda_3 & = & 0. \end{array}$$

Also muß gelten:

$$\begin{array}{rcl} \lambda_1 & = & -\lambda_2 \\ \lambda_3 & = & -\lambda_2 \\ \lambda_1 & = & \lambda_3. \end{array}$$

Setzt man nun $\lambda_1 = c$ mit $c \in \mathbb{R} \setminus \{0\}$, so ergeben sich $\lambda_2 = -c$ und $\lambda_3 = c$. Wählt man $c = 1$, so erhält man die oben angegebene Lösung. Jede andere Wahl von $c \neq 0$ wäre natürlich auch möglich gewesen.

Ob die Vektoren $\vec{x_1}, \ldots, \vec{x_m}$ des Vektorraums $\mathbb{R}^n$ linear abhängig oder linear unabhängig sind, kann also über die Darstellung des Nullvektors als Linearkombination dieser m Vektoren beantwortet werden.
Gibt es nun auch Vektoren des Vektorraums $\mathbb{R}^n$ mit deren Hilfe man jeden beliebigen Vektor des $\mathbb{R}^n$ darstellen kann? Diese Frage führt letztendlich auf folgende Definition.

1.2.3 Basis des n-dimensionalen reellen Vektorraums

Definition 1.2.4 Basis des reellen Vektorraums $\mathbb{R}^n$
Eine Menge

$$\mathcal{B} = \left\{\vec{b}_1, \ldots, \vec{b}_n\right\}$$

von n linear unabhängigen Vektoren $\vec{b}_i \in \mathbb{R}^n$, $i = 1, 2, \ldots, n$ heißt **Basis** *des reellen Vektorraums $\mathbb{R}^n$, falls sich jedes Element $\vec{x} \in \mathbb{R}^n$ in eindeutiger Weise als Linearkombination der* **Basisvektoren** *$\vec{b}_i \in \mathbb{R}^n$, $i = 1, 2, \ldots, n$ darstellen läßt, d.h. für alle $\vec{x} \in \mathbb{R}^n$ existieren Skalare $\lambda_i \in \mathbb{R}$, $i = 1, 2, \ldots, n$, so daß gilt:*

$$\vec{x} = \lambda_1 \cdot \vec{b}_1 + \ldots + \lambda_n \cdot \vec{b}_n = \sum_{i=1}^{n} \lambda_i \cdot \vec{b}_i.$$

Hierbei nennt man n die **Dimension** *des reellen Vektorraums $\mathbb{R}^n$.*

Beispiel 1.2.3
Die n Vektoren $\vec{e}_i$ mit $i = 1, 2, \ldots, n$ des reellen Vektorraums $\mathbb{R}^n$, bei denen

die i-te Komponente Eins und die k-ten Komponenten mit $k \neq i$ Null sind für alle $i = 1, 2, \ldots, n$ und für alle $k = 1, 2, \ldots, n$ mit $k \neq i$, d.h. die Vektoren

$$\vec{e}_1 = \begin{pmatrix} 1 \\ 0 \\ 0 \\ \vdots \\ 0 \\ 0 \end{pmatrix}, \vec{e}_2 = \begin{pmatrix} 0 \\ 1 \\ 0 \\ \vdots \\ 0 \\ 0 \end{pmatrix}, \ldots, \vec{e}_{n-1} = \begin{pmatrix} 0 \\ 0 \\ \vdots \\ 0 \\ 1 \\ 0 \end{pmatrix}, \vec{e}_n = \begin{pmatrix} 0 \\ 0 \\ \vdots \\ 0 \\ 0 \\ 1 \end{pmatrix}$$

bilden eine Basis des reellen Vektorraums $\mathbb{R}^n$, denn

- die Vektorgleichung

$$\sum_{i=1}^{n} \lambda_i \cdot \vec{e}_i = \vec{0}, \qquad \text{also} \qquad \begin{pmatrix} \lambda_1 \\ \vdots \\ \lambda_n \end{pmatrix} = \begin{pmatrix} 0 \\ \vdots \\ 0 \end{pmatrix}$$

  besitzt nur die triviale Lösung $\lambda_i = 0$ für alle $i = 1, 2, \ldots, n$, d.h. diese Vektoren sind linear unabhänging.

- Desweiteren läßt sich jeder Vektor $\vec{x} = \begin{pmatrix} x_1 \\ \vdots \\ x_n \end{pmatrix} \in \mathbb{R}^n$

  mit $x_i \in \mathbb{R}$, $i = 1, 2, \ldots, n$ als eindeutige Linearkombination dieser n Vektoren darstellen:

$$\vec{x} = \sum_{i=1}^{n} x_i \cdot \vec{e}_i.$$

Diese n Vektoren $\vec{e}_i$ mit $i = 1, 2, \ldots, n$ werden auch die **Einheitsvektoren** des $\mathbb{R}^n$ genannt.

Bemerkung:
Jede Basis des reellen Vektorraums $(\mathbb{R}^n, +, \cdot)$ hat n Elemente.

1.2.4 Skalarprodukt und Orthogonalität

Weitere Eigenschaften von Vektoren kann man mithilfe des **Skalarprodukts** ergründen. Hierbei handelt es sich um eine Abbildung, die zwei Vektoren des reellen Vektorraums $\mathbb{R}^n$ eine reelle Zahl, also einen Skalar, zuordnet.

Definition 1.2.5
Die Abbildung $< - , - > : \mathbb{R}^n \times \mathbb{R}^n \to \mathbb{R}$ *mit*

$$
\begin{aligned}
<\vec{x}, \vec{y}> \mapsto \vec{x}^T \cdot \vec{y} &= (x_1, \ldots, x_n) \cdot \begin{pmatrix} y_1 \\ \vdots \\ y_n \end{pmatrix} \\
&= x_1 \cdot y_1 + \ldots + x_n \cdot y_n = \sum_{i=1}^{n} x_i \cdot y_i
\end{aligned}
$$

heißt das **Skalarprodukt** *oder auch* **inneres Produkt** *der n-dimensionalen reellen Vektoren* $\vec{x}$ *und* $\vec{y}$.

Bemerkung:

1.) Es können nur Vektoren $\vec{x}$, $\vec{y}$ mit jeweils n Komponenten multipliziert werden.

2.) Beim Skalarprodukt dürfen nur Zeilenvektoren mit Spaltenvektoren multipliziert werden! Genaueres hierzu ist im Abschnitt über Matrizen zu finden.

3.) In der Regel läßt man das Malzeichen zwischen den Vektoren weg.

Beispiel 1.2.4
Ein Unternehmen bietet ausschließlich die vier Produkte P_i, $i \in \{1, 2, 3, 4\}$ an. Das Produkt P_i wird zum Preis p_i verkauft, die Herstellungskosten belaufen sich auf k_i. Es können m_i Einheiten des Produkts P_i abgesetzt werden. Man kann nun einen Preisvektor $\vec{p}$, einen Kostenvektor $\vec{k}$ und einen (Absatz)Mengenvektor $\vec{m}$ definieren durch:

$$
\vec{p} = \begin{pmatrix} p_1 \\ p_2 \\ p_3 \\ p_4 \end{pmatrix}, \quad \vec{k} = \begin{pmatrix} k_1 \\ k_2 \\ k_3 \\ k_4 \end{pmatrix}, \quad \vec{m} = \begin{pmatrix} m_1 \\ m_2 \\ m_3 \\ m_4 \end{pmatrix}.
$$

Der Umsatz, den das Unternehmen mit diesen vier Produkten erzielt, kann mithilfe des Skalarprodukts der Vektoren $\vec{p}$ und $\vec{m}$ berechnet werden, d.h.

$$\text{Umsatz} = <\vec{p}, \vec{m}> = \vec{p}^T \cdot \vec{m} = \sum_{i=1}^{4} p_i \cdot m_i.$$

Der Gewinn je Produkteinheit ist gegeben durch $g_i = p_i - k_i$, $i \in \{1,2,3,4\}$. Der Gesamtgewinn, den das Unternehmen erzielt, ist also

$$\text{Gewinn} = <\vec{p} - \vec{k}, \vec{m}> = \left(\vec{p} - \vec{k}\right)^T \cdot \vec{m} = \sum_{i=1}^{4} (p_i - k_i) \cdot m_i.$$

Satz 1.2.1 Eigenschaften des Skalarprodukts
Gegeben seien die Vektoren $\vec{x}$, $\vec{y}$, $\vec{z} \in \mathbb{R}^n$ und ein Skalar $\alpha \in \mathbb{R}$. Dann gilt:

$$\begin{array}{rcll} <\vec{x}, \vec{x}> & \geq & 0 & \textbf{(Nichtnegativität)} \\ <\vec{x}, \vec{x}> & = & 0 \Longleftrightarrow \vec{x} = \vec{0} & \\ \alpha <\vec{x}, \vec{y}> & = & <\alpha\vec{x}, \vec{y}> & \textbf{(Homogenität)} \\ <\vec{x}, \vec{y}> & = & <\vec{y}, \vec{x}> & \textbf{(Kommutativität)} \\ <\vec{x}, \vec{y} + \vec{z}> & = & <\vec{x}, \vec{y}> + <\vec{x}, \vec{z}> & \textbf{(Distributivität)} \end{array}$$

Den Beweis zu diesem Satz findet man im Aufgabenteil (Aufgabe 1.4.4).

Bemerkung:
Gegeben seien die Vektoren $\vec{x}$, $\vec{y}$, $\vec{z} \in \mathbb{R}^n$ und ein Skalar $\alpha \in \mathbb{R}$. Dann gilt:

$$\begin{array}{rcl} <\alpha\vec{x}, \vec{y}> & = & <\vec{x}, \alpha\vec{y}> \\ <\vec{x} + \vec{y}, \vec{z}> & = & <\vec{x}, \vec{z}> + <\vec{y}, \vec{z}> \end{array}$$

Definition 1.2.6
Zwei Vektoren $\vec{x}$, $\vec{y} \in \mathbb{R}^n$ heißen **orthogonal** *zueinander, falls ihr Skalarprodukt gleich Null ist, d.h. falls $<\vec{x}, \vec{y}> = 0$ gilt.*

Schreibweise:
Falls $\vec{x}$ orthogonal zu $\vec{y}$ ist, so schreibt man auch $\vec{x} \perp \vec{y}$.

Bemerkung:

1.) Die Definition der Orthogonalität von Vektoren läßt sich nun folgendermaßen darstellen: $\vec{x} \perp \vec{y} \iff \vec{x}^T \cdot \vec{y} = 0$.

2.) Ist der Vektor $\vec{x}$ orthogonal zum Vektor $\vec{y}$, so sagt man auch der Vektor $\vec{x}$ **steht senkrecht** auf dem Vektor $\vec{y}$ (oder der Vektor $\vec{y}$ steht senkrecht auf dem Vektor $\vec{x}$).

Beispiel 1.2.5

1.) Das Skalarprodukt der beiden Vektoren

$$\vec{x} = \begin{pmatrix} 1 \\ 2 \\ 0 \\ 5 \end{pmatrix} \quad \text{und} \quad \vec{y} = \begin{pmatrix} 3 \\ 4 \\ 1 \\ -1 \end{pmatrix}$$

des $\mathbb{R}^4$ ist gegeben durch:

$$\begin{aligned} \vec{x}^T \cdot \vec{y} &= (1,2,0,5) \cdot \begin{pmatrix} 3 \\ 4 \\ 1 \\ -1 \end{pmatrix} \\ &= 1 \cdot 3 + 2 \cdot 4 + 0 \cdot 1 + 5 \cdot (-1) = 6\,. \end{aligned}$$

2.) Die beiden Vektoren

$$\vec{x} = \begin{pmatrix} 1 \\ 2 \\ 0 \\ 5 \end{pmatrix} \quad \text{und} \quad \vec{y} = \begin{pmatrix} 1 \\ 2 \\ 6 \\ -1 \end{pmatrix}$$

des $\mathbb{R}^4$ stehen senkrecht aufeinander, denn es gilt:

$$\vec{x}^T \cdot \vec{y} = (1,2,0,5) \cdot \begin{pmatrix} 1 \\ 2 \\ 6 \\ -1 \end{pmatrix} = 1 \cdot 1 + 2 \cdot 2 + 0 \cdot 6 + 5 \cdot (-1) = 0.$$

3.) Der Nullvektor steht senkrecht auf jedem Vektor, denn es gilt für alle $\vec{x} \in \mathbb{R}^n$:

$$\begin{aligned}\vec{0}^T \cdot \vec{x} &= \begin{pmatrix} 0 \\ \vdots \\ 0 \end{pmatrix}^T \cdot \begin{pmatrix} x_1 \\ \vdots \\ x_n \end{pmatrix} = (0, \ldots, 0) \cdot \begin{pmatrix} x_1 \\ \vdots \\ x_n \end{pmatrix} \\ &= 0 \cdot x_1 + \ldots + 0 \cdot x_n = 0.\end{aligned}$$

4.) Gegeben seien die zwei linear unabhängigen Vektoren

$$\vec{x} = \begin{pmatrix} x_1 \\ x_2 \\ x_3 \end{pmatrix} \quad \text{und} \quad \vec{y} = \begin{pmatrix} y_1 \\ y_2 \\ y_3 \end{pmatrix}$$

des $\mathbb{R}^3$. Gesucht sind Vektoren $\vec{z} = (z_1, z_2, z_3)^T \in \mathbb{R}^3$, die auf $\vec{x}$ und $\vec{y}$ senkrecht stehen.
Mithilfe des Skalarprodukts erhält man die Bedingungen:

$$\begin{aligned}< \vec{z}, \vec{x} > &= z_1 \cdot x_1 + z_2 \cdot x_2 + z_3 \cdot x_3 = 0, \\ < \vec{z}, \vec{y} > &= z_1 \cdot y_1 + z_2 \cdot y_2 + z_3 \cdot y_3 = 0\,.\end{aligned}$$

Dieses Gleichungssystem besitzt unendlich viele Lösungen (da zwei Gleichungen, drei Unbekannte z_1, z_2, z_3). Sämtliche Lösungen sind aufgrund der Homogenität des Skalarprodukts ein Vielfaches des Normalenvektors $\vec{x} \times \vec{y}$, der in der Definition 1.2.7 angegeben wird. Der Vektor $\vec{x} \times \vec{y}$ steht senkrecht auf den Vektoren $\vec{x}$ und $\vec{y}$.

Definition 1.2.7
Der Vektor $\vec{x} \times \vec{y} \in \mathbb{R}^3$ *mit*

$$\begin{aligned}\vec{x} \times \vec{y} &= \begin{pmatrix} x_1 \\ x_2 \\ x_3 \end{pmatrix} \times \begin{pmatrix} y_1 \\ y_2 \\ y_3 \end{pmatrix} \\ &= \begin{pmatrix} x_2 y_3 - x_3 y_2 \\ -(x_1 y_3 - x_3 y_1) \\ x_1 y_2 - x_2 y_1 \end{pmatrix} = \begin{pmatrix} x_2 y_3 - x_3 y_2 \\ x_3 y_1 - x_1 y_3 \\ x_1 y_2 - x_2 y_1 \end{pmatrix}\end{aligned}$$

heißt **Vektorprodukt (Kreuzprodukt, äußeres Produkt)** *der Vektoren* $\vec{x}$ *und* $\vec{y}$ *des* $\mathbb{R}^3$.

Beispiel 1.2.6
Gegeben seien die zwei linear unabhängigen Vektoren

$$\vec{x} = \begin{pmatrix} 1 \\ 2 \\ -3 \end{pmatrix} \quad \text{und} \quad \vec{y} = \begin{pmatrix} 3 \\ -1 \\ 1 \end{pmatrix}$$

des $\mathbb{R}^3$. Gesucht sind alle Vektoren $\vec{z} = (z_1, z_2, z_3)^T \in \mathbb{R}^3$, die auf $\vec{x}$ und $\vec{y}$ senkrecht stehen.

Lösung:
Der Vektor $\vec{x} \times \vec{y} \in \mathbb{R}^3$ mit

$$\begin{aligned} \vec{x} \times \vec{y} &= \begin{pmatrix} 1 \\ 2 \\ -3 \end{pmatrix} \times \begin{pmatrix} 3 \\ -1 \\ 1 \end{pmatrix} \\ &= \begin{pmatrix} 2 \cdot 1 - (-3) \cdot (-1) \\ (-3) \cdot 3 - 1 \cdot 1 \\ 1 \cdot (-1) - 2 \cdot 3 \end{pmatrix} = \begin{pmatrix} -1 \\ -10 \\ -7 \end{pmatrix} \end{aligned}$$

steht senkrecht auf den beiden Vektoren $\vec{x}$ und $\vec{y}$.
Die Menge aller Vektoren, die senkrecht auf $\vec{x}$ und $\vec{y}$ stehen ist gegeben durch

$$\mathbb{L} = \left\{ \vec{z} = \begin{pmatrix} z_1 \\ z_2 \\ z_3 \end{pmatrix} \middle| \vec{z} = \lambda \cdot \begin{pmatrix} -1 \\ -10 \\ -7 \end{pmatrix}, \lambda \in \mathbb{R} \right\}.$$

Bemerkung:

1.) Das Vektorprodukt der linear unabhängigen Vektoren $\vec{x}$ und $\vec{y}$ des $\mathbb{R}^3$ ist nicht kommutativ.
Es gilt aber: $\vec{y} \times \vec{x} = -\vec{x} \times \vec{y}$.

2.) Seien $\vec{x}$ und $\vec{0}$ Vektoren des $\mathbb{R}^3$ und $\lambda \in \mathbb{R}$, dann gilt:

$$\vec{x} \times \vec{0} = \begin{pmatrix} x_1 \\ x_2 \\ x_3 \end{pmatrix} \times \begin{pmatrix} 0 \\ 0 \\ 0 \end{pmatrix} = \begin{pmatrix} 0 \\ 0 \\ 0 \end{pmatrix},$$

$$\vec{x} \times \lambda\vec{x} = \begin{pmatrix} x_1 \\ x_2 \\ x_3 \end{pmatrix} \times \begin{pmatrix} \lambda x_1 \\ \lambda x_2 \\ \lambda x_3 \end{pmatrix}$$

$$= \begin{pmatrix} x_2\lambda x_3 - x_3\lambda x_2 \\ x_3\lambda x_1 - x_1\lambda x_3 \\ x_1\lambda x_2 - x_2\lambda x_1 \end{pmatrix} = \begin{pmatrix} 0 \\ 0 \\ 0 \end{pmatrix}.$$

3.) Das anschauliche Senkrechtstehen von zwei Vektoren stimmt mit der mathematischen Definition überein (vgl. hierzu die Definition eines Winkels zwischen zwei Vektoren).

1.2.5 Der Betrag (Länge) eines Vektors

Nachdem man jetzt eine Methode kennengelernt hat, um zu überprüfen, ob zwei Vektoren aufeinander senkrecht stehen, wird im folgenden die Länge eines Vektors definiert.

Gegeben sei ein Vektor $\vec{x} = \begin{pmatrix} x_1 \\ x_2 \end{pmatrix}$ des $\mathbb{R}^2$. Gesucht ist die Länge dieses Vektors.

Betrachtet man Abbildung 1.2.1, so kann man die Länge des Vektors $\vec{x}$ als Abstand d des Punktes $X(x_1, x_2)$ zum Koordinatenursprung $O(0,0)$ interpretieren. Diesen Abstand d kann man mithilfe des Satzes des Pythagoras (vgl. hierzu Band 1: Grundlagen) berechnen.

Abbildung 1.2.1
Die Länge bzw. der Betrag eines Vektors $\vec{x} = (x_1, x_2)^T$ im $\mathbb{R}^2$.

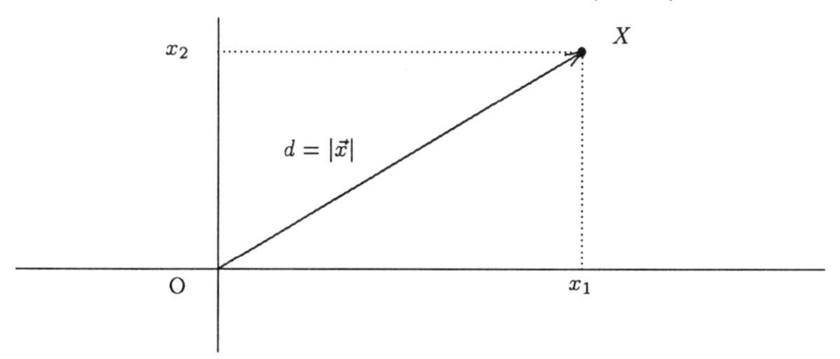

Es gilt:

$$d^2 = x_1^2 + x_2^2 \qquad \text{also} \qquad d = \sqrt{x_1^2 + x_2^2}\,.$$

Dies motiviert die folgende Definition.

Definition 1.2.8
Die Abbildung $|\cdot| \,:\, \mathbb{R}^n \to [0,\infty)$ *mit*

$$|\vec{x}| = \sqrt{x_1^2 + \ldots + x_n^2} = \sqrt{\sum_{i=1}^{n} x_i^2}\,.$$

heißt der **Betrag** *des Vektors* $\vec{x} \in \mathbb{R}^n$.

Bemerkung:

1.) Der Betrag eines Vektors $\vec{x}^T = (x_1, \ldots, x_n) \in \mathbb{R}^n$ ist, anschaulich gesprochen, der Abstand des Punktes $X(x_1, \ldots, x_n)$ zum Ursprung.

2.) Es gilt: $|\vec{x}| = \sqrt{\vec{x}^T \cdot \vec{x}} = \sqrt{<\vec{x}, \vec{x}>}$.

Beispiel 1.2.7
Der Betrag des Vektors $\vec{x}^T = (1, 2, 5, 3, 4, -3, 0) \in \mathbb{R}^7$ ist
$|\vec{x}| = \sqrt{1^2 + 2^2 + 5^2 + 3^2 + 4^2 + (-3)^2 + 0^2} = \sqrt{64} = 8$.

Satz 1.2.2 Eigenschaften des Betrags
Gegeben seien die Vektoren $\vec{x}, \vec{y} \in \mathbb{R}^n$ *und ein Skalar* $\alpha \in \mathbb{R}$. *Dann gilt:*

$$\begin{aligned} |\vec{x}| &\geq 0 && \textbf{(Nichtnegativität)}, \\ |\vec{x}| &= 0 \iff \vec{x} = \vec{0}, && \\ |\alpha \cdot \vec{x}| &= |\alpha| \cdot |\vec{x}|, && \\ |\vec{x} + \vec{y}| &\leq |\vec{x}| + |\vec{y}| && \textbf{(Dreiecksungleichung)}. \end{aligned}$$

Bemerkung:
$|\alpha|$ mit $\alpha \in \mathbb{R}$ bezieht sich nicht auf die in Definition 1.2.8 erklärte Betragsfunktion für Vektoren, sondern auf die für Skalare definierte Betragsfunktion

in $\mathbb{R}$ (vgl. hierzu Band 1: Grundlagen). Diese ist definiert durch $|\cdot| : \mathbb{R} \to [0, \infty)$ mit

$$|\alpha| = \begin{cases} -\alpha \text{ für } \alpha < 0 \\ \alpha \text{ für } \alpha \geq 0 . \end{cases}$$

Nachdem jetzt bekannt ist, daß man die Länge eines Vektors mithilfe der Betragsfunktion berechnen kann, ist es möglich jeden beliebigen, vom Nullvektor verschiedenen Vektor, auf die Länge 1 zu normieren und zwar folgendermaßen:

Satz 1.2.3 Normierung eines Vektors
Gegeben sei ein vom Nullvektor verschiedener Vektor $\vec{x}^T = (x_1, \ldots, x_n)$ des $\mathbb{R}^n$. Dann hat der Vektor

$$\vec{y} = \frac{1}{|\vec{x}|} \cdot \vec{x} = \frac{1}{\sqrt{\sum\limits_{i=1}^{n} x_i^2}} \cdot \begin{pmatrix} x_1 \\ \vdots \\ x_n \end{pmatrix}$$

die Länge 1 .

Beweis:

Sei $\vec{y} = \frac{1}{|\vec{x}|} \cdot \vec{x}$ mit $\vec{x} \neq \vec{0}$ ein Vektor des $\mathbb{R}^n$.

Dann gilt nach den Rechenregeln der Betragsfunktionen für Vektoren (Satz 1.2.2) und Skalare (Band 1: Grundlagen):

$$|\vec{y}| = \left| \frac{1}{|\vec{x}|} \cdot \vec{x} \right| = \left| \frac{1}{|\vec{x}|} \right| \cdot |\vec{x}| = \frac{|\vec{x}|}{|\vec{x}|} = 1 .$$

1.2.6 Winkel

Definition 1.2.9

Mithilfe des Skalarprodukts zweier Vektoren und der Betragsfunktion kann man nun formal **Winkel zwischen zwei Vektoren** $\vec{x}$ *und* $\vec{y}$ *mit* $\vec{x}, \vec{y} \in \mathbb{R}^n \setminus \left\{\vec{0}\right\}$ *definieren und zwar durch*

$$\cos\varphi = \frac{\vec{x}^T \cdot \vec{y}}{|\vec{x}| \cdot |\vec{y}|}.$$

Beispiel 1.2.8

Gesucht ist der Winkel, der von den beiden zweidimensionalen Vektoren

$$\vec{x} = \begin{pmatrix} 2.5 \\ 2.0 \end{pmatrix} \quad \text{und} \quad \vec{y} = \begin{pmatrix} -5.0 \\ 4.0 \end{pmatrix}$$

eingeschlossen wird.

Abbildung 1.2.2

Winkel φ zwischen den zwei Vektoren
$\vec{x}^T = (2.5, 2)$ und $\vec{y}^T = (-5, 4)$ des $\mathbb{R}^2$.
[$\varphi = 102.68038°$]

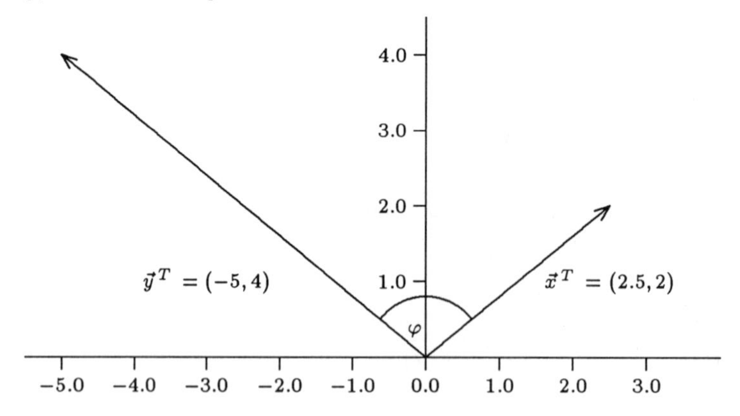

Den gesuchten Winkel erhält man mit

$$\cos\varphi = \frac{\vec{x}^T \cdot \vec{y}}{|\vec{x}| \cdot |\vec{y}|} = \frac{\begin{pmatrix} 2.5 \\ 2.0 \end{pmatrix}^T \cdot \begin{pmatrix} -5.0 \\ 4.0 \end{pmatrix}}{\left|\begin{pmatrix} 2.5 \\ 2.0 \end{pmatrix}\right| \cdot \left|\begin{pmatrix} -5.0 \\ 4.0 \end{pmatrix}\right|}$$

$$= \frac{2.5 \cdot (-5.0) + 2.0 \cdot 4.0}{\sqrt{2.5^2 + 2.0^2} \cdot \sqrt{(-5.0)^2 + 4.0^2}}$$

$$= \frac{-4.5}{20.5} = -\frac{9}{41}.$$

Also ist $\varphi = \arccos\left(-\frac{9}{41}\right) = 102.68038°$.

Beispiel 1.2.9
Seien $\vec{x}, \vec{y} \in \mathbb{R}^n \setminus \left\{\vec{0}\right\}$ und $\alpha, \beta > 0$. Dann ist der Winkel, den die Vektoren $\alpha\vec{x}$ und $\beta\vec{y}$ einschließen gleich dem Winkel, der durch die Vektoren $\vec{x}$ und $\vec{y}$ eingeschlossen wird, denn es gilt:

$$\frac{(\alpha\vec{x})^T \cdot (\beta\vec{y})}{|\alpha\vec{x}| \cdot |\beta\vec{y}|} = \frac{\alpha\left(\vec{x}^T\right) \cdot \beta\left(\vec{y}\right)}{|\alpha| \cdot |\vec{x}| \cdot |\beta| \cdot |\vec{y}|} = \frac{\alpha\beta\left(\vec{x}^T \cdot \vec{y}\right)}{|\alpha| \cdot |\beta| \cdot |\vec{x}| \cdot |\vec{y}|}$$

$$\underset{\alpha,\beta>0}{=} \frac{\alpha\beta\left(\vec{x}^T \cdot \vec{y}\right)}{\alpha\beta\, |\vec{x}| \cdot |\vec{y}|} = \frac{\vec{x}^T \cdot \vec{y}}{|\vec{x}| \cdot |\vec{y}|}.$$

Satz 1.2.4
Seien $\vec{x}, \vec{y} \in \mathbb{R}^n \setminus \left\{\vec{0}\right\}$ und $\alpha, \beta \in \mathbb{R} \setminus \{0\}$. Der Winkel, der von den beiden Vektoren $\vec{x}$ und $\vec{y}$ eingschlossen wird sei φ. Dann ist der Winkel, den die beiden Vektoren $\alpha\vec{x}$ und $\beta\vec{y}$ einschließen, gleich

$$\begin{cases} \varphi \text{ für } \alpha \cdot \beta > 0\,, \\ 180° - \varphi \text{ für } \alpha \cdot \beta < 0\,. \end{cases}$$

1.2.7 Orthonormalbasis

Mithilfe des Skalarprodukts und der Betragsfunktion kann man nicht nur Winkel definieren, sondern auch die Definition einer Basis weiter ausbauen. Für die Einheitsbasisvektoren des $\mathbb{R}^n$ aus Beispiel 1.2.3 gilt

$$|\vec{e}_i| = 1 \qquad \text{und} \qquad \vec{e}_i \perp \vec{e}_k\,,$$

für alle $i = 1, 2, \ldots, n$ und $k = 1, 2, \ldots, n$, $k \neq i$. D.h. diese Vektoren haben jeweils den Betrag 1 und stehen paarweise senkrecht aufeinander.

Definition 1.2.10

Die Menge der Vektoren $\{\vec{x}_1, \ldots, \vec{x}_n\}$ *nennt man ein* **Orthonormalsystem,** *falls die Vektoren dieser Menge jeweils paarweise senkrecht aufeinander stehen und jeweils den Betrag 1 haben.*

Die Menge der Einheitsvektoren $\{\vec{e}_1, \ldots, \vec{e}_n\}$ aus Beispiel 1.2.3 bilden ein Orthonormalsystem. Desweiteren bildet diese Menge eine Basis des $\mathbb{R}^n$. Diese beiden Eigenschaften der Einheitsvektoren lassen sich zu einem neuen Begriff zusammenfassen.

Definition 1.2.11

Eine **Orthonormalbasis** *ist eine Basis, deren Vektoren ein Orthonormalsystem bilden.*

Es handelt sich also bei der Menge der Einheitsvektoren $\{\vec{e}_1, \ldots, \vec{e}_n\}$ aus Beispiel 1.2.3 um eine **Orthonormalbasis** des $\mathbb{R}^n$.

Im weiteren Verlauf dieses Bandes wird die Menge der oben genannten Einheitsvektoren, also

$$\mathcal{B} = \left\{ \begin{pmatrix} 1 \\ 0 \\ 0 \\ \vdots \\ 0 \\ 0 \end{pmatrix}, \begin{pmatrix} 0 \\ 1 \\ 0 \\ \vdots \\ 0 \\ 0 \end{pmatrix}, \ldots, \begin{pmatrix} 0 \\ 0 \\ \vdots \\ 0 \\ 1 \\ 0 \end{pmatrix}, \begin{pmatrix} 0 \\ 0 \\ \vdots \\ 0 \\ 0 \\ 1 \end{pmatrix} \right\}$$

als Basis des reellen Vektorraums $(\mathbb{R}^n, +, \cdot)$ mit $n \in \mathbb{N}$ zugrundegelegt. Es handelt sich hierbei, wie bereits erwähnt, um eine Orthonormalbasis.

Für den $\mathbb{R}^2$ erhält man folglich die Orthonormalbasis $\mathcal{B} = \{\vec{e}_1, \vec{e}_2\}$ mit

$$\vec{e}_1 = \begin{pmatrix} 1 \\ 0 \end{pmatrix} \quad \text{und} \quad \vec{e}_2 = \begin{pmatrix} 0 \\ 1 \end{pmatrix}.$$

Abbildung 1.2.3
Einheitsvektoren des $\mathbb{R}^2$ (Orthonormalbasis)

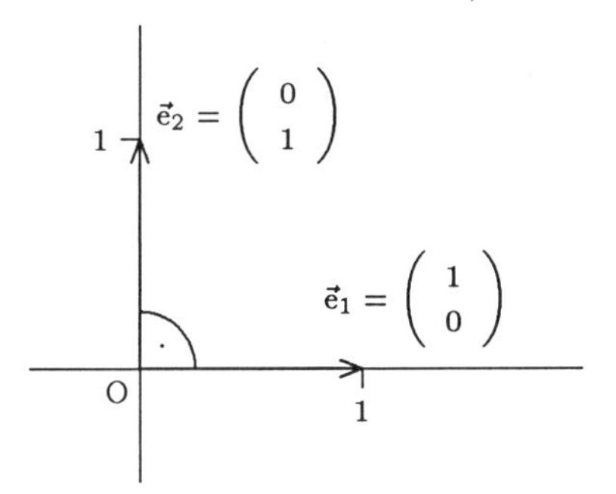

1.2.8 Orts- und Verbindungsvektoren

Die gerichtete Verbindungsstrecke (Pfeil, vgl. Band 1: Grundlagen) $\overrightarrow{OQ}$ des Koordinatenursprungs $O \in \mathbb{R}^n$ mit dem Punkt $Q \in \mathbb{R}^n$ nennt man den **Ortsvektor** des Punktes $Q \in \mathbb{R}^n$.
Die gerichtete Verbindungsstrecke $\overrightarrow{PQ}$ des Punktes $P \in \mathbb{R}^n$ mit dem Punkt $Q \in \mathbb{R}^n$ nennt man den **Verbindungsvektor** der Punkte P und Q. Die Komponenten des Verbindungsvektors $\overrightarrow{PQ}$ sind gegeben durch die Differenzen der Komponenten des Endpunktes Q und des Anfangspunktes P, d. h.

$$\overrightarrow{PQ} = \overrightarrow{OQ} - \overrightarrow{OP} = \begin{pmatrix} q_1 \\ \vdots \\ q_n \end{pmatrix} - \begin{pmatrix} p_1 \\ \vdots \\ p_n \end{pmatrix} = \begin{pmatrix} q_1 - p_1 \\ \vdots \\ q_n - p_n \end{pmatrix}.$$

Den Ortsvektor des Punktes $(Q-P)$, d.h. $\overrightarrow{O(Q-P)}$ (Verbindungsvektor des Ursprungs O und des Punktes $(Q-P)$, erhält man anschaulich durch Parallelverschiebung des Verbindungsvektors $\overrightarrow{PQ}$ in den Koordinatenursprung.

Abbildung 1.2.4
Orts- und Verbindungsvektoren im $\mathbb{R}^2$

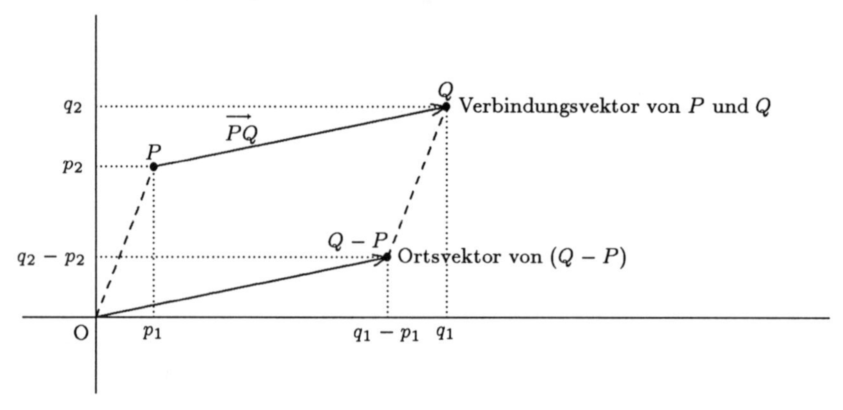

Bemerkung:

1.) Die Punkte $\mathrm{O}(0, \ldots, 0)$, $Q(q_1, \ldots, q_n)$ und $P(p_1, \ldots, p_n)$ stammen aus der Menge $\mathbb{R}^n$.
Die dazugehörigen Orts- und Verbindungsvektoren sind hingegen Elemente des Vektorraums $(\mathbb{R}^n, +, \cdot)$.

2.) Die Darstellung der jeweiligen Orts- und Verbindungsvektoren erfolgt bezüglich der bereits angegebenen Orthonormalbasis.

3.) $\overrightarrow{\mathrm{O}P} + \overrightarrow{PQ} = \overrightarrow{\mathrm{O}Q}$.

4.) $\overrightarrow{QP} = (-1) \cdot \overrightarrow{PQ} = -\overrightarrow{PQ}$.

1.3 Vektoren in der Ebene

Ein Spezialfall des im vorangegangenen Abschnitt beschriebenen reellen Vektorraums $\mathbb{R}^n$ ist der $\mathbb{R}^2$. Seine Elemente - zweidimensionale Vektoren - können in der Zahlenebene graphisch dargestellt werden.

Der Vektor $\vec{x} = \begin{pmatrix} x_1 \\ x_2 \end{pmatrix}$ des $\mathbb{R}^2$ entspricht in der Ebene einem **Pfeil** (vgl. hierzu Band 1: Grundlagen) vom **Koordinatenursprung** $O(0,0)$ zum Punkt $X(x_1, x_2)$, d.h. es gilt: $\vec{x} = \overrightarrow{OX}$. Dieser Vektor ist also der **Ortsvektor** des Punktes X. Die Länge des Vektors $\vec{x}$ ist nach dem Satz des Pythagoras (Pythagoras aus Samos, um 570 v.Chr., vgl. hierzu Band 1: Grundlagen) gegeben durch: $|\vec{x}| = \sqrt{x_1^2 + x_2^2}$. Desweiteren gilt nach dem Satz des Pythagoras für alle Vektoren $\vec{x} \neq \vec{0}$ des $\mathbb{R}^2$:

Abbildung 1.3.1
Ortsvektor $\vec{x} = (x_1, x_2)^T = \overrightarrow{OX}$.

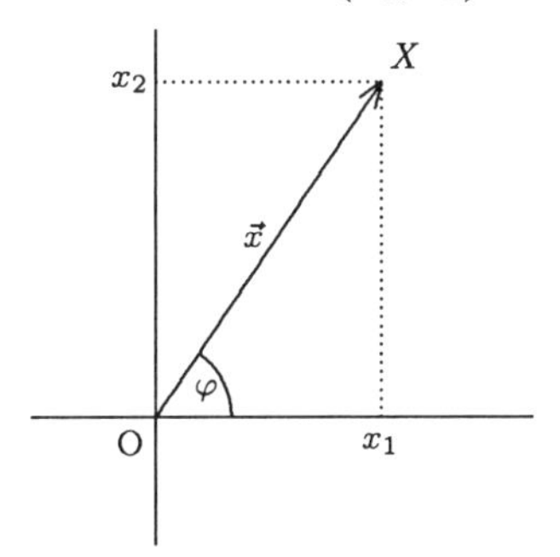

$$\cos\varphi = \frac{x_1}{|\vec{x}|} \quad \text{und} \quad \sin\varphi = \frac{x_2}{|\vec{x}|}.$$

Somit sind die Koordinaten x_1 und x_2 des Vektors $\vec{x}$ gegeben durch:

$$x_1 = |\vec{x}| \cdot \cos\varphi \quad \text{und} \quad x_2 = |\vec{x}| \cdot \sin\varphi.$$

Es ist also möglich einen zweidimensionalen Vektor $\vec{x}^T = (x_1, x_2)$ in Abhängigkeit seiner Länge und des Winkels φ, den er mit der ersten Koordinatenachse (x_1-Achse) einschließt, darzustellen, d.h.

$$\vec{x} = |\vec{x}| \cdot \begin{pmatrix} \cos\varphi \\ \sin\varphi \end{pmatrix}.$$

Diese Darstellung nennt man auch **Polarkoordinatenform** des Vektors $\vec{x}$.

Die Addition und Subtraktion zweier Vektoren des $\mathbb{R}^2$ können mithilfe eines sogenannten Kräfteparallelogramms veranschaulicht werden. In den nachfolgenden Abbildungen werden diese Operationen graphisch dargestellt.

Abbildung 1.3.2
Vektoraddition im $\mathbb{R}^2$

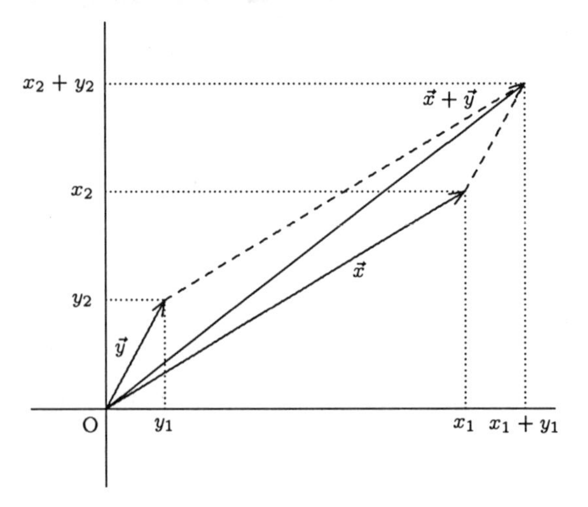

Abbildung 1.3.3
Vektorsubtraktion im $\mathbb{R}^2$

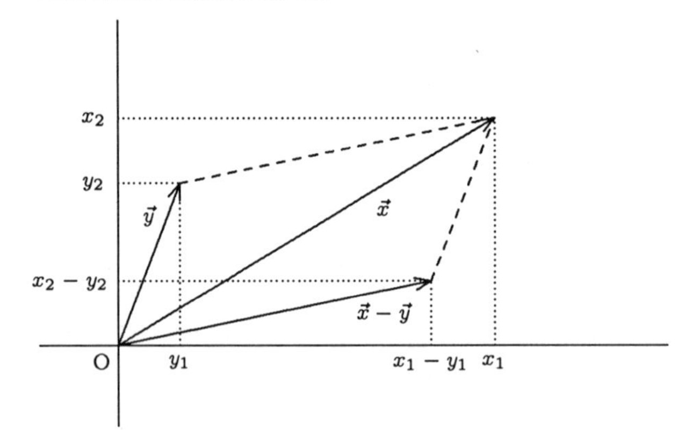

Die Multiplikation eines Vektors $\vec{x} \in \mathbb{R}^2$ mit einem Skalar $\lambda \in \mathbb{R}$ $(\lambda \neq 1)$ verändert die Länge des Vektors. Es gilt nach den Eigenschaften der Betragsfunktion $|\lambda\vec{x}| = |\lambda| \cdot |\vec{x}|$. Ist $\lambda < 0$, so zeigt der Vektor $\lambda\vec{x}$ in die entgegengesetzte Richtung des Vektors $\vec{x}$. Ist $\lambda > 0$, so zeigt der Vektor $\lambda\vec{x}$ in dieselbe Richtung wie der Vektor $\vec{x}$.

Ist φ (mit $0° \leq \varphi \leq 180°$) der Winkel, den der Vektor $\vec{x} \in \mathbb{R}^2$ mit einer der beiden Koordinatenachsen (x_1-Achse oder x_2-Achse) einschließt, so schließt

$\lambda\vec{x}$ mit derselben Koordinatenachse den Winkel $\begin{cases} \varphi \text{ für } \lambda > 0 \\ 180° - \varphi \text{ für } \lambda < 0 \end{cases}$ ein.

Die folgende Abbildung veranschaulicht diese Sachverhalte.

Abbildung 1.3.4

Vielfaches eines Vektors $\vec{x} = \begin{pmatrix} x_1 \\ x_2 \end{pmatrix}$;

Winkel zwischen $\vec{x}$ und einer Koordinatenachse.

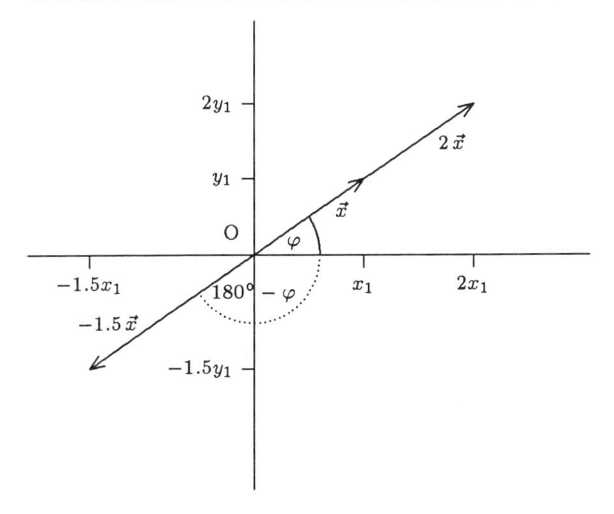

1.4 Aufgaben zu Kapitel 1

Aufgabe 1.4.1

Führen Sie den Beweis zu Beispiel 1.1.1 durch.

Lösung:

Da $K = \{0, 1\} \neq \emptyset$ ist, muß nur noch die Gültigkeit der Axiome **A1** bis **A4**, **M1** bis **M4** und **D1** aus Definition 1.1.1 nachgewiesen werden.

A1 Assoziativgesetz der Addition:
Es muß gelten $\alpha + (\beta + \gamma) = (\alpha + \beta) + \gamma$ für alle $\alpha, \beta, \gamma \in K$.

$$
\begin{array}{ll}
0+(0+0)=0+0=0 & (0+0)+0=0+0=0 \\
0+(0+1)=0+1=1 & (0+0)+1=0+1=1 \\
0+(1+0)=0+1=1 & (0+1)+0=0+1=1 \\
1+(0+0)=1+0=1 & (1+0)+0=1+0=1 \\
0+(1+1)=0+0=0 & (0+1)+1=1+1=0 \\
1+(1+0)=1+1=0 & (1+1)+0=0+0=0 \\
1+(0+1)=1+1=0 & (1+0)+1=1+1=0 \\
1+(1+1)=1+0=1 & (1+1)+1=0+1=1
\end{array}
$$

Wie man leicht erkennen kann, ist das Assoziativgesetz der Addition erfüllt.

A2 Existenz eines neutralen Elements der Addition:
Für $0 \in K$ gilt $0 + 0 = 0$ und $1 + 0 = 1$, d.h. für $0 \in K$ gilt, $\alpha + 0 = \alpha$ für alle $\alpha \in K$. 0 ist das neutrale Element der Addition.

A3 Existenz eines inversen Elements der Addition:
Zu jedem Element $\alpha \in K$ gibt es ein Element $-\alpha \in K$ mit $\alpha + (-\alpha) = 0$. Diese Behauptung trifft auch zu, denn zu den beiden Elementen 0 und 1 von K gilt:
$0 + 0 = 0$, d.h. 0 ist das Inverse zu 0.
$1 + 1 = 0$, d.h. 1 ist das Inverse zu 1.
Somit gibt es zu jedem Element aus K ein inverses Element der Addition.

A4 Kommutativgesetz der Addition:
$\alpha + \beta = \beta + \alpha$ für alle $\alpha, \beta \in K$, denn es gilt:

$$0+0=0+0=0$$
$$0+1=1+0=1$$
$$1+0=0+1=1$$
$$1+1=1+1=0$$

Somit ist auch **A4** erfüllt.

M1 Assoziativgesetz der Multiplikation:
Es ist $\alpha \cdot (\beta \cdot \gamma) = (\alpha \cdot \beta) \cdot \gamma$ für alle α, β, $\gamma \in K$, denn es gilt:

$0\cdot(0\cdot 0)=0\cdot 0=0$	$(0\cdot 0)\cdot 0=0\cdot 0=0$
$0\cdot(0\cdot 1)=0\cdot 0=0$	$(0\cdot 0)\cdot 1=0\cdot 1=0$
$0\cdot(1\cdot 0)=0\cdot 0=0$	$(0\cdot 1)\cdot 0=0\cdot 0=0$
$1\cdot(0\cdot 0)=1\cdot 0=0$	$(1\cdot 0)\cdot 0=0\cdot 0=0$
$0\cdot(1\cdot 1)=0\cdot 1=0$	$(0\cdot 1)\cdot 1=0\cdot 1=0$
$1\cdot(1\cdot 0)=1\cdot 0=0$	$(1\cdot 1)\cdot 0=1\cdot 0=0$
$1\cdot(0\cdot 1)=1\cdot 0=0$	$(1\cdot 0)\cdot 1=0\cdot 1=0$
$1\cdot(1\cdot 1)=1\cdot 1=1$	$(1\cdot 1)\cdot 1=1\cdot 1=1$

M2 Existenz eines neutralen Elements der Multiplikation:
1 ist das neutrale Element der Multiplikation, denn es gilt $1 \neq 0$ und $0 \cdot 1 = 0$ und $1 \cdot 1 = 1$.

M3 Existenz eines inversen Elements der Multiplikation:
Es muß gelten:
Zu jedem von (der Null) 0 verschiedenen Element $\alpha \in K$ gibt es ein Element $\alpha^{-1} \in K$ mit $\alpha \cdot \alpha^{-1} = 1$.
Das inverse Elemente der Multiplikation von 1 ist 1. Es gibt in K kein weiteres von 0 verschiedenes Element. Somit ist auch diese Anforderung erfüllt.

M4 Kommutativgesetz der Multiplikation:
$\alpha \cdot \beta = \beta \cdot \alpha$ für alle α, $\beta \in K$, denn es gilt:

$$0\cdot 0=0\cdot 0=0$$
$$0\cdot 1=1\cdot 0=0$$
$$1\cdot 0=0\cdot 1=0$$
$$1\cdot 1=1\cdot 1=1$$

M4 ist also erfüllt.

D1 Distributivgesetz:
Es gilt $\alpha \cdot (\beta + \gamma) = (\alpha \cdot \beta) + (\alpha \cdot \gamma)$ für alle α, β, $\gamma \in K$, denn:

$$\begin{array}{ll}
0 \cdot (0+0) = 0 \cdot 0 = 0 & (0 \cdot 0) + (0 \cdot 0) = 0 + 0 = 0 \\
0 \cdot (0+1) = 0 \cdot 1 = 0 & (0 \cdot 0) + (0 \cdot 1) = 0 + 0 = 0 \\
0 \cdot (1+0) = 0 \cdot 1 = 0 & (0 \cdot 1) + (0 \cdot 0) = 0 + 0 = 0 \\
1 \cdot (0+0) = 1 \cdot 0 = 0 & (1 \cdot 0) + (1 \cdot 0) = 0 + 0 = 0 \\
0 \cdot (1+1) = 0 \cdot 0 = 0 & (0 \cdot 1) + (0 \cdot 1) = 0 + 0 = 0 \\
1 \cdot (1+0) = 1 \cdot 1 = 1 & (1 \cdot 1) + (1 \cdot 0) = 1 + 0 = 1 \\
1 \cdot (0+1) = 1 \cdot 1 = 1 & (1 \cdot 0) + (1 \cdot 1) = 0 + 1 = 1 \\
1 \cdot (1+1) = 1 \cdot 0 = 0 & (1 \cdot 1) + (1 \cdot 1) = 1 + 1 = 0
\end{array}$$

Somit ist auch **D1** erfüllt und letztendlich die Behauptung aus Beispiel 1.1.1 nachgewiesen.

Aufgabe 1.4.2
Gegeben seien die Vektoren

$$\vec{a} = \begin{pmatrix} 1 \\ 2 \\ 0 \end{pmatrix}, \vec{b} = \begin{pmatrix} 4 \\ -2 \\ 6 \end{pmatrix}, \vec{c} = \begin{pmatrix} 0 \\ 1 \\ -1 \end{pmatrix} \text{ und } \vec{d} = \begin{pmatrix} 11 \\ 0 \\ -7 \end{pmatrix}$$

des $\mathbb{R}^3$. Berechnen Sie:

a) $\vec{a} + \vec{b}$, b) $\vec{a} - \vec{b}$, c) $2 \cdot \vec{c}$,
d) $3 \cdot \vec{a} - \frac{1}{2} \cdot \vec{b} + \vec{c}$, e) $3 \cdot (\vec{c} + \vec{d})$, f) $8 \cdot (\vec{a} - \vec{c})$,
g) $(3+4) \cdot \vec{c}$, h) $(3 \cdot 4) \cdot \vec{c}$, i) $2 \cdot (\vec{c} - (2 - (-5)) \cdot \vec{a})$.

Lösung:

a) $$\vec{a} + \vec{b} = \begin{pmatrix} 1 \\ 2 \\ 0 \end{pmatrix} + \begin{pmatrix} 4 \\ -2 \\ 6 \end{pmatrix} = \begin{pmatrix} 1+4 \\ 2+(-2) \\ 0+6 \end{pmatrix} = \begin{pmatrix} 5 \\ 0 \\ 6 \end{pmatrix}.$$

b) $$\vec{a} - \vec{b} = \begin{pmatrix} 1 \\ 2 \\ 0 \end{pmatrix} - \begin{pmatrix} 4 \\ -2 \\ 6 \end{pmatrix} = \begin{pmatrix} 1-4 \\ 2-(-2) \\ 0-6 \end{pmatrix} = \begin{pmatrix} -3 \\ 4 \\ -6 \end{pmatrix}.$$

c) $$2 \cdot \vec{c} = 2 \cdot \begin{pmatrix} 0 \\ 1 \\ -1 \end{pmatrix} = \begin{pmatrix} 2 \cdot 0 \\ 2 \cdot 1 \\ 2 \cdot (-1) \end{pmatrix} = \begin{pmatrix} 0 \\ 2 \\ -2 \end{pmatrix}.$$

d) $3 \cdot \vec{a} - \frac{1}{2} \cdot \vec{b} + \vec{c} = 3 \cdot \begin{pmatrix} 1 \\ 2 \\ 0 \end{pmatrix} - \frac{1}{2} \cdot \begin{pmatrix} 4 \\ -2 \\ 6 \end{pmatrix} + \begin{pmatrix} 0 \\ 1 \\ -1 \end{pmatrix}$

$$= \begin{pmatrix} 3 \cdot 1 - \frac{1}{2} \cdot 4 + 0 \\ 3 \cdot 2 - \frac{1}{2} \cdot (-2) + 1 \\ 3 \cdot 0 - \frac{1}{2} \cdot 6 + (-1) \end{pmatrix} = \begin{pmatrix} 1 \\ 8 \\ -4 \end{pmatrix}.$$

e) $3 \cdot (\vec{c} + \vec{d}) = 3 \cdot \left(\begin{pmatrix} 0 \\ 1 \\ -1 \end{pmatrix} + \begin{pmatrix} 11 \\ 0 \\ -7 \end{pmatrix} \right) = 3 \cdot \begin{pmatrix} 0 + 11 \\ 1 + 0 \\ -1 + (-7) \end{pmatrix}$

$$= 3 \cdot \begin{pmatrix} 11 \\ 1 \\ -8 \end{pmatrix} = \begin{pmatrix} 3 \cdot 11 \\ 3 \cdot 1 \\ 3 \cdot (-8) \end{pmatrix} = \begin{pmatrix} 33 \\ 3 \\ -24 \end{pmatrix}.$$

f) $8 \cdot (\vec{a} - \vec{c}) = 8 \cdot \left(\begin{pmatrix} 1 \\ 2 \\ 0 \end{pmatrix} - \begin{pmatrix} 0 \\ 1 \\ -1 \end{pmatrix} \right) = 8 \cdot \begin{pmatrix} 1 - 0 \\ 2 - 1 \\ 0 - (-1) \end{pmatrix}$

$$= 8 \cdot \begin{pmatrix} 1 \\ 1 \\ 1 \end{pmatrix} = \begin{pmatrix} 8 \cdot 1 \\ 8 \cdot 1 \\ 8 \cdot 1 \end{pmatrix} = \begin{pmatrix} 8 \\ 8 \\ 8 \end{pmatrix}.$$

g) $(3 + 4) \cdot \vec{c} = 7 \cdot \vec{c} = 7 \cdot \begin{pmatrix} 0 \\ 1 \\ -1 \end{pmatrix} = \begin{pmatrix} 7 \cdot 0 \\ 7 \cdot 1 \\ 7 \cdot (-1) \end{pmatrix} = \begin{pmatrix} 0 \\ 7 \\ -7 \end{pmatrix}.$

h) $(3 \cdot 4) \cdot \vec{c} = 12 \cdot \vec{c} = 12 \cdot \begin{pmatrix} 0 \\ 1 \\ -1 \end{pmatrix} = \begin{pmatrix} 12 \cdot 0 \\ 12 \cdot 1 \\ 12 \cdot (-1) \end{pmatrix} = \begin{pmatrix} 0 \\ 12 \\ -12 \end{pmatrix}.$

i) $2 \cdot (\vec{c} - (2 - (-5)) \cdot \vec{a}) = 2 \cdot (\vec{c} - 7 \cdot \vec{a}) = 2 \cdot \vec{c} - 14 \cdot \vec{a}$

$$= 2 \cdot \begin{pmatrix} 0 \\ 1 \\ -1 \end{pmatrix} - 14 \cdot \begin{pmatrix} 1 \\ 2 \\ 0 \end{pmatrix} = \begin{pmatrix} 2 \cdot 0 \\ 2 \cdot 1 \\ 2 \cdot (-1) \end{pmatrix} - \begin{pmatrix} 14 \cdot 1 \\ 14 \cdot 2 \\ 14 \cdot 0 \end{pmatrix}$$

$$= \begin{pmatrix} 0 \\ 2 \\ -2 \end{pmatrix} - \begin{pmatrix} 14 \\ 28 \\ 0 \end{pmatrix} = \begin{pmatrix} 0-14 \\ 2-28 \\ -2-0 \end{pmatrix} = \begin{pmatrix} -14 \\ -26 \\ -2 \end{pmatrix} = - \begin{pmatrix} 14 \\ 26 \\ 2 \end{pmatrix}.$$

Aufgabe 1.4.3

Gegeben seien die Vektoren des $\mathbb{R}^3$:

$$\vec{a} = \begin{pmatrix} 1 \\ 2 \\ 0 \end{pmatrix}, \vec{b} = \begin{pmatrix} 4 \\ -2 \\ 6 \end{pmatrix}, \vec{c} = \begin{pmatrix} 0 \\ 1 \\ -1 \end{pmatrix} \text{ und } \vec{d} = \begin{pmatrix} 9 \\ 1 \\ 9 \end{pmatrix}.$$

a) Zeigen Sie, daß die Vektoren $\vec{a}$, $\vec{b}$ und $\vec{c}$ linear unabhängig sind.

b) Stellen Sie den Vektor $\vec{d}$ als Linearkombination der übrigen Vektoren dar.

Lösung:

a) Die Vektoren $\vec{a}$, $\vec{b}$ und $\vec{c}$ des $\mathbb{R}^3$ sind genau dann linear unabhängig, falls die Gleichung $\lambda_1\vec{a} + \lambda_2\vec{b} + \lambda_3\vec{c} = \vec{0}$ nur trivial lösbar ist, d.h. $\lambda_1 = \lambda_2 = \lambda_3 = 0$ darf in diesem Fall die einzige Lösung sein.

$$\lambda_1\vec{a} + \lambda_2\vec{b} + \lambda_3\vec{c} = \lambda_1 \begin{pmatrix} 1 \\ 2 \\ 0 \end{pmatrix} + \lambda_2 \begin{pmatrix} 4 \\ -2 \\ 6 \end{pmatrix} + \lambda_3 \begin{pmatrix} 0 \\ 1 \\ -1 \end{pmatrix}$$

$$= \begin{pmatrix} 1 \cdot \lambda_1 & + & 4 \cdot \lambda_2 & + & 0 \cdot \lambda_3 \\ 2 \cdot \lambda_1 & + & (-2) \cdot \lambda_2 & + & 1 \cdot \lambda_3 \\ 0 \cdot \lambda_1 & + & 6 \cdot \lambda_2 & + & (-1) \cdot \lambda_3 \end{pmatrix}$$

$$= \begin{pmatrix} \lambda_1 & + & 4\lambda_2 & & \\ 2\lambda_1 & - & 2\lambda_2 & + & \lambda_3 \\ & & 6\lambda_2 & - & \lambda_3 \end{pmatrix} = \begin{pmatrix} 0 \\ 0 \\ 0 \end{pmatrix}.$$

Da zwei Vektoren genau dann gleich sind, wenn die jeweiligen Komponenten identisch sind, folgt:

$$\begin{array}{rcrcrcll} \lambda_1 & + & 4\lambda_2 & & & = & 0 & \text{I} \\ 2\lambda_1 & - & 2\lambda_2 & + & \lambda_3 & = & 0 & \text{II} \\ & & 6\lambda_2 & - & \lambda_3 & = & 0 & \text{III.} \end{array}$$

Löst man die Gleichungen I bis III nach λ_2 auf, so erhält man die Gleichungen IV bis VI.

$$\begin{array}{rclll} \lambda_2 & = & -\frac{1}{4}\lambda_1 & & \text{IV} \\ \lambda_2 & = & \lambda_1 & + \frac{1}{2}\lambda_3 & \text{V} \\ \lambda_2 & = & & \frac{1}{6}\lambda_3 & \text{VI.} \end{array}$$

Setzt man Gleichung V in Gleichung IV und Gleichung VI ein, so erhält man

$$\begin{array}{rcll} \frac{5}{4}\lambda_1 & = & \frac{1}{2}\lambda_3 & \text{VII} \\ \lambda_1 & = & -\frac{1}{3}\lambda_3 & \text{VIII.} \end{array}$$

Gleichung VIII eingesetzt in VII liefert $\frac{5}{12}\lambda_3 = \frac{1}{2}\lambda_3$, also $\lambda_3 = 0$. Aus VIII folgt dann $\lambda_1 = 0$ und aus VI erhält man schließlich $\lambda_2 = 0$. Die Gleichung $\lambda_1\vec{a} + \lambda_2\vec{b} + \lambda_3\vec{c} = \vec{0}$ ist also nur trivial lösbar. Die drei Vektoren sind somit linear unabhängig.

b) Gesucht ist die Lösung der Gleichung $\lambda_1\vec{a} + \lambda_2\vec{b} + \lambda_3\vec{c} = \vec{d}$.

Analog zu Teil a) erhält man

$$\lambda_1\vec{a} + \lambda_2\vec{b} + \lambda_3\vec{c} = \begin{pmatrix} \lambda_1 + 4\lambda_2 \\ 2\lambda_1 - 2\lambda_2 + \lambda_3 \\ 6\lambda_2 - \lambda_3 \end{pmatrix} = \begin{pmatrix} 9 \\ 1 \\ 9 \end{pmatrix} = \vec{d}.$$

Da zwei Vektoren genau dann gleich sind, wenn die jeweiligen Komponenten übereinstimmen, folgt:

$$\begin{array}{rrrrrrl} \lambda_1 & + & 4\lambda_2 & & & = 9 & \text{I} \\ 2\lambda_1 & - & 2\lambda_2 & + & \lambda_3 & = 1 & \text{II} \\ & & 6\lambda_2 & - & \lambda_3 & = 9 & \text{III.} \end{array}$$

Addiert man zur Gleichung I das Doppelte der Gleichung II, so erhält man Gleichung VI. Gleichung V entsteht durch Addition des Dreifachen der Gleichung II zur Gleichung III.

$$\begin{array}{rrrl} 5\lambda_1 + 2\lambda_3 & = & 11 & \text{I} + 2 \cdot \text{II} \mathrel{\hat=} \text{IV} \\ 6\lambda_1 + 2\lambda_3 & = & 12 & 3 \cdot \text{II} + \text{III} \mathrel{\hat=} \text{V.} \end{array}$$

Subtrahiert man von Gleichung V die Gleichung IV, so folgt $\lambda_1 = 1$. Aus I folgt dann $\lambda_2 = 2$ und aus III erhält man schließlich $\lambda_3 = 3$. Es gilt also: $\vec{d} = 1 \cdot \vec{a} + 2 \cdot \vec{b} + 3 \cdot \vec{c}$.

Aufgabe 1.4.4

Beweisen Sie die Eigenschaften des Skalarprodukts aus Satz 1.2.1.

Lösung:

Gegeben seien die Vektoren $\vec{x}$, $\vec{y}$, $\vec{z} \in \mathbb{R}^n$ und ein Skalar $\alpha \in \mathbb{R}$. Dann gilt mit Definition 1.2.5:

a) $< \vec{x}, \vec{x} > = \sum_{i=1}^{n} x_i \cdot x_i = \sum_{i=1}^{n} x_i^2 \geq 0,$

da $x_i^2 \geq 0$ für alle $x_i \in \mathbb{R}$ mit $1 \leq i \leq n$ gilt.

b) „$\Longleftarrow$“: Sei $\vec{x} = \vec{0}$, dann ist $x_i = 0$ für alle $1 \leq i \leq n$.

Somit gilt: $< \vec{x}, \vec{x} > = \sum_{i=1}^{n} x_i \cdot x_i = \sum_{i=1}^{n} 0 \cdot 0 = 0.$

„$\Longrightarrow$“: Sei $< \vec{x}, \vec{x} > = 0$.

Mit Definition 1.2.5 erhält man: $0 = < \vec{x}, \vec{x} > = \sum_{i=1}^{n} x_i^2 \geq 0.$

Da $x_i^2 \geq 0$ mit $x_i \in \mathbb{R}$ für alle $1 \leq i \leq n$ gilt, muß $x_i = 0$ für alle $1 \leq i \leq n$ sein, also folgt $\vec{x} = \vec{0}$.

c) $\alpha < \vec{x}, \vec{y} > = \alpha \sum_{i=1}^{n} x_i \cdot y_i = \sum_{i=1}^{n} \alpha \cdot (x_i \cdot y_i) = \sum_{i=1}^{n} (\alpha \cdot x_i) \cdot y_i$

$= < \alpha\vec{x}, \vec{y} >.$

Diese Eigenschaft folgt aus dem in $\mathbb{R}$ gültigen Assoziativgesetz und den Rechenregeln des Summenzeichens (vgl. hierzu Band 2: Analysis).

Bemerkung:

Es folgt natürlich auch analog zu obigem Beweis:

$\alpha < \vec{x}, \vec{y} > = < \vec{x}, \alpha\vec{y} >.$

d) $< \vec{x}, \vec{y} > = \sum_{i=1}^{n} x_i \cdot y_i = \sum_{i=1}^{n} y_i \cdot x_i = < \vec{y}, \vec{x} >.$

Diese Eigenschaft folgt aus dem in $\mathbb{R}$ gültigen Kommutativgesetz (vgl. hierzu Band 2: Analysis).

e) $< \vec{x}, \vec{y} + \vec{z} > = \sum_{i=1}^{n} x_i \cdot (y_i + z_i) = \sum_{i=1}^{n} ((x_i \cdot y_i) + (x_i \cdot z_i))$

$= \left(\sum_{i=1}^{n} x_i \cdot y_i\right) + \left(\sum_{i=1}^{n} x_i \cdot z_i\right) = < \vec{x}, \vec{y} > + < \vec{x}, \vec{z} >.$

Diese Eigenschaft folgt aus dem für die reellen Zahlen gültigen Distributivgesetz und den Rechenregeln des Summenzeichens (vgl. Band 2: Analysis).

Bemerkung:

Analog zu obigem Beweis folgt:

$< \vec{x} + \vec{y}, \vec{z} > = < \vec{x}, \vec{z} > + < \vec{y} + \vec{z} >.$

Aufgabe 1.4.5

Zeigen Sie, daß die Vektoren

$$\vec{a} = \begin{pmatrix} 1 \\ 1 \\ 0 \end{pmatrix}, \quad \vec{b} = \begin{pmatrix} 1 \\ -1 \\ 0 \end{pmatrix} \quad \text{und} \quad \vec{c} = \begin{pmatrix} 0 \\ 0 \\ 1 \end{pmatrix}$$

linear unabhängig sind und paarweise senkrecht aufeinander stehen. Konstruieren Sie aus diesen Vektoren ein Orthonormalsystem.

Lösung:

Die Vektoren $\vec{a}$, $\vec{b}$ und $\vec{c}$ des $\mathbb{R}^3$ sind genau dann linear unabhängig, falls die Gleichung $\lambda_1\vec{a} + \lambda_2\vec{b} + \lambda_3\vec{c} = \vec{0}$ nur trivial lösbar ist, d.h. wenn $\lambda_1 = \lambda_2 = \lambda_3 = 0$ die einzige Lösung ist.

$$\lambda_1\vec{a} + \lambda_2\vec{b} + \lambda_3\vec{c} = \lambda_1 \begin{pmatrix} 1 \\ 1 \\ 0 \end{pmatrix} + \lambda_2 \begin{pmatrix} 1 \\ -1 \\ 0 \end{pmatrix} + \lambda_3 \begin{pmatrix} 0 \\ 0 \\ 1 \end{pmatrix}$$

$$= \begin{pmatrix} 1 \cdot \lambda_1 & + & 1 \cdot \lambda_2 & + & 0 \cdot \lambda_3 \\ 1 \cdot \lambda_1 & + & (-1) \cdot \lambda_2 & + & 0 \cdot \lambda_3 \\ 0 \cdot \lambda_1 & + & 0 \cdot \lambda_2 & + & 1 \cdot \lambda_3 \end{pmatrix}$$

$$= \begin{pmatrix} \lambda_1 & + & \lambda_2 & \\ \lambda_1 & - & \lambda_2 & \\ & & & \lambda_3 \end{pmatrix} = \begin{pmatrix} 0 \\ 0 \\ 0 \end{pmatrix}.$$

Da zwei Vektoren genau dann gleich sind, wenn sie komponentenweise gleich sind, muß gelten:

$$\begin{aligned} \lambda_1 + \lambda_2 &= 0 \quad \text{I} \\ \lambda_1 - \lambda_2 &= 0 \quad \text{II} \\ \lambda_3 &= 0 \quad \text{III.} \end{aligned}$$

Löst man die Gleichungen I und II nach λ_1 auf, so erhält man:

$$\begin{aligned} \lambda_1 &= -\lambda_2 \quad \text{IV} \\ \lambda_1 &= \lambda_2 \quad \text{V.} \end{aligned}$$

Aus Gleichnung III erhält man sofort $\lambda_3 = 0$. Setzt man Gleichung V in Gleichung IV ein, so führt dies zu $\lambda_2 = -\lambda_2$ und somit gilt $\lambda_2 = 0$. Mit $\lambda_2 = 0$ folgt aus IV, daß auch $\lambda_1 = 0$ sein muß. Die drei Vektoren sind also linear unabhängig.

Zwei Vektoren stehen genau dann senkrecht aufeinander, wenn ihr Skalarprodukt Null ist. Für die oben angegebenen Vektoren gilt:

$$\begin{aligned} <\vec{a}, \vec{b}> &= 1 \cdot 1 + 1 \cdot (-1) + 0 \cdot 0 &= 0, \\ <\vec{a}, \vec{c}> &= 1 \cdot 0 + 1 \cdot 0 + 0 \cdot 1 &= 0, \\ <\vec{b}, \vec{c}> &= 1 \cdot 0 + (-1) \cdot 0 + 0 \cdot 1 &= 0. \end{aligned}$$

Diese Vektoren stehen also paarweise senkrecht aufeinander.

Ein Orthonormalsystem ist eine Menge von Vektoren, die paarweise senkrecht aufeinander stehen und jeweils den Betrag 1 haben. Die erste Voraussetzung ist bereits erfüllt. Zur Bildung des Orthonormalsystems müssen die Vektoren noch auf die Länge 1 normiert werden. Die Länge eines Vektors ist gegeben durch seinen Betrag. Die Beträge der Vektoren $\vec{a}$, $\vec{b}$ und $\vec{c}$ sind:

$$\begin{aligned} |\vec{a}\,| &= \sqrt{1^2 + 1^2 + 0^2} &= \sqrt{2}, \\ |\vec{b}\,| &= \sqrt{1^2 + (-1)^2 + 0^2} &= \sqrt{2}, \\ |\vec{c}\,| &= \sqrt{0^2 + 0^2 + 1^2} &= 1. \end{aligned}$$

Nach Satz 1.2.3 und den Eigenschaften

$<\alpha\vec{a},\vec{b}>=\alpha<\vec{a},\vec{b}>$ und $<\vec{a},\alpha\vec{b}>=\alpha<\vec{a},\vec{b}>$
des Skalarprodukts bildet die Menge

$$\mathcal{M} = \left\{ \frac{1}{\sqrt{2}} \begin{pmatrix} 1 \\ 1 \\ 0 \end{pmatrix}, \frac{1}{\sqrt{2}} \begin{pmatrix} 1 \\ -1 \\ 0 \end{pmatrix}, \begin{pmatrix} 0 \\ 0 \\ 1 \end{pmatrix} \right\}$$

ein Orthonormalsystem.

Bemerkung:
Die Normierung der Vektoren hat also keinen Einfluß auf die Orthogonalität der Vektoren.

Aufgabe 1.4.6
Gesucht sind alle Vektoren $\vec{x} \in \mathbb{R}^3$, die senkrecht auf den Vektoren $\vec{a}^T = (1,-1,0)$ und $\vec{b}^T = (1,0,2)$ stehen.

Lösung:
Sei $\vec{x}^T = (x_1, x_2, x_3)$ ein beliebiger aber fester Vektor des $\mathbb{R}^3$. Damit $\vec{x}$ senkrecht auf $\vec{a}$ und $\vec{b}$ steht, muß $<\vec{a},\vec{x}>=0$ und $<\vec{b},\vec{x}>=0$ gelten. Es folgt also:

$$\begin{array}{lclcll} <\vec{a},\vec{x}> & = & 1\cdot x_1 + (-1)\cdot x_2 + 0\cdot x_3 & = & 0 & \text{I} \\ <\vec{b},\vec{x}> & = & 1\cdot x_1 + 0\cdot x_2 + 2\cdot x_3 & = & 0 & \text{II.} \end{array}$$

Gleichung I liefert $x_1 = x_2$ und aus Gleichung II erhalten wir $x_1 = -2x_3$. Wir haben also zwei Gleichungen mit drei Unbekannten. Somit ist eine Variable frei wählbar. Aus obigen Gleichungen folgt $x_2 = -2x_3$. Wählt man nun $x_3 = c \in \mathbb{R}$ beliebig aber fest, so sind die beiden restlichen Unbekannten gegeben durch $x_2 = x_1 = -2c$. Somit beinhaltet die Menge

$$\mathbb{L} = \left\{ \begin{pmatrix} -2c \\ -2c \\ c \end{pmatrix} \middle| c \in \mathbb{R} \right\} = \left\{ c \cdot \begin{pmatrix} -2 \\ -2 \\ 1 \end{pmatrix} \middle| c \in \mathbb{R} \right\}$$

alle Vektoren, die auf den Vektoren $\vec{a}$ und $\vec{b}$ senkrecht stehen.
Für $c = 0$ erhält man den Nullvektor. Dieser steht, wie bereits erwähnt, auf jedem Vektor senkrecht.
Da es sich in diesem Fall um dreidimensionale Vektoren handelt, erhält man die Lösung schneller mithilfe des Kreuzprodukts (Definition 1.2.7). Es gilt nach Definition 1.2.7: $\vec{a} \times \vec{b} \perp \vec{a}$ und $\vec{a} \times \vec{b} \perp \vec{b}$. Somit ist die Lösungsmenge

auch gegeben durch $\mathbb{L} = \left\{ \lambda \cdot \left(\vec{a} \times \vec{b} \right) \,\middle|\, \lambda \in \mathbb{R} \right\}$.

Aufgabe 1.4.7

Bestimmen Sie einen Vektor $\vec{x} \in \mathbb{R}^2$, der senkrecht auf den Vektoren $\vec{a}^T = (2, 1)$ und $\vec{b}^T = (1, -2)$ steht.

Lösung:

Sei $\vec{x}^T = (x_1, x_2)$ ein beliebiger aber fester Vektor des $\mathbb{R}^2$. Damit $\vec{x}$ senkrecht auf $\vec{a}$ und $\vec{b}$ steht, muß $< \vec{a}, \vec{x} >= 0$ und $< \vec{b}, \vec{x} >= 0$ gelten.
Es folgt also:

$$\begin{array}{rclcll} < \vec{a}, \vec{x} > & = & 2 \cdot x_1 + 1 \cdot x_2 & = & 0 & \text{I} \\ < \vec{b}, \vec{x} > & = & 1 \cdot x_1 + (-2) \cdot x_2 & = & 0 & \text{II.} \end{array}$$

Aus Gleichung I folgt $x_1 = -\frac{1}{2} x_2$ und aus Gleichung II erhalten wir $x_1 = 2x_2$. Aus diesen beiden Gleichungen folgt nun $2x_2 = -\frac{1}{2} x_2$, also $\frac{5}{2} x_2 = 0$ und somit $x_2 = 0$ und $x_1 = 0$. Also steht nur der Nullvektor senkrecht auf den Vektoren $\vec{a}$ und $\vec{b}$.

Bemerkung:

$\vec{a}$ und $\vec{b}$ stehen senkrecht aufeinander.

Aufgabe 1.4.8

Die Firma Felgen-Jokl stellt, wie der Name schon sagt, Felgen für die Automobilindustrie her. Nachfolgende Tabelle gibt Aufschluß über die hergestellte Menge (HM) der Felgen, die Herstellungskosten (HK) und den Verkaufspreis (VP) pro Felge in DM von drei ausgewählten Felgen des Unternehmens im Monat Mai.

Produkt	F1	F2	F3
HM	10 000	25 000	50 000
HK	50	25	10
VP	100	60	25

a) Berechnen Sie den Umsatz, den die Firma Felgen-Jokl mit den oben angegebenen Produkten im Mai erzielte.

b) Wie hoch war der Gewinn im Monat Mai?

c) Im Juni fand eine Preiserhöhung um 10% statt, obwohl die Herstellungskosten aufgrund weiterer Rationalisierungsmaßnahmen um 5% zurückgingen. Berechnen Sie Umsatz und Gewinn für den Monat Juni.

Lösen Sie die Aufgabe unter Verwendung des Skalarprodukts.

Lösung:
Zunächst definiert man einen Preisvektor $\vec{p}$, einen Kostenvektor $\vec{k}$ und einen Mengenvektor $\vec{m}$ durch:

$$\vec{p} = \begin{pmatrix} 100 \\ 60 \\ 25 \end{pmatrix}, \quad \vec{k} = \begin{pmatrix} 50 \\ 25 \\ 10 \end{pmatrix}, \quad \vec{m} = \begin{pmatrix} 10\,000 \\ 25\,000 \\ 50\,000 \end{pmatrix}.$$

Die i-ten Komponenten enthalten die jeweiligen Werte des Produkts Fi mit $i \in \{1, 2, 3\}$.

a) Der Umsatz, den das Unternehmen mit diesen drei Produkten im Mai erzielte, kann mithilfe des Skalarprodukts der Vektoren $\vec{p}$ und $\vec{m}$ berechnet werden, d.h.

$$\begin{aligned} \text{Umsatz} &= <\vec{p}, \vec{m}> = \vec{p}^T \cdot \vec{m} = \begin{pmatrix} 100 \\ 60 \\ 25 \end{pmatrix}^T \cdot \begin{pmatrix} 10\,000 \\ 25\,000 \\ 50\,000 \end{pmatrix} \\ &= 100 \cdot 10\,000 + 60 \cdot 25\,000 + 25 \cdot 50\,000 \\ &= 3\,750\,000\,. \end{aligned}$$

b) Der Gewinn je Produkteinheit ist gegeben durch $g_i = p_i - k_i$ mit $i \in \{1, 2, 3\}$. Der Gewinn, den das Unternehmen im Monat Mai erzielte, ist also

$$\begin{aligned} \text{Gewinn} &= <\vec{p} - \vec{k}, \vec{m}> = \left(\vec{p} - \vec{k}\right)^T \cdot \vec{m} \\ &= \begin{pmatrix} 100 - 50 \\ 60 - 25 \\ 25 - 10 \end{pmatrix}^T \cdot \begin{pmatrix} 10\,000 \\ 25\,000 \\ 50\,000 \end{pmatrix} \end{aligned}$$

$$= \begin{pmatrix} 50 \\ 35 \\ 15 \end{pmatrix}^T \cdot \begin{pmatrix} 10\,000 \\ 25\,000 \\ 50\,000 \end{pmatrix}$$
$$= 50 \cdot 10\,000 + 35 \cdot 25\,000 + 15 \cdot 50\,000$$
$$= 2\,125\,000 .$$

c) Die 10% Preiserhöhung führt zu einem neuen Preisvektor, der aus dem alten Vektor $\vec{p}$ durch skalare Multiplikation hervorgeht. Eine 10% Preiserhöhung bedeutet, daß die neuen Preise das 1.1-Fache der alten Preise sind, also

$$\vec{p}_{\text{neu}} = 1.1 \cdot \vec{p} = 1.1 \cdot \begin{pmatrix} 100 \\ 60 \\ 25 \end{pmatrix} = \begin{pmatrix} 110.00 \\ 66.00 \\ 27.50 \end{pmatrix} .$$

Da die Herstellungskosten um 5% zurückgingen betragen die neuen Herstellungskosten nur noch das 0.95-Fache der alten Kosten, d.h.

$$\vec{k}_{\text{neu}} = 0.95 \cdot \vec{k} = 0.95 \cdot \begin{pmatrix} 50 \\ 25 \\ 10 \end{pmatrix} = \begin{pmatrix} 47.50 \\ 23.75 \\ 9.95 \end{pmatrix} .$$

Den Umsatz und den Gewinn erhält man analog zu Teil a) und b).

$$\text{Umsatz} = < \vec{p}_{\text{neu}}, \vec{m} > = \vec{p}_{\text{neu}}^{\,T} \cdot \vec{m}$$
$$= \begin{pmatrix} 110.00 \\ 66.00 \\ 27.50 \end{pmatrix}^T \cdot \begin{pmatrix} 10\,000 \\ 25\,000 \\ 50\,000 \end{pmatrix}$$
$$= 110.00 \cdot 10\,000 + 66.00 \cdot 25\,000 + 27.50 \cdot 50\,000$$
$$= 4\,125\,000 .$$

$$\text{Gewinn} = < \vec{p}_{\text{neu}} - \vec{k}_{\text{neu}}, \vec{m} > = \left(\vec{p}_{\text{neu}} - \vec{k}_{\text{neu}}\right)^T \cdot \vec{m}$$
$$= \begin{pmatrix} 110.00 - 47.50 \\ 66.00 - 23.75 \\ 27.50 - 9.95 \end{pmatrix}^T \cdot \begin{pmatrix} 10\,000 \\ 25\,000 \\ 50\,000 \end{pmatrix}$$

$$
\begin{aligned}
&= \begin{pmatrix} 62.50 \\ 42.25 \\ 17.55 \end{pmatrix}^T \cdot \begin{pmatrix} 10\,000 \\ 25\,000 \\ 50\,000 \end{pmatrix} \\
&= 62.50 \cdot 10\,000 + 42.25 \cdot 25\,000 + 17.55 \cdot 50\,000 \\
&= 2\,558\,750\,.
\end{aligned}
$$

Aufgabe 1.4.9
Berechnen Sie den Winkel zwischen den zwei Vektoren $\vec{x}^T = (1,2)$ und $\vec{y}^T = (-2,4)$.

Lösung:
Der Winkel zwischen den zweidimensionalen Vektoren

$$
\vec{x} = \begin{pmatrix} 1 \\ 2 \end{pmatrix} \quad \text{und} \quad \vec{y} = \begin{pmatrix} -2 \\ 4 \end{pmatrix}
$$

ist gegeben durch:

$$
\begin{aligned}
\cos\varphi &= \frac{\begin{pmatrix} 1 \\ 2 \end{pmatrix}^T \cdot \begin{pmatrix} -2 \\ 4 \end{pmatrix}}{\left|\begin{pmatrix} 1 \\ 2 \end{pmatrix}\right| \cdot \left|\begin{pmatrix} -2 \\ 4 \end{pmatrix}\right|} = \frac{1 \cdot (-2) + 2 \cdot 4}{\sqrt{1^2 + 2^2} \cdot \sqrt{(-2)^2 + 4^2}} \\
&= \frac{6}{10} = \frac{3}{5}.
\end{aligned}
$$

Somit ist $\varphi = \arccos \frac{3}{5} \approx 53.13°$.

Aufgabe 1.4.10
Berechnen Sie den Winkel zwischen den zwei Vektoren $\vec{x}^T = (1,0)$ und $\vec{y}^T = (3,4)$.

Lösung:
Der Winkel zwischen den zwei Vektoren

$$
\vec{x} = \begin{pmatrix} 1 \\ 0 \end{pmatrix} \quad \text{und} \quad \vec{y} = \begin{pmatrix} 3 \\ 4 \end{pmatrix}
$$

ist gegeben durch:

$$\cos\varphi = \frac{\begin{pmatrix} 1 \\ 0 \end{pmatrix}^T \cdot \begin{pmatrix} 3 \\ 4 \end{pmatrix}}{\left|\begin{pmatrix} 1 \\ 0 \end{pmatrix}\right| \cdot \left|\begin{pmatrix} 3 \\ 4 \end{pmatrix}\right|} = \frac{1 \cdot 3 + 0 \cdot 4}{\sqrt{1^2+0^2} \cdot \sqrt{3^2+4^2}} = \frac{3}{5},$$

also ist $\varphi = \arccos \frac{3}{5} \approx 53.13°$.

Aufgabe 1.4.11
Es sei $\vec{x} \in \mathbb{R}^n \setminus \left\{\vec{0}\right\}$ beliebig aber fest.

Welchen Winkel schließt $\vec{x}$ mit der i-ten Koordinatenachse (x_i-Achse) $i = 1, 2, \ldots, n$ ein?

Lösung:
Aufgrund von Beispiel 1.2.9 genügt es die Winkel φ_i jeweils zwischen den Vektoren $\vec{x}$ und $\vec{e}_i$ (Basisvektoren, vgl. Beispiel 1.2.3), $i = 1, 2, \ldots, n$ zu berechnen, da der Basisvektor $\vec{e}_i$ in Richtung der i-ten Koordinatenachse zeigt. Es gilt für alle $i = 1, 2, \ldots, n$:

$$\cos\varphi_i = \frac{\vec{x}^T \cdot \vec{e}_i}{|\vec{x}| \cdot |\vec{e}_i|} = \frac{x_i}{|\vec{x}| \cdot 1} = \frac{x_i}{|\vec{x}|} \quad \Longrightarrow \quad \varphi_i = \arccos \frac{x_i}{|\vec{x}|}.$$

Aufgabe 1.4.12
Gegeben seien die Punkte $A(1, 2, 3)$, $B(1, 0, -1)$, $C(-1, \sqrt{2}, 9)$ und $O(0, 0, 0)$. Geben Sie folgende Vektoren an: $\overrightarrow{OB}$, $\overrightarrow{AB}$, $\overrightarrow{BA}$, $\overrightarrow{AC}$, $\overrightarrow{CA}$, $\overrightarrow{BC}$ und $\overrightarrow{CB}$.

Lösung:
Es gilt:

$$\overrightarrow{OB} = \begin{pmatrix} 1 \\ 0 \\ -1 \end{pmatrix},$$

$$\overrightarrow{AB} = \overrightarrow{OB} - \overrightarrow{OA} = \begin{pmatrix} 1 \\ 0 \\ -1 \end{pmatrix} - \begin{pmatrix} 1 \\ 2 \\ 3 \end{pmatrix} = \begin{pmatrix} 0 \\ -2 \\ -4 \end{pmatrix},$$

$$\overrightarrow{BA} = \overrightarrow{OA} - \overrightarrow{OB} = \begin{pmatrix} 1 \\ 2 \\ 3 \end{pmatrix} - \begin{pmatrix} 1 \\ 0 \\ -1 \end{pmatrix} = \begin{pmatrix} 0 \\ 2 \\ 4 \end{pmatrix} = -\overrightarrow{AB},$$

$$\overrightarrow{AC} = \overrightarrow{OC} - \overrightarrow{OA} = \begin{pmatrix} -1 \\ \sqrt{2} \\ 9 \end{pmatrix} - \begin{pmatrix} 1 \\ 2 \\ 3 \end{pmatrix} = \begin{pmatrix} -2 \\ \sqrt{2}-2 \\ 6 \end{pmatrix},$$

$$\overrightarrow{CA} = -\overrightarrow{AC} = (-1) \cdot \begin{pmatrix} -2 \\ \sqrt{2}-2 \\ 6 \end{pmatrix} = \begin{pmatrix} 2 \\ 2-\sqrt{2} \\ -6 \end{pmatrix},$$

$$\overrightarrow{BC} = \overrightarrow{OC} - \overrightarrow{OB} = \begin{pmatrix} -1 \\ \sqrt{2} \\ 9 \end{pmatrix} - \begin{pmatrix} 1 \\ 0 \\ -1 \end{pmatrix} = \begin{pmatrix} -2 \\ \sqrt{2} \\ 10 \end{pmatrix},$$

$$\overrightarrow{CB} = -\overrightarrow{BC} = (-1) \cdot \begin{pmatrix} -2 \\ \sqrt{2} \\ 10 \end{pmatrix} = \begin{pmatrix} 2 \\ -\sqrt{2} \\ -10 \end{pmatrix}.$$

Aufgabe 1.4.13

Gegeben seien die vier zweidimensionalen Punkte O$(0,0)$, $P(2,5)$, $Q(12,7)$ und $R(10,2)$. Verbindet man diese Punkte gemäß untenstehender Abbildung, so entsteht ein Parallelogramm.

Abbildung 1.4.1

Parallelogramm

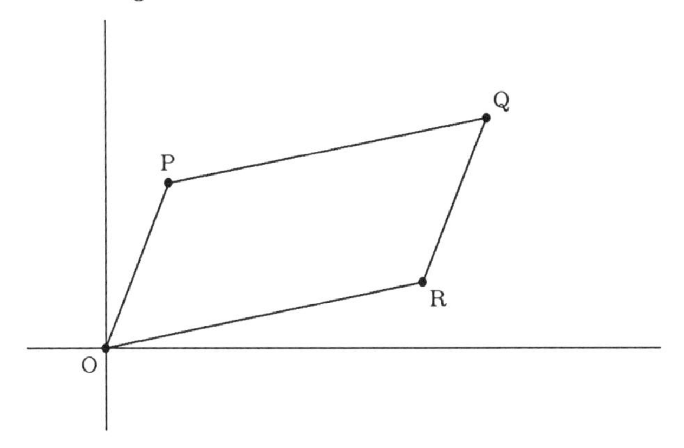

Zeigen Sie, daß es sich hierbei wirklich um ein Parallelogramm handelt und berechnen Sie den Umfang des Parallelogramms.

Lösung:

Zum Nachweis, daß es sich hier um ein Parallelogramm handelt, sowie zur

Berechnung des Umfangs benötigt man die Vektoren $\overrightarrow{OP}$, $\overrightarrow{PQ}$, $\overrightarrow{QR}$ und $\overrightarrow{RO}$. Diese sind gegeben durch:

$$\begin{aligned}
\overrightarrow{OP} &= \begin{pmatrix} 2 \\ 5 \end{pmatrix}, \\
\overrightarrow{PQ} &= \overrightarrow{OQ} - \overrightarrow{OP} = \begin{pmatrix} 10 \\ 2 \end{pmatrix}, \\
\overrightarrow{QR} &= \overrightarrow{OR} - \overrightarrow{OQ} = \begin{pmatrix} -2 \\ -5 \end{pmatrix}, \\
\overrightarrow{RO} &= -\overrightarrow{OR} = \begin{pmatrix} -10 \\ -2 \end{pmatrix}.
\end{aligned}$$

Liegt ein Parallelogramm vor, so muß gelten (vgl. hierzu Band 1: Grundlagen):

$$\overrightarrow{OP} \,||\, \overrightarrow{QR}, \quad \overrightarrow{PQ} \,||\, \overrightarrow{RO} \quad \text{und} \quad \left|\overrightarrow{OP}\right| = \left|\overrightarrow{QR}\right|, \quad \left|\overrightarrow{PQ}\right| = \left|\overrightarrow{RO}\right|.$$

Wie man leicht erkennt, gilt:

$$\overrightarrow{OP} = (-1) \cdot \overrightarrow{QR} \quad \text{und} \quad \overrightarrow{PQ} = (-1) \cdot \overrightarrow{RO},$$

d.h. ebenso wie die Vektoren $\overrightarrow{OP}$ und $\overrightarrow{QR}$ sind auch die Vektoren $\overrightarrow{PQ}$ und $\overrightarrow{RO}$ linear abhängig und somit parallel.
Für die Länge der Vektoren gilt:

$$\begin{aligned}
\left|\overrightarrow{OP}\right| &= \left|(-1) \cdot \overrightarrow{QR}\right| = \left|\overrightarrow{QR}\right| = \sqrt{(-2)^2 + (-5^2)} = \sqrt{29}, \\
\left|\overrightarrow{PQ}\right| &= \left|(-1) \cdot \overrightarrow{RO}\right| = \left|\overrightarrow{RO}\right| = \sqrt{(-10)^2 + (-2)^2} = \sqrt{104}.
\end{aligned}$$

Somit ist der Beweis erbracht, daß es sich hierbei um ein Parallelogramm handelt.

Der Umfang ist gegeben durch:

$$\text{Umfang} = 2 \cdot \left|\overrightarrow{OP}\right| + 2 \cdot \left|\overrightarrow{PQ}\right| = 2 \cdot \left(\sqrt{29} + \sqrt{104}\right) \approx 31.17\,.$$

Aufgabe 1.4.14

Geben Sie die zu den Punkten P, Q und R (vgl. Abbildung 1.4.2) gehörenden Ortsvektoren an. O(0,0) bezeichnet den Ursprung. Berechnen Sie desweiteren die Verbindungsvektoren $\overrightarrow{PQ}$ und $\overrightarrow{QR}$.

Abbildung 1.4.2

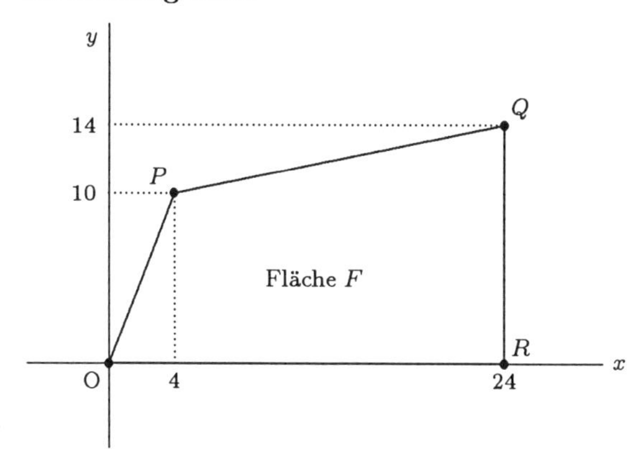

Berechnen Sie die Fläche F, die durch die Strecken $\mathrm{O}P$, PQ, QR und $R\mathrm{O}$ eingeschlossen wird (siehe Abbildung 1.4.2). Verwenden Sie zur Flächenberechnung Vektoren.

Lösung:

Die Ortsvektoren der Eckpunkte P, Q und R sind gegeben durch:

$$\overrightarrow{\mathrm{O}P} = \begin{pmatrix} 4 \\ 10 \end{pmatrix}, \quad \overrightarrow{\mathrm{O}Q} = \begin{pmatrix} 24 \\ 14 \end{pmatrix} \quad \text{und} \quad \overrightarrow{\mathrm{O}R} = \begin{pmatrix} 24 \\ 0 \end{pmatrix}.$$

Die beiden Verbindungsvektoren sind

$$\begin{aligned} \overrightarrow{PQ} &= \overrightarrow{\mathrm{O}Q} - \overrightarrow{\mathrm{O}P} = \begin{pmatrix} 24-4 \\ 14-10 \end{pmatrix} = \begin{pmatrix} 20 \\ 4 \end{pmatrix}, \\ \overrightarrow{QR} &= \overrightarrow{\mathrm{O}R} - \overrightarrow{\mathrm{O}Q} = \begin{pmatrix} 24-24 \\ 0-14 \end{pmatrix} = \begin{pmatrix} 0 \\ -14 \end{pmatrix}. \end{aligned}$$

Die Fläche F kann man in die drei Teilflächen F_0, F_1 und F_2 zerlegen (siehe Abbildung 1.4.3), so daß gilt:

$$F = F_0 + F_1 + F_2.$$

Abbildung 1.4.3

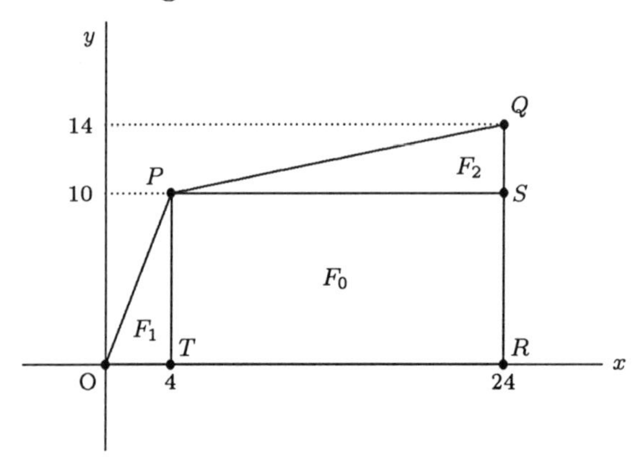

Zur Berechnung der Fläche F_0 (Rechteckfläche) benötigt man die Länge des Vektors $\overrightarrow{PT}$, also

$$\begin{aligned} \left|\overrightarrow{PT}\right| &= \left|\overrightarrow{OT} - \overrightarrow{OP}\right| = \left|\begin{pmatrix} 4-4 \\ 0-10 \end{pmatrix}\right| = \left|\begin{pmatrix} 0 \\ -10 \end{pmatrix}\right| \\ &= \sqrt{0^2 + (-10)^2} = 10 \end{aligned}$$

und die Länge des Vektors $\overrightarrow{PS}$ (bzw. $\overrightarrow{TR}$), also

$$\begin{aligned} \left|\overrightarrow{PS}\right| &= \left|\overrightarrow{OS} - \overrightarrow{OP}\right| = \left|\begin{pmatrix} 24-4 \\ 10-10 \end{pmatrix}\right| = \left|\begin{pmatrix} 20 \\ 0 \end{pmatrix}\right| \\ &= \sqrt{20^2 + 0^2} = 20\,. \end{aligned}$$

Die Fläche F_0 ist somit gegebend durch

$$\begin{aligned} F_0 &= \left|\overrightarrow{PT}\right| \cdot \left|\overrightarrow{PS}\right| = 10 \cdot 20 \\ &= 200 \text{ Flächeneinheiten.} \end{aligned}$$

Zur Berechnung der Fläche F_1 (Dreiecksfläche) benötigt man die Länge des Vektors $\overrightarrow{PT}$, sowie die Länge des Vektors $\overrightarrow{OT}$. Die Länge des Ortsvektors $\overrightarrow{OT}$ ist

$$\left|\overrightarrow{OT}\right| = \left|\begin{pmatrix} 4 \\ 0 \end{pmatrix}\right| = \sqrt{4^2 + 0^2} = 4\,.$$

Die Fläche F_1 ist somit gegebend durch

$$\begin{aligned} F_1 &= \frac{1}{2} \cdot \left|\overrightarrow{PT}\right| \cdot \left|\overrightarrow{OT}\right| = \frac{1}{2} \cdot 10 \cdot 4 \\ &= 20 \text{ Flächeneinheiten.} \end{aligned}$$

Zur Berechnung der Fläche F_2 (Dreiecksfläche) benötigt man die Länge des Vektors $\overrightarrow{PS}$, sowie die Länge des Vektors $\overrightarrow{SQ}$. Die Länge des Vektors $\overrightarrow{SQ}$ ist

$$\left|\overrightarrow{SQ}\right| = \left|\begin{pmatrix} 24-24 \\ 14-10 \end{pmatrix}\right| = \left|\begin{pmatrix} 0 \\ 4 \end{pmatrix}\right| = \sqrt{0^2+4^2} = 4\,.$$

Die Fläche F_2 ist demnach

$$\begin{aligned} F_2 &= \frac{1}{2} \cdot \left|\overrightarrow{PS}\right| \cdot \left|\overrightarrow{SQ}\right| = \frac{1}{2} \cdot 20 \cdot 4 \\ &= 40 \text{ Flächeneinheiten.} \end{aligned}$$

Die Fläche F beträgt also

$$\begin{aligned} F &= F_0 + F_1 + F_2 = 200 + 20 + 40 \\ &= 260 \text{ Flächeneinheiten.} \end{aligned}$$

Kapitel 2

Geraden und Kreise in der Ebene

In diesem Kapitel werden Punkte, Geraden und Kreise im reellen Vektorraum $(\mathbb{R}^2, +, \cdot)$ mithilfe der Vektorrechnung untersucht.
Es werden Fragen beantwortet, wie z.B.:

1.) Welche Darstellungsformen einer Geraden gibt es im $\mathbb{R}^2$ und welchen Zusammenhang gibt es zwischen diesen Formen?

2.) Welchen Abstand hat ein gegebener Punkt P zu einer Geraden g?

3.) Schneiden sich zwei gegebene Geraden g_1 und g_2 oder sind sie parallel zueinander?

4.) Welche Darstellungsformen eines Kreises gibt es im $\mathbb{R}^2$?

5.) Wie berechnet man eine Tangente an einen Kreis?

6.) Was ist eine Polare?

7.) Wie erkennt man, ob sich zwei Kreise schneiden?

2.1 Geraden in der Ebene

2.1.1 Parameterform einer Geraden

Gegeben seien zwei verschiedene Punkte P und Q des $\mathbb{R}^2$. Gesucht ist die Gerade g, die durch diese beiden Punkte geht.

Abbildung 2.1.1
Gerade g durch die Punkte P und Q.

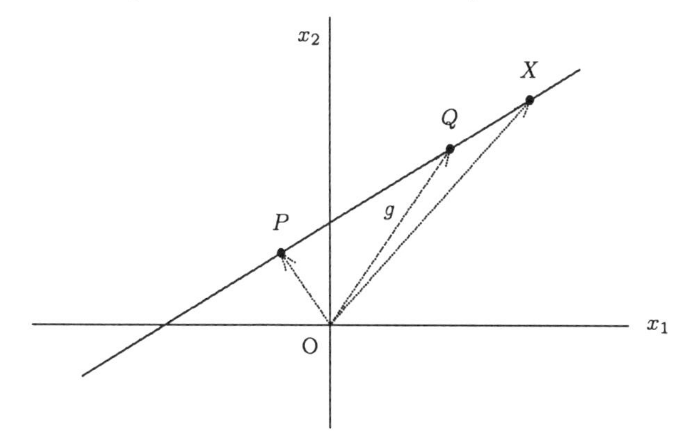

Zur Herleitung der gesuchten Geradengleichung sei auf Abbildung 2.1.1 verwiesen. Dort erkennt man, daß der Ortsvektor $\overrightarrow{OP}$ des Punktes P zur Geraden hinzeigt. Der auf der Geraden g liegende Verbindungsvektor $\overrightarrow{PQ}$ der Punkte P und Q gibt die Richtung der Geraden an. Somit ist es möglich für jeden beliebigen Punkt $X(x_1, x_2)$ der Geraden g den dazugehörigen Ortsvektor $\overrightarrow{OX}$ anzugeben. Dieser ist darstellbar in der

- **Parameterform einer Geraden** g

$$g : \overrightarrow{OX} = \vec{x} = \begin{pmatrix} x_1 \\ x_2 \end{pmatrix} = \overrightarrow{OP} + \lambda \overrightarrow{PQ}, \quad \lambda \in \mathbb{R}. \tag{2.1}$$

Den Vektor $\overrightarrow{OP}$ nennt man **Stützvektor**, der Vektor $\overrightarrow{PQ}$ wird **Richtungsvektor** genannt.

Jeder Parameterwert λ liefert den Ortsvektor eines Punktes der Geraden g. $\lambda = 0$ liefert den Ortsvektor zum Punkt P und für $\lambda = 1$ erhält man den Ortsvektor zum Punkt Q. Umgekehrt findet man zu jedem Ortsvektor eines Punktes X der Geraden g den dazugehörigen Parameterwert λ.

Bemerkung:

1.) Vgl. hierzu auch die Veranschaulichung der Vektoraddition in Kapitel 1.3.

2.) Für die oben angegebene Gerade $g : \mathbb{R} \longrightarrow \mathbb{R}^2$ gilt also

$$g(\lambda) = \overrightarrow{OP} + \lambda \overrightarrow{PQ}, \quad \lambda \in \mathbb{R}.$$

3.) Eine Gerade g ist durch zwei auf ihr liegenden Punkte $P(p_1, p_2)$ und $Q(q_1, q_2)$ mit $P \neq Q$ **eindeutig** bestimmt. Eine Parameterdarstellung der Geraden g ist gegeben durch die

- **Zwei-Punkte-Form** einer Geraden g

$$g : \quad \overrightarrow{OX} = \overrightarrow{OP} + \lambda \left(\overrightarrow{OQ} - \overrightarrow{OP} \right), \quad \lambda \in \mathbb{R},$$

$$g : \quad \begin{pmatrix} x_1 \\ x_2 \end{pmatrix} = \begin{pmatrix} p_1 \\ p_2 \end{pmatrix} + \lambda \begin{pmatrix} q_1 - p_1 \\ q_2 - p_2 \end{pmatrix}, \quad \lambda \in \mathbb{R}.$$

Hier erkennt man deutlich, daß falls $P = Q$ gilt, der „Richtungsvektor“ der Nullvektor ist (und somit in keine Richtung zeigt). Es entsteht also keine Gerade. Vgl. hierzu auch die Zwei-Punkte-Form einer Geraden in Band 2: Analysis.

5.) Eine Gerade g ist **eindeutig** bestimmt, durch einen auf ihr liegenden Punkt $P(p_1, p_2)$ und einen Richtungsvektor $\vec{r} = (r_1, r_2)^T$. In Abbildung 2.1.2 wird dieser Sachverhalt veranschaulicht.

Abbildung 2.1.2
Gerade g durch den Punkt P in Richtung $\vec{r}$.

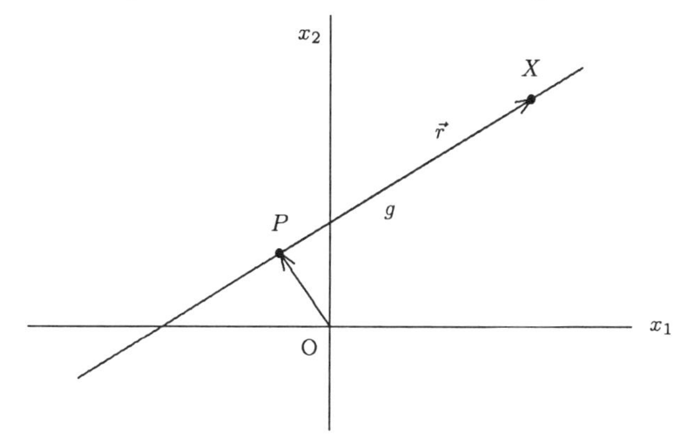

Eine Parameterdarstellung der Geraden g ist dann gegeben durch die

- **Punkt-Richtungs-Form** einer Geraden g

$$g: \quad \overrightarrow{OX} = \overrightarrow{OP} + \lambda \vec{r}, \quad \lambda \in \mathbb{R},$$

$$g: \quad \begin{pmatrix} x_1 \\ x_2 \end{pmatrix} = \begin{pmatrix} p_1 \\ p_2 \end{pmatrix} + \lambda \begin{pmatrix} r_1 \\ r_2 \end{pmatrix}, \quad \lambda \in \mathbb{R}.$$

Vgl. hierzu auch die Punkt-Steigungs-Form einer Geraden in Band 2: Analysis.

Betrachtet man die Zwei-Punkte-Form aus 4.), so ist der Richtungsvektor $\vec{r}$ gegeben durch $\vec{r} = (q_1 - p_1, q_2 - p_2)^T$ (Abbildung 2.1.1).

6.) Für eine Gerade gibt es unendlich viele Darstellungen in Parameterform.

Beispiel 2.1.1
Gegeben sind die beiden Punkte $P(3,6)$ und $Q(2,5)$.

1.) Gesucht ist eine Parameterdarstellung der Geraden g, die durch die Punkte P und Q geht.

2.) Befindet sich der Punkt $R(1,4)$ auf der Geraden g?

3.) Befindet sich der Punkt $S(0,2)$ auf der Geraden g?

4.) Gesucht sind mindestens drei weitere Parameterdarstellungen von g.

Lösung:

1.) Gegeben sind die zwei verschiedenen auf der Geraden g liegenden Punkte P und Q. Mit der Zwei-Punkte-Form ist die Geradengleichung gegeben durch

$$g\ :\ \overrightarrow{OX} = \overrightarrow{OP} + \lambda\left(\overrightarrow{OQ} - \overrightarrow{OP}\right), \quad \lambda \in \mathbb{R}.$$

Benötigt werden also der Ortsvektor

$$\overrightarrow{OP} = \begin{pmatrix} 3 \\ 6 \end{pmatrix}$$

und der Richtungsvektor

$$\overrightarrow{OQ} - \overrightarrow{OP} = \begin{pmatrix} 2 \\ 5 \end{pmatrix} - \begin{pmatrix} 3 \\ 6 \end{pmatrix} = \begin{pmatrix} -1 \\ -1 \end{pmatrix}.$$

Die Parameterdarstellung der Geraden ist folglich

$$g\ :\ \begin{pmatrix} x_1 \\ x_2 \end{pmatrix} = \begin{pmatrix} 3 \\ 6 \end{pmatrix} + \lambda \begin{pmatrix} -1 \\ -1 \end{pmatrix}, \quad \lambda \in \mathbb{R}.$$

2.) Liegt der Punkt $R(1,4)$ auf der Geraden g, so muß die Gleichung

$$\begin{pmatrix} 1 \\ 4 \end{pmatrix} = \begin{pmatrix} 3 \\ 6 \end{pmatrix} + \lambda \begin{pmatrix} -1 \\ -1 \end{pmatrix} = \begin{pmatrix} 3 + \lambda \cdot (-1) \\ 6 + \lambda \cdot (-1) \end{pmatrix}$$

eindeutig nach λ auflösbar sein. Diese Vektorgleichung führt zu

$$\begin{aligned} 1 &= 3 - \lambda \quad \Longrightarrow \quad \lambda = 2 \\ 4 &= 6 - \lambda \quad \Longrightarrow \quad \lambda = 2. \end{aligned}$$

Der Punkt $R(1,4)$ liegt also auf der Geraden. Man erhält ihn (genauer: den dazugehörigen Ortsvektor), für $\lambda = 2$.

3.) Liegt der Punkt $S(0,2)$ auf der Geraden g, so muß die Gleichung

$$\begin{pmatrix} 0 \\ 2 \end{pmatrix} = \begin{pmatrix} 3 \\ 6 \end{pmatrix} + \lambda \begin{pmatrix} -1 \\ -1 \end{pmatrix} = \begin{pmatrix} 3 + \lambda \cdot (-1) \\ 6 + \lambda \cdot (-1) \end{pmatrix}$$

eindeutig nach λ auflösbar sein. Diese Vektorgleichung führt zu

$$\begin{array}{rcl} 0 = 3-\lambda & \Longrightarrow & \lambda = 3 \\ 2 = 6-\lambda & \Longrightarrow & \lambda = 4. \end{array}$$

Die beiden Gleichungen liefern unterschiedliche Werte für λ, d.h. die Vektorgleichung ist nicht auflösbar ($3 \neq 4$). $S(0,2)$ ist also kein Punkt der Geraden g.

4.) Ersetzt man in der Parameterform von g den Parameter λ durch $-\mu$ mit $\mu \in \mathbb{R}$, so verändert sich die Parameterdarstellung von g wie folgt:

$$g : \begin{pmatrix} x_1 \\ x_2 \end{pmatrix} = \begin{pmatrix} 3 \\ 6 \end{pmatrix} - \mu \begin{pmatrix} -1 \\ -1 \end{pmatrix} = \begin{pmatrix} 3 \\ 6 \end{pmatrix} + \mu \begin{pmatrix} 1 \\ 1 \end{pmatrix}$$

mit $\mu \in \mathbb{R}$. Nennt man μ schließlich wieder λ, so erkennt man, daß es möglich ist, den Richtungsvektor $\overrightarrow{PQ}$ durch jedes Vielfache ($\neq 0$) dieses Vektors zu ersetzen.

Eine weitere Darstellung von g erhält man, wenn man den Stützvektor austauscht.

Der Punkt $R(1,4)$ liegt auf g. Der Richtungsvektor der Geraden g ist $\vec{r} = \overrightarrow{PQ} = (-1,-1)^T$. Somit ist eine weitere Parameterdarstellung von g mithilfe der Punkt-Richtungs-Form gegeben durch

$$g : \quad \overrightarrow{OX} = \overrightarrow{OR} + \lambda \overrightarrow{PQ}, \quad \lambda \in \mathbb{R},$$

$$g : \quad \begin{pmatrix} x_1 \\ x_2 \end{pmatrix} = \begin{pmatrix} 1 \\ 4 \end{pmatrix} + \lambda \begin{pmatrix} -1 \\ -1 \end{pmatrix}, \quad \lambda \in \mathbb{R}.$$

Eine weitere Parameterdarstellung erhält man, indem man nun λ z.B. durch $-\frac{1}{\sqrt{2}}\mu$ mit $\mu \in \mathbb{R}$ ersetzt.

$$g : \begin{pmatrix} x_1 \\ x_2 \end{pmatrix} = \begin{pmatrix} 1 \\ 4 \end{pmatrix} + \mu \begin{pmatrix} \frac{1}{\sqrt{2}} \\ \frac{1}{\sqrt{2}} \end{pmatrix}, \quad \mu \in \mathbb{R}.$$

Diese Darstellung hat den Vorteil, daß der Richtungsvektor nun auf 1 normiert ist. Setzt man für $X(x_1, x_2)$ einen beliebigen auf der Geraden g liegenden Punkt Y ein und löst dann die Gleichung nach μ auf, so ist $|\mu|$ gleich dem Abstand des Punktes $R(1,4)$ zu diesem Punkt Y.

Der Punkt $Y(2,5)$ ist vom Punkt $R(1,4)$ genau $\sqrt{2}$ Längeneinheiten entfernt, denn setzt man in obige Geradengleichung $\mu = \sqrt{2}$ ein, so erhält man gerade den Punkt $Y(2,5)$.

Im folgenden werden Parameterformen spezieller Geraden vorgestellt.

- Eine **Ursprungsgerade** geht durch den Ursprung $O(0,0)$ und einen weiteren Punkt $P(p_1, p_2)$ mit $P \neq O$. Als Stützvektor bietet sich der Nullvektor an und als Richtungsvektor der Ortsvektor des Punktes $P(p_1, p_2)$. Eine Parameterdarstellung obiger Ursprungsgerade ist somit gegeben durch

$$g : \begin{pmatrix} x_1 \\ x_2 \end{pmatrix} = \begin{pmatrix} 0 \\ 0 \end{pmatrix} + \lambda \begin{pmatrix} p_1 \\ p_2 \end{pmatrix} = \lambda \begin{pmatrix} p_1 \\ p_2 \end{pmatrix}, \quad \lambda \in \mathbb{R}.$$

- Die **x_1-Achse** geht durch den Ursprung $O(0,0)$ und durch den Punkt $E_1(1,0)$. Die x_1-Achse ist also eine Ursprungsgerade. Eine Parameterdarstellung ist folglich

$$g : \begin{pmatrix} x_1 \\ x_2 \end{pmatrix} = \lambda \begin{pmatrix} 1 \\ 0 \end{pmatrix}, \quad \lambda \in \mathbb{R}.$$

- Die **x_2-Achse** geht durch den Ursprung $O(0,0)$ und durch den Punkt $E_2(0,1)$. Die x_2-Achse ist ebenfalls eine Ursprungsgerade. Eine Parameterdarstellung ist

$$g : \begin{pmatrix} x_1 \\ x_2 \end{pmatrix} = \lambda \begin{pmatrix} 0 \\ 1 \end{pmatrix}, \quad \lambda \in \mathbb{R}.$$

- Die **erste Winkelhalbierende** geht durch die beiden Punkte $O(0,0)$ und $W_1(1,1)$. Somit ist eine Parameterdarstellung gegeben durch

$$g : \begin{pmatrix} x_1 \\ x_2 \end{pmatrix} = \lambda \begin{pmatrix} 1 \\ 1 \end{pmatrix}, \quad \lambda \in \mathbb{R}.$$

- Die **zweite Winkelhalbierende** geht durch die Punkte $O(0,0)$ und $W_2(-1,1)$. Somit ist eine Parameterdarstellung gegeben durch

$$g : \begin{pmatrix} x_1 \\ x_2 \end{pmatrix} = \lambda \begin{pmatrix} -1 \\ 1 \end{pmatrix}, \quad \lambda \in \mathbb{R}.$$

- Eine Gerade, die durch den Punkt $P(p_1, p_2)$ geht und **parallel zur x_1-Achse** (in Richtung der x_1-Achse) verläuft, hat die Parameterform

$$g : \begin{pmatrix} x_1 \\ x_2 \end{pmatrix} = \begin{pmatrix} p_1 \\ p_2 \end{pmatrix} + \lambda \begin{pmatrix} 1 \\ 0 \end{pmatrix}, \quad \lambda \in \mathbb{R}.$$

- Eine Gerade, die durch den Punkt $P(p_1, p_2)$ geht und **parallel zur x_2-Achse** (in Richtung der x_2-Achse) verläuft, hat die Parameterform

$$g : \begin{pmatrix} x_1 \\ x_2 \end{pmatrix} = \begin{pmatrix} p_1 \\ p_2 \end{pmatrix} + \lambda \begin{pmatrix} 0 \\ 1 \end{pmatrix}, \quad \lambda \in \mathbb{R}.$$

2.1.2 Koordinatenform einer Geraden

Eine weitere Form der Darstellung einer Geraden ist die

- **Koordinatenform einer Geraden g**

$$g : ax_1 + bx_2 + c = 0 \tag{2.2}$$

mit a, b, $c \in \mathbb{R}$ und $a^2 + b^2 \neq 0$.

Beispiel 2.1.2
Eine Parameterdarstellung der im Beispiel 2.1.1 berechneten Geraden g ist

$$g : \begin{pmatrix} x_1 \\ x_2 \end{pmatrix} = \begin{pmatrix} 3 \\ 6 \end{pmatrix} + \lambda \begin{pmatrix} -1 \\ -1 \end{pmatrix}, \quad \lambda \in \mathbb{R}.$$

Ziel ist es, eine Darstellung zu finden, die nicht mehr vom Parameter λ abhängt. λ muß also eliminiert werden.
Äquivalent zu obiger Vektorgleichung ist das Gleichungssystem

$$\begin{aligned} x_1 &= 3 - \lambda & \Longrightarrow \quad \lambda &= 3 - x_1 \\ x_2 &= 6 - \lambda & \Longrightarrow \quad \lambda &= 6 - x_2. \end{aligned}$$

Setzt man beide λ-Werte gleich, so folgt $3 - x_1 = 6 - x_2$. Die daraus resultierende Koordinatenform der Geraden g ist dann

$$g : -x_1 + x_2 - 3 = 0.$$

Bemerkung:

1.) Wird obige Gleichung mit einer Konstanten $d \in \mathbb{R} \setminus \{0\}$ durchmultipliziert, so erhält man eine weitere Darstellung. Somit besitzt eine Gerade unendlich viele Darstellungen in Koordinatenform.

2.) Die Aussage $a^2 + b^2 \neq 0$ bedeutet, daß die Koeffizienten a und b nicht gleichzeitig Null sein dürfen.

Beispiel 2.1.3
Liegt der Punkt $P(4,6)$ oder der Punkt $Q(1,5)$ auf der Geraden g mit

$$g \ : \ -2x_1 + 3x_2 - 10 \ = \ 0\,?$$

Lösung:
Hier ist nur die Punktprobe durchzuführen.
Der Punkt $P(4,6)$ mit den Koordinaten $x_1 = 4$ und $x_2 = 6$ liegt auf der Geraden g, denn es gilt

$$-2 \cdot x_1 + 3 \cdot x_2 - 10 \ = \ -2 \cdot 4 + 3 \cdot 6 - 10 \ = \ 0.$$

Der Punkt $Q(1,5)$ mit den Koordinaten $x_1 = 1$ und $x_2 = 5$ liegt nicht auf der Geraden g, denn es gilt

$$-2 \cdot x_1 + 3 \cdot x_2 - 10 \ = \ -2 \cdot 1 + 3 \cdot 5 - 10 \ = \ 3 \neq 0.$$

Beispiel 2.1.4
Gegeben ist die Koordinatenform

$$g \ : \ x_1 - 2x_2 + 1 \ = \ 0$$

der Geraden g. Gesucht ist eine Parameterdarstellung von g.

Lösung:
Löst man die Koordinatendarstellung von g nach x_1 auf, so erhält man

$$x_1 \ = \ -1 + 2x_2.$$

Setzt man für x_2 z.B. $\lambda \in \mathbb{R}$, so erhält man die dazugehörige x_1-Koordinate mithilfe obiger Gleichung. Sei also $x_2 = \lambda$, so liefert dies $x_1 = -1 + 2 \cdot \lambda$. Das dazugehörige Gleichungssystem ist

$$\begin{aligned} x_1 &= -1 + 2\lambda \\ x_2 &= \lambda\,. \end{aligned}$$

In der Vektordarstellung sieht dies folgendermaßen aus:

$$\begin{aligned} \begin{pmatrix} x_1 \\ x_2 \end{pmatrix} &= \begin{pmatrix} -1 + 2 \cdot \lambda \\ \lambda \end{pmatrix} = \begin{pmatrix} -1 + 2 \cdot \lambda \\ 0 + 1 \cdot \lambda \end{pmatrix} \\ &= \begin{pmatrix} -1 \\ 0 \end{pmatrix} + \begin{pmatrix} 2 \cdot \lambda \\ 1 \cdot \lambda \end{pmatrix} = \begin{pmatrix} -1 \\ 0 \end{pmatrix} + \lambda \begin{pmatrix} 2 \\ 1 \end{pmatrix}. \end{aligned}$$

Eine Parameterdarstellung von g ist somit gegeben durch

$$g : \begin{pmatrix} x_1 \\ x_2 \end{pmatrix} = \begin{pmatrix} -1 \\ 0 \end{pmatrix} + \lambda \begin{pmatrix} 2 \\ 1 \end{pmatrix}, \quad \lambda \in \mathbb{R}.$$

Beispiel 2.1.5

Gegeben ist die Koordinatenform

$$g : x_1 - 5 = 0$$

der Geraden g. Gesucht ist eine Parameterdarstellung von g.

Lösung:

Löst man die Koordinatendarstellung von g nach x_1 auf, so erhält man

$$x_1 = 5.$$

Für x_2 ist keine Einschränkung gemacht, d.h. man kann x_2 beliebig wählen. Sei also

$$x_2 = \lambda$$

mit $\lambda \in \mathbb{R}$. Aus den beiden Gleichungen erhält man

$$\begin{pmatrix} x_1 \\ x_2 \end{pmatrix} = \begin{pmatrix} 5 \\ \lambda \end{pmatrix} = \begin{pmatrix} 5 + 0 \cdot \lambda \\ 0 + 1 \cdot \lambda \end{pmatrix} = \begin{pmatrix} 5 \\ 0 \end{pmatrix} + \begin{pmatrix} 0 \cdot \lambda \\ 1 \cdot \lambda \end{pmatrix}.$$

Folglich ist eine Parameterdarstellung von g gegeben durch

$$g : \begin{pmatrix} x_1 \\ x_2 \end{pmatrix} = \begin{pmatrix} 5 \\ 0 \end{pmatrix} + \lambda \begin{pmatrix} 0 \\ 1 \end{pmatrix}, \quad \lambda \in \mathbb{R}.$$

Beispiel 2.1.6
Gegeben ist die Koordinatenform

$$g : 2x_2 + 6 = 0$$

der Geraden g. Gesucht ist eine Parameterdarstellung von g.

Lösung:
Löst man die Koordinatendarstellung von g nach x_2 auf, so erhält man

$$x_2 = -3.$$

An x_1 ist keine Bedingung geknüpft, d.h. man kann x_1 beliebig wählen. Sei also

$$x_1 = \lambda$$

mit $\lambda \in \mathbb{R}$. Aus den beiden Gleichungen folgt

$$\begin{pmatrix} x_1 \\ x_2 \end{pmatrix} = \begin{pmatrix} \lambda \\ -3 \end{pmatrix} = \begin{pmatrix} 0 + 1 \cdot \lambda \\ -3 + 0 \cdot \lambda \end{pmatrix} = \begin{pmatrix} 0 \\ -3 \end{pmatrix} + \begin{pmatrix} 1 \cdot \lambda \\ 0 \cdot \lambda \end{pmatrix}.$$

Eine Parameterdarstellung von g ist

$$g : \begin{pmatrix} x_1 \\ x_2 \end{pmatrix} = \begin{pmatrix} 0 \\ -3 \end{pmatrix} + \lambda \begin{pmatrix} 1 \\ 0 \end{pmatrix}, \quad \lambda \in \mathbb{R}.$$

Im folgenden werden Koordinatenformen spezieller Geraden dargestellt.

- Eine **Ursprungsgerade** geht durch den Ursprung O(0,0) und einen weiteren Punkt $P(p_1, p_2)$ mit $P \neq O$. Eine Koordinatendarstellung obiger Ursprungsgeraden ist somit gegeben durch

  $$g : p_2 x_1 + (-p_1) x_2 = 0.$$

  Die Gültigkeit dieser Formel ist mithilfe der Punktprobe leicht einzusehen.

- Die **x_1-Achse** geht durch den Ursprung O(0,0) und durch den Punkt $E_1(1,0)$. Die x_1-Achse ist also eine Ursprungsgerade. Eine Darstellung in Koordinatenform ist folglich $g : 0 \cdot x_1 + (-1) \cdot x_2 = 0$, d.h. $g : -x_2 = 0$ oder

  $$g : x_2 = 0.$$

- Die **x_2-Achse** geht durch den Ursprung O(0,0) und durch den Punkt $E_2(0,1)$. Die x_2-Achse ist ebenfalls eine Ursprungsgerade. Eine Darstellung in Koordinatenform ist gegeben durch

  $$g : x_1 = 0.$$

- Die **erste Winkelhalbierende** geht durch die beiden Punkte O(0,0) und $W_1(1,1)$. Somit ist eine Koordinatendarstellung gegeben durch

  $$g : x_1 - x_2 = 0.$$

  Bemerkung:
  Für alle Punkte, die auf der ersten Winkelhalbierenden liegen, gilt $x_1 = x_2$.

- Die **zweite Winkelhalbierende** geht durch die Punkte O(0,0) und $W_2(-1,1)$. Somit ist eine Koordinatendarstellung gegeben durch

  $$g : x_1 + x_2 = 0.$$

- Eine Gerade, die durch den Punkt $P(p_1, p_2)$ geht und **parallel zur x_1-Achse** (in Richtung der x_1-Achse) verläuft, hat die Koordinatenform

  $$g : x_2 - p_2 = 0.$$

Bemerkung:
Diese Gerade g geht durch alle Punkte der Form $P(\lambda, p_2)$ mit $\lambda \in \mathbb{R}$. Man hat also nur eine Einschränkung in der zweiten Koordinate. Dort muß $x_2 = p_2$ gelten, also $x_2 - p_2 = 0$.

- Eine Gerade, die durch den Punkt $P(p_1, p_2)$ geht und **parallel zur x_2-Achse** (in Richtung der x_2-Achse) verläuft, hat die Koordinatenform

$$g \ : \ x_1 - p_1 \ = \ 0.$$

Bemerkung:
Diese Gerade g geht durch alle Punkte der Form $P(p_1, \lambda)$ mit $\lambda \in \mathbb{R}$. Man hat also nur eine Einschränkung in der ersten Koordinate. Dort muß $x_1 = p_1$ gelten, also $x_1 - p_1 = 0$.

2.1.3 Zusammenhänge zwischen der Parameterform und der Koordinatenform einer Geraden

Um den Zusammenhang zwischen der Parameterform und der Koordinatenform einer Geraden näher zu beleuchten, wird im folgenden die Parameterform der Geraden g, die durch die beiden Punkte $P(p_1, p_2)$ und $Q(q_1, q_2)$ mit $P \neq Q$ geht, in die Koordinatenform umgewandelt.
Eine Darstellung von g in **Parameterform** ist

$$g : \begin{pmatrix} x_1 \\ x_2 \end{pmatrix} = \begin{pmatrix} p_1 \\ p_2 \end{pmatrix} + \lambda \begin{pmatrix} q_1 - p_1 \\ q_2 - p_2 \end{pmatrix}, \quad \lambda \in \mathbb{R}.$$

Diese Vektorgleichung ist äquivalent zu

$$\begin{aligned} x_1 &= p_1 + \lambda\,(q_1 - p_1) \\ x_2 &= p_2 + \lambda\,(q_2 - p_2) \end{aligned} \qquad (2.3)$$

mit $\lambda \in \mathbb{R}$. Im folgenden werden drei Fälle unterschieden:

1.Fall: $q_1 \neq p_1$ und $q_2 \neq p_2$.
Löst man die Gleichungen des Gleichungssystems (2.3) jeweils nach λ auf, so erhält man

$$\lambda = \frac{x_1 - p_1}{q_1 - p_1} \qquad \text{und} \qquad \lambda = \frac{x_2 - p_2}{q_2 - p_2}.$$

Gleichsetzen führt zu

$$\begin{aligned}\frac{x_1 - p_1}{q_1 - p_1} &= \frac{x_2 - p_2}{q_2 - p_2}\\ (q_2 - p_2)x_1 - p_1(q_2 - p_2) &= (q_1 - p_1)x_2 - p_2(q_1 - p_1).\end{aligned}$$

Alles auf eine Seite gebracht, liefert

$$(q_2 - p_2)x_1 - p_1(q_2 - p_2) - ((q_1 - p_1)x_2 - p_2(q_1 - p_1)) = 0\,,$$

d.h. eine Darstellung der Geraden g in **Koordinatenform** ist gegeben durch

$$g\;:\;(q_2 - p_2)x_1 + (-1)(q_1 - p_1)x_2 + (p_2q_1 - p_1q_2) = 0\,. \tag{2.4}$$

Ein Koeffizientenvergleich der Gleichung (2.2) ($ax_1 + bx_2 + c = 0$) mit Gleichung (2.4) liefert

$$\begin{aligned} a &= q_2 - p_2,\\ b &= -(q_1 - p_1),\\ c &= p_2q_1 - p_1q_2.\end{aligned}$$

Man erkennt nun, daß der Vektor

$$\vec{n} = \begin{pmatrix} a\\ b\end{pmatrix} = \begin{pmatrix} q_2 - p_2\\ -(q_1 - p_1)\end{pmatrix}$$

senkrecht auf dem Richtungsvektor

$$\overrightarrow{PQ} = \begin{pmatrix} q_1 - p_1\\ q_2 - p_2\end{pmatrix}$$

dieser Geraden steht, denn es gilt

$$\begin{aligned} <\vec{n}, \overrightarrow{PQ}> &= \begin{pmatrix} q_2 - p_2\\ -(q_1 - p_1)\end{pmatrix}^T \cdot \begin{pmatrix} q_1 - p_1\\ q_2 - p_2\end{pmatrix}\\ &= (q_2 - p_2)(q_1 - p_1) - (q_1 - p_1)(q_2 - p_2) = 0.\end{aligned}$$

2.Fall: $q_1 = p_1$ und $q_2 \neq p_2$.
Da $q_1 = p_1$ gilt, ist in diesem Fall die Gerade g **parallel zur x_2-Achse**. Das Gleichungssystem (2.3) reduziert sich zu

$$\begin{aligned} x_1 &= p_1 \\ x_2 &= p_2 + \lambda\,(q_2 - p_2). \end{aligned} \tag{2.5}$$

Aus der ersten Gleichung (parameterfreie Gleichung) folgt direkt für g die **Koordinatendarstellung**

$$g \;:\; x_1 - p_1 \;=\; 0.$$

Ein Koeffizientenvergleich dieser Koordinatendarstellung mit Gleichung (2.2) liefert

$$\begin{aligned} a &= 1, \\ b &= 0, \\ c &= -p_1. \end{aligned}$$

Der Vektor

$$\vec{n} = \begin{pmatrix} a \\ b \end{pmatrix} = \begin{pmatrix} 1 \\ 0 \end{pmatrix}$$

steht **senkrecht auf dem Richtungsvektor**

$$\overrightarrow{PQ} = \begin{pmatrix} q_1 - p_1 \\ q_2 - p_2 \end{pmatrix} = \begin{pmatrix} 0 \\ q_2 - p_2 \end{pmatrix},$$

denn es gilt

$$\begin{aligned} <\vec{n}, \overrightarrow{PQ}> &= \begin{pmatrix} 1 \\ 0 \end{pmatrix}^T \cdot \begin{pmatrix} 0 \\ q_2 - p_2 \end{pmatrix} \\ &= 1 \cdot 0 + 0 \cdot (q_2 - p_2) \;=\; 0. \end{aligned}$$

Die Gerade g verläuft also **senkrecht zur x_1-Achse**.

3.Fall: $q_1 \neq p_1$ und $q_2 = p_2$.
Da $q_2 = p_2$ gilt, ist in diesem Fall die Gerade g **parallel zur x_1-Achse**. Die beiden Gleichungen des Gleichungssystems (2.3) reduzieren sich zu

$$\begin{aligned} x_1 &= p_1 + \lambda(q_1 - p_1) \\ x_2 &= p_2. \end{aligned} \tag{2.6}$$

Aus der zweiten Gleichung (parameterfreie Gleichung) erhält man für g folgende **Koordinatendarstellung**:

$$g \,:\, x_2 - p_2 \;=\; 0.$$

Ein Koeffizientenvergleich dieser Darstellung mit der Gleichung (2.2) liefert

$$\begin{aligned} a &= 0, \\ b &= 1, \\ c &= -p_2. \end{aligned}$$

Der Vektor

$$\vec{n} = \begin{pmatrix} a \\ b \end{pmatrix} = \begin{pmatrix} 0 \\ 1 \end{pmatrix}$$

steht **senkrecht auf dem Richtungsvektor**

$$\overrightarrow{PQ} = \begin{pmatrix} q_1 - p_1 \\ q_2 - p_2 \end{pmatrix} = \begin{pmatrix} q_1 - p_1 \\ 0 \end{pmatrix},$$

denn es gilt

$$\begin{aligned} < \vec{n}, \overrightarrow{PQ} > &= \begin{pmatrix} 0 \\ 1 \end{pmatrix}^T \cdot \begin{pmatrix} q_1 - p_1 \\ 0 \end{pmatrix} \\ &= 0 \cdot (q_1 - p_1) + 1 \cdot 0 \;=\; 0. \end{aligned}$$

Die Gerade g verläuft also **senkrecht zur x_2-Achse**.

Bemerkung:
Der Fall $q_1 = p_1$ und $q_2 = p_2$ kann nicht eintreten, da $P \neq Q$ vorausgesetzt

wurde.

Das **Ergebnis obiger Untersuchung** ist, daß der aus der Koordinatenform

$$g : \quad ax_1 + bx_2 + c = 0 \qquad \text{bzw.}$$

$$g : \quad \begin{pmatrix} a \\ b \end{pmatrix}^T \cdot \begin{pmatrix} x_1 \\ x_2 \end{pmatrix} + c = 0$$

einer Geraden g mit $a, b, c \in \mathbb{R}$ und $a^2 + b^2 \neq 0$ resultierende Vektor

$$\vec{n} = \begin{pmatrix} a \\ b \end{pmatrix},$$

senkrecht auf dem Richtungsvektor der Geraden g steht.
Dieser Vektor $\vec{n}$ heißt **Normalenvektor** der Geraden g.
Normiert man diesen Vektor so, daß er die Länge 1 hat, d.h.

$$\vec{n}_0 = \frac{1}{|\vec{n}|} \cdot \vec{n} = \frac{1}{\sqrt{a^2 + b^2}} \begin{pmatrix} a \\ b \end{pmatrix},$$

so nennt man ihn einen **Normaleneinheitsvektor** ($\vec{n}_0$) der Geraden g.

Bemerkung:
Zu einer Geraden g gibt es genau zwei Normaleneinheitsvektoren. Ist $\vec{n}_0$ Normaleneinheitsvektor der Geraden g, so ist auch $-\vec{n}_0$ Normaleneinheitsvektor der Geraden g. Desweiteren gibt es unendliche viele Normalenvektoren der Geraden g. Denn ist $\vec{n}$ ein Normalenvektor, so ist auch $\alpha\vec{n}$ für alle $\alpha \in \mathbb{R}\setminus\{0\}$ ein Normalenvektor der Geraden g.

Beispiel 2.1.7
Gegeben sei die Gerade g durch

$$g : -x_1 + 2x_2 + \sqrt{5} = 0\,.$$

1.) Geben Sie einen Vektor an, der senkrecht auf g steht.

2.) Geben Sie einen Normaleneinheitsvektor von g an.

3.) Geben Sie einen Richtungsvektor der Geraden g an.

Lösung:

1.) Einen Vektor, der senkrecht auf g steht, kann man direkt ablesen. Es ist der Vektor $\vec{n} = (-1, 2)^T$.

2.) Normiert man den Vektor $\vec{n} = (-1, 2)^T$ auf 1, so erhält man einen Normaleneinheitsvektor zu g. Die Länge von $\vec{n}$ ist

$$|\vec{n}| = \left|(-1, 2)^T\right| = \sqrt{(-1)^2 + 2^2} = \sqrt{5}.$$

Somit ist

$$\vec{n}_0 = \frac{1}{|\vec{n}|}\vec{n} = \frac{1}{\sqrt{5}} \begin{pmatrix} -1 \\ 2 \end{pmatrix}$$

ein Normaleneinheitvektor von g.

3.) Da g senkrecht auf $\vec{n} = (-1, 2)^T$ steht, erhält man einen Richtungsvektor $\vec{r} = (r_1, r_2)$ von g mithilfe des Skalarprodukts, denn es muß

$$0 = < \vec{n}, \vec{r} > = (-1) \cdot r_1 + 2 \cdot r_2$$

gelten, also $r_1 = 2r_2$. Sei nun $r_2 = \lambda$ mit $\lambda \in \mathbb{R} \setminus \{0\}$, so ist $r_1 = 2\lambda$. Wählt man $\lambda = 1$, so erhält man $\vec{r} = (2, 1)^T$ als Richtungsvektor.

Die Bedeutung der beiden Koeffizienten a und b in der Koordinatendarstellung einer Geraden ist somit geklärt. Es ist noch die Rolle der Konstanten $c \in \mathbb{R}$ in der Koordinatenform einer Geraden zu untersuchen. Gegeben sei also eine Gerade g durch

$$g \; : \; ax_1 + bx_2 + c = 0 \qquad \text{mit } a,\, b,\, c \in \mathbb{R} \text{ und } a^2 + b^2 \neq 0.$$

Gesucht sei der Abstand der Geraden g zum Ursprung.

Derjenige Punkt X der Geraden g, der den minimalen Abstand zum Ursprung hat, definiert den Abstand dieser Geraden zum Ursprung. Zur Ermittlung dieses Abstands benötigt man eine Parameterdarstellung des Ortsvektors $\overrightarrow{OX} = (x_1, x_2)^T$ eines beliebigen Geradenpunktes X (also die Parameterdarstellung der Geraden g). Hierzu werden wieder drei Fälle unterschieden.

1.Fall: $a \neq 0$ und $b \neq 0$.
Löst man die Koordinatengleichung von g nach x_1 auf, so liefert dies

$$x_1 = \frac{-bx_2 - c}{a}.$$

Mit $x_2 = \lambda \in \mathbb{R}$ erhält man die Parameterform von $\overrightarrow{OX}$:

$$\overrightarrow{OX} = \begin{pmatrix} x_1 \\ x_2 \end{pmatrix} = \begin{pmatrix} \frac{-b\lambda - c}{a} \\ \lambda \end{pmatrix} = \begin{pmatrix} \frac{-c}{a} & + & \frac{-b}{a} \cdot \lambda \\ 0 & + & 1 \cdot \lambda \end{pmatrix}.$$

Eine aus obiger Koordinatenform resultierende **Parameterform** der Geraden g ist somit

$$g : \overrightarrow{OX} = \begin{pmatrix} x_1 \\ x_2 \end{pmatrix} = \begin{pmatrix} \frac{-c}{a} \\ 0 \end{pmatrix} + \lambda \begin{pmatrix} \frac{-b}{a} \\ 1 \end{pmatrix}.$$

Den Abstand des Punktes X (abhängig von λ) zum Ursprung kann man mithilfe der Länge (Betrag) seines Ortsvektors $\overrightarrow{OX}$ ermitteln (vgl. Kapitel 1).

Der Abstand des Geradenpunktes X zum Ursprung ist gegeben durch die Funktion $d : \mathbb{R} \longrightarrow [0, \infty)$ mit

$$\begin{aligned} d(\lambda) &= \left|\overrightarrow{OX}\right| = \sqrt{(x_1 - 0)^2 + (x_2 - 0)^2} = \sqrt{x_1^2 + x_2^2} \\ &= \sqrt{\left(\frac{-b\lambda - c}{a}\right)^2 + \lambda^2}, \end{aligned}$$

Die Funktion d ist in λ zu minimieren. Einfacher ist es allerdings die Funktion $d^2 : \mathbb{R} \longrightarrow [0, \infty)$ mit

$$d^2(\lambda) = \overrightarrow{OX}^T \cdot \overrightarrow{OX} = \left(\frac{-b\lambda - c}{a}\right)^2 + \lambda^2.$$

in λ zu minimieren. Dieses Vorgehen führt zum selben Ergebnis.

In Band 2: Analysis kann man nachlesen, wie man eine Kurvendiskussion durchführt, bzw. das Minimum einer Funktion berechnet.

Nach der Kettenregel (vgl. Band 2: Analysis) gilt:

$$\begin{aligned}
\left(d^2(\lambda)\right)' &= 2\left(\frac{-b\lambda - c}{a}\right)\cdot\left(\frac{-b}{a}\right) + 2\lambda \\
&= 2\left(\frac{b^2\lambda + bc}{a^2}\right) + 2\lambda \\
&= 2\left(\frac{b^2\lambda + bc}{a^2}\right) + \frac{2\lambda a^2}{a^2} \\
&= \frac{2}{a^2}\left(\left(a^2+b^2\right)\lambda + bc\right), \\
\left(d^2(\lambda)\right)'' &= \frac{2\left(a^2+b^2\right)}{a^2} > 0.
\end{aligned}$$

Die notwendige Bedingung für ein relatives Minimum ist $\left(d^2(\lambda)\right)' = 0$. Es muß somit gelten

$$\frac{2}{a^2}\left(\left(a^2+b^2\right)\lambda + bc\right) = 0, \quad \text{also} \quad \lambda = \frac{-bc}{a^2+b^2}.$$

Da $\left(d^2(\lambda)\right)'' > 0$ ist, handelt es sich hierbei um ein relatives Minimum. Für die Grenzwerte gilt

$$\lim_{\lambda\to\infty} d^2(\lambda) = \lim_{\lambda\to-\infty} d^2(\lambda) = +\infty.$$

Der Abstand im Quadrat an der Stelle $\lambda = \dfrac{-bc}{a^2+b^2}$ ist

$$\begin{aligned}
d^2\left(\frac{-bc}{a^2+b^2}\right) &= \left(\frac{-b\left(\frac{-bc}{a^2+b^2}\right) - c}{a}\right)^2 + \left(\frac{-bc}{a^2+b^2}\right)^2 \\
&= \frac{\left(b^2c - ca^2 - cb^2\right)^2}{a^2\left(a^2+b^2\right)^2} + \frac{b^2c^2}{(a^2+b^2)^2} \\
&= \frac{(-ca^2)^2}{a^2(a^2+b^2)^2} + \frac{b^2c^2}{(a^2+b^2)^2}
\end{aligned}$$

$$= \frac{a^2c^2}{(a^2+b^2)^2} + \frac{b^2c^2}{(a^2+b^2)^2}$$

$$= \frac{c^2(a^2+b^2)}{(a^2+b^2)^2}$$

$$= \frac{c^2}{a^2+b^2} < \infty.$$

Demnach existiert an der Stelle $\lambda = \dfrac{-bc}{a^2+b^2}$ das absolute Minimum.
Der Abstand (≥ 0) der Geraden g - gegeben durch die Koordinatenform

$$g \, : \, ax_1 + bx_2 + c \, = \, 0 \qquad \text{mit } a \neq 0, \, b \neq 0, \, c \in \mathbb{R}$$

- zum Ursprung O(0,0) beträgt somit für $c \in \mathbb{R}$

$$d\left(\frac{-bc}{a^2+b^2}\right) = \frac{|c|}{\sqrt{a^2+b^2}} = \begin{cases} \dfrac{c}{\sqrt{a^2+b^2}} & \text{für} \quad c \geq 0 \\ \dfrac{-c}{\sqrt{a^2+b^2}} & \text{für} \quad c < 0 \, . \end{cases}$$

2.Fall: $a = 0$ und $b \neq 0$.
Löst man die Koordinatengleichung $bx_2 + c = 0$ nach x_2 auf, so erhält man

$$x_2 = \frac{-c}{b}.$$

Mit $x_1 = \lambda \in \mathbb{R}$ erhält man die Parameterform von $\overrightarrow{\mathrm{O}X}$:

$$\overrightarrow{\mathrm{O}X} = \begin{pmatrix} x_1 \\ x_2 \end{pmatrix} = \begin{pmatrix} \lambda \\ \dfrac{-c}{b} \end{pmatrix} = \begin{pmatrix} 0 & + & 1 \cdot \lambda \\ -\dfrac{c}{b} & + & 0 \cdot \lambda \end{pmatrix}.$$

Eine aus obiger Koordinatenform resultierende **Parameterform** der Geraden g ist somit

$$g \, : \begin{pmatrix} x_1 \\ x_2 \end{pmatrix} = \begin{pmatrix} 0 \\ \dfrac{-c}{b} \end{pmatrix} + \lambda \begin{pmatrix} 1 \\ 0 \end{pmatrix}.$$

Der Abstand im Quadrat des Geradenpunktes X zum Ursprung ist gegeben durch die Funktion $d^2 : \mathbb{R} \longrightarrow [0, \infty)$ mit

$$d^2(\lambda) = \overrightarrow{\mathrm{O}X}^T \cdot \overrightarrow{\mathrm{O}X} = \lambda^2 + \left(\frac{-c}{b}\right)^2.$$

d^2 ist in λ zu minimieren. Für die Ableitungen gelten:

$$\begin{aligned} d^2(\lambda)' &= 2\lambda, \\ d^2(\lambda)'' &= 2 > 0. \end{aligned}$$

Die notwendige Bedingung für ein relatives Minimum ist $\left(d^2(\lambda)\right)' = 0$.
Es muß also gelten

$$2\lambda = 0, \quad \text{also} \quad \lambda = 0.$$

Da $\left(d^2(\lambda)\right)'' > 0$ ist, handelt es sich hierbei um ein relatives Minimum.
Für die Grenzwerte gilt

$$\lim_{\lambda \to \infty} d^2(\lambda) = \lim_{\lambda \to -\infty} d^2(\lambda) = +\infty.$$

Der Abstand im Quadrat an der Stelle $\lambda = 0$ ist also

$$d^2(0) = 0^2 + \left(\frac{-c}{b}\right)^2 = \frac{c^2}{b^2} < \infty.$$

Somit existiert an der Stelle $\lambda = 0$ das absolute Minimum.
Der Abstand (≥ 0) der Geraden g - gegeben durch die Koordinatenform

$$g : bx_2 + c = 0 \qquad \text{mit } b \neq 0,\ c \in \mathbb{R}$$

- zum Ursprung O$(0,0)$ beträgt somit für $c \in \mathbb{R}$

$$d(0) = \frac{|c|}{\sqrt{b^2}} = \begin{cases} \dfrac{c}{\sqrt{b^2}} & \text{für } c \geq 0 \\ \dfrac{-c}{\sqrt{b^2}} & \text{für } c < 0. \end{cases}$$

3.Fall: $a \neq 0$ und $b = 0$.
Löst man die Koordinatengleichung $a\,x_1 + c = 0$ nach x_1 auf, so erhält man

$$x_1 = \frac{-c}{a}.$$

Mit $x_2 = \lambda \in \mathbb{R}$ erhält man die Parameterform von $\overrightarrow{OX}$:

$$\overrightarrow{OX} = \begin{pmatrix} x_1 \\ x_2 \end{pmatrix} = \begin{pmatrix} \frac{-c}{a} \\ \lambda \end{pmatrix} = \begin{pmatrix} -\frac{c}{a} & + & 0 \cdot \lambda \\ 0 & + & 1 \cdot \lambda \end{pmatrix}.$$

Eine aus obiger Koordinatenform resultierende **Parameterform** der Geraden g ist somit

$$g : \begin{pmatrix} x_1 \\ x_2 \end{pmatrix} = \begin{pmatrix} \frac{-c}{a} \\ 0 \end{pmatrix} + \lambda \begin{pmatrix} 0 \\ 1 \end{pmatrix}.$$

Der Abstand im Quadrat des Geradenpunktes X zum Ursprung ist gegeben durch die Funktion $d^2 : \mathbb{R} \longrightarrow [0, \infty)$ mit

$$d^2(\lambda) = \overrightarrow{OX}^T \cdot \overrightarrow{OX} = \left(\frac{-c}{a}\right)^2 + \lambda^2 .$$

d^2 ist in λ zu minimieren. Für die Ableitungen gelten:

$$\begin{aligned} d^2(\lambda)' &= 2\lambda , \\ d^2(\lambda)'' &= 2 > 0 . \end{aligned}$$

Die notwendige Bedingung für ein relatives Minimum ist $\left(d^2(\lambda)\right)' = 0$. Es muß gelten

$$2\lambda = 0, \quad \text{also} \quad \lambda = 0 .$$

Da $\left(d^2(\lambda)\right)'' > 0$ ist, handelt es sich hierbei um ein relatives Minimum. Für die Grenzwerte gilt

$$\lim_{\lambda \to \infty} d^2(\lambda) = \lim_{\lambda \to -\infty} d^2(\lambda) = +\infty .$$

An der Stelle $\lambda = 0$ ist der Abstand im Quadrat

$$d^2(0) = \left(\frac{-c}{a}\right)^2 + 0^2 = \frac{c^2}{a^2} < \infty.$$

Somit existiert an der Stelle $\lambda = 0$ das absolute Minimum.
Der Abstand (≥ 0) der Geraden g - gegeben durch die Koordinatenform

$$g : ax_1 + c = 0 \qquad \text{mit } a \neq 0,\ c \in \mathbb{R}$$

- zum Ursprung O(0,0) beträgt für $c \in \mathbb{R}$

$$d(0) = \frac{|c|}{\sqrt{a^2}} = \begin{cases} \dfrac{c}{\sqrt{a^2}} & \text{für} \quad c \geq 0 \\ \dfrac{-c}{\sqrt{a^2}} & \text{für} \quad c < 0\,. \end{cases}$$

Bemerkung:
Die Länge des Vektors $(a,b)^T$ ist bekanntlich

$$\left\| \begin{pmatrix} a \\ b \end{pmatrix} \right\| = \sqrt{a^2+b^2}\,.$$

Speziell gilt

$$\left\| \begin{pmatrix} a \\ b \end{pmatrix} \right\| = \begin{cases} \sqrt{a^2} & \text{für} \quad a \neq 0,\, b = 0 \\ \sqrt{b^2} & \text{für} \quad b \neq 0,\, a = 0\,. \end{cases}$$

Folglich erhält man zusammenfassend:

Satz 2.1.1
Die Gerade g, gegeben durch die Koordinatengleichung

$$g \;:\; ax_1 + bx_2 + c = 0 \qquad \textit{mit } a,\, b,\, c \in \mathbb{R} \textit{ und } a^2+b^2 \neq 0\,,$$

hat zum Ursprung den Abstand

$$\frac{|c|}{\sqrt{a^2+b^2}} = \begin{cases} \dfrac{c}{\sqrt{a^2+b^2}} & \textit{für} \quad c \geq 0 \\ \dfrac{-c}{\sqrt{a^2+b^2}} & \textit{für} \quad c < 0\,. \end{cases}$$

Beispiel 2.1.8
Gegeben sei die Gerade g durch

$$g \;:\; -x_1 + 2x_2 + \sqrt{5} = 0\,.$$

Welchen Abstand hat diese Gerade zum Ursprung?

Lösung:

Der Abstand der Geraden g zum Ursprung ist nach Satz 2.1.1 gegeben durch

$$\frac{\sqrt{5}}{\sqrt{(-1)^2+2^2}} = \frac{\sqrt{5}}{\sqrt{5}} = 1\,.$$

g hat also zum Ursprung den Abstand 1.

2.1.4 Die Hesse'sche Normalform einer Geraden

Eine weitere, der Koordinatenform sehr ähnliche Darstellung einer Geraden g erhält man durch folgende Überlegungen.

$\vec{n}_0$ sei der vom Ursprung wegzeigende Normaleneinheitsvektor der Geraden g und X sei ein beliebiger Punkt der Geraden g. $p \geq 0$ **sei der Abstand der Geraden** g **zum Ursprung.** Vgl. hierzu Abbildung 2.1.3.

Abbildung 2.1.3

Gerade g durch den Punkt X mit Normaleneinheitsvektor $\vec{n}_0$ und Abstand $p \geq 0$ zum Ursprung.

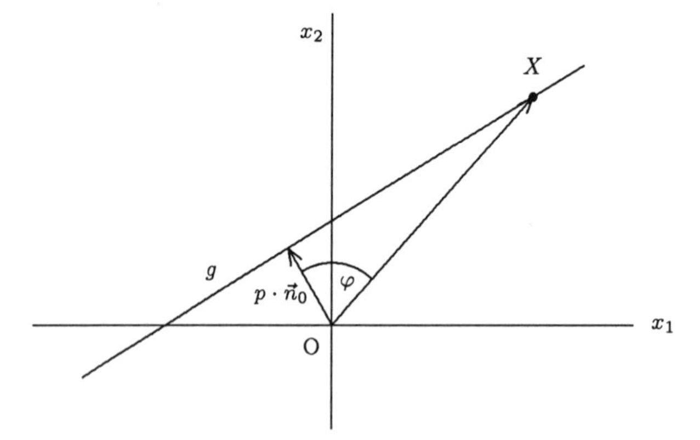

Der Winkel φ zwischen dem Normaleneinheitsvektor $\vec{n}_0$ ($|\vec{n}_0| = 1$) und dem Ortsvektor $\overrightarrow{OX}$ eines beliebigen aber festen Punktes X der Geraden g ist gegeben durch

$$\cos\varphi = \frac{<\vec{n}_0, \overrightarrow{OX}>}{|\vec{n}_0| \cdot \left|\overrightarrow{OX}\right|} = \frac{\vec{n}_0^T \cdot \overrightarrow{OX}}{1 \cdot \left|\overrightarrow{OX}\right|} = \frac{\vec{n}_0^T \cdot \overrightarrow{OX}}{\left|\overrightarrow{OX}\right|}\,. \tag{2.7}$$

Die Gerade g, der Normalenvektor $\vec{n} = p \cdot \vec{n}_0$ und der Ortsvektor $\overrightarrow{OX}$ bilden ein rechtwinkliges Dreieck. In diesem Dreieck gilt unter Beachtung von $p \geq 0$ und $|\vec{n}_0| = 1$ (siehe Band 1: Grundlagen):

$$\cos\varphi = \frac{|p \cdot \vec{n}_0|}{\left|\overrightarrow{OX}\right|} = \frac{|p| \cdot |\vec{n}_0|}{\left|\overrightarrow{OX}\right|} = \frac{p}{\left|\overrightarrow{OX}\right|}. \tag{2.8}$$

Aus den Gleichungen (2.7) und (2.8) folgt nun

$$\frac{\vec{n}_0^T \cdot \overrightarrow{OX}}{\left|\overrightarrow{OX}\right|} = \frac{p}{\left|\overrightarrow{OX}\right|}$$

und somit

$$\vec{n}_0^T \cdot \overrightarrow{OX} = p.$$

Diese Überlegungen führen zu der nach **O. Hesse** (1811 - 1874) benannten

- **Hesse'schen Normalform der Geraden g im $\mathbb{R}^2$:**

$$g : \quad \vec{n}_0^T \cdot \overrightarrow{OX} - p = 0 \qquad \text{bzw.}$$

$$g : \quad n_1x_1 + n_2x_2 - p = 0.$$

$\vec{n}_0 = (n_1, n_2)^T$ ist dabei der vom Koordinatenursprung wegweisende Normaleneinheitsvektor ($|\vec{n}_0| = 1$) der Geraden g. Desweiteren bezeichnet $p \geq 0$ den Abstand des Koordinatenursprungs zur Geraden g.

Mithilfe der Hesse'schen Normalform kann man den Abstand eines beliebigen Punktes Q zu einer Geraden g auf einfache Weise berechnen. Hierbei gilt:

Satz 2.1.2
Gegeben sei die **Hesse'sche Normalform der Geraden g im $\mathbb{R}^2$** *durch*

$$g : n_1x_1 + n_2x_2 - p = 0$$

und ein beliebiger Punkt $Q(q_1, q_2)$. Dann ist der Abstand von Q zur Geraden g gegeben durch

$$d(Q, g) = |n_1 \cdot q_1 + n_2 \cdot q_2 - p|.$$

Bemerkung zu Satz 2.1.2:

1.) Der Term $n_1 \cdot q_1 + n_2 \cdot q_2 - p$ ist positiv, falls $Q(q_1, q_2)$ und der Koordinatenursprung $O(0,0)$ auf verschiedenen Seiten der Geraden g liegen. Befinden sich der Punkt $Q(q_1, q_2)$ und der Koordinatenursprung $O(0,0)$ auf der gleichen Seite der Geraden, so ist der Term $n_1 \cdot q_1 + n_2 \cdot q_2 - p$ negativ. Dieser Term ist genau dann Null, wenn $Q(q_1, q_2)$ auf der Geraden liegt.

2.) Die Koordinatengleichung $g \; : \; a\,x_1 + b\,x_2 + c = 0$ mit $a, b, c \in \mathbb{R}$ und $a^2 + b^2 \neq 0$ besitzt die Hesse'sche Normalform

$$\begin{cases} -\left(\frac{a}{\sqrt{a^2+b^2}}\right) x_1 - \left(\frac{b}{\sqrt{a^2+b^2}}\right) x_2 - \left(\frac{c}{\sqrt{a^2+b^2}}\right) = 0 & \text{für} \quad c > 0 \\ \left(\frac{a}{\sqrt{a^2+b^2}}\right) x_1 + \left(\frac{b}{\sqrt{a^2+b^2}}\right) x_2 + \left(\frac{c}{\sqrt{a^2+b^2}}\right) = 0 & \text{für} \quad c \leq 0\,. \end{cases}$$

Die vektorielle Darstellung der Hesse'schen Normalform ist gegeben durch

$$g \; : \quad (\vec{x} - \vec{p})^T \cdot \vec{n_0} = 0\,,$$

$$g \; : \quad \left(\overrightarrow{OX} - \overrightarrow{OP}\right)^T \cdot \vec{n_0} = 0\,,$$

$$g \; : \quad \left(\begin{pmatrix} x_1 \\ x_2 \end{pmatrix} - \begin{pmatrix} p_1 \\ p_2 \end{pmatrix}\right)^T \cdot \begin{pmatrix} n_1 \\ n_2 \end{pmatrix} = 0\,.$$

Hierbei ist $P(p_1, p_2)$ ein Punkt der Geraden g und $\vec{n_0}$ ein Normaleneinheitsvektor zur Geraden g.

Satz 2.1.3

Gegeben sei die **Hesse'sche Normalform der Geraden** g **im** $\mathbb{R}^2$ *durch*

$$g \; : \left(\begin{pmatrix} x_1 \\ x_2 \end{pmatrix} - \begin{pmatrix} p_1 \\ p_2 \end{pmatrix}\right)^T \cdot \begin{pmatrix} n_1 \\ n_2 \end{pmatrix} = 0\,.$$

und ein beliebiger Punkt $Q(q_1, q_2)$. *Dann ist der Abstand von* Q *zur Geraden* g *gegeben durch*

$$d(Q, g) = \left| \begin{pmatrix} q_1 - p_1 \\ q_2 - p_2 \end{pmatrix}^T \cdot \begin{pmatrix} n_1 \\ n_2 \end{pmatrix} \right|.$$

Beispiel 2.1.9

Gegeben sei die Koordinatengleichung der Geraden g durch

$$g \;:\; -x_1 + 2x_2 + \sqrt{5} \;=\; 0\,.$$

1.) Geben Sie die Hesse'sche Normalform der Geraden g an.

2.) Welchen Abstand hat der Punkt $Q(\sqrt{5}, \sqrt{5})$ zu g.

3.) Welchen Abstand hat der Punkt $R(-\sqrt{5}, -\sqrt{5})$ zu g.

4.) Befinden sich der Punkt $S(-2\sqrt{5}, -\sqrt{5})$ bzw. $T(\sqrt{5}, -\sqrt{5})$ und der Ursprung auf derselben Seite der Geraden g?

Lösung:

1.) Nach obiger Bemerkung 2.) ist die Hesse'sche Normalform der Geraden g gegeben durch

$$g \;:\; \frac{1}{\sqrt{5}}x_1 - \frac{2}{\sqrt{5}}x_2 - 1 \;=\; 0\,.$$

2.) Der Abstand des Punkts $Q(\sqrt{5}, \sqrt{5})$ zu g ist nach Satz 2.1.2

$$d(Q,g) \;=\; \left|\frac{1}{\sqrt{5}}\cdot\sqrt{5} - \frac{2}{\sqrt{5}}\cdot\sqrt{5} - 1\right| \;=\; |-2| \;=\; 2\,,$$

d.h. Q hat von der Geraden g den Abstand 2.

3.) Der Abstand des Punkts $R(-\sqrt{5}, -\sqrt{5})$ zu g ist nach Satz 2.1.2

$$d(R,g) \;=\; \left|\frac{1}{\sqrt{5}}\cdot(-\sqrt{5}) - \frac{2}{\sqrt{5}}\cdot(-\sqrt{5}) - 1\right| \;=\; 0\,,$$

d.h. R liegt auf der Geraden g.

4.) Für den Punkt $S(-2\sqrt{5}, -\sqrt{5})$ gilt mit Bemerkung 1.)

$$\frac{1}{\sqrt{5}}\cdot(-2\sqrt{5}) - \frac{2}{\sqrt{5}}\cdot(-\sqrt{5}) - 1 \;=\; -1 \;<\; 0\,.$$

Somit liegen der Punkt $S(-2\sqrt{5}, -\sqrt{5})$ und der Koordinatenursprung auf derselben Seite der Geraden g.
Für den Punkt $T(\sqrt{5}, -\sqrt{5})$ gilt mit Bemerkung 1.)

$$\frac{1}{\sqrt{5}}\cdot\sqrt{5} - \frac{2}{\sqrt{5}}\cdot(-\sqrt{5}) - 1 \;=\; 2 \;>\; 0\,.$$

Somit liegen der Punkt $T(\sqrt{5}, +\sqrt{5})$ und der Koordinatenursprung auf verschiedenen Seiten der Geraden g.

2.1.5 Weitere Eigenschaften von Geraden

Schneidet man zwei Geraden g_1 und g_2 in der Ebene, so sind drei Lösungsmengen möglich:

- Die Lösungsmenge ist genau dann die leere Menge, wenn die Geraden parallel ($||$) und nicht identisch ($\neq$) sind.
  $\mathbb{L} = \{\} \iff g_1 \,||\, g_2$ und $g_1 \neq g_2$.
- Die Lösungsmenge besteht genau dann aus der Menge aller Punkte, die auf der Geraden g_1 bzw. g_2 liegen, wenn die Geraden identisch sind.
- Die Lösungsmenge besteht genau dann aus einem Punkt, wenn sich die beiden Geraden schneiden aber nicht identisch sind. Dieser Punkt ist der Schnittpunkt der beiden Geraden.

Beispiel 2.1.10

1.) Gegeben seien die beiden Geraden g_1 und g_2 durch:

$$\begin{aligned} g_1 &: \quad 2x_1 - x_2 - 1 = 0\,, \\ g_2 &: \quad -4x_1 + 2x_2 + 1 = 0\,. \end{aligned}$$

Multipliziert man die Gleichung der Geraden g_1 mit -2 so erhält man

$$g_1 : \quad -4x_1 + 2x_2 + 2 = 0\,.$$

Addiert man nun diese neue Gleichung der Geraden g_1 zur Geradengleichung von g_2, so liefert dies den Widerspruch $1 = 0$. Somit ist die Lösungsmenge die leere Menge, d.h.

$$\mathbb{L} = \{\}\,.$$

Die Geraden sind parallel und schneiden sich nicht (sie sind nicht identisch).

Ein anderer Lösungsansatz betrachtet die Normalenvektoren der beiden Geraden g_1 und g_2. Der Normalenvektor von g_1 ist

$$\vec{n}_1 = \begin{pmatrix} -2 \\ 1 \end{pmatrix}.$$

Der Normalenvektor von g_2 ist

$$\vec{n}_2 = \begin{pmatrix} -4 \\ 2 \end{pmatrix}.$$

Es gilt also

$$2\vec{n}_2 = \vec{n}_1 .$$

Somit ist $\vec{n}_2$ ein Vielfaches des Normalvektors der Geraden g_1, d.h. die Geraden g_1 und g_2 sind parallel, da $\vec{n}_1$ bzw. $\vec{n}_2$ sowohl auf g_1, als auch auf g_2 senkrecht stehen. Der Punkt $P(1,1)$ liegt auf der Geraden g_1 aber nicht auf der Geraden g_2. Die beiden Geraden sind also parallel aber nicht identisch, d.h. die Lösungsmenge ist

$$\mathbb{L} = \{\} .$$

2.) Gegeben seien die beiden Geraden g_1 und g_2 durch

$$\begin{aligned} g_1 &: \quad 2x_1 - x_2 - 1 = 0 , \\ g_2 &: \quad -4x_1 + 2x_2 + 2 = 0 . \end{aligned}$$

Multipliziert man die Gleichung der Geraden g_1 mit -2 so erhält man

$$g_1 : \quad -4x_1 + 2x_2 + 2 = 0 .$$

Dies ist genau die Gleichung der Geraden g_2. Die beiden Geraden sind also identisch. Die Lösungsmengen ist gegeben durch

$$\mathbb{L} = \left\{ \begin{pmatrix} x_1 \\ x_2 \end{pmatrix} \middle| \; 2x_1 - x_2 - 1 = 0 \right\} .$$

3.) Gegeben seien die beiden Geraden g_1 und g_2 durch

$$\begin{aligned} g_1 &: \quad 2x_1 - x_2 - 1 = 0 , \\ g_2 &: \quad -x_1 + 2x_2 + 1 = 0 . \end{aligned}$$

Löst man die Gleichung der Geraden g_2 nach x_1 auf, so erhält man $x_1 = 2x_2 + 1$. Setzt man dieses Ergebnis in die Gleichung von g_1 ein, so folgt

$$2\,(2x_2 + 1) - x_2 - 1 = 0 \quad \text{also} \quad x_2 = -\frac{1}{3} .$$

x_1 erhält man durch Einsetzen von $x_2 = -\frac{1}{3}$ in die Geradengleichung von g_2 (oder in die Gleichung $x_1 = 2x_2 + 1$), d.h.

$$-x_1 + 2\left(-\frac{1}{3}\right) + 1 = 0 \quad \text{also} \quad x_1 = \frac{1}{3}.$$

Die Geraden schneiden sich im Punkt $P\left(\frac{1}{3}, -\frac{1}{3}\right)$.

Die Lösungsmenge ist

$$\mathbb{L} = \left\{ \begin{pmatrix} \frac{1}{3} \\ -\frac{1}{3} \end{pmatrix} \right\}.$$

Bemerkung:
Sei $\vec{v}_1$ entweder der Normalenvektor oder der Richtungsvektor der Geraden g_1 und $\vec{v}_2$ entweder der Normalenvektor oder der Richtungsvektor der Geraden g_2.

- Gilt dann $\vec{v}_1 = \lambda\vec{v}_2$ für ein $\lambda \in \mathbb{R} \setminus \{0\}$, so sind die beiden Geraden parallel.
  - * Liegt zusätzlich ein beliebiger Punkt der Geraden g_1 auch auf der Geraden g_2, so sind die beiden Geraden identisch.
- Ist $\vec{v}_1 \neq \lambda\vec{v}_2$ für alle $\lambda \in \mathbb{R}$, so schneiden sich die Geraden in einem Punkt.

Möchte man den **Abstand eines Punktes von einer Geraden** berechnen, so kann man dies mithilfe der Hesse'schen Normalform tun.
Den **Abstand zweier Geraden** kann man fast genauso einfach berechnen.

- Gegeben seien zwei nicht identische, zueinander parallele Geraden g_1 und g_2. Sei P_1 ein beliebiger Punkt der Geraden g_1, dann ist der Abstand der Geraden g_1 zur Geraden g_2 gleich dem Abstand des Punktes P_1 zur Geraden g_2.
- Schneiden sich zwei Geraden g_1 und g_2 (oder sind diese identisch), so ist deren Abstand zueinander Null.

Beispiel 2.1.11
Gegeben seien die beiden Geraden g_1 und g_2 durch:

$$g_1 : \quad 2x_1 - x_2 - 1 = 0,$$
$$g_2 : \quad -4x_1 + 2x_2 + 1 = 0.$$

Gesucht ist der Abstand, den diese Geraden zueinander haben.
Nach Beispiel 2.1.10, 1.) sind diese Geraden parallel zueinander aber nicht identisch.
Die Hesse'sche Normalform der Geraden g_2 ist gegeben durch

$$g_2 : \quad \frac{2}{\sqrt{5}}x_1 - \frac{1}{\sqrt{5}}x_2 - \frac{1}{\sqrt{20}} = 0.$$

Der Punkt $P_1(1,1)$ liegt auf der Geraden g_1. Der Abstand der Geraden g_1 zur Geraden g_2 ist mithilfe des Satzes 2.1.2 berechenbar. Dieser ist

$$d(g_1, g_2) = d(P_1, g_2) = \left| \frac{2}{\sqrt{5}} \cdot 1 - \frac{1}{\sqrt{5}} \cdot 1 - \frac{1}{\sqrt{20}} \right| = \frac{1}{\sqrt{20}}.$$

2.2 Kreise in der Ebene

2.2.1 Vektor- und Koordinatengleichung

Die Menge aller Punkte $X(x_1, x_2)$ des $\mathbb{R}^2$, die von einem Punkt $M(m_1, m_2)$ (Mittelpunkt) den festen Abstand $r \geq 0$ besitzen, beschreibt einen Kreis.

Die **Gleichung eines Kreises** k im $\mathbb{R}^2$ mit Mittelpunkt $M(m_1, m_2)$ und Radius $r \geq 0$ ist somit gegeben durch die **Vektorgleichung**

$$k : \quad \left| \begin{pmatrix} x_1 \\ x_2 \end{pmatrix} - \begin{pmatrix} m_1 \\ m_2 \end{pmatrix} \right| = r \qquad \text{bzw.}$$

$$k : \quad \left(\begin{pmatrix} x_1 \\ x_2 \end{pmatrix} - \begin{pmatrix} m_1 \\ m_2 \end{pmatrix} \right)^2 = r^2.$$

Die dazugehörige **Koordinatengleichung** lautet

$$k : \quad (x_1 - m_1)^2 + (x_2 - m_2)^2 = r^2.$$

Bemerkung:
Weitere Formen der Darstellung sind:

$$k : \quad |\vec{x} - \vec{m}\,| = r \qquad \text{bzw.}$$

$$k : \quad < \vec{x} - \vec{m}, \vec{x} - \vec{m} > = r^2 .$$

Beispiel 2.2.1

1.) Ein Kreis k mit Mittelpunkt $M(1,2)$ und Radius $r = 3$ besitzt die Vektorgleichung

$$k : \quad \left| \begin{pmatrix} x_1 \\ x_2 \end{pmatrix} - \begin{pmatrix} 1 \\ 2 \end{pmatrix} \right| = 3 ,$$

bzw. die Koordinatengleichung

$$k : \quad (x_1 - 1)^2 + (x_2 - 2)^2 = 3^2 \qquad \text{also}$$
$$k : \quad (x_1 - 1)^2 + (x_2 - 2)^2 = 9 .$$

2.) Ein Kreis k mit Mittelpunkt $M(1,-1)$ und Radius $r = \sqrt{2}$ besitzt die Vektorgleichung

$$k : \quad \left| \begin{pmatrix} x_1 \\ x_2 \end{pmatrix} - \begin{pmatrix} 1 \\ -1 \end{pmatrix} \right| = \sqrt{2} ,$$

bzw. die Koordinatengleichung

$$k : \quad (x_1 - 1)^2 + (x_2 - (-1))^2 = \left(\sqrt{2}\right)^2 \qquad \text{also}$$
$$k : \quad (x_1 - 1)^2 + (x_2 + 1)^2 = 2 .$$

2.) Ein Kreis k mit Mittelpunkt $M(0,0)$ und Radius $r = 1$, also der **Einheitskreis**, besitzt die Vektorgleichung

$$k : \quad \left| \begin{pmatrix} x_1 \\ x_2 \end{pmatrix} - \begin{pmatrix} 0 \\ 0 \end{pmatrix} \right| = 1 \qquad \text{also}$$

$$k : \quad \left| \begin{pmatrix} x_1 \\ x_2 \end{pmatrix} \right| = 1 ,$$

bzw. die Koordinatengleichung

$$k : \quad (x_1 - 0)^2 + (x_2 - 0)^2 = 1^2 \qquad \text{also}$$
$$k : \quad x_1^2 + x_2^2 = 1 .$$

2.2.2 Tangente an einen Kreis

Eine Gerade t, die mit einem Kreis k genau einen Punkt B gemeinsam hat, heißt **Tangente**. Den gemeinsamen Punkt B nennt man **Berührpunkt**.

Abbildung 2.2.1

Tangente t durch den Punkt B an den Kreis k.

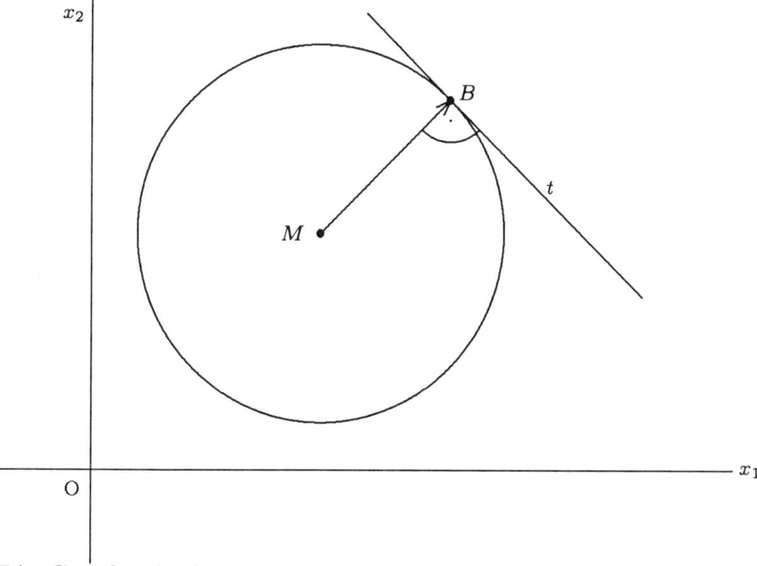

Die Geradengleichung einer solchen Tangente soll nun berechnet werden. Hierzu sei der Kreis k mit Radius $r \geq 0$ und Mittelpunkt $M(m_1, m_2)$ gegeben durch die Koordinatengleichung

$$k : \quad (x_1 - m_1)^2 + (x_2 - m_2)^2 = r^2 .$$

Gesucht ist die Tangente t an den Kreis k, die durch den Berührpunkt $B(b_1, b_2)$ geht (vgl. Abbildung 2.2.1).

$B(b_1, b_2)$ ist sowohl ein Punkt des Kreises k, als auch ein Punkt der Tangente t. Die Tangente steht senkrecht zum Verbindungsvektor des Kreismittelpunktes M mit dem Punkt B, d.h. t steht senkrecht auf

$$\overrightarrow{MB} = \begin{pmatrix} b_1 - m_1 \\ b_2 - m_2 \end{pmatrix} .$$

Ein Vektor der senkrecht auf $\overrightarrow{MB}$ steht, ist der Vektor

$$\vec{v} = \begin{pmatrix} b_2 - m_2 \\ -(b_1 - m_1) \end{pmatrix} = \begin{pmatrix} b_2 - m_2 \\ m_1 - b_1 \end{pmatrix}.$$

Somit hat man den Richtungsvektor $\vec{v}$ und einen Punkt $B(b_1, b_2)$ der Geraden t. Die Parameterform der **Tangentengleichung** kann man nun mithilfe der Punkt-Richtungs-Form angeben. Diese lautet:

$$t : \begin{pmatrix} x_1 \\ x_2 \end{pmatrix} = \begin{pmatrix} b_1 \\ b_2 \end{pmatrix} + \lambda \begin{pmatrix} b_2 - m_2 \\ m_1 - b_1 \end{pmatrix} \quad \text{mit } \lambda \in \mathbb{R}.$$

Desweiteren gilt die sogenannte **Vektorgleichung der Tangente**

$$t : < \vec{x} - \vec{m}, \vec{b} - \vec{m} > \; = \; r^2,$$

mit

$$\vec{x} = \begin{pmatrix} x_1 \\ x_2 \end{pmatrix}, \quad \vec{m} = \begin{pmatrix} m_1 \\ m_2 \end{pmatrix} \quad \text{und} \quad \vec{b} = \begin{pmatrix} b_1 \\ b_2 \end{pmatrix}.$$

Die ist äquivalent zu

$$(x_1 - m_1)(b_1 - m_1) + (x_2 - m_2)(b_2 - m_2) = r^2.$$

Löst man diese Gleichung nach x_2 auf, so erhält man

$$x_2 = -x_1 \frac{b_1 - m_1}{b_2 - m_2} + m_1 \frac{b_1 - m_1}{b_2 - m_2} + m_2 + r^2.$$

Die Tangente t besitzt also die Steigung $-\dfrac{b_1 - m_1}{b_2 - m_2}$
(vgl. hierzu die Steigung einer Geraden (1.Ableitung), Band 2: Analysis).

Beispiel 2.2.2

1.) Gesucht ist die Gleichung der Tangenten t an den Kreis k mit

$$k: \quad (x_1-1)^2+(x_2+1)^2 = 4$$

durch den Punkt $B(1,1)$.
Der Mittelpunkt des Kreises k ist $M(1,-1)$.
Der Radius ist $r=\sqrt{4}=2$. Somit ist eine Parametergleichung der gesuchten Tangente t (mithilfe der Zwei-Punkte-Form) gegeben durch

$$t: \quad \begin{pmatrix} x_1 \\ x_2 \end{pmatrix} = \begin{pmatrix} 1 \\ 1 \end{pmatrix} + \lambda \begin{pmatrix} 1-(-1) \\ 1-1 \end{pmatrix} \quad \text{also}$$

$$t: \quad \begin{pmatrix} x_1 \\ x_2 \end{pmatrix} = \begin{pmatrix} 1 \\ 1 \end{pmatrix} + \lambda \begin{pmatrix} 2 \\ 0 \end{pmatrix} \quad \text{mit } \lambda \in \mathbb{R}\,.$$

Eine Vektorgleichung der Tangente ist gegeben durch

$$t: \quad <\vec{x}-\vec{m}, \vec{b}-\vec{m}> = r^2 \quad \text{also}$$

$$t: \quad < \begin{pmatrix} x_1 \\ x_2 \end{pmatrix} - \begin{pmatrix} 1 \\ -1 \end{pmatrix}, \begin{pmatrix} 1 \\ 1 \end{pmatrix} - \begin{pmatrix} 1 \\ -1 \end{pmatrix} > = 4\,,$$

$$t: \quad < \begin{pmatrix} x_1 \\ x_2 \end{pmatrix} - \begin{pmatrix} 1 \\ -1 \end{pmatrix}, \begin{pmatrix} 0 \\ 2 \end{pmatrix} > = 4\,.$$

2.) Gesucht ist die Gleichung der Tangente t an den Kreis k mit

$$k: \quad x_1^2+x_2^2 = 1$$

durch den Punkt $B(1,0)$.
Der Mittelpunkt des Kreises k ist $M(0,0)$. Der Radius ist $r=\sqrt{1}=1$.
Somit ist eine Parametergleichung der gesuchten Tangente t (mithilfe der Punkt-Richtungs-Form) gegeben durch

$$t: \quad \begin{pmatrix} x_1 \\ x_2 \end{pmatrix} = \begin{pmatrix} 1 \\ 0 \end{pmatrix} + \lambda \begin{pmatrix} 0-0 \\ 0-1 \end{pmatrix} \quad \text{also}$$

$$t: \quad \begin{pmatrix} x_1 \\ x_2 \end{pmatrix} = \begin{pmatrix} 1 \\ 0 \end{pmatrix} + \lambda \begin{pmatrix} 0 \\ -1 \end{pmatrix} \quad \text{mit } \lambda \in \mathbb{R}\,.$$

Eine Vektorgleichung der Tangente ist gegeben durch

$$t: \quad <\vec{x}-\vec{m}, \vec{b}-\vec{m}> = r^2 \quad \text{also}$$

$$t: \quad < \begin{pmatrix} x_1 \\ x_2 \end{pmatrix} - \begin{pmatrix} 0 \\ 0 \end{pmatrix}, \begin{pmatrix} 1 \\ 0 \end{pmatrix} - \begin{pmatrix} 0 \\ 0 \end{pmatrix} > = 1\,.$$

Da der Mittelpunkt des Kreises der Ursprung ist, reduziert sich die Vektorgleichung zu

$$t: \quad <\vec{x}, \vec{b}> = r^2 \qquad \text{also}$$

$$t: \quad <\begin{pmatrix} x_1 \\ x_2 \end{pmatrix}, \begin{pmatrix} 1 \\ 0 \end{pmatrix}> = 1\,.$$

2.2.3 Polare

Gegeben sei ein Punkt $P(p_1, p_2)$ außerhalb des Kreises k mit Mittelpunkt $M(m_1, m_2)$ und Radius $r \geq 0$. Gesucht ist eine Gleichung der „Verbindungslinie“ (Geraden), der Berührpunkte $Q(q_1, q_2)$ und $R(r_1, r_2)$ zweier Tangenten, die man vom Punkt P aus an den Kreis k legen kann. Den Punkt $P(p_1, p_2)$ nennt man in diesem Zusammenhang **Pol** und die Verbindungslinie der beiden Berührpunkte Q und R heißt **Polare**. Die Abbildung 2.2.2 verdeutlicht diesen Sachverhalt.

Abbildung 2.2.2
Tangenten an den Kreis k durch den Punkt P und die dazugehörige Polare (Verbindungslinie der Punkte Q und R).

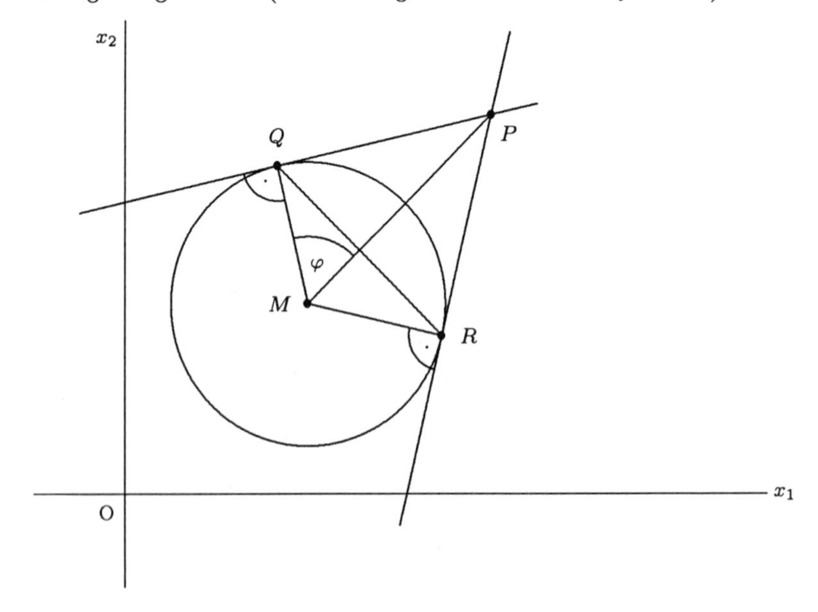

Für den Winkel φ in Abbildung 2.2.2 gilt

$$\cos\varphi = \frac{< \overrightarrow{MQ}, \overrightarrow{MP} >}{\left|\overrightarrow{MQ}\right| \cdot \left|\overrightarrow{MP}\right|} \quad \text{und} \quad \cos\varphi = \frac{\left|\overrightarrow{MQ}\right|}{\left|\overrightarrow{MP}\right|}.$$

Betrachtet wird für die zweite Gleichung das rechtwinklige Dreieck in Abbildung 2.2.2 mit den Eckpunkten P, Q und R. Durch Gleichsetzen dieser Terme erhält man

$$\frac{< \overrightarrow{MQ}, \overrightarrow{MP} >}{\left|\overrightarrow{MQ}\right| \cdot \left|\overrightarrow{MP}\right|} = \frac{\left|\overrightarrow{MQ}\right|}{\left|\overrightarrow{MP}\right|} \quad \text{bzw.} \quad < \overrightarrow{MQ}, \overrightarrow{MP} > = \left|\overrightarrow{MQ}\right|^2.$$

Da $\left|\overrightarrow{MQ}\right| = r$ gilt, folgt

$$< \overrightarrow{MQ}, \overrightarrow{MP} > = r^2.$$

Setzt man $\vec{m} = \overrightarrow{OM}$, $\vec{p} = \overrightarrow{OP}$ und $\vec{q} = \overrightarrow{OQ}$ so folgt aus obiger Gleichung

$$\begin{aligned} < \overrightarrow{OQ} - \overrightarrow{OM}, \overrightarrow{OP} - \overrightarrow{OM} > &= r^2 \quad \text{bzw.} \\ < \vec{q} - \vec{m}, \vec{p} - \vec{m} > &= r^2. \end{aligned}$$

Der Punkt R des Kreises k erfüllt dieselbe Gleichung, wie auch der Punkt Q des Kreises k, d.h. hier gilt auch

$$< \vec{r} - \vec{m}, \vec{p} - \vec{m} > = r^2$$

mit $\vec{r} = \overrightarrow{OR}$.
Die Gerade durch die Punkte Q und R nennt man, wie bereits erwähnt, **Polare**. Als Vektorgleichung der **Polare** p erhält man

$$p: \quad < \vec{x} - \vec{m}, \vec{p} - \vec{m} > = r^2 \tag{2.9}$$

mit $\vec{x} = (x_1, x_2)^T$, also

$$p: \quad (x_1 - m_1)(p_1 - m_1) + (x_2 - m_2)(p_2 - m_2) = r^2. \tag{2.10}$$

Beispiel 2.2.3
Gegeben sei der Punkt $P(3,3)$ und der Kreis k mit

$$k: \quad (x_1 - 1)^2 + (x_2 - 2)^2 = 1.$$

Gesucht sind die Gleichungen der Tangenten durch P an den Kreis k, die dazugehörigen Berührpunkte und die Gleichung der Polare sowohl in der Parameterform als auch in der Hesse'schen Normalform (vgl. hierzu Abbildung 2.2.2).

Lösung:

Es bietet sich an, zunächst mit obiger Formel (2.10), die Polare zu bestimmen. Hat man die Gleichung der Polare, so ergeben sich die Berührpunkte der Tangenten als Schnittpunkte der Polare mit dem Kreis. Die Tangentengleichungen erhält man schließlich mithilfe der Zwei-Punkte-Form einer Geraden im $\mathbb{R}^2$, denn man kennt dann jeweils zwei Punkte, die auf einer solchen Tangente liegen, den jeweiligen Berührpunkt und den Pol P.

Die Gleichung der Polare ist gegeben durch

$$p: \quad (x_1 - m_1)(p_1 - m_1) + (x_2 - m_2)(p_2 - m_2) \;=\; r^2\,.$$

Man benötigt also die Koordinaten des Punktes P, des Kreismittelpunktes M und den Radius des Kreises k zur Bestimmung der Gleichung der Polare. Der Pol ist gegeben durch $P(3,3)$. Da der Kreis k den Mittelpunkt $M(1,2)$ und den Radius 1 besitzt, folgt

$$\begin{aligned} p: &\quad (x_1 - 1)(3 - 1) + (x_2 - 2)(3 - 2) \;=\; 1^2 \\ p: &\quad 2x_1 + x_2 - 5 \;=\; 0 \quad \text{(Koordinatengleichung der Polare)} \end{aligned}$$

Die Hesse'sche Normalform der Polare ist folglich

$$\begin{aligned} p: &\quad \frac{2}{\sqrt{2^2+1^2}}\,x_1 + \frac{1}{\sqrt{2^2+1^2}}\,x_2 - \frac{5}{\sqrt{2^2+1^2}} \;=\; 0\,, \\ p: &\quad \frac{2}{\sqrt{5}}\,x_1 + \frac{1}{\sqrt{5}}\,x_2 - \sqrt{5} \;=\; 0\,. \end{aligned}$$

Ausgehend von der Koordinatenform der Polare wird nun deren Parameterform berechnet. Es gilt

$$x_2 \;=\; -2x_1 + 5\,. \tag{2.11}$$

Sei $x_1 = \lambda \in \mathbb{R}$, dann ist $x_2 = -2\lambda + 5$. Somit ist eine Parameterform der Polare p gegeben durch

$$p: \begin{pmatrix} x_1 \\ x_2 \end{pmatrix} \;=\; \begin{pmatrix} \lambda \\ -2\lambda + 5 \end{pmatrix}, \quad \lambda \in \mathbb{R}.$$

$$p : \begin{pmatrix} x_1 \\ x_2 \end{pmatrix} = \begin{pmatrix} 0 \\ 5 \end{pmatrix} + \lambda \begin{pmatrix} 1 \\ -2 \end{pmatrix}, \quad \lambda \in \mathbb{R}.$$

Nun schneidet man die Polare p mit dem Kreis k, d.h. man setzt die Gleichung (2.11) in die Kreisgleichung ein und erhält somit als Lösung dieser quadratischen Gleichung die Koordinaten der beiden Berührpunkte.
$x_2 = -2x_1 + 5$ eingesetzt in die Kreisgleichung liefert:

$$\begin{aligned} (x_1 - 1)^2 + (-2x_1 + 5 - 2)^2 &= 1 \\ (x_1 - 1)^2 + (-2x_1 + 3)^2 &= 1 \\ x_1^2 - 2x_1 + 1 + 4x_1^2 - 12x_1 + 9 &= 1 \\ 5x_1^2 - 14x_1 + 9 &= 0. \end{aligned}$$

Die Lösungen sind

$$x_1^{(1,2)} = \frac{14 \pm \sqrt{14^2 - 180}}{10} = \frac{14 \pm 4}{10},$$

also

$$x_1^{(1)} = \frac{9}{5} \quad \text{und} \quad x_1^{(2)} = 1.$$

Setzt man die Ergebnisse in die Ausgangsgleichung $x_2 = -2x_1 + 5$ ein, so folgt:

$$\begin{aligned} x_2^{(1)} &= -2x_1^{(1)} + 5 = -2 \cdot \frac{9}{5} + 5 = \frac{7}{5}, \\ x_2^{(2)} &= -2x_1^{(2)} + 5 = -2 \cdot 1 + 5 = 3. \end{aligned}$$

Die gesuchten Berührpunkte sind:

$$Q\left(\frac{9}{5}, \frac{7}{5}\right) \quad \text{und} \quad R(1,3).$$

Die Tangenten erhält man schließlich mithilfe der Zwei-Punkte-Form einer Geraden. Die erste Tangente t_1 ist gegeben durch:

$$t_1 : \vec{x} = \overrightarrow{OP} + \lambda \overrightarrow{PQ}, \quad \lambda \in \mathbb{R},$$

$$t_1 : \begin{pmatrix} x_1 \\ x_2 \end{pmatrix} = \begin{pmatrix} 3 \\ 3 \end{pmatrix} + \lambda \begin{pmatrix} \frac{9}{5} - 3 \\ \frac{7}{5} - 3 \end{pmatrix}$$

$$= \begin{pmatrix} 3 \\ 3 \end{pmatrix} + \lambda \begin{pmatrix} -\frac{6}{5} \\ -\frac{8}{5} \end{pmatrix}, \quad \lambda \in \mathbb{R}.$$

Die zweite Tangente t_2 ist gegeben durch:

$$t_2 : \vec{x} = \overrightarrow{OP} + \lambda \overrightarrow{PR}, \quad \lambda \in \mathbb{R},$$

$$t_2 : \begin{pmatrix} x_1 \\ x_2 \end{pmatrix} = \begin{pmatrix} 3 \\ 3 \end{pmatrix} + \lambda \begin{pmatrix} 1-3 \\ 3-3 \end{pmatrix}$$

$$= \begin{pmatrix} 3 \\ 3 \end{pmatrix} + \lambda \begin{pmatrix} -2 \\ 0 \end{pmatrix}, \quad \lambda \in \mathbb{R}.$$

2.2.4 Schnitt von Kreisen

In diesem Abschnitt wird der Schnitt zweier Kreise im $\mathbb{R}^2$ näher betrachtet. Benötigt wird hierbei die Abstandsfunktion $d : \mathbb{R}^2 \times \mathbb{R}^2 \longrightarrow [0, \infty)$ mit

$$d(X,Y) := \left| \overrightarrow{OX} - \overrightarrow{OY} \right| = \sqrt{(x_1 - y_1)^2 + (x_2 - y_2)^2}$$

wobei $X(x_1, x_2)$ und $Y(y_1, y_2)$ Punkte des $\mathbb{R}^2$ sind.

Gegeben seien der Kreis k_1 mit Mittelpunkt M_1 und Radius r_1, sowie der Kreis k_2 mit Mittelpunkt M_2 und Radius r_2. Es werden 4 Fälle unterschieden:

1.) Die Kreise schneiden oder berühren sich nicht.
Hier können zwei Konstellationen auftreten:

a) Ein Kreis liegt im Innern des anderen Kreises, berührt diesen aber nicht. Die Kreise schneiden sich also nicht. Dieser Fall tritt genau dann ein, wenn gilt:

$$d(M_1, M_2) < |r_1 - r_2|,$$

oder äquivalent hierzu

$$d(M_1, M_2) + \min(r_1, r_2) < \max(r_1, r_2).$$

Der **Abstand** der beiden Kreise ist

$$\begin{aligned} d(k_1, k_2) &= \max(r_1, r_2) - d(M_1, M_2) - \min(r_1, r_2) \\ &= |r_1 - r_2| - d(M_1, M_2). \end{aligned}$$

Abbildung 2.2.3

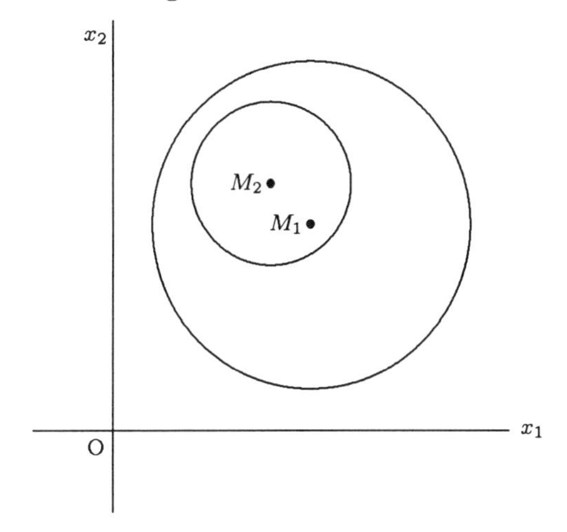

b) Die Kreise berühren oder schneiden sich nicht und kein Kreis liegt im Innern des anderen Kreises. Dies ist genau dann der Fall, wenn gilt:

$$d(M_1, M_2) \quad > \quad r_1 + r_2 \, .$$

Der **Abstand** der beiden Kreise ist

$$d(k_1, k_2) \quad = \quad d(M_1, M_2) - (r_1 + r_2) \, .$$

Abbildung 2.2.4

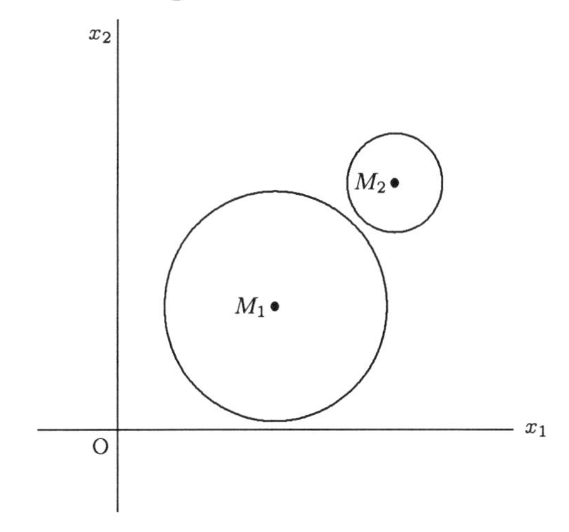

2.) Die Kreise berühren sich.

Auch hier können zwei Konstellationen auftreten:

a) Ein Kreis liegt im Innern des anderen Kreises, und berührt diesen. Die Kreise haben genau einen Punkt, den Berührpunkt, gemeinsam. Dieser Fall tritt genau dann ein, wenn gilt:

$$d(M_1, M_2) \quad = \quad |r_1 - r_2| \,,$$

oder äquivalent hierzu

$$d(M_1, M_2) + \min(r_1, r_2) \quad = \quad \max(r_1, r_2) \,.$$

Der **Abstand** der beiden Kreise ist $d(k_1, k_2) = 0$.

Abbildung 2.2.5

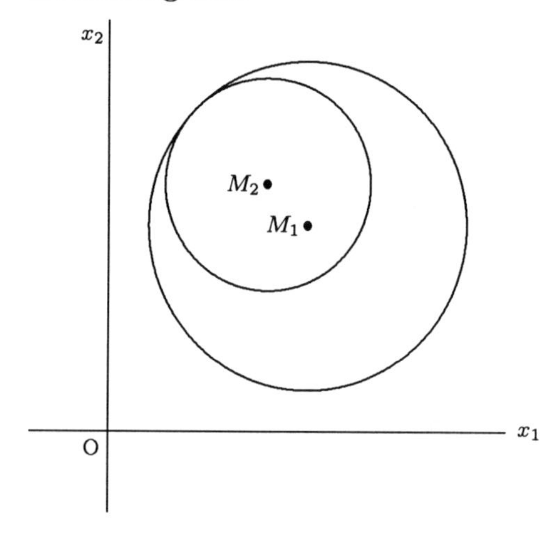

b) Die Kreise berühren sich und kein Kreis liegt im Innern des anderen Kreises. Dies ist genau dann der Fall, wenn gilt:

$$d(M_1, M_2) \quad = \quad r_1 + r_2 \,.$$

Der **Abstand** der beiden Kreise ist $d(k_1, k_2) = 0$.

Abbildung 2.2.6

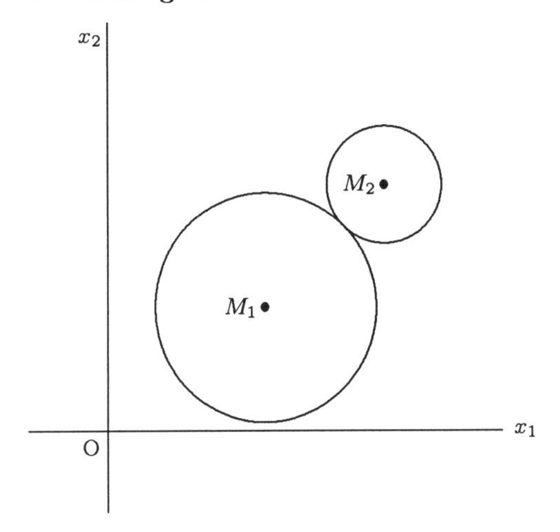

3.) Die Kreise schneiden sich.
Die Kreise haben also genau zwei Punkte, die Schnittpunkte, gemeinsam. Dies ist äquivalent zu

$$|r_1 - r_2| \quad < \quad d(M_1, M_2) \; < \; r_1 + r_2$$

oder

$$\max(r_1, r_2) \; - \; \min(r_1, r_2) \quad < \quad d(M_1, M_2) \; < \; r_1 + r_2 \, .$$

Der **Abstand** der beiden Kreise ist $d(k_1, k_2) = 0$.

Abbildung 2.2.7

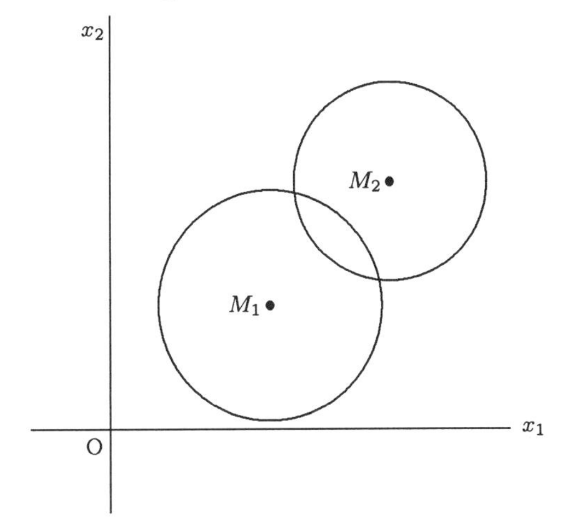

4.) Die Kreise sind identisch. Die ist genau dann der Fall, wenn gilt:

$$M_1 = M_2 \qquad \text{und} \qquad r_1 = r_2 .$$

Der **Abstand** der beiden Kreise ist trivialerweise $d(k_1, k_2) = 0$.

Im nachfolgenden Beispiel werden die Fälle 1a), 2b) und 3) behandelt. Für den Fall 2b) werden zwei Methoden zur Berechnung des Berührpunktes vorgestellt. Für den Fall 3) wird gezeigt, wie man die Schnittpunkte und deren Verbindungsstrecke berechnen kann.

Beispiel 2.2.4
Es soll festgestellt werden, ob sich die folgenden Kreise schneiden oder berühren.

1.) Der Kreis k_1 besitzt den Mittelpunkt $M_1(1.25, 1.25)$ und den Radius $r_1 = 1.0$; der Kreis k_2 besitzt den Mittelpunkt $M_2(1.00, 1.50)$ und den Radius $r_2 = 0.5$.
Der Abstand der beiden Mittelpunkte beträgt

$$\begin{aligned} d(M_1, M_2) &= \left|\overrightarrow{\mathrm{O}M}_1 - \overrightarrow{\mathrm{O}M}_2\right| \\ &= \sqrt{(1.25 - 1.00)^2 + (1.25 - 1.50)^2} = \sqrt{\frac{1}{8}} . \end{aligned}$$

Desweiteren ist

$$|r_1 - r_2| = |1.0 - 0.5| = 0.5 .$$

Somit gilt

$$d(M_1, M_2) = \sqrt{\frac{1}{8}} < 0.5 = |r_1 - r_2| ,$$

d.h. die beiden Kreise schneiden oder berühren sich nicht. Der Kreis k_2 liegt im Innern des Kreises (Fall 1a) k_1, da $r_1 > r_2$.

2.) Gegeben seien die Kreise k_1 mit Mittelpunkt $M_1(1, 4)$ und Radius $r_1 = 3$ und k_2 mit Mittelpunkt $M_2(4, 8)$ und Radius $r_2 = 2$. Der Abstand der beiden Mittelpunkte beträgt

$$\begin{aligned} d(M_1, M_2) &= \left|\overrightarrow{\mathrm{O}M}_1 - \overrightarrow{\mathrm{O}M}_2\right| \\ &= \sqrt{(1 - 4)^2 + (4 - 8)^2} = 5 . \end{aligned}$$

Desweiteren ist

$$r_1 + r_2 = 3 + 2 = 5\,.$$

Somit gilt

$$d(M_1, M_2) = 5 = r_1 + r_2\,,$$

d.h. die beiden Kreise berühren sich und kein Kreis liegt im Innern des anderen Kreises (Fall 2b).
Zur Bestimmung des Punktes werden zunächst die Kreisgleichungen aufgestellt. Es gelten

$$\begin{aligned} k_1 &: \quad (x_1-1)^2+(x_2-4)^2 = 9 \qquad \text{und} \\ k_2 &: \quad (x_1-4)^2+(x_2-8)^2 = 4\,. \end{aligned}$$

Multipliziert man beide Gleichungen aus, so erhält man

$$\begin{aligned} k_1 &: \quad x_1^2-2x_1+1+x_2^2-8x_2+16 = 9 \qquad \text{und} \\ k_2 &: \quad x_1^2-8x_1+16+x_2^2-16x_2+64 = 4\,. \end{aligned}$$

Subtrahiert man die Gleichung von k_2 von der Kreisgleichung von k_1, so ergeben sich die nachfolgenden Gleichungen.

$$\begin{aligned} 6x_1-15+8x_2-48 &= 5 \qquad \text{bzw.} \\ x_1 &= \frac{34-4x_2}{3} \qquad \text{oder} \\ x_2 &= \frac{17}{2}-\frac{3}{4}x_1\,. \end{aligned}$$

Setzt man $x_2 = \frac{17}{2}-\frac{3}{4}x_1$ in die Gleichung von k_2 ein, so folgt

$$\begin{aligned} x_1^2-8x_1+16+\left(\frac{17}{2}-\frac{3}{4}x_1\right)^2-16\left(\frac{17}{2}-\frac{3}{4}x_1\right)+64 &= 4 \\ x_1^2-8x_1+16+\frac{289}{4}-\frac{51}{4}x_1+\frac{9}{16}x_1^2-136+12x_1+64 &= 4 \\ \frac{25}{16}x_1^2-\frac{35}{4}x_1+\frac{49}{4} &= 0\,. \end{aligned}$$

Die Lösungen dieser quadratischen Gleichung sind

$$x_1^{(1,2)} = \frac{\frac{35}{4}\pm\sqrt{\frac{1225}{16}-\frac{4900}{64}}}{\frac{50}{16}} = \frac{\frac{35}{4}\pm 0}{\frac{25}{8}} = \frac{28}{10} = \frac{14}{5}\,,$$

d.h. es gibt nur eine Lösung $x_1 = \frac{14}{5}$.

Diese eingesetzt in die Gleichung für x_2, d.h. in die Gleichung

$$x_2 = \frac{17}{2} - \frac{3}{4} x_1 ,$$

liefert die x_2-Koordinate des Berührpunktes. Die zweite Koordinate ist also

$$x_2 = \frac{17}{2} - \frac{3}{4} \cdot \frac{14}{5} = \frac{32}{5} .$$

Der gesuchte Berührpunkt ist somit $B\left(\frac{14}{5}, \frac{32}{5}\right)$.

Eine zweite Möglichkeit den Berührpunkt zu berechnen, ist die folgende. Betrachtet man die Verbindungsstrecke der Mittelpunkte M_1 und M_2, so hat der Berührpunkt B von M_1 in Richtung M_2 auf dieser Verbindungsstrecke den Abstand r_1.

Die Gerade g zwischen M_1 und M_2 ist durch die Zwei-Punkte-Form gegeben:

$$g : \begin{pmatrix} x_1 \\ x_2 \end{pmatrix} = \begin{pmatrix} 1 \\ 4 \end{pmatrix} + \lambda \begin{pmatrix} 4-1 \\ 8-4 \end{pmatrix} \qquad \text{also}$$

$$g : \begin{pmatrix} x_1 \\ x_2 \end{pmatrix} = \begin{pmatrix} 1 \\ 4 \end{pmatrix} + \lambda \begin{pmatrix} 3 \\ 4 \end{pmatrix} \qquad \text{mit } \lambda \in \mathbb{R} .$$

Um auf einfache Weise $r_1 = 3$ Längeneinheiten auf der Geraden g abtragen zu können, ist es sinnvoll den Richtungsvektor dieser Geraden auf 1 zu normieren. Mithilfe der Länge $\sqrt{3^2 + 4^2} = 5$ des Richtungsvektors ergibt sich eine Darstellung der Geraden g mit einem auf 1 normierten Richtungsvektor, also

$$g : \begin{pmatrix} x_1 \\ x_2 \end{pmatrix} = \begin{pmatrix} 1 \\ 4 \end{pmatrix} + \frac{\mu}{5} \begin{pmatrix} 3 \\ 4 \end{pmatrix} \qquad \text{mit } \mu \in \mathbb{R} .$$

Für $\mu = r_1 = 3$ erhält man den gesuchten Berührpunkt B, dessen Ortsvektor gegeben ist durch

$$\begin{pmatrix} b_1 \\ b_2 \end{pmatrix} = \begin{pmatrix} 1 \\ 4 \end{pmatrix} + \frac{3}{5} \begin{pmatrix} 3 \\ 4 \end{pmatrix} = \begin{pmatrix} \frac{14}{5} \\ \frac{32}{5} \end{pmatrix} .$$

3.) Gegeben seien die Kreise k_1 und k_2 mit Mittelpunkt $M_1(0,-1)$ bzw. $M_2(1,0)$ und Radius $r_1 = 1$ bzw. $r_2 = 2$. Der Abstand der beiden Mittelpunkte beträgt

$$\begin{aligned} d(M_1, M_2) &= \left|\overrightarrow{\mathrm{O}M}_1 - \overrightarrow{\mathrm{O}M}_2\right| \\ &= \sqrt{(0-1)^2 + (-1-0)^2} = \sqrt{2}\,. \end{aligned}$$

Desweiteren ist

$$\begin{aligned} |r_1 - r_2| &= |1 - 2| = 1\,, \\ r_1 + r_2 &= 1 + 2 = 3\,. \end{aligned}$$

Somit gilt

$$|r_1 - r_2| = 1 < d(M_1, M_2) = \sqrt{2} < 3 = r_1 + r_2\,,$$

d.h. die beiden Kreise schneiden sich (Fall 3).

Es soll nun eine Gleichung der Geraden bestimmt werden, die durch die beiden Schnittpunkte verläuft. Zur Bestimmung der Schnittpunkte werden zunächst die Kreisgleichungen aufgestellt. Es gelten

$$\begin{aligned} k_1 &: \quad (x_1 - 0)^2 + (x_2 - (-1))^2 = 1^2 \qquad \text{und} \\ k_2 &: \quad (x_1 - 1)^2 + (x_2 - 0)^2 = 2^2 \qquad \text{also} \\ k_1 &: \quad x_1^2 + (x_2 + 1)^2 = 1 \qquad \text{und} \\ k_2 &: \quad (x_1 - 1)^2 + x_2^2 = 4\,. \end{aligned}$$

Multipliziert man beide Gleichungen aus, so erhält man

$$\begin{aligned} k_1 &: \quad x_1^2 + x_2^2 + 2x_2 + 1 = 1 \qquad \text{und} \\ k_2 &: \quad x_1^2 - 2x_1 + 1 + x_2^2 = 4\,. \end{aligned}$$

Subtrahiert man die Gleichung von k_2 von der Kreisgleichung von k_1, so ergeben sich die nachfolgenden Gleichungen.

$$\begin{aligned} 2x_1 - 1 + 2x_2 + 1 &= -3 \qquad \text{bzw.} \\ x_1 &= -\frac{3}{2} - x_2 \qquad \text{oder} \\ x_2 &= -\frac{3}{2} - x_1\,. \end{aligned}$$

Setzt man $x_2 = -\frac{3}{2} - x_1$ in die Gleichung von k_2 ein, so folgt

$$\begin{aligned} x_1^2 - 2x_1 + 1 + \left(-\frac{3}{2} - x_1\right)^2 &= 4 \\ x_1^2 - 2x_1 + 1 + \frac{9}{4} + 3x_1 + x_1^2 &= 4 \\ 2x_1^2 + x_1 - \frac{3}{4} &= 0\,. \end{aligned}$$

Die Lösungen dieser quadratischen Gleichung sind

$$x_1^{(1,2)} = \frac{-1 \pm \sqrt{7}}{4}\,.$$

Diese Lösungen liefern, eingesetzt in die Gleichung für x_2, d.h. in die Gleichung

$$x_2 = -\frac{3}{2} - x_1\,,$$

die x_2-Koordinaten der Schnittpunkte. Die zweiten Koordinaten sind also

$$\begin{aligned} x_2^{(1)} &= -\frac{3}{2} - x_1^{(1)} = -\frac{3}{2} - \frac{-1-\sqrt{7}}{4} = \frac{-5+\sqrt{7}}{4} \\ x_2^{(2)} &= -\frac{3}{2} - x_1^{(2)} = -\frac{3}{2} - \frac{-1+\sqrt{7}}{4} = \frac{-5-\sqrt{7}}{4}\,. \end{aligned}$$

Demzufolge sind die gesuchten Schnittpunkte

$$S_1\left(\frac{-1-\sqrt{7}}{4}, \frac{-5+\sqrt{7}}{4}\right) \quad \text{und} \quad S_2\left(\frac{-1+\sqrt{7}}{4}, \frac{-5-\sqrt{7}}{4}\right)\,.$$

Die Gerade g, die durch diese beiden Schittpunkte verläuft, ist gegeben durch

$$g : \quad \begin{pmatrix} x_1 \\ x_2 \end{pmatrix} = \begin{pmatrix} \frac{-1-\sqrt{7}}{4} \\ \frac{-5+\sqrt{7}}{4} \end{pmatrix} + \lambda \begin{pmatrix} \frac{-1+\sqrt{7}}{4} - \left(\frac{-1-\sqrt{7}}{4}\right) \\ \frac{-5-\sqrt{7}}{4} - \left(\frac{-5+\sqrt{7}}{4}\right) \end{pmatrix}$$

$$g : \quad \begin{pmatrix} x_1 \\ x_2 \end{pmatrix} = \begin{pmatrix} \frac{-1-\sqrt{7}}{4} \\ \frac{-5+\sqrt{7}}{4} \end{pmatrix} + \lambda \begin{pmatrix} \frac{\sqrt{7}}{2} \\ \frac{\sqrt{7}}{2} \end{pmatrix} \quad \text{mit } \lambda \in \mathbb{R}$$

$$g : \quad \begin{pmatrix} x_1 \\ x_2 \end{pmatrix} = \begin{pmatrix} \frac{-1-\sqrt{7}}{4} \\ \frac{-5+\sqrt{7}}{4} \end{pmatrix} + \mu \begin{pmatrix} 1 \\ 1 \end{pmatrix} \quad \text{mit } \mu \in \mathbb{R}\,.$$

Dieses Beispiel wird in der nachfolgenden Abbildung veranschaulicht.

Abbildung 2.2.8

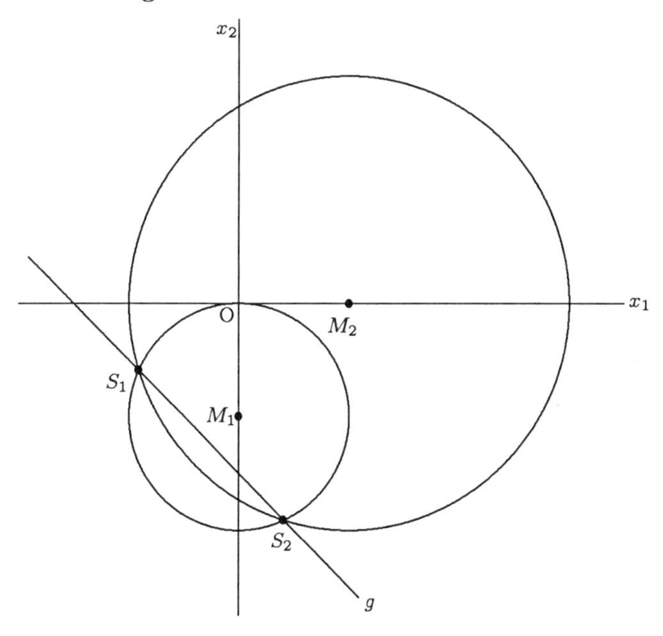

2.3 Aufgaben zu Kapitel 2

Aufgabe 2.3.1

a) Gesucht ist jeweils eine Parameterdarstellung der Geraden g_i, die durch die Punkte P_i und Q_i $(1 \leq i \leq 4)$ geht. Hierbei seien $P_1(1,1)$, $Q_1(0,0)$, $P_2(0,1)$, $Q_2(1,0)$, $P_3(0,-1)$, $Q_3(2,3)$ und $P_4(0,-1)$, $Q_4(1,-1)$.

b) Geben Sie für jede dieser Geraden eine Darstellung in Koordinatenform an.

Lösung:

a) Mithilfe der **Zwei-Punkte-Form** sind die jeweiligen Geradengleichungen gegeben durch

$$g_i : \overrightarrow{OX} = \overrightarrow{OP_i} + \lambda \left(\overrightarrow{OQ_i} - \overrightarrow{OP_i}\right), \quad \lambda \in \mathbb{R}, 1 \leq i \leq 4.$$

Es gilt also für die Geraden:

$\underline{g_1:}$

$$\begin{aligned} g_1 : \overrightarrow{OX} &= \begin{pmatrix} 1 \\ 1 \end{pmatrix} + \lambda \left(\begin{pmatrix} 0 \\ 0 \end{pmatrix} - \begin{pmatrix} 1 \\ 1 \end{pmatrix} \right) \\ &= \begin{pmatrix} 1 \\ 1 \end{pmatrix} + \lambda \begin{pmatrix} -1 \\ -1 \end{pmatrix}, \quad \lambda \in \mathbb{R}. \end{aligned}$$

Eine vereinfachte Darstellung der Geraden g_1 in Parameterform ist

$$g_1 : \overrightarrow{OX} = \mu \begin{pmatrix} 1 \\ 1 \end{pmatrix}, \quad \mu \in \mathbb{R}.$$

$\underline{g_2:}$

$$\begin{aligned} g_2 : \overrightarrow{OX} &= \begin{pmatrix} 0 \\ 1 \end{pmatrix} + \lambda \left(\begin{pmatrix} 1 \\ 0 \end{pmatrix} - \begin{pmatrix} 0 \\ 1 \end{pmatrix} \right) \\ &= \begin{pmatrix} 0 \\ 1 \end{pmatrix} + \lambda \begin{pmatrix} 1 \\ -1 \end{pmatrix}, \quad \lambda \in \mathbb{R}. \end{aligned}$$

Es gilt natürlich auch

$$g_2 : \overrightarrow{OX} = \begin{pmatrix} 1 \\ 0 \end{pmatrix} + \mu \begin{pmatrix} -1 \\ 1 \end{pmatrix}, \quad \mu \in \mathbb{R}.$$

$\underline{g_3}$:

$$g_3 : \overrightarrow{OX} = \begin{pmatrix} 0 \\ -1 \end{pmatrix} + \lambda \left(\begin{pmatrix} 2 \\ 3 \end{pmatrix} - \begin{pmatrix} 0 \\ -1 \end{pmatrix} \right)$$
$$= \begin{pmatrix} 0 \\ -1 \end{pmatrix} + \lambda \begin{pmatrix} 2 \\ 4 \end{pmatrix}, \quad \lambda \in \mathbb{R}.$$

Eine einfachere Darstellung ist

$$g_3 : \overrightarrow{OX} = \begin{pmatrix} 0 \\ -1 \end{pmatrix} + \mu \begin{pmatrix} 1 \\ 2 \end{pmatrix}, \quad \mu \in \mathbb{R}.$$

$\underline{g_4}$:

$$g_4 : \overrightarrow{OX} = \begin{pmatrix} 0 \\ -1 \end{pmatrix} + \lambda \left(\begin{pmatrix} 1 \\ -1 \end{pmatrix} - \begin{pmatrix} 0 \\ -1 \end{pmatrix} \right)$$
$$= \begin{pmatrix} 0 \\ -1 \end{pmatrix} + \lambda \begin{pmatrix} 1 \\ 0 \end{pmatrix}, \quad \lambda \in \mathbb{R}.$$

b) Um aus einer Parameterdarstellung eine Koordinatendarstellung zu erhalten, muß man den Parameter λ eliminieren. Dies wird im folgenden für die Geraden g_i mit $1 \leq i \leq 4$ durchgeführt.

$\underline{g_1}$: Äquivalent zu obiger Vektorgleichung ist das Gleichungssystem

$$\begin{aligned} x_1 &= 1 - \lambda \quad \Longrightarrow \quad \lambda = 1 - x_1 \\ x_2 &= 1 - \lambda \quad \Longrightarrow \quad \lambda = 1 - x_2. \end{aligned}$$

Setzt man beide λ-Werte gleich, so folgt $1 - x_1 = 1 - x_2$, also $x_1 = x_2$. Es handelt sich hierbei um die erste Winkelhalbierende. Die hieraus resultierende Koordinatendarstellung der Geraden g_1 ist dann

$$g_1 : x_1 - x_2 = 0.$$

$\underline{g_2}$: Aus der Parameterdarstellung von g_2 ergibt sich das Gleichungssystem

$$\begin{aligned} x_1 &= 0 + \lambda \quad \Longrightarrow \quad \lambda = x_1 \\ x_2 &= 1 - \lambda \quad \Longrightarrow \quad \lambda = 1 - x_2. \end{aligned}$$

Setzt man beide λ-Werte gleich, so erhält man $x_1 = 1 - x_2$ und folglich die Koordinatendarstellung

$$g_2 : x_1 + x_2 - 1 = 0.$$

$\underline{g_3}$: Nachfolgendes Gleichungssystem erhält man aus der vereinfachten Parameterdarstellung von g_3:

$$\begin{aligned} x_1 &= 0+\lambda &\Longrightarrow\quad \lambda &= x_1 \\ x_2 &= -1+2\lambda &\Longrightarrow\quad \lambda &= \frac{1}{2}+\frac{x_2}{2}. \end{aligned}$$

Durch Gleichsetzen der beide λ-Werte, folgt $x_1 = 1+x_2$, also

$$g_3 \;:\; x_1 - x_2 - 1 = 0.$$

$\underline{g_4}$: Analog zu obigem Vorgehen folgt für g_4:

$$\begin{aligned} x_1 &= 0+\lambda &\Longrightarrow\quad \lambda &= x_1 \\ x_2 &= -1 &\Longrightarrow\quad x_2 &= -1\,. \end{aligned}$$

Für x_1 sind alle beliebigen Werte $\lambda \in \mathbb{R}$ zulässig. Es besteht dort keine Einschränkung. x_2 hingegen muß -1 sein. Die Gerade g_4 ist somit parallel zur x_1-Achse und besitzt die Koordinatengleichung

$$g_4 \;:\; x_2 + 1 = 0.$$

Aufgabe 2.3.2

Gegeben sind die Darstellungen der Geraden g_i in Koordinatenform mit $1 \le i \le 4$:

a) $g_1 \;:\; x_1 + 3x_2 - 1 = 0\,,$

b) $g_2 \;:\; x_1 + x_2 = 0\,,$

c) $g_3 \;:\; x_1 + 5 = 0\,,$

d) $g_4 \;:\; -x_2 + 3 = 0\,.$

Geben Sie jeweils eine Parameterdarstellung dieser Geraden an.

Lösung:

a) Löst man die Koordinatendarstellung von g_1 nach x_1 auf, so erhält man $x_1 = 1 - 3x_2$. Sei nun $x_2 = \lambda$, so liefert dies $x_1 = 1 - 3\lambda$. Das dazugehörige Gleichungssystem ist

$$\begin{aligned} x_1 &= 1 - 3\lambda \\ x_2 &= \lambda\,. \end{aligned}$$

Die Vektordarstellung dieses Gleichungssystems ist

$$\begin{pmatrix} x_1 \\ x_2 \end{pmatrix} = \begin{pmatrix} 1-3\cdot\lambda \\ \lambda \end{pmatrix} = \begin{pmatrix} 1-3\cdot\lambda \\ 0+1\cdot\lambda \end{pmatrix}$$

$$= \begin{pmatrix} 1 \\ 0 \end{pmatrix} + \begin{pmatrix} -3\cdot\lambda \\ 1\cdot\lambda \end{pmatrix} = \begin{pmatrix} 1 \\ 0 \end{pmatrix} + \lambda \begin{pmatrix} -3 \\ 1 \end{pmatrix}.$$

Eine Parameterdarstellung von g_1 ist somit gegeben durch

$$g_1 : \begin{pmatrix} x_1 \\ x_2 \end{pmatrix} = \begin{pmatrix} 1 \\ 0 \end{pmatrix} + \lambda \begin{pmatrix} -3 \\ 1 \end{pmatrix}, \quad \lambda \in \mathbb{R}.$$

b) Analog zu a) erhält man für g_2 die Gleichung $x_1 = -x_2$. Sei wiederum $x_2 = \lambda$, so ist $x_1 = -\lambda$. Das dazugehörige Gleichungssystem ist

$$\begin{aligned} x_1 &= -\lambda \\ x_2 &= \lambda. \end{aligned}$$

Die daraus resultierende Vektordarstellung des Gleichungssystems ist

$$\begin{pmatrix} x_1 \\ x_2 \end{pmatrix} = \begin{pmatrix} -\lambda \\ \lambda \end{pmatrix} = \begin{pmatrix} 0-1\cdot\lambda \\ 0+1\cdot\lambda \end{pmatrix}$$

$$= \begin{pmatrix} 0 \\ 0 \end{pmatrix} + \begin{pmatrix} -1\cdot\lambda \\ 1\cdot\lambda \end{pmatrix} = \begin{pmatrix} 0 \\ 0 \end{pmatrix} + \lambda \begin{pmatrix} -1 \\ 1 \end{pmatrix}.$$

Eine Parameterdarstellung von g_2 ist somit gegeben durch

$$g_2 : \begin{pmatrix} x_1 \\ x_2 \end{pmatrix} = \lambda \begin{pmatrix} -1 \\ 1 \end{pmatrix}, \quad \lambda \in \mathbb{R}.$$

c) Löst man die Koordinatendarstellung von g_3 nach x_1 auf, so erhält man $x_1 = -5$. (Im Gegensatz zu a) und b) ist x_1 unabhängig von x_2.) Sei $x_2 = \lambda$ mit $\lambda \in \mathbb{R}$. Aus den beiden Gleichungen $x_1 = -5$ und $x_2 = \lambda$ folgt nun

$$\begin{pmatrix} x_1 \\ x_2 \end{pmatrix} = \begin{pmatrix} -5 \\ \lambda \end{pmatrix} = \begin{pmatrix} -5+0\cdot\lambda \\ 0+1\cdot\lambda \end{pmatrix}$$

$$= \begin{pmatrix} -5 \\ 0 \end{pmatrix} + \begin{pmatrix} 0\cdot\lambda \\ 1\cdot\lambda \end{pmatrix}.$$

Eine Parameterdarstellung von g_3 ist dann

$$g_3 : \begin{pmatrix} x_1 \\ x_2 \end{pmatrix} = \begin{pmatrix} -5 \\ 0 \end{pmatrix} + \lambda \begin{pmatrix} 0 \\ 1 \end{pmatrix}, \quad \lambda \in \mathbb{R}.$$

d) Löst man die Koordinatendarstellung von g_4 nach x_2 auf, so erhält man $x_2 = 3$. x_2 ist unabhängig von x_1 und an x_1 ist keine Bedingung geknüpft. Sei also $x_1 = \lambda$ mit $\lambda \in \mathbb{R}$. Dann folgt

$$\begin{pmatrix} x_1 \\ x_2 \end{pmatrix} = \begin{pmatrix} \lambda \\ 3 \end{pmatrix} = \begin{pmatrix} 0 + 1 \cdot \lambda \\ 3 + 0 \cdot \lambda \end{pmatrix} = \begin{pmatrix} 0 \\ 3 \end{pmatrix} + \begin{pmatrix} 1 \cdot \lambda \\ 0 \cdot \lambda \end{pmatrix}.$$

Eine Parameterdarstellung von g_4 ist

$$g_4 : \begin{pmatrix} x_1 \\ x_2 \end{pmatrix} = \begin{pmatrix} 0 \\ 3 \end{pmatrix} + \lambda \begin{pmatrix} 1 \\ 0 \end{pmatrix}, \quad \lambda \in \mathbb{R}.$$

Aufgabe 2.3.3

Gegeben seien die Geraden g_i mit $1 \leq i \leq 4$ durch

- $g_1 : 2x_1 - 5x_2 - \sqrt{7} = 0$,
- $g_2 : x_1 + x_2 = 0$,
- $g_3 : \sqrt{3}\,x_1 + \sqrt{12} = 0$,
- $g_4 : x_2 = 0$.

a) Geben Sie für jede Gerade g_i $(1 \leq i \leq 4)$ einen Vektor an, der senkrecht auf ihr steht.

b) Geben Sie für jede Gerade g_i $(1 \leq i \leq 4)$ einen Normaleneinheitsvektor an.

c) Geben Sie für jede Gerade g_i $(1 \leq i \leq 4)$ einen Richtungsvektor an.

d) Geben Sie zu jeder Geraden g_i $(1 \leq i \leq 4)$ die Hesse'sche Normalform an.

e) Welchen Abstand haben diese Geraden zum Ursprung?

f) Befinden sich der Punkt $S(-3,3)$ und der Ursprung auf derselben Seite der Geraden g_1 bzw. der Geraden g_3. Berechnen Sie den Abstand von $S(-3,3)$ zu den Geraden g_1 und g_3.

Lösung:

a) Gegeben sei die Koordinatenform einer beliebigen Geraden g durch

$$g \ : \ ax_1 + bx_2 + c \ = \ 0$$

mit a, b, $c \in \mathbb{R}$ und $a^2 + b^2 \neq 0$. Dann steht der Vektor $\vec{n} \ = \ (a,b)^T$ senkrecht auf g. Somit folgt:

- Der Vektor $\vec{n}_1 \ = (2,-5)^T$ steht senkrecht auf g_1.
- Der Vektor $\vec{n}_2 \ = (1,1)^T$ steht senkrecht auf g_2.
- Der Vektor $\vec{n}_3 \ = (\sqrt{3},0)^T$ steht senkrecht auf g_3.
- Der Vektor $\vec{n}_4 \ = (0,1)^T$ steht senkrecht auf g_4.

b) Normiert man den Normalenvektor $\vec{n} = (a,b)^T$ einer Geraden g auf 1, so erhält man den Normaleneinheitsvektor $\vec{n}_0$, d.h.

$$\vec{n}_0 \ = \ \frac{1}{|\vec{n}|}\,\vec{n} \ = \ \frac{1}{\sqrt{a^2+b^2}}\begin{pmatrix} a \\ b \end{pmatrix}.$$

Für die obigen Geraden erhält man die Normaleneinheitvektoren

- $\vec{n}_{10} \ = \ \frac{1}{|\vec{n}_1|}\,\vec{n}_1 \ = \ \frac{1}{\sqrt{2^2+(-5)^2}}\begin{pmatrix} 2 \\ -5 \end{pmatrix} \ = \ \frac{1}{\sqrt{29}}\begin{pmatrix} 2 \\ -5 \end{pmatrix},$

- $\vec{n}_{20} \ = \ \frac{1}{|\vec{n}_2|}\,\vec{n}_2 \ = \ \frac{1}{\sqrt{1^2+1^2}}\begin{pmatrix} 1 \\ 1 \end{pmatrix} \ = \ \frac{1}{\sqrt{2}}\begin{pmatrix} 1 \\ 1 \end{pmatrix},$

- $\vec{n}_{30} \ = \ \frac{1}{|\vec{n}_3|}\,\vec{n}_3 \ = \ \frac{1}{\sqrt{\sqrt{3}^2+0^2}}\begin{pmatrix} \sqrt{3} \\ 0 \end{pmatrix} \ = \ \begin{pmatrix} 1 \\ 0 \end{pmatrix},$

- $\vec{n}_{40} \ = \ \frac{1}{|\vec{n}_4|}\,\vec{n}_4 \ = \ \frac{1}{\sqrt{0^2+1^2}}\begin{pmatrix} 0 \\ 1 \end{pmatrix} \ = \ \begin{pmatrix} 0 \\ 1 \end{pmatrix}.$

Da die Längen der Normalenvektoren in dieser Aufgabe mehrmals benötigt werden, sind sie an dieser Stelle explizit angegeben.

- Die Länge des Normalenvektors der Geraden g_1 ist:
  $\sqrt{2^2 + (-5)^2} = \sqrt{29}$.
- Die Länge des Normalenvektors der Geraden g_2 ist:
  $\sqrt{1^2 + 1^2} = \sqrt{2}$.
- Die Länge des Normalenvektors der Geraden g_3 ist:
  $\sqrt{\sqrt{3}^2 + 0^2} = \sqrt{3}$.
- Die Länge des Normalenvektors der Geraden g_4 ist:
  $\sqrt{0^2 + 1^2} = 1$.

c) Da $\vec{n}_1 = (2, -5)^T$ senkrecht auf g_1 steht, erhält man einen Richtungsvektor $\vec{r}_1 = (r_1, r_2)$ von g_1 mithilfe des Skalarprodukts, denn es muß

$$0 = <\vec{n}_1, \vec{r}_1> = 2 \cdot r_1 - 5 \cdot r_2$$

gelten, also $r_1 = 2.5 r_2$. Sei nun $r_2 = 2\lambda$ mit $\lambda \in \mathbb{R} \setminus \{0\}$, so ist $r_1 = 5\lambda$. Wählt man $\lambda = 1$, so erhält man $\vec{r}_1 = (5, 2)^T$ als Richtungsvektor.

Analog zur Vorgehensweise bei g_1 muß für g_2

$$0 = <\vec{n}_2, \vec{r}_2> = 1 \cdot r_1 + 1 \cdot r_2$$

gelten, also $r_1 = -r_2$ sei nun $r_2 = \lambda$ mit $\lambda \in \mathbb{R} \setminus \{0\}$, so ist $r_1 = -\lambda$. Wählt man $\lambda = 1$, so erhält man den Richtungsvektor $\vec{r}_2 = (-1, 1)^T$.

Für g_3 erhält man

$$0 = <\vec{n}_3, \vec{r}_3> = \sqrt{3} \cdot r_1 + 0 \cdot r_2 \,,$$

also gilt $\sqrt{3}\, r_1 = 0$ und somit $r_1 = 0$. Hingegen kann man r_2 beliebig (ungleich Null) wählen, z.B. $r_2 = 1$. Als Richtungsvektor erhält man dann $\vec{r}_3 = (0, 1)^T$.

Bemerkung:
Würde man $r_2 = 0$ setzen, so erhielte man $\vec{r}_3 = (0, 0)^T$. Dies ist allerdings kein Richtungsvektor!

Für g_4 folgt

$$0 = <\vec{n}_4, \vec{r}_4> = 0 \cdot r_1 + 1 \cdot r_2$$

und somit $r_2 = 0$. Man kann r_1 beliebig aber ungleich Null wählen, z.B. $r_1 = 1$. Als Richtungsvektor erhält man dann $\vec{r}_4 = (1,0)^T$.

Bemerkung:

Würde man $r_1 = 0$ setzen, so erhielte man $\vec{r}_4 = (0,0)^T$. Dies ist kein Richtungsvektor!

d) Mithilfe von Bemerkung 2.) zu Satz 2.1.2 und Teil b) erhält man sofort die Hesse'schen Normalformen.

- $g_1 : \dfrac{2}{\sqrt{29}} x_1 - \dfrac{5}{\sqrt{29}} x_2 - \sqrt{\dfrac{7}{29}} = 0,$
- $g_2 : \dfrac{x_1}{\sqrt{2}} + \dfrac{x_2}{\sqrt{2}} = 0,$
- $g_3 : -x_1 - 2 = 0,$
- $g_4 : x_2 = 0.$

e) Der Abstand einer Geraden zum Ursprung kann mithilfe des Satzes 2.1.1 berechnet werden. Die gesuchten Abstände sind:

- $d(\mathrm{O}, g_1) = \left| -\sqrt{\dfrac{7}{29}} \right| = \sqrt{\dfrac{7}{29}}$
- $d(\mathrm{O}, g_2) = |0| = 0$, d.h. diese Gerade geht durch den Ursprung.
- $d(\mathrm{O}, g_3) = |-2| = 2$
- $d(\mathrm{O}, g_4) = |0| = 0$, d.h. diese Gerade geht durch den Ursprung.

f) Diese Aufgabe kann mit Satz 2.1.2 sowie Punkt 1.) der darauffolgenden Bemerkung gelöst werden. Um die Aufgabe zu lösen, muß man den Punkt $S(3,3)$ in die jeweilige (bereits in Teil d) berechnete) Hesse'sche Normalform einsetzen.

Für die Gerade g_1 gilt somit:

$$\frac{2}{\sqrt{29}} \cdot (-3) - \frac{5}{\sqrt{29}} \cdot 3 - \sqrt{\frac{7}{29}} = \frac{-21 - \sqrt{7}}{\sqrt{29}} \approx -4.391 < 0,$$

d.h. $S(-3,3)$ und der Ursprung befinden sich auf derselben Seite der Geraden g_1. Der Abstand von S zu g_1 ist

$$d(S, g_1) = \left| \frac{-21 - \sqrt{7}}{\sqrt{29}} \right| = \frac{21 + \sqrt{7}}{\sqrt{29}}.$$

Für die Gerade g_3 folgt, indem man den Punkt $S(-3,3)$ in deren Hesse'sche Normalform einsetzt:

$$-(-3) - 2 = 1 > 0,$$

d.h. $S(-3,3)$ und der Ursprung befinden sich auf verschiedenen Seiten der Geraden g_2. Der Abstand von S zu g_3 ist

$$d(S, g_3) = |-(-3) - 2| = |1| = 1.$$

Aufgabe 2.3.4
Gegeben seien die beiden Geraden g_1 mit

$$g_1 : 2x_1 - x_2 + 14 = 0$$

und g_2 mit

$$g_2 : \begin{pmatrix} x_1 \\ x_2 \end{pmatrix} = \begin{pmatrix} 1 \\ 1 \end{pmatrix} + \lambda \begin{pmatrix} -1 \\ 3 \end{pmatrix}, \quad \lambda \in \mathbb{R}.$$

Berechnen Sie den Schnittpunkt dieser Geraden.

Lösung:
Aus der Parameterdarstellung von g_2 erhält man

$$x_1 = 1 - \lambda \qquad \text{und} \qquad x_2 = 1 + 3\lambda.$$

Setzt man diese Koordinaten in die Koordinatengleichung von g_1 ein, so erhält man

$$\begin{aligned} 2(1-\lambda) - (1+3\lambda) + 14 &= 0 \\ -5\lambda + 15 &= 0 \\ \lambda &= 3. \end{aligned}$$

Den gesuchten Schnittpunkt $S(s_1, s_2)$ erhält man, indem man $\lambda = 3$ in die Parametergleichung von g_2 einsetzt, d.h.

$$\begin{pmatrix} s_1 \\ s_2 \end{pmatrix} = \begin{pmatrix} 1 \\ 1 \end{pmatrix} + 3 \begin{pmatrix} -1 \\ 3 \end{pmatrix} = \begin{pmatrix} -2 \\ 10 \end{pmatrix}.$$

Der Schnittpunkt ist also $S(-2, 10)$.

Aufgabe 2.3.5
Gegeben seien die beiden Geraden g_1 mit

$$g_1 \;:\; \sqrt{2}\,x_1 + \sqrt{8}\,x_2 - \sqrt{32} \;=\; 0$$

und g_2 mit

$$g_2 \;:\; \begin{pmatrix} x_1 \\ x_2 \end{pmatrix} = \begin{pmatrix} 4 \\ -1 \end{pmatrix} + \lambda \begin{pmatrix} 2 \\ -1 \end{pmatrix}, \quad \lambda \in \mathbb{R}.$$

Weisen Sie nach, daß die beiden Geraden parallel sind und berechnen Sie den Abstand der Geraden voneinander.

Lösung:
Dividiert man die Koordinatengleichung der Geraden g_1 durch $\sqrt{2}$, so erhält man eine einfachere Darstellung, die gegeben ist durch

$$g_1 \;:\; x_1 + 2x_2 - 4 \;=\; 0\,.$$

Aus dieser Koordinatengleichung kann man direkt einen Normalenvektor der Geraden g_1 ablesen. Es ist der Vektor $\vec{n} = (1,2)^T$. Dieser Vektor steht auch senkrecht auf dem Richtungsvektor der Geraden g_2, denn es gilt:

$$< \begin{pmatrix} 1 \\ 2 \end{pmatrix}, \begin{pmatrix} 2 \\ -1 \end{pmatrix} > = \; 1 \cdot 2 + 2 \cdot (-1) \;=\; 0\,.$$

Somit ist nachgewiesen, daß die beiden Geraden parallel sind. Der Punkt $P(4,-1)$ liegt auf der Geraden g_2 aber nicht auf der Geraden g_1, denn die Punktprobe, $P(4,-1)$ eingesetzt in die Koordinatengleichung von g_1, liefert:

$$4 + 2 \cdot (-1) - 4 \;=\; -2 \neq 0\,.$$

Die beiden Geraden sind also nicht identisch. Der Abstand der beiden Geraden g_1 und g_2 ist somit gleich dem Abstand des Punktes $P(4,-1)$ zur

Geraden g_1. Um diesen Abstand berechnen zu können, benötigt man die Hesse'sche Normalform der Geraden g_1. Diese ist

$$g_1 \quad : \quad \frac{x_1}{\sqrt{1^2+2^2}} + \frac{2\,x_2}{\sqrt{1^2+2^2}} - \frac{4}{\sqrt{1^2+2^2}} = 0 \qquad \text{also}$$

$$g_1 \quad : \quad \frac{x_1}{\sqrt{5}} + \frac{2\,x_2}{\sqrt{5}} - \frac{4}{\sqrt{5}} = 0\,.$$

Der Abstand ist folglich

$$d(g_2, g_1) \;=\; d(P, g_1) \;=\; \left|\frac{4}{\sqrt{5}} + \frac{2\cdot(-1)}{\sqrt{5}} - \frac{4}{\sqrt{5}}\right| \;=\; \frac{2}{\sqrt{5}}\,.$$

Aufgabe 2.3.6

Gegeben sei der Kreis k mit Mittelpunkt $M(1,-2)$ und Radius $r = 5$.

a) Stellen Sie die Kreisgleichung in Koordinatenform auf.

b) Geben Sie eine Parameterdarstellung der Tangente t an den Kreis k durch den Punkt $B(1,3)$ an. Berechnen Sie auch eine Darstellung von t in Koordinatenform und geben Sie die Steigung der Tangente an.

c) Berechnen Sie die Schnittpunkte von k mit den Koordinatenachsen.

Lösung:

a) Die **Koordinatengleichung** des Kreises k ist gegeben durch

$$k \;:\; (x_1 - m_1)^2 + (x_2 - m_2)^2 \;=\; r^2 \qquad \text{also}$$

$$k \;:\; (x_1 - 1)^2 + (x_2 - (-2))^2 \;=\; 5^2 \qquad \text{und somit}$$

$$k \;:\; (x_1 - 1)^2 + (x_2 + 2)^2 \;=\; 25\,.$$

b) Der Punkt $B(1,3)$ liegt auf dem Kreis, denn es folgt mithilfe der Punktprobe

$$(1-1)^2 + (3+2)^2 \;=\; 0 + 25 \;=\; 25\,.$$

Somit kann eine Parameterdarstellung der Tangente t durch die Formel

$$t \;:\; \begin{pmatrix} x_1 \\ x_2 \end{pmatrix} = \begin{pmatrix} b_1 \\ b_2 \end{pmatrix} + \lambda \begin{pmatrix} b_2 - m_2 \\ m_1 - b_1 \end{pmatrix} \qquad \text{mit } \lambda \in \mathbb{R}$$

leicht angegeben werden, d.h.

$$t : \begin{pmatrix} x_1 \\ x_2 \end{pmatrix} = \begin{pmatrix} 1 \\ 3 \end{pmatrix} + \lambda \begin{pmatrix} 3-(-2) \\ 1-1 \end{pmatrix} \quad \text{mit } \lambda \in \mathbb{R},$$

$$t : \begin{pmatrix} x_1 \\ x_2 \end{pmatrix} = \begin{pmatrix} 1 \\ 3 \end{pmatrix} + \lambda \begin{pmatrix} 5 \\ 0 \end{pmatrix} \quad \text{mit } \lambda \in \mathbb{R}.$$

Analog zur Aufgabe 2.3.1 b) erhält man das zur obigen Parameterdarstellung äquivalente Gleichungssystem

$$\begin{aligned} x_1 &= 1 + 5 \cdot \lambda &\Longrightarrow&& \lambda &= \frac{x_1 - 1}{5} \\ x_2 &= 3 + 0 \cdot \lambda &\Longrightarrow&& x_2 &= 3. \end{aligned}$$

Aus der zweiten Gleichung erhält man direkt eine Koordinatendarstellung von t und zwar

$$t : x_2 - 3 = 0.$$

Die Steigung dieser Tangente kann man direkt ablesen; sie ist Null. Eine Formel für die Steigung m der Tangente ist auch gegeben durch

$$m = -\frac{b_1 - m_1}{b_2 - m_2} = -\frac{1-1}{3-(-2)} = 0.$$

c) Die x_1-Achse besitzt die Koordinatendarstellung $x_2 = 0$. Dies eingesetzt in die Kreisgleichung liefert die quadratische Gleichung

$$\begin{aligned} (x_1 - 1)^2 + (0+2)^2 &= 25 \\ x_1^2 - 2x_1 + 1 + 4 &= 25 \\ x_1^2 - 2x_1 - 20 &= 0. \end{aligned}$$

Die Lösungen sind:

$$\begin{aligned} x_1^{(1,2)} &= \frac{2 \pm \sqrt{4+80}}{2} = 1 \pm \sqrt{21}, \\ x_1^{(1)} &= 1 - \sqrt{21}, \\ x_1^{(2)} &= 1 + \sqrt{21}. \end{aligned}$$

Die Schnittpunkte von k mit der x_1-Achse sind also

$$S_1\left(1 - \sqrt{21}, 0\right) \quad \text{und} \quad S_2\left(1 + \sqrt{21}, 0\right).$$

Die x_2-Achse besitzt die Koordinatendarstellung $x_1 = 0$. Dies eingesetzt in die Kreisgleichung liefert die quadratische Gleichung

$$\begin{aligned} (0-1)^2 + (x_2+2)^2 &= 25 \\ 1 + x_2^2 + 2x_2 + 4 &= 25 \\ x_2^2 + 2x_2 - 20 &= 0\,. \end{aligned}$$

Die Lösungen sind:

$$\begin{aligned} x_2^{(1,2)} &= \frac{-2 \pm \sqrt{4+80}}{2} = -1 \pm \sqrt{21}\,, \\ x_2^{(1)} &= -1 - \sqrt{21}\,, \\ x_2^{(2)} &= -1 + \sqrt{21}\,. \end{aligned}$$

Die Schnittpunkte von k mit der x_2-Achse sind also

$$S_3\left(0,\, -1-\sqrt{21}\right) \qquad \text{und} \qquad S_4\left(0,\, -1+\sqrt{21}\right)\,.$$

Aufgabe 2.3.7

Gegeben sei der Kreis k mit Mittelpunkt $M(m_1, m_2)$ und Radius r. Geben Sie die Schnittpunkte von k mit den Koordinatenachsen an.

Lösung:

Die **Koordinatengleichung** des Kreises k ist gegeben durch

$$k \ : \ (x_1 - m_1)^2 + (x_2 - m_2)^2 = r^2\,.$$

- Schnitt von k mit der x_1-Achse:

  Die x_1-Achse besitzt die Koordinatendarstellung $x_2 = 0$. Dies in die Kreisgleichung eingesetzt, liefert

  $$\begin{aligned} (x_1 - m_1)^2 + (0 - m_2)^2 &= r^2 \\ x_1^2 - 2\,m_1 x_1 + m_1^2 + m_2^2 - r^2 &= 0\,. \end{aligned}$$

  Die Lösungen dieser quadratischen Gleichung sind

  $$\begin{aligned} x_1^{(1,2)} &= \frac{2m_1 \pm \sqrt{4m_1^2 - 4\left(m_1^2 + m_2^2 - r^2\right)}}{2} \\ x_1^{(1,2)} &= m_1 \pm \sqrt{r^2 - m_2^2}\,. \end{aligned}$$

Die Schnittpunkte von k mit der x_1-Achse sind

$$S_{x_1}^{(1)}\left(m_1 - \sqrt{r^2 - m_2^2}\,,\, 0\right) \quad \text{und} \quad S_{x_1}^{(2)}\left(m_1 + \sqrt{r^2 - m_2^2}\,,\, 0\right).$$

- Schnitt von k mit der x_2-Achse:

  Die x_1-Achse besitzt die Koordinatendarstellung $x_1 = 0$. Dies in die Kreisgleichung eingesetzt, liefert

$$\begin{aligned} (0 - m_1)^2 + (x_2 - m_2)^2 &= r^2 \\ x_2^2 - 2m_2\, x_2 + m_2^2 + m_1^2 - r^2 &= 0\,. \end{aligned}$$

  Die Lösungen dieser quadratischen Gleichung sind

$$\begin{aligned} x_2^{(1,2)} &= \frac{2m_2 \pm \sqrt{4m_2^2 - 4\left(m_2^2 + m_1^2 - r^2\right)}}{2} \\ x_2^{(1,2)} &= m_2 \pm \sqrt{r^2 - m_1^2}\,. \end{aligned}$$

  Die Schnittpunkte von k mit der x_2-Achse sind

$$S_{x_2}^{(1)}\left(0\,,\, m_2 - \sqrt{r^2 - m_1^2}\right) \quad \text{und} \quad S_{x_2}^{(2)}\left(0\,,\, m_2 + \sqrt{r^2 - m_1^2}\right).$$

Aufgabe 2.3.8

Gegeben sei der Punkt $P(-1,4)$ und der Kreis k mit

$$k: \qquad (x_1 - 3)^2 + (x_2 + 2)^2 = 16\,.$$

Geben Sie zunächst die Gleichung der Polare des Kreises k zum Pol P sowohl in einer Parameterdarstellung als auch in der Hesse'schen Normalform an. Berechnen Sie dann, mithilfe der Polare, die dazugehörigen Berührpunkte und die Gleichungen der Tangenten durch P an den Kreis k (vgl. hierzu auch Abbildung 2.2.2).

Lösung:

Mithilfe der Formel (2.10) ist eine Gleichung der Polare gegeben durch

$$p: \qquad (x_1 - m_1)(p_1 - m_1) + (x_2 - m_2)(p_2 - m_2) = r^2\,.$$

Man benötigt also die Koordinaten des Pols P, des Kreismittelpunkts M und den Radius r des Kreises k zur konkreten Bestimmung der gewünschten Gleichung. Der Pol ist gegeben durch $P(-1,4)$. Der Kreis k besitzt den

Mittelpunkt $M(3,-2)$ und den Radius $r=4$. Somit erhält man die Polarengleichung

$$p: \quad (x_1-3)(-1-3)+(x_2-(-2))(4-(-2)) = 4^2,$$
$$p: \quad -2x_1+3x_2+4 = 0.$$

Die Hesse'sche Normalform ist folglich

$$p: \quad \frac{-2}{\sqrt{(-2)^2+3^2}}x_1+\frac{3}{\sqrt{(-2)^2+3^2}}x_2+\frac{4}{\sqrt{(-2)^2+3^2}} = 0,$$
$$p: \quad \frac{-2}{\sqrt{13}}x_1+\frac{3}{\sqrt{13}}x_2+\frac{4}{\sqrt{13}} = 0.$$

Ausgehend von der Koordinatenform der Polare wird nun deren Parameterform berechnet. Aus der Koordinatenform folgt

$$x_1 = \frac{3}{2}x_2+2. \tag{2.12}$$

Sei $x_2=\lambda\in\mathbb{R}$, dann ist

$$x_1 = \frac{3}{2}\lambda+2.$$

Somit ist eine Parameterform der Polare p gegeben durch

$$p: \begin{pmatrix} x_1 \\ x_2 \end{pmatrix} = \begin{pmatrix} \frac{3}{2}\lambda+2 \\ \lambda \end{pmatrix}, \quad \lambda\in\mathbb{R};$$
$$p: \begin{pmatrix} x_1 \\ x_2 \end{pmatrix} = \begin{pmatrix} 2 \\ 0 \end{pmatrix}+\lambda\begin{pmatrix} \frac{3}{2} \\ 1 \end{pmatrix}, \quad \lambda\in\mathbb{R};$$
$$p: \begin{pmatrix} x_1 \\ x_2 \end{pmatrix} = \begin{pmatrix} 2 \\ 0 \end{pmatrix}+\mu\begin{pmatrix} 3 \\ 2 \end{pmatrix}, \quad \mu\in\mathbb{R}.$$

Nun schneidet man die Polare p mit dem Kreis k, d.h. man setzt die Gleichung (2.12) in die Kreisgleichung ein und erhält somit als Lösung dieser quadratischen Gleichung die Koordinaten der beiden Berührpunkte.

$x_1=\frac{3}{2}x_2+2$ eingesetzt in die Kreisgleichung liefert:

$$\left(\frac{3}{2}x_2+2-3\right)^2+(x_2+2)^2 = 16,$$

$$\begin{aligned} \frac{9}{4}x_2^2 - 3x_2 + 1 + x_2^2 + 4x_2 + 4 &= 16\,, \\ \frac{13}{4}x_2^2 + x_2 - 11 &= 0\,. \end{aligned}$$

Die Lösungen sind

$$x_2^{(1,2)} = \frac{-1 \pm \sqrt{1^2 + 143}}{\frac{13}{2}} = \frac{-2 \pm \sqrt{144}}{13} = \frac{-2 \pm 12}{13}\,,$$

also

$$x_2^{(1)} = \frac{-14}{13} \qquad \text{und} \qquad x_2^{(2)} = \frac{10}{13}\,.$$

Setzt man die Lösungen in die Ausgangsgleichung $x_1 = \frac{3}{2}\,x_2 + 2$ ein, so folgt:

$$x_1^{(1)} = \frac{5}{13} \qquad \text{und} \qquad x_1^{(2)} = \frac{41}{13}\,.$$

Die gesuchten Berührpunkte sind:

$$Q\left(\frac{5}{13}, \frac{-14}{13}\right) \qquad \text{und} \qquad R\left(\frac{41}{13}, \frac{10}{13}\right)\,.$$

Die Tangenten erhält man schließlich mithilfe der Zwei-Punkte-Form einer Geraden. Die erste Tangente t_1 ist gegeben durch:

$$\begin{aligned} t_1 : \vec{x} &= \overrightarrow{OP} + \lambda \overrightarrow{PQ}\,, \quad \lambda \in \mathbb{R}\,, \\ t_1 : \begin{pmatrix} x_1 \\ x_2 \end{pmatrix} &= \begin{pmatrix} -1 \\ 4 \end{pmatrix} + \lambda \begin{pmatrix} \frac{5}{13} - (-1) \\ \frac{-14}{13} - 4 \end{pmatrix} \\ &= \begin{pmatrix} -1 \\ 4 \end{pmatrix} + \lambda \begin{pmatrix} \frac{18}{13} \\ \frac{-66}{13} \end{pmatrix}, \quad \lambda \in \mathbb{R}\,, \\ &= \begin{pmatrix} -1 \\ 4 \end{pmatrix} + \mu \begin{pmatrix} 3 \\ -11 \end{pmatrix}, \quad \mu \in \mathbb{R}\,. \end{aligned}$$

Die zweite Tangente t_2 ist gegeben durch:

$$t_2 : \vec{x} = \overrightarrow{OP} + \lambda\overrightarrow{PR}, \quad \lambda \in \mathbb{R},$$

$$t_2 : \begin{pmatrix} x_1 \\ x_2 \end{pmatrix} = \begin{pmatrix} -1 \\ 4 \end{pmatrix} + \lambda \begin{pmatrix} \frac{41}{13} - (-1) \\ \frac{10}{13} - 4 \end{pmatrix}$$

$$= \begin{pmatrix} -1 \\ 4 \end{pmatrix} + \lambda \begin{pmatrix} \frac{54}{13} \\ \frac{-42}{13} \end{pmatrix}, \quad \lambda \in \mathbb{R},$$

$$= \begin{pmatrix} -1 \\ 4 \end{pmatrix} + \mu \begin{pmatrix} 9 \\ -7 \end{pmatrix}, \quad \mu \in \mathbb{R}.$$

Aufgabe 2.3.9

Gegeben sei ein Punkt $P(p_1, p_2)$ außerhalb des Kreises k mit Mittelpunkt $M(m_1, m_2)$ und Radius $r \geq 0$. Gesucht sind die Berührpunkte der Tangenten, die man vom Punkt P aus an den Kreis k legen kann.
Im Abschnitt über die Polare wird gezeigt, daß für einen solchen Berührpunkt B gilt:

$$< \vec{b} - \vec{m}, \vec{p} - \vec{m} > \; = \; r^2 \tag{2.13}$$

mit $\vec{m} = \overrightarrow{OM}, \vec{p} = \overrightarrow{OP}$ und $\vec{b} = \overrightarrow{OB}$. Desweiteren liegen diese Berührpunkte natürlich auf dem Kreis k.
Berechnen Sie ausgehend von Gleichung (2.13) und der Kreisgleichung

$$k : \quad (x_1 - m_1)^2 + (x_2 - m_2)^2 = r^2$$

die Koordinaten der Berührpunkte.

Bemerkung:

Im Abschnitt über die Polare werden die Berührpunkte in den Formeln und in der Abbildung 2.2.2 mit Q und R bezeichnet.

Lösung:

Gleichung (2.13) ist äquivalent zu

$$(b_1 - m_1)(p_1 - m_1) + (b_2 - m_2)(p_2 - m_2) = r^2,$$

wobei b_1 und b_2 jeweils die Koordinaten eines der beiden Berührpunkte darstellen. Löst man diese Gleichung nach $b_1 - m_1$ auf, so erhält man

$$b_1 - m_1 = \frac{r^2 - (b_2 - m_2)(p_2 - m_2)}{p_1 - m_1}. \tag{2.14}$$

Insbesondere gilt

$$b_1 = \frac{r^2 - (b_2 - m_2)(p_2 - m_2)}{p_1 - m_1} + m_1 .$$

Da die Berührpunkte auch auf dem Kreis k liegen gilt

$$r^2 = (b_1 - m_1)^2 + (b_2 - m_2)^2 .$$

Setzt man die Gleichung für $b_1 - m_1$ in diese Gleichung ein, so folgt

$$\begin{aligned} r^2 &= \left(\frac{r^2 - (b_2 - m_2)(p_2 - m_2)}{p_1 - m_1}\right)^2 + (b_2 - m_2)^2 \\ r^2 &= \frac{r^4 - 2r^2\,(b_2 - m_2)(p_2 - m_2) + (b_2 - m_2)^2(p_2 - m_2)^2}{(p_1 - m_1)^2} \\ &\quad + (b_2 - m_2)^2 . \end{aligned}$$

Multipliziert man beide Seiten mit $(p_1 - m_1)^2$ durch, so folgt

$$\begin{aligned} r^2\,(p_1 - m_1)^2 &= r^4 - 2r^2\,(b_2 - m_2)(p_2 - m_2) + (b_2 - m_2)^2(p_2 - m_2)^2 \\ &\quad + (b_2 - m_2)^2(p_1 - m_1)^2 \\ 0 &= (b_2 - m_2)^2\,\left[(p_1 - m_1)^2 + (p_2 - m_2)^2\right] \\ &\quad - 2r^2\,(b_2 - m_2)(p_2 - m_2) + r^4 - r^2\,(p_1 - m_1)^2 . \end{aligned}$$

Dies ist nun eine quadratische Gleichung in $(b_2 - m_2)$ und die Lösungen sind

$$\begin{aligned} &(b_2 - m_2)^{(1,2)} \\ = \; & \frac{2r^2\,(p_2 - m_2)}{2\,\left[(p_1 - m_1)^2 + (p_2 - m_2)^2\right]} \\ \pm \; & \frac{\sqrt{4\mathrm{r}^4\,(\mathrm{p}_2 - \mathrm{m}_2)^2 - 4\,\left[(\mathrm{p}_1 - \mathrm{m}_1)^2 + (\mathrm{p}_2 - \mathrm{m}_2)^2\right](\mathrm{r}^4 - \mathrm{r}^2\,(\mathrm{p}_1 - \mathrm{m}_1)^2)}}{2\,\left[(\mathrm{p}_1 - \mathrm{m}_1)^2 + (\mathrm{p}_2 - \mathrm{m}_2)^2\right]} \\ = \; & \frac{r^2\,(p_2 - m_2)}{(p_1 - m_1)^2 + (p_2 - m_2)^2} \end{aligned}$$

$$\pm \quad \frac{\sqrt{r^4\,(p_2-m_2)^2 - r^4\,(p_1-m_1)^2 - r^4\,(p_2-m_2)^2 + r^2\,(p_1-m_1)^4 + r^2\,(p_1-m_1)^2(p_2-m_2)^2}}{(p_1-m_1)^2+(p_2-m_2)^2}$$

$$= \quad \frac{r^2\,(p_2-m_2)}{(p_1-m_1)^2+(p_2-m_2)^2}$$

$$\pm \quad \frac{r\sqrt{r^2\,\left[(p_2-m_2)^2-(p_1-m_1)^2-(p_2-m_2)^2\right] + (p_1-m_1)^4 + (p_1-m_1)^2(p_2-m_2)^2}}{(p_1-m_1)^2+(p_2-m_2)^2}$$

$$= \quad \frac{r^2\,(p_2-m_2) \pm r\,\sqrt{(p_1-m_1)^2\,\left[(p_1-m_1)^2+(p_2-m_2)^2-r^2\right]}}{(p_1-m_1)^2+(p_2-m_2)^2}$$

$$= \quad \frac{r^2\,(p_2-m_2) \pm r\,(p_1-m_1)\,\sqrt{(p_1-m_1)^2+(p_2-m_2)^2-r^2}}{(p_1-m_1)^2+(p_2-m_2)^2}\,.$$

Die **zweiten Koordianten** der Berührpunkte sind also

$$b_2^{(1,2)} \quad = \quad \frac{r^2\,(p_2-m_2) \pm r\,(p_1-m_1)\,\sqrt{(p_1-m_1)^2+(p_2-m_2)^2-r^2}}{(p_1-m_1)^2+(p_2-m_2)^2} + m_2\,.$$

Mithilfe der Gleichung (2.14) erhält man die **ersten Koordinaten** der Berührpunkte. Diese sind

$$b_1^{(1,2)} \quad = \quad \frac{r^2-(b_2^{(1,2)}-m_2)(p_2-m_2)}{p_1-m_1} + m_1\,.$$

Die Berührpunkte sind also gegeben durch

$$B_1\left(b_1^{(1)}, b_2^{(1)}\right) \qquad \text{und} \qquad B_2\left(b_1^{(2)}, b_2^{(2)}\right)$$

mit den oben angegebenen Koordinaten.

Aufgabe 2.3.10

Gegeben sei ein Kreis k mit Mittelpunkt $M(m_1, m_2)$ und Radius $r \geq 0$, sowie ein Punkt $P(p_1, p_2)$.

a) Leiten Sie eine allgemeine Formel zur Bestimmung des Abstands eines Punktes P zu einem Kreis k her.

b) Gegeben ist jeweils ein Kreis k und ein Punkt P. Bestimmen Sie den Abstand des Punktes P zum Kreis k.

- $k \,:\, x_1^2 + (x_2 - 4)^2 \,=\, 5$ und $P(2,5)$,
- $k \,:\, x_1^2 + x_2^2 \,=\, 16$ und $P(0,0)$,
- $k \,:\, (x_1 + 3)^2 + (x_2 - 1)^2 \,=\, 25$ und $P(4,-1)$,
- $k \,:\, (x_1 - 1)^2 + x_2^2 \,=\, 144$ und $P(9,6)$.

Lösung:

a) $d(k,P)$ bezeichne den Abstand des Punktes P zum Kreis k und $d(M,P)$ den Abstand des Kreismittelpunkts M zu P.
Betrachtet werden drei Fälle:

1. Fall: P liegt auf dem Kreis k.
In diesem Fall gilt

$$d(k,P) \,=\, 0 \qquad \text{und} \qquad d(M,P) \,=\, r\,.$$

2. Fall: P liegt im Innern des Kreises k.
In diesem Fall gilt

$$d(k,P) \,=\, r - d(M,P)\,.$$

3. Fall: P liegt außerhalb des Kreises k.
In diesem Fall gilt

$$d(k,P) \,=\, d(M,P) - r\,.$$

Zusammenfassend kann man sagen:
Der Abstand eines Punktes P zu einem Kreis k ist gegeben durch

$$d(k,P) \,=\, |d(M,P) - r|\,.$$

Der Abstand eines Punktes P zu einem Kreis k kann somit direkt aus dem Abstand des Punktes P zum Kreismittelpunkt und dem Radius r des Kreises berechnet werden.

b) Es wird unter anderem die im Teil a) angegebene Formel angewendet.

- Setzt man $P(2,5)$ in die Kreisgleichung ein, so erkennt man, daß dieser Punkt auf dem Kreis liegt. Der Abstand von P zum Kreis k ist somit Null.
  Der Kreis besitzt den Mittelpunkt $M(0,4)$ und den Radius $r = \sqrt{5}$. Somit folgt auch mit obiger Formel das bereits bekannte Ergebnis.
  $$d(k,P) = |d(M,P) - r| = \left|\sqrt{(2-0)^2 + (5-4)^2} - \sqrt{5}\right| = 0 .$$
- k besitzt den Mittelpunkt $M(0,0) = P(0,0)$. Somit ist der Abstand des Punktes P zum Kreis gleich dem Radius r, also 4 . Auch mit obiger Formel gilt
  $$d(k,P) = |d(M,P) - r| = \left|\sqrt{(0-0)^2 + (0-0)^2} - 4\right| = 4 .$$
- Der Mittelpunkt des Kreises ist $M(-3,1)$ und der Radius $r = 5$. Der Abstand von $P(4,-1)$ zu k ist demzufolge
  $$\begin{aligned} d(k,P) &= |d(M,P) - r| = \left|\sqrt{(4-(-3))^2 + (-1-1)^2} - 5\right| \\ &= \sqrt{53} - 5 \approx 2.28 . \end{aligned}$$
  Da $d(M,P) = \sqrt{53} > 5 = r$ ist, liegt P außerhalb des Kreises k.
- Der Kreis besitzt den Mittelpunkt $M(1,0)$ und den Radius $r = 12$. Mit $P(9,6)$ und obiger Formel folgt
  $$d(k,P) = |d(M,P) - r| = \left|\sqrt{(9-1)^2 + (6-0)^2} - 12\right| = 2 .$$
  Da $d(M,P) = \sqrt{100} = 10 < 12 = r$ ist, liegt P im Innern des Kreises k.

Aufgabe 2.3.11

Gegeben sei ein Kreis k mit Mittelpunkt $M(m_1, m_2)$ und Radius $r \geq 0$, sowie eine Gerade g.

a) Leiten Sie eine allgemeine Formel zur Bestimmung des Abstands der Geraden g zum Kreis k her.

b) Bestimmen Sie den Abstand von g zu k.

- $k : x_1^2 + (x_2 - 4)^2 = 4$,
  $g : x_1 + x_2 - 8 = 0$,

- $k \; : \; x_1^2 + x_2^2 \; = \; 16\,,$
  $g \; : \; -x_1 + x_2 - 4\sqrt{2} \; = \; 0\,,$
- $k \; : \; (x_1+3)^2 + (x_2-1)^2 \; = \; 25\,,$
  $g \; : \; 3x_1 - x_2 - 10 \; = \; 0\,,$
- $k \; : \; (x_1-1)^2 + x_2^2 \; = \; 144$
  $g \; : \; -2x_1 + x_2 - 3 \; = \; 0\,,$
- $k \; : \; (x_1-1)^2 + x_2^2 \; = \; 144\,,$
  $g \; : \; 5x_1 + x_2 - 5 \; = \; 0\,.$

Lösung:

a) $d(g,k)$ bezeichne den Abstand der Geraden g zum Kreis k.
Im folgenden werden zwei Fälle untersucht.

1. Fall: Die Gerade g schneidet oder berührt den Kreis k.
In diesem Fall gilt

$$d(g,k) \; = \; 0\,.$$

2. Fall: Die Gerade g berührt oder schneidet den Kreis k nicht.
Dieser Sachverhalt wird in Abbildung 2.3.1 dargestellt.

Abbildung 2.3.1
Abstand einer Geraden g zum Kreis k.

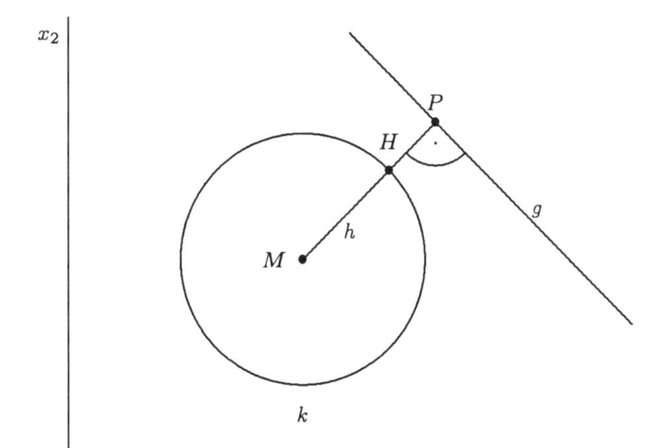

In diesem Fall ist der Abstand der Geraden g zum Kreis k gleich dem Abstand des Kreismittelpunkts M zum Punkt P abzüglich des Radius r (vgl. Abbildung 2.3.1), wobei der Punkt P wie folgt definiert ist:
P ist der Schnittpunkt von g mit einer zu g senkrechten Hilfsgeraden h, die durch den Mittelpunkt M des Kreises k verläuft.
Bezeichne $d(M,P)$ den Abstand des Kreismittelpunktes M zu diesem Punkt P, so gilt

$$d(g,k) = d(P,M) - r .$$

Zusammenfassung:
Sei P ein Punkt der Geraden g, der nach der Beschreibung im 2. Fall berechnet wird, so folgt:

$$\text{(1. Fall)} \quad d(P,M) \leq r \iff d(g,k) = 0 ,$$

$$\text{(2. Fall)} \quad d(P,M) > r \iff d(g,k) = d(P,M) - r > 0 ,$$

also

$$d(g,k) = \max\{0, d(P,M) - r\} .$$

b) Zunächst werden der Mittelpunkt M und der Radius des Kreises k angegeben. Zur Berechnung des Abstands der Geraden g zum Kreis k wird dann, wie in Teil a) 2. Fall beschrieben, die Hilfsgerade h bestimmt. Der Schnitt von h mit g liefert dann den benötigten Punkt P. Da die Gerade g in Koordinatenform angegeben ist, kann der Richtungsvektor der senkrecht auf g stehenden Geraden h einfach abgelesen werden. Es ist der Normalenvektor $\vec{n}$ von g. Als Darstellung von h bietet sich alsdann die Parameterform an, da auch ein Stützvektor dieser Geraden bereits bekannt ist, nämlich der Ortsvektor des Mittelpunktes M des Kreises k.

- $M(0,4), \quad r = 2 .$
  Ein Normalenvektor von g ist $\vec{n} = (1,1)^T$.
  Somit ist die Gerade h gegeben durch

$$h : \overrightarrow{OX} = \overrightarrow{OM} + \lambda\vec{n} , \quad \lambda \in \mathbb{R}$$

$$h : \begin{pmatrix} x_1 \\ x_2 \end{pmatrix} = \begin{pmatrix} 0 \\ 4 \end{pmatrix} + \lambda \begin{pmatrix} 1 \\ 1 \end{pmatrix} , \quad \lambda \in \mathbb{R} .$$

Nachfolgendes Gleichungssystem ist äquivalent zu dieser Parameterdarstellung:

$$\begin{aligned} x_1 &= 0-\lambda \\ x_2 &= 4-\lambda\,. \end{aligned}$$

Einsetzen von $x_1 = -\lambda$ und $x_2 = 4-\lambda$ in die Koordinatengleichung von g liefert

$$\begin{aligned} -\lambda+(4-\lambda)-8 &= 0 \\ \lambda &= -2\,. \end{aligned}$$

Setzt man $\lambda = -2$ in die Parametergleichung von h ein, so erhält man den Ortsvektor von P, also

$$\overrightarrow{OP} = \begin{pmatrix} 0 \\ 4 \end{pmatrix} - 2\begin{pmatrix} 1 \\ 1 \end{pmatrix} = \begin{pmatrix} -2 \\ 2 \end{pmatrix}.$$

Der Abstand des Kreismittelpunkts $M(0,4)$ zum Punkt $P(-2,2)$ ist

$$\begin{aligned} d(P,M) &= \sqrt{(0-(-2))^2+(4-2)^2} = \sqrt{8} \\ &= 2\sqrt{2} > 2 = r\,. \end{aligned}$$

Somit ist der Abstand der Geraden g zum Kreis k

$$d(g,k) = \max\left\{0, 2\sqrt{2}-2\right\} = 2\sqrt{2}-2\,.$$

- $M(0,0), \quad r=4\,.$
  Ein Normalenvektor von g ist $\vec{n} = (-1,1)^T$.
  Somit ist die Gerade h gegeben durch

$$\begin{aligned} h &: \overrightarrow{OX} = \overrightarrow{OM} + \lambda\vec{n}, \quad \lambda \in \mathbb{R} \\ h &: \begin{pmatrix} x_1 \\ x_2 \end{pmatrix} = \begin{pmatrix} 0 \\ 0 \end{pmatrix} + \lambda\begin{pmatrix} -1 \\ 1 \end{pmatrix}, \quad \lambda \in \mathbb{R}, \\ h &: \begin{pmatrix} x_1 \\ x_2 \end{pmatrix} = \lambda\begin{pmatrix} -1 \\ 1 \end{pmatrix}, \quad \lambda \in \mathbb{R}. \end{aligned}$$

Äquivalent zur Parameterdarstellung ist das Gleichungssystem

$$\begin{aligned} x_1 &= -\lambda \\ x_2 &= \lambda\,. \end{aligned}$$

Einsetzen von $x_1 = -\lambda$ und $x_2 = \lambda$ in die Koordinatengleichung von g liefert

$$-(-\lambda)+\lambda-4\sqrt{2} = 0$$

$$\lambda = 2\sqrt{2}.$$

Setzt man $\lambda = 2\sqrt{2}$ in die Parametergleichung von h ein, so erhält man den Ortsvektor von P, also

$$\overrightarrow{OP} = 2\sqrt{2}\begin{pmatrix} -1 \\ 1 \end{pmatrix} = \begin{pmatrix} -2\sqrt{2} \\ 2\sqrt{2} \end{pmatrix}.$$

Der Abstand des Kreismittelpunkts $M(0,0)$ zum Punkt $P\left(-2\sqrt{2}, 2\sqrt{2}\right)$ ist

$$\begin{aligned} d(P,M) &= \sqrt{\left(0-\left(-2\sqrt{2}\right)\right)^2 + \left(0-2\sqrt{2}\right)^2} = \sqrt{16} \\ &= 4 = r. \end{aligned}$$

Somit ist der Abstand der Geraden g zum Kreis k

$$d(g,k) = \max\{0, 4-4\} = \max\{0,0\} = 0.$$

Bemerkung:
Die Gerade g ist Tangente an den Kreis k und $P\left(-2\sqrt{2}, 2\sqrt{2}\right)$ ist der Berührpunkt von g mit k.

- $M(-3,1), \quad r = 5.$
  Ein Normalenvektor von g ist $\vec{n} = (3,-1)^T$.
  Somit ist die Gerade h gegeben durch

$$h : \overrightarrow{OX} = \overrightarrow{OM} + \lambda\vec{n}, \quad \lambda \in \mathbb{R}$$

$$h : \begin{pmatrix} x_1 \\ x_2 \end{pmatrix} = \begin{pmatrix} -3 \\ 1 \end{pmatrix} + \lambda\begin{pmatrix} 3 \\ -1 \end{pmatrix}, \quad \lambda \in \mathbb{R}.$$

Äquivalent zur Parameterdarstellung ist das Gleichungssystem

$$\begin{aligned} x_1 &= -3 + 3\lambda \\ x_2 &= 1 - \lambda. \end{aligned}$$

Dies eingesetzt in die Koordinatengleichung von g liefert

$$\begin{aligned} 3(-3+3\lambda) - (1-\lambda) - 10 &= 0 \\ \lambda &= 2. \end{aligned}$$

Setzt man $\lambda = 2$ in die Parametergleichung von h ein, so erhält man den Ortsvektor von P, also

$$\overrightarrow{OP} = \begin{pmatrix} -3 \\ 1 \end{pmatrix} + 2\begin{pmatrix} 3 \\ -1 \end{pmatrix} = \begin{pmatrix} 3 \\ -1 \end{pmatrix}.$$

Der Abstand des Kreismittelpunkts $M(-3,1)$ zum Punkt $P(3,-1)$ ist

$$\begin{aligned} d(P,M) &= \sqrt{(-3-3)^2+(1-(-1))^2} = \sqrt{40} \\ &= 2\sqrt{10} > 5 = r\,. \end{aligned}$$

Somit ist der Abstand der Geraden g zum Kreis k

$$d(g,k) = \max\left\{0, 2\sqrt{10}-5\right\} = 2\sqrt{10}-5\,.$$

- $M(1,0), \quad r=12\,.$
  Ein Normalenvektor von g ist $\vec{n}=(-2,1)^T$.
  Somit ist die Gerade h gegeben durch

$$h \;:\; \overrightarrow{OX} = \overrightarrow{OM} + \lambda\vec{n}\,, \quad \lambda \in \mathbb{R}$$

$$h \;:\; \begin{pmatrix} x_1 \\ x_2 \end{pmatrix} = \begin{pmatrix} 1 \\ 0 \end{pmatrix} + \lambda \begin{pmatrix} -2 \\ 1 \end{pmatrix}, \quad \lambda \in \mathbb{R}\,.$$

Äquivalent zur Parameterdarstellung ist das Gleichungssystem

$$\begin{aligned} x_1 &= 1-2\lambda \\ x_2 &= 0+\lambda\,. \end{aligned}$$

Setzt man $x_1 = 1-2\lambda$ und $x_2=\lambda$ in die Koordinatengleichung von g ein, so liefert dies

$$\begin{aligned} -2\,(1-2\lambda)+\lambda-3 &= 0 \\ \lambda &= 1\,. \end{aligned}$$

Setzt man $\lambda=1$ in die Parametergleichung von h ein, so erhält man den Ortsvektor von P, also

$$\overrightarrow{OP} = \begin{pmatrix} 1 \\ 0 \end{pmatrix} + \begin{pmatrix} -2 \\ 1 \end{pmatrix} = \begin{pmatrix} -1 \\ 1 \end{pmatrix}.$$

Der Abstand des Kreismittelpunkts $M(1,0)$ zum Punkt $P(-1,1)$ ist

$$d(P,M) = \sqrt{(1-(-1))^2+(0-1)^2} = \sqrt{5} < 12 = r\,.$$

Somit ist der Abstand der Geraden g zum Kreis k

$$d(g,k) = \max\left\{0, \sqrt{5}-12\right\} = 0\,.$$

Bemerkung:
Da $d(P,M)=\sqrt{5}<12=r$ gilt, schneidet die Gerade den Kreis.

- $M(1,0), \quad r = 12\,.$

  Ein Normalenvektor von g ist $\vec{n} = (5,1)^T$.
  Somit ist die Gerade h gegeben durch

$$h \ : \ \overrightarrow{OX} \ = \ \overrightarrow{OM} + \lambda\vec{n}\,, \quad \lambda \in \mathbb{R}$$

$$h \ : \ \begin{pmatrix} x_1 \\ x_2 \end{pmatrix} = \begin{pmatrix} 1 \\ 0 \end{pmatrix} + \lambda \begin{pmatrix} 5 \\ 1 \end{pmatrix}, \quad \lambda \in \mathbb{R}\,.$$

Äquivalent zur Parameterdarstellung ist das Gleichungssystem

$$\begin{aligned} x_1 &= 1 + 5\lambda \\ x_2 &= 0 + \lambda\,. \end{aligned}$$

Die Variablen $x_1 = 1 + 5\lambda$ und $x_2 = \lambda$ eingesetzt in die Koordinatengleichung von g liefert

$$\begin{aligned} 5\,(1 + 5\lambda) + \lambda - 5 &= 0 \\ \lambda &= 0\,. \end{aligned}$$

Setzt man $\lambda = 0$ in die Parametergleichung von h ein, so erhält man den Ortsvektor von P, also

$$\overrightarrow{OP} \ = \ \begin{pmatrix} 1 \\ 0 \end{pmatrix} + 0 \cdot \begin{pmatrix} -2 \\ 1 \end{pmatrix} = \begin{pmatrix} 1 \\ 0 \end{pmatrix},$$

d.h. $P(1,0)$ ist der Kreismittelpunkt und somit ist der Abstand des Kreismittelpunkts $M(1,0)$ zum Punkt $P(1,0)$ trivialerweise Null. Der Abstand der Geraden g zum Kreis k ist

$$d(g,k) \ = \ \max\{0, 0 - 12\} \ = \ \max\{0, -12\} \ = \ 0\,.$$

Aufgabe 2.3.12

Stellen Sie fest, ob sich die Kreise k_1 und k_2 schneiden oder berühren. Schneiden sie sich, berechnen Sie die Schnittpunkte. Berühren sich die Kreise, bestimmen Sie den Berührpunkt. Desweiteren soll der Abstand zwischen diesen Kreisen berechnet werden.

a) $k_1 \ : \ (x_1 + 3)^2 + (x_2 + 6)^2 \ = \ 81\,,$

$k_2 \ : \ (x_1 - 7)^2 + (x_2 - 4)^2 \ = \ 16\,,$

b) $k_1 \ : \ (x_1 - 9)^2 + (x_2 - 10)^2 \ = \ 144\,,$

$k_2 \ : \ (x_1 - 12)^2 + (x_2 - 6)^2 \ = \ 49\,,$

c) $k_1 : \quad (x_1 - 4)^2 + (x_2 + 4)^2 = 16,$

$k_2 : \quad (x_1 - 3)^2 + (x_2 + 3)^2 = 9.$

Lösung:

a) Der Kreis k_1 besitzt den Mittelpunkt $M_1(-3, -6)$ und den Radius $r_1 = 9$. Der Kreis k_2 besitzt den Mittelpunkt $M_2(7, 4)$ und den Radius $r_2 = 4$.
Der Abstand der beiden Mittelpunkte beträgt

$$\begin{aligned} d(M_1, M_2) &= \left|\overrightarrow{OM}_1 - \overrightarrow{OM}_2\right| \\ &= \sqrt{(7-(-3))^2 + (4-(-6))^2} = \sqrt{200} \\ &= 10\sqrt{2}. \end{aligned}$$

Desweiteren ist

$$r_1 + r_2 = 9 + 4 = 13.$$

Somit gilt

$$d(M_1, M_2) = 10\sqrt{2} > 13 = r_1 + r_2,$$

d.h. die beiden Kreise schneiden oder berühren sich nicht und kein Kreis liegt im Innern des anderen Kreises. Der Abstand der beiden Kreise zueinander ist gegeben durch die Formel

$$\begin{aligned} d(k_1, k_2) &= d(M_1, M_2) - (r_1 + r_2) \\ d(k_1, k_2) &= 10\sqrt{2} - 13 \approx 1.142. \end{aligned}$$

b) Der Kreis k_1 besitzt den Mittelpunkt $M_1(9, 10)$ und den Radius $r_1 = 12$. Der Kreis k_2 besitzt den Mittelpunkt $M_2(12, 6)$ und den Radius $r_2 = 7$.
Der Abstand der beiden Mittelpunkte beträgt

$$\begin{aligned} d(M_1, M_2) &= \left|\overrightarrow{OM}_1 - \overrightarrow{OM}_2\right| \\ &= \sqrt{(12-9)^2 + (6-10)^2} = 5. \end{aligned}$$

Desweiteren ist

$$|r_1 - r_2| = |12 - 7| = 5.$$

Somit gilt

$$d(M_1, M_2) = 5 = |r_1 - r_2|$$

mit $12 = r_1 > r_2 = 7$, d.h. die beiden Kreise berühren sich und der Kreis k_2 liegt im Innern des Kreises k_1. Da sich die beiden Kreise berühren, ist der Abstand, den die beiden Kreise zueinander haben, trivialerweise Null.

Zur Bestimmung des Berührpunktes werden zunächst die Kreisgleichungen ausmultipliziert. Es gelten

$$\begin{aligned}
k_1 &: \quad (x_1 - 9)^2 + (x_2 - 10)^2 = 144 \\
k_1 &: \quad x_1^2 - 18x_1 + x_2^2 - 20x_2 + 37 = 0 \qquad \text{und} \qquad (2.15) \\
k_2 &: \quad (x_1 - 12)^2 + (x_2 - 6)^2 = 49 \\
k_2 &: \quad x_1^2 - 24x_1 + x_2^2 - 12x_2 + 131 = 0\,. \qquad (2.16)
\end{aligned}$$

Subtrahiert man Gleichung (2.16) von Gleichung (2.15), so erhält man

$$\begin{aligned}
6x_1 - 8x_2 - 94 &= 0 \qquad \text{oder} \\
x_1 &= \frac{4}{3}\,x_2 + \frac{47}{3}\,.
\end{aligned}$$

Setzt man $x_1 = \frac{4}{3}\,x_2 + \frac{47}{3}$ in die Gleichung von k_1 ein, so folgt

$$\begin{aligned}
\left(\frac{4}{3}\,x_2 + \frac{47}{3} - \frac{27}{3}\right)^2 + (x_2 - 10)^2 &= 144 \\
\frac{16}{9}\,x_2^2 + \frac{160}{9}\,x_2 + \frac{400}{9} + x_2^2 - 20x_2 + 100 &= 144 \\
\frac{25}{9}\,x_2^2 - \frac{20}{9}\,x_2 + \frac{4}{9} &= 0 \\
25x_2^2 - 20x_2 + 4 &= 0\,.
\end{aligned}$$

Die Lösungen dieser quadratischen Gleichung sind

$$x_2^{(1,2)} = \frac{20 \pm \sqrt{400 - 400}}{50} = \frac{2}{5}\,,$$

d.h. es gibt nur eine Lösung $x_2 = \frac{2}{5}$.

Diese eingesetzt in die Gleichung für x_1, d.h. in die Gleichung

$$x_1 = \frac{4}{3}\,x_2 + \frac{47}{3}\,,$$

liefert die x_1-Koordinate des Berührpunktes. Die erste Koordinate ist also

$$x_1 = \frac{4}{3} \cdot \frac{2}{5} + \frac{47}{3} = \frac{81}{5}.$$

Der gesuchte Berührpunkt ist somit $B\left(\frac{81}{5}, \frac{2}{5}\right)$.

Eine zweite Möglichkeit, den Berührpunkt zu berechnen, ist die folgende. Betrachtet man die Verbindungsstrecke der Mittelpunkte M_1 und M_2, so hat der Berührpunkt B von M_1 in Richtung M_2 auf dieser Verbindungsstrecke den Abstand r_1.
Die Gerade g zwischen M_1 und M_2 ist durch die Zwei-Punkte-Form gegeben, d.h.

$$g: \quad \begin{pmatrix} x_1 \\ x_2 \end{pmatrix} = \begin{pmatrix} 9 \\ 10 \end{pmatrix} + \lambda \begin{pmatrix} 12-9 \\ 6-10 \end{pmatrix} \qquad \text{also}$$

$$g: \quad \begin{pmatrix} x_1 \\ x_2 \end{pmatrix} = \begin{pmatrix} 9 \\ 10 \end{pmatrix} + \lambda \begin{pmatrix} 3 \\ -4 \end{pmatrix} \qquad \text{mit } \lambda \in \mathbb{R}.$$

Um auf einfache Weise $r_1 = 12$ Längeneinheiten auf der Geraden g abtragen zu können, ist es sinnvoll, den Richtungsvektor dieser Geraden auf 1 zu normieren. Mit der Länge $\sqrt{3^2 + (-4)^2} = 5$ dieses Richtungsvektors ergibt sich eine Darstellung der Geraden g mit einem auf 1 normierten Richtungsvektor, also

$$g: \quad \begin{pmatrix} x_1 \\ x_2 \end{pmatrix} = \begin{pmatrix} 9 \\ 10 \end{pmatrix} + \frac{\mu}{5} \begin{pmatrix} 3 \\ -4 \end{pmatrix} \qquad \text{mit } \mu \in \mathbb{R}.$$

Für $\mu = r_1 = 12$ erhält man den gesuchten Berührpunkt B, dessen Ortsvektor gegeben ist durch

$$\begin{pmatrix} b_1 \\ b_2 \end{pmatrix} = \begin{pmatrix} 9 \\ 10 \end{pmatrix} + \frac{12}{5} \begin{pmatrix} 3 \\ -4 \end{pmatrix} = \begin{pmatrix} \frac{81}{5} \\ \frac{2}{5} \end{pmatrix}.$$

c) Der Kreis k_1 besitzt den Mittelpunkt $M_1(4, -4)$ und den Radius $r_1 = 4$; der Kreis k_2 besitzt den Mittelpunkt $M_2(3, -3)$ und den Radius $r_2 = 3$. Der Abstand der beiden Mittelpunkte beträgt

$$\begin{aligned} d(M_1, M_2) &= \left|\overrightarrow{OM}_1 - \overrightarrow{OM}_2\right| \\ &= \sqrt{(3-4)^2 + (-3-(-4))^2} = \sqrt{2}. \end{aligned}$$

Desweiteren ist

$$\begin{aligned} |r_1 - r_2| &= |4 - 3| = 1\,, \\ r_1 + r_2 &= 4 + 3 = 7\,. \end{aligned}$$

Somit gilt

$$|r_1 - r_2| = 1 < d(M_1, M_2) = \sqrt{2} < 7 = r_1 + r_2\,,$$

d.h. die beiden Kreise schneiden sich.

Zur Bestimmung der Schnittpunkte werden die Kreisgleichungen zunächst ausmultipliziert. Es gelten

$$\begin{aligned} k_1 &: \quad (x_1 - 4)^2 + (x_2 + 4)^2 = 16 \\ k_1 &: \quad x_1^2 - 8x_1 + x_2^2 + 8x_2 + 16 = 0 \qquad \text{und} \qquad (2.17) \\ k_2 &: \quad (x_1 - 3)^2 + (x_2 + 3)^2 = 9 \\ k_2 &: \quad x_1^2 - 6x_1 + x_2^2 + 6x_2 + 9 = 0\,. \qquad (2.18) \end{aligned}$$

Subtrahiert man Gleichung (2.18) von Gleichung (2.17), so erhält man

$$\begin{aligned} -2x_1 + 2x_2 + 7 &= 0 \qquad \text{oder} \\ x_1 &= x_2 + \frac{7}{2}\,. \end{aligned}$$

Setzt man $x_1 = x_2 + \frac{7}{2}$ in die Gleichung von k_1 ein, so folgt

$$\begin{aligned} \left(x_2 + \frac{7}{2} - 4\right)^2 + (x_2 + 4)^2 &= 16 \\ x_2^2 - x_2 + \frac{1}{4} + x_2^2 + 8x_2 + 16 &= 16 \\ x_2^2 + \frac{7}{2}x_2 + \frac{1}{8} &= 0\,. \end{aligned}$$

Die Lösungen dieser quadratischen Gleichung sind

$$x_2^{(1,2)} = \frac{-\frac{7}{2} \pm \sqrt{\frac{49}{4} - \frac{1}{2}}}{2} = \frac{-7 \pm \sqrt{47}}{4}\,.$$

Diese Lösungen liefern, eingesetzt in die Gleichung für x_1, d.h. in die Gleichung

$$x_1 = x_2 + \frac{7}{2}\,,$$

die x_1-Koordinaten der Schnittpunkte. Die ersten Koordinaten sind also

$$x_1^{(1)} = x_2^{(1)} + \frac{7}{2} = \frac{-7-\sqrt{47}}{4} + \frac{7}{2} = \frac{7-\sqrt{47}}{4},$$

$$x_1^{(2)} = x_2^{(2)} + \frac{7}{2} = \frac{-7+\sqrt{47}}{4} + \frac{7}{2} = \frac{7+\sqrt{47}}{4}.$$

Demzufolge sind die gesuchten Schnittpunkte

$$S_1\left(\frac{7-\sqrt{47}}{4}, \frac{-7-\sqrt{47}}{4}\right) \quad \text{und} \quad S_2\left(\frac{7+\sqrt{47}}{4}, \frac{-7+\sqrt{47}}{4}\right).$$

Da sich die beiden Kreise schneiden, ist der Abstand, den die beiden Kreise zueinander haben, gleich Null.

Kapitel 3

Geraden und Ebenen im dreidimensionalen Raum

In diesem Kapitel werden Punkte, Geraden und Ebenen des dreidimensionalen reellen Vektorraums $(\mathbb{R}^3, +, \cdot)$ mithilfe der Vektorrechnung untersucht. Es werden Fragen beantwortet, wie z.B.:

1.) Wie sieht die Parameterform einer Geraden im $\mathbb{R}^3$ aus?

2.) Welchen Abstand hat ein gegebener Punkt P zu einer Geraden g?

3.) Schneiden sich zwei gegebene Geraden g_1 und g_2, sind sie parallel oder sogar windschief?

4.) Welche Darstellungsformen einer Ebene gibt es im $\mathbb{R}^3$ und welcher Zusammenhang besteht zwischen diesen Formen?

5.) Welchen Abstand hat ein gegebener Punkt P zu einer Ebene E?

6.) Wie kann man den Abstand paralleler Ebenen berechnen?

7.) Wie berechnet man die Schnittgerade zweier Ebenen?

8.) Wie berechnet man den Abstand windschiefer Geraden?

3.1 Geraden im dreidimensionalen Raum

3.1.1 Parameterform einer Geraden

Gegeben seien zwei verschiedene Punkte P und Q des $\mathbb{R}^3$. Gesucht ist die Gerade g, die durch diese beiden Punkte verläuft.

Zur Herleitung der gesuchten Geradengleichung kann man wie im zweidimensionalen Fall vorgehen, d.h. der Ortsvektor $\overrightarrow{OP}$ des Punktes P kann als **Stützvektor** und der Verbindungsvektor $\overrightarrow{PQ}$ der Punkte P und Q kann als **Richtungsvektor** der Geraden g angesehen werden. Somit ist im dreidimensionalen Raum die

- **Parameterform einer Geraden** g

$$g \;:\; \overrightarrow{OX} \;=\; \overrightarrow{OP} + \lambda \overrightarrow{PQ}, \qquad \lambda \in \mathbb{R}. \tag{3.1}$$

Jeder Parameterwert λ liefert den Ortsvektor eines auf der Geraden g befindlichen Punktes. $\lambda = 0$ liefert den Ortsvektor des Punktes P und für $\lambda = 1$ erhält man den Ortsvektor von Q. Umgekehrt findet man zu jedem Ortsvektor eines Punktes $X(x_1, x_2, x_3)$ der Geraden g den dazugehörigen Parameterwert λ.

Bemerkung:

1.) Vgl. hierzu ebenfalls die Vektoraddition in Kapitel 1.3.

2.) Eine Gerade g ist durch zwei auf ihr liegenden Punkte $P(p_1, p_2, p_3)$ und $Q(q_1, q_2, q_3)$ mit $P \neq Q$ **eindeutig** bestimmt. Eine Parameterdarstellung der Geraden g ist auch gegeben durch die

- **Zwei-Punkte-Form** einer Geraden g

$$g \;:\; \overrightarrow{OX} \;=\; \overrightarrow{OP} + \lambda \left(\overrightarrow{OQ} - \overrightarrow{OP} \right), \quad \lambda \in \mathbb{R},$$

$$g \;:\; \begin{pmatrix} x_1 \\ x_2 \\ x_3 \end{pmatrix} = \begin{pmatrix} p_1 \\ p_2 \\ p_2 \end{pmatrix} + \lambda \begin{pmatrix} q_1 - p_1 \\ q_2 - p_2 \\ q_3 - p_3 \end{pmatrix}, \quad \lambda \in \mathbb{R}.$$

3.) Eine Gerade g ist **eindeutig** bestimmt durch einen auf ihr liegenden Punkt $P(p_1, p_2, p_3)$ und einen Richtungsvektor $\vec{r} = (r_1, r_2, r_3)^T$. Eine weitere Möglichkeit der Darstellung bietet die

- **Punkt-Richtungs-Form** einer Geraden g

$$g : \quad \overrightarrow{OX} = \overrightarrow{OP} + \lambda \vec{r}, \quad \lambda \in \mathbb{R},$$

$$g : \quad \begin{pmatrix} x_1 \\ x_2 \\ x_3 \end{pmatrix} = \begin{pmatrix} p_1 \\ p_2 \\ p_3 \end{pmatrix} + \lambda \begin{pmatrix} r_1 \\ r_2 \\ r_3 \end{pmatrix}, \quad \lambda \in \mathbb{R}.$$

Betrachtet man die Zwei-Punkte-Form aus 3.), so ist der Richtungsvektor $\vec{r}$ gegeben durch $\vec{r} = (q_1 - p_1, q_2 - p_2, q_3 - p_3)^T$.

4.) Für eine Gerade gibt es unendlich viele Darstellungen in Parameterform.

Beispiel 3.1.1

Gegeben seien die zwei Punkte $P(-1, 2, -3)$ und $Q(2, 0, 4)$.

1.) Gesucht ist eine Parameterdarstellung der Geraden g, die durch die beiden Punkte P und Q geht.

2.) Befindet sich der Punkt $S(-7, 6, -17)$ auf der Geraden g?

3.) Befindet sich der Punkt $R(11, 2, 18)$ auf der Geraden g?

4.) Gesucht sind mindestens zwei weitere Parameterdarstellungen von g.

Lösung:

1.) Mit der Zwei-Punkte-Form erhält man die Geradengleichung durch

$$g : \overrightarrow{OX} = \overrightarrow{OP} + \lambda \left(\overrightarrow{OQ} - \overrightarrow{OP} \right), \quad \lambda \in \mathbb{R}.$$

Benötigt werden als Stützvektor der Ortsvektor von P, d.h.

$$\overrightarrow{OP} = \begin{pmatrix} -1 \\ 2 \\ -3 \end{pmatrix}$$

und der Richtungsvektor

$$\overrightarrow{OQ} - \overrightarrow{OP} = \begin{pmatrix} 2 \\ 0 \\ 4 \end{pmatrix} - \begin{pmatrix} -1 \\ 2 \\ -3 \end{pmatrix} = \begin{pmatrix} 3 \\ -2 \\ 7 \end{pmatrix}.$$

Die Parameterdarstellung der Geraden ist demnach

$$g : \begin{pmatrix} x_1 \\ x_2 \\ x_3 \end{pmatrix} = \begin{pmatrix} -1 \\ 2 \\ -3 \end{pmatrix} + \lambda \begin{pmatrix} 3 \\ -2 \\ 7 \end{pmatrix}, \quad \lambda \in \mathbb{R}.$$

2.) Liegt der Punkt $S(-7, 6, -17)$ auf der Geraden g, so muß die Gleichung

$$\begin{pmatrix} -7 \\ 6 \\ -17 \end{pmatrix} = \begin{pmatrix} -1 \\ 2 \\ -3 \end{pmatrix} + \lambda \begin{pmatrix} 3 \\ -2 \\ 7 \end{pmatrix} = \begin{pmatrix} -1 + \lambda \cdot 3 \\ 2 + \lambda \cdot (-2) \\ -3 + \lambda \cdot 7 \end{pmatrix}$$

nach λ auflösbar sein. Diese Vektorgleichung führt zu

$$\begin{aligned} -7 &= -1 + 3\lambda &\Longrightarrow&\quad \lambda = -2 \\ 6 &= 2 - 2\lambda &\Longrightarrow&\quad \lambda = -2 \\ -17 &= -3 + 7\lambda &\Longrightarrow&\quad \lambda = -2\,. \end{aligned}$$

Der Punkt $S(-7, 6, -17)$ liegt also auf der Geraden, denn man erhält dessen Ortsvektor für $\lambda = -2$.

3.) Liegt der Punkt $R(11, 2, 18)$ auf der Geraden g, so muß die Gleichung

$$\begin{pmatrix} 11 \\ 2 \\ 18 \end{pmatrix} = \begin{pmatrix} -1 \\ 2 \\ -3 \end{pmatrix} + \lambda \begin{pmatrix} 3 \\ -2 \\ 7 \end{pmatrix} = \begin{pmatrix} -1 + \lambda \cdot 3 \\ 2 + \lambda \cdot (-2) \\ -3 + \lambda \cdot 7 \end{pmatrix}$$

nach λ auflösbar sein. Diese Vektorgleichung führt zu

$$\begin{aligned} 11 &= -1 + 3\lambda &\Longrightarrow&\quad \lambda = 4 \\ 2 &= 2 - 2\lambda &\Longrightarrow&\quad \lambda = 0 \\ 18 &= -3 + 7\lambda &\Longrightarrow&\quad \lambda = 3\,. \end{aligned}$$

Die drei Gleichungen liefern unterschiedliche Werte für λ, d.h. die Vektorgleichung hat keine Lösung. $R(11, 2, 18)$ ist also kein Punkt der Geraden g.

4.) Eine andere Darstellung von g erhält man, indem man den Stützvektor austauscht. Da der Punkt $S(-7,6,-17)$ auf der Geraden g liegt, gilt mit der Punkt-Richtungs-Form

$$g: \quad \overrightarrow{OX} = \overrightarrow{OS} + \lambda\overrightarrow{PQ}, \quad \lambda \in \mathbb{R},$$

$$g: \quad \begin{pmatrix} x_1 \\ x_2 \\ x_3 \end{pmatrix} = \begin{pmatrix} -7 \\ 6 \\ -17 \end{pmatrix} + \lambda \begin{pmatrix} 3 \\ -2 \\ 7 \end{pmatrix}, \quad \lambda \in \mathbb{R}.$$

Eine weitere Parameterdarstellung erhält man, indem man λ durch $\frac{1}{\sqrt{62}}\mu$ mit $\mu \in \mathbb{R}$ ersetzt, d.h.

$$g: \quad \begin{pmatrix} x_1 \\ x_2 \\ x_3 \end{pmatrix} = \begin{pmatrix} -1 \\ 2 \\ -3 \end{pmatrix} + \mu \begin{pmatrix} \frac{3}{\sqrt{62}} \\ -\frac{2}{\sqrt{62}} \\ \frac{7}{\sqrt{62}} \end{pmatrix}, \quad \mu \in \mathbb{R}.$$

In dieser Darstellung ist der Richtungsvektor auf 1 normiert, er hat also die Länge 1 .

Im folgenden werden spezielle Geraden in Parameterform dargestellt.

- Eine **Ursprungsgerade** geht durch den Ursprung $O(0,0,0)$ und einen weiteren Punkt $P(p_1,p_2,p_3)$ mit $P \neq O$. Als Stützvektor bietet sich der Nullvektor an und als Richtungsvektor der Ortsvektor des Punktes $P(p_1,p_2,p_3)$. Eine Parameterdarstellung obiger Ursprungsgerade ist somit gegeben durch

$$g: \quad \begin{pmatrix} x_1 \\ x_2 \\ x_3 \end{pmatrix} = \begin{pmatrix} 0 \\ 0 \\ 0 \end{pmatrix} + \lambda \begin{pmatrix} p_1 \\ p_2 \\ p_3 \end{pmatrix} = \lambda \begin{pmatrix} p_1 \\ p_2 \\ p_3 \end{pmatrix}, \lambda \in \mathbb{R}.$$

- Die x_1**-Achse** geht durch den Ursprung $O(0,0,0)$ und durch den Punkt $E_1(1,0,0)$. Die x_1-Achse ist also eine Ursprungsgerade. Eine Parameterdarstellung ist folglich

$$g: \quad \begin{pmatrix} x_1 \\ x_2 \\ x_2 \end{pmatrix} = \lambda \begin{pmatrix} 1 \\ 0 \\ 0 \end{pmatrix}, \quad \lambda \in \mathbb{R}.$$

- Die **x_2-Achse** geht durch den Ursprung O(0,0,0) und durch den Punkt $E_2(0,1,0)$. Die x_2-Achse ist ebenfalls eine Ursprungsgerade. Eine Parameterdarstellung ist

$$g: \begin{pmatrix} x_1 \\ x_2 \\ x_3 \end{pmatrix} = \lambda \begin{pmatrix} 0 \\ 1 \\ 0 \end{pmatrix}, \quad \lambda \in \mathbb{R}.$$

- Auch die **x_3-Achse** geht durch den Ursprung O(0,0,0). Ein weiterer Punkt der x_3-Achse ist $E_3(0,0,1)$. Eine Parameterdarstellung der x_3-Achse ist somit

$$g: \begin{pmatrix} x_1 \\ x_2 \\ x_3 \end{pmatrix} = \lambda \begin{pmatrix} 0 \\ 0 \\ 1 \end{pmatrix}, \quad \lambda \in \mathbb{R}.$$

- Eine Gerade, die durch den Punkt $P(p_1, p_2, p_3)$ geht und **parallel zur x_1-Achse** (in Richtung der x_1-Achse) verläuft, hat die Parameterform

$$g: \begin{pmatrix} x_1 \\ x_2 \\ x_3 \end{pmatrix} = \begin{pmatrix} p_1 \\ p_2 \\ p_3 \end{pmatrix} + \lambda \begin{pmatrix} 1 \\ 0 \\ 0 \end{pmatrix}, \quad \lambda \in \mathbb{R}.$$

- Eine Gerade, die durch den Punkt $P(p_1, p_2, p_3)$ geht und **parallel zur x_2-Achse** (in Richtung der x_2-Achse) verläuft, hat die Parameterform

$$g: \begin{pmatrix} x_1 \\ x_2 \\ x_3 \end{pmatrix} = \begin{pmatrix} p_1 \\ p_2 \\ p_3 \end{pmatrix} + \lambda \begin{pmatrix} 0 \\ 1 \\ 0 \end{pmatrix}, \quad \lambda \in \mathbb{R}.$$

- Eine Gerade, die durch den Punkt $P(p_1, p_2, p_3)$ geht und **parallel zur x_3-Achse** (in Richtung der x_3-Achse) verläuft, hat die Parameterform

$$g: \begin{pmatrix} x_1 \\ x_2 \\ x_3 \end{pmatrix} = \begin{pmatrix} p_1 \\ p_2 \\ p_3 \end{pmatrix} + \lambda \begin{pmatrix} 0 \\ 0 \\ 1 \end{pmatrix}, \quad \lambda \in \mathbb{R}.$$

3.1.2 Der Schnitt von Geraden

Im dreidimensionalen Raum kann die Lage zweier Geraden g_1 und g_2 zueinander durch die folgenden vier Fälle beschrieben werden:

- Die beiden Geraden schneiden sich.
- Die beiden Geraden sind identisch.
- Die beiden Geraden sind parallel aber nicht identisch.
- Die beiden Geraden sind windschief, d.h. die beiden Geraden sind nicht parallel und schneiden sich nicht.

Bemerkung:
Zwei sich schneidende parallele Geraden sind identisch.

Schneidet man also zwei Geraden g_1 und g_2, so können folgende Lösungsmengen auftreten:

- Die Lösungsmenge ist die leere Menge $\mathbb{L} = \{\}$.
  Dies tritt ein, falls entweder die Geraden parallel ($||$) und nicht identisch ($\neq$) sind, oder falls die Geraden windschief sind.
- Die Lösungsmenge besteht genau dann aus der Menge aller Punkte, die auf der Geraden g_1 oder g_2 liegen, wenn die Geraden identisch sind.
- Die Lösungsmenge besteht genau dann aus einem Punkt (dem Schnittpunkt), wenn sich die beiden Geraden schneiden aber nicht identisch sind.

Beispiel 3.1.2

1.) Gegeben seien die Geraden g_1 und g_2 durch:

$$g_1 : \quad \begin{pmatrix} x_1 \\ x_2 \\ x_3 \end{pmatrix} = \begin{pmatrix} 0 \\ 5 \\ -3 \end{pmatrix} + \lambda \begin{pmatrix} 2 \\ 5 \\ -3 \end{pmatrix}, \quad \lambda \in \mathbb{R},$$

$$g_2 : \quad \begin{pmatrix} x_1 \\ x_2 \\ x_3 \end{pmatrix} = \begin{pmatrix} 12 \\ 0 \\ 1 \end{pmatrix} + \mu \begin{pmatrix} 6 \\ 15 \\ -9 \end{pmatrix}, \quad \mu \in \mathbb{R}.$$

Die beiden Geraden sind parallel, denn es gilt für deren Richtungsvektoren

$$\begin{pmatrix} 2 \\ 5 \\ -3 \end{pmatrix} = \frac{1}{3} \begin{pmatrix} 6 \\ 15 \\ -9 \end{pmatrix}.$$

Es ist noch zu untersuchen, ob die beiden Geraden identisch sind. Hierzu genügt es zu überprüfen, ob der Punkt $P(0, 5, -3)$ der Geraden g_1 auch auf der Geraden g_2 liegt. Gesucht ist also eine Zahl $\mu \in \mathbb{R}$, die folgende Gleichung löst:

$$\begin{pmatrix} 0 \\ 5 \\ -3 \end{pmatrix} = \begin{pmatrix} 12 \\ 0 \\ 1 \end{pmatrix} + \mu \begin{pmatrix} 6 \\ 15 \\ -9 \end{pmatrix} \qquad \text{also}$$

$$\begin{pmatrix} -12 \\ 5 \\ -4 \end{pmatrix} = \mu \begin{pmatrix} 6 \\ 15 \\ -9 \end{pmatrix}.$$

Aus den einzelnen Koordinaten folgt:

$$\begin{aligned} -12 &= 6\mu & \Longrightarrow \quad \mu &= 2, \\ 5 &= 15\mu & \Longrightarrow \quad \mu &= \frac{1}{3}, \\ -4 &= -9\mu & \Longrightarrow \quad \mu &= \frac{4}{9}. \end{aligned}$$

Es gibt also kein $\mu \in \mathbb{R}$, das obige Vektorgleichung löst. Die beiden Geraden sind somit parallel aber nicht identisch.

2.) Gegeben seien die Geraden g_1 und g_2 durch:

$$g_1 : \quad \begin{pmatrix} x_1 \\ x_2 \\ x_3 \end{pmatrix} = \begin{pmatrix} 1 \\ 2 \\ 3 \end{pmatrix} + \lambda \begin{pmatrix} -2 \\ 3 \\ 1 \end{pmatrix}, \quad \lambda \in \mathbb{R},$$

$$g_2 : \quad \begin{pmatrix} x_1 \\ x_2 \\ x_3 \end{pmatrix} = \begin{pmatrix} 3 \\ 6 \\ 1 \end{pmatrix} + \mu \begin{pmatrix} 1 \\ 4 \\ -1 \end{pmatrix}, \quad \mu \in \mathbb{R}.$$

Die beiden Geraden sind nicht parallel (und somit auch nicht identisch), da für alle $\rho \in \mathbb{R}$ gilt:

$$\begin{pmatrix} -2 \\ 3 \\ 1 \end{pmatrix} \neq \rho \begin{pmatrix} 1 \\ 4 \\ -1 \end{pmatrix}.$$

Entweder schneiden sich die beiden Geraden oder sie sind windschief. Um dies herauszufinden, setzt man die Gleichungen beider Geraden gleich, d.h.

$$\begin{pmatrix} 1 \\ 2 \\ 3 \end{pmatrix} + \lambda \begin{pmatrix} -2 \\ 3 \\ 1 \end{pmatrix} = \begin{pmatrix} 3 \\ 6 \\ 1 \end{pmatrix} + \mu \begin{pmatrix} 1 \\ 4 \\ -1 \end{pmatrix} .$$

Man erhält also

$$\lambda \begin{pmatrix} -2 \\ 3 \\ 1 \end{pmatrix} + \mu \begin{pmatrix} -1 \\ -4 \\ 1 \end{pmatrix} = \begin{pmatrix} 2 \\ 4 \\ -2 \end{pmatrix} .$$

Dies führt zu folgendem Gleichungssystem

$$\begin{aligned} -2\lambda - \mu &= 2 & \Longrightarrow \quad \lambda &= -1 - \frac{\mu}{2} & \text{I} \\ 3\lambda - 4\mu &= 4 & \Longrightarrow \quad \lambda &= \frac{4}{3} + \frac{4}{3}\mu & \text{II} \\ \lambda + \mu &= -2 & \Longrightarrow \quad \lambda &= -2 - \mu & \text{III} . \end{aligned}$$

Aus den Gleichungen I und III folgt

$$\begin{aligned} -1 - \frac{\mu}{2} &= -2 - \mu \\ \mu &= -2 . \end{aligned}$$

Setzt man $\mu = -2$ in die Gleichungen II und III ein, so erhält man

$$\begin{aligned} \lambda &= \frac{4}{3} + \frac{4}{3}(-2) = -\frac{4}{3} , \\ \lambda &= -2 - (-2) = 0 . \end{aligned}$$

Dies führt zu einem Widerspruch, d.h. die beiden Geraden schneiden sich nicht. Da die Geraden auch nicht parallel sind, müssen sie windschief sein.

3.) Gegeben seien die zwei Geraden g_1 und g_2 durch:

$$g_1 : \quad \begin{pmatrix} x_1 \\ x_2 \\ x_3 \end{pmatrix} = \begin{pmatrix} 5 \\ 2 \\ -4 \end{pmatrix} + \lambda \begin{pmatrix} 1 \\ -1 \\ 1 \end{pmatrix} , \quad \lambda \in \mathbb{R} ,$$

$$g_2 : \quad \begin{pmatrix} x_1 \\ x_2 \\ x_3 \end{pmatrix} = \begin{pmatrix} 9 \\ 6 \\ 1 \end{pmatrix} + \mu \begin{pmatrix} -8 \\ 0 \\ -9 \end{pmatrix} , \quad \mu \in \mathbb{R} .$$

Die beiden Geraden sind nicht parallel (und somit auch nicht identisch), da für alle $\rho \in \mathbb{R}$ gilt:

$$\begin{pmatrix} 1 \\ -1 \\ 1 \end{pmatrix} \neq \rho \begin{pmatrix} -8 \\ 0 \\ -9 \end{pmatrix} .$$

Entweder schneiden sich diese Geraden oder sie sind windschief. Um dies herauszufinden, setzt man beide Geradengleichungen gleich, d.h.

$$\begin{pmatrix} 5 \\ 2 \\ -4 \end{pmatrix} + \lambda \begin{pmatrix} 1 \\ -1 \\ 1 \end{pmatrix} = \begin{pmatrix} 9 \\ 6 \\ 1 \end{pmatrix} + \mu \begin{pmatrix} -8 \\ 0 \\ -9 \end{pmatrix} .$$

Man erhält also

$$\lambda \begin{pmatrix} 1 \\ -1 \\ 1 \end{pmatrix} + \mu \begin{pmatrix} 8 \\ 0 \\ 9 \end{pmatrix} = \begin{pmatrix} 4 \\ 4 \\ 5 \end{pmatrix} .$$

Dies führt zu folgendem Gleichungssystem

$$\begin{array}{rcllrcll} \lambda + 8 \cdot \mu & = & 4 & \Longrightarrow & \lambda & = & 4 - 8\mu & \text{I} \\ -\lambda + 0 \cdot \mu & = & 4 & \Longrightarrow & \lambda & = & -4 & \text{II} \\ \lambda + 9 \cdot \mu & = & 5 & \Longrightarrow & \lambda & = & 5 - 9\mu & \text{III} . \end{array}$$

Setzt man $\lambda = -4$ in die Gleichungen I und III ein, so erhält man jeweils $\mu = 1$. Somit schneiden sich die beiden Geraden. Die Koordinaten des Schnittpunktes $S(s_1, s_2, s_3)$ erhält man, indem man $\lambda = -4$ in die Gleichung der Geraden g_1 einsetzt, d.h.

$$\begin{pmatrix} s_1 \\ s_2 \\ s_3 \end{pmatrix} = \begin{pmatrix} 5 \\ 2 \\ -4 \end{pmatrix} - 4 \begin{pmatrix} 1 \\ -1 \\ 1 \end{pmatrix} = \begin{pmatrix} 1 \\ 6 \\ -8 \end{pmatrix} .$$

Der Schittpunkt ist also gegeben durch $S(1, 6, -8)$. Ebenso erhält man den Schnittpunkt, indem man $\mu = 1$ in die Gleichung der Geraden g_2 einsetzt.

3.2 Ebenen im dreidimensionalen Raum

3.2.1 Parameterform einer Ebene

Eine Ebene im dreidimensionalen Raum kann man durch drei verschiedene, nicht auf einer Geraden liegenden Punkte beschreiben. Gegeben seien also drei Punkte P, Q und R des $\mathbb{R}^3$ mit obiger Eigenschaft. Gesucht ist die Ebene E, die diese Punkte beinhaltet.

Der Vektor $\overrightarrow{OP}$ ist ein Ortsvektor zur Ebene E und die beiden Vektoren $\overrightarrow{PQ}$ und $\overrightarrow{PR}$ sind nichtparallele Vektoren, die in der Ebene E liegen. Für einen beliebigen Punkt $X(x_1, x_2, x_3)$ der Ebene E gilt:

$$\overrightarrow{OX} = \overrightarrow{OP} + \overrightarrow{PX} .$$

Da der Vektor $\overrightarrow{PX}$ ebenfalls wie die Vektoren $\overrightarrow{PQ}$ und $\overrightarrow{PR}$ in der Ebene E liegt, kann dieser als Linearkombination der Vektoren $\overrightarrow{PQ}$ und $\overrightarrow{PR}$ dargestellt werden, d.h.

$$\overrightarrow{PX} = \lambda\overrightarrow{PQ} + \mu\overrightarrow{PR} , \quad \lambda, \mu \in \mathbb{R} .$$

Somit erhält man die

- **Parameterform einer Ebene** E

$$E : \overrightarrow{OX} = \overrightarrow{OP} + \lambda\overrightarrow{PQ} + \mu\overrightarrow{PR} , \quad \lambda, \mu \in \mathbb{R} . \tag{3.2}$$

Den Vektor $\overrightarrow{OP}$ nennt man **Stützvektor** und die Vektoren $\overrightarrow{PQ}$ und $\overrightarrow{PR}$ sind die **Richtungsvektoren** der Ebene E.

Jedes Parameterpaar (λ, μ) liefert den Ortsvektor eines auf der Ebene E befindlichen Punktes. $(\lambda, \mu) = (0, 0)$ liefert den Ortsvektor des Punktes P, mit $(\lambda, \mu) = (1, 0)$ erhält man den Ortsvektor des Punktes Q und für $(\lambda, \mu) = (0, 1)$ bekommt man den Ortsvektor des Punktes R.

Umgekehrt findet man zu jedem Ortsvektor eines Punkteds $X(x_1, x_2, x_3)$ der Ebene E ein dazugehöriges Parameterwertepaar (λ, μ).

Bemerkung:

1.) Eine Ebene E ist **eindeutig** bestimmt durch einen auf ihr liegenden Punkt $P(p_1, p_2, p_3)$ und zwei nicht parallele Richtungsvektoren $\vec{s} = (s_1, s_2, s_3)^T$ und $\vec{t} = (t_1, t_2, t_3)^T$. Eine Parameterdarstellung der Ebene E ist dann gegeben durch

$$E: \quad \overrightarrow{OX} = \overrightarrow{OP} + \lambda\vec{s} + \mu\vec{t}, \quad \lambda, \mu \in \mathbb{R}.$$

2.) Betrachtet man die Parameterform einer Ebene in Gleichung (3.2) mit den Punkten $P(p_1, p_2, p_3)$, $Q(q_1, q_2, q_3)$ und $R(r_1, r_2, r_3)$, so sind die Richtungsvektoren $\vec{s}$ und $\vec{t}$ gegeben durch

$$\begin{aligned} \vec{s} &= (q_1 - p_1, q_2 - p_2, q_3 - p_3)^T, \\ \vec{t} &= (r_1 - p_1, r_2 - p_2, r_3 - p_3)^T. \end{aligned}$$

3.) Für eine Ebene gibt es unendlich viele Darstellungen in Parameterform.

Beispiel 3.2.1

Gegeben seien die Punkte $P(-1, 2, -3)$, $Q(2, 0, 4)$ und $R(11, 2, 18)$.

1.) Gesucht ist eine Parameterdarstellung der Ebene E, die die Punkte P, Q und R enthält.

2.) Befindet sich der Punkt $U(1, 1, 1)$ in der Ebene E?

3.) Befindet sich der Punkt $V(44, 4, 74)$ in der Ebene E?

Lösung:

1.) Die drei Punkte $P(-1, 2, -3)$, $Q(2, 0, 4)$ und $R(11, 2, 18)$ sind verschieden und liegen nicht auf einer Geraden. Dies wurde in Beispiel 3.1.1 bereits nachgewiesen. Somit ist es möglich, mithilfe dieser Punkte eine Ebenengleichung aufzustellen. Eine Parameterform der gesuchten Ebene E ist folglich gegeben durch:

$$E: \quad \overrightarrow{OX} = \overrightarrow{OP} + \lambda\overrightarrow{PQ} + \mu\overrightarrow{PR}, \quad \lambda, \mu \in \mathbb{R}$$

$$E: \quad \overrightarrow{OX} = \begin{pmatrix} -1 \\ 2 \\ -3 \end{pmatrix} + \lambda \begin{pmatrix} 2-(-1) \\ 0-2 \\ 4-(-3) \end{pmatrix} + \mu \begin{pmatrix} 11-(-1) \\ 2-2 \\ 18-(-3) \end{pmatrix}$$

$$E: \quad \begin{pmatrix} x_1 \\ x_2 \\ x_3 \end{pmatrix} = \begin{pmatrix} -1 \\ 2 \\ -3 \end{pmatrix} + \lambda \begin{pmatrix} 3 \\ -2 \\ 7 \end{pmatrix} + \mu \begin{pmatrix} 12 \\ 0 \\ 21 \end{pmatrix}, \lambda, \mu \in \mathbb{R}.$$

2.) Liegt der Punkt $U(1,1,1)$ in der Ebene E, so muß die Gleichung

$$\begin{pmatrix} 1 \\ 1 \\ 1 \end{pmatrix} = \begin{pmatrix} -1 \\ 2 \\ -3 \end{pmatrix} + \lambda \begin{pmatrix} 3 \\ -2 \\ 7 \end{pmatrix} + \mu \begin{pmatrix} 12 \\ 0 \\ 21 \end{pmatrix} \quad \text{bzw.}$$

$$\begin{pmatrix} 2 \\ -1 \\ 4 \end{pmatrix} = \lambda \begin{pmatrix} 3 \\ -2 \\ 7 \end{pmatrix} + \mu \begin{pmatrix} 12 \\ 0 \\ 21 \end{pmatrix}$$

eindeutig nach λ und μ auflösbar sein. Diese Vektorgleichung führt zu

$$\begin{aligned} 3\lambda + 12\mu &= 2 &\Longrightarrow\quad \mu &= \frac{1}{6} - \frac{1}{4}\lambda & \text{I} \\ -2\lambda &= -1 &\Longrightarrow\quad \lambda &= \frac{1}{2} & \text{II} \\ 7\lambda + 21\mu &= 4 &\Longrightarrow\quad \mu &= \frac{4}{21} - \frac{1}{3}\lambda & \text{III}. \end{aligned}$$

Setzt man $\lambda = \frac{1}{2}$ in die Gleichungen I und III ein, so erhält man

$$\begin{aligned} \mu &= \frac{1}{24} & &\text{(folgt aus Gleichung I)} \\ \mu &= \frac{1}{42} & &\text{(folgt aus Gleichung III)}. \end{aligned}$$

Die beiden Gleichungen liefern unterschiedliche Werte für μ, d.h. die Vektorgleichung ist nicht lösbar. $U(1,1,1)$ ist also kein Punkt der Ebene E.

3.) Liegt der Punkt $V(44,4,74)$ in der Ebene E, so muß die Gleichung

$$\begin{pmatrix} 44 \\ 4 \\ 74 \end{pmatrix} = \begin{pmatrix} -1 \\ 2 \\ -3 \end{pmatrix} + \lambda \begin{pmatrix} 3 \\ -2 \\ 7 \end{pmatrix} + \mu \begin{pmatrix} 12 \\ 0 \\ 21 \end{pmatrix} \quad \text{bzw.}$$

$$\begin{pmatrix} 45 \\ 2 \\ 77 \end{pmatrix} = \lambda \begin{pmatrix} 3 \\ -2 \\ 7 \end{pmatrix} + \mu \begin{pmatrix} 12 \\ 0 \\ 21 \end{pmatrix}$$

eindeutig nach λ und μ auflösbar sein. Diese Vektorgleichung führt zu

$$\begin{aligned} 3\lambda + 12\mu &= 45 &\Longrightarrow \quad \mu &= \frac{15}{4} - \frac{1}{4}\lambda \quad \text{I} \\ -2\lambda &= 2 &\Longrightarrow \quad \lambda &= -1 \quad \text{II} \\ 7\lambda + 21\mu &= 77 &\Longrightarrow \quad \mu &= \frac{11}{3} - \frac{1}{3}\lambda \quad \text{III}. \end{aligned}$$

Setzt man $\lambda = -1$ in die Gleichungen I und III ein, so erhält man

$$\begin{aligned} \mu &= \frac{16}{4} = 4 \quad \text{(folgt aus Gleichung I)} \\ \mu &= \frac{12}{3} = 4 \quad \text{(folgt aus Gleichung III)} \end{aligned}$$

Somit ist das Gleichungssystem eindeutig lösbar und die Lösungen sind $\lambda = -1$ und $\mu = 4$. Setzt man diese Werte in die Ebenengleichung ein, so erhält man den Ortsvektor des Punktes $V(44, 4, 74)$, d.h.

$$\begin{pmatrix} 44 \\ 4 \\ 74 \end{pmatrix} = \begin{pmatrix} -1 \\ 2 \\ -3 \end{pmatrix} + (-1) \begin{pmatrix} 3 \\ -2 \\ 7 \end{pmatrix} + 4 \begin{pmatrix} 12 \\ 0 \\ 21 \end{pmatrix}.$$

Im folgenden werden spezielle Ebenen in Parameterform dargestellt.

- Die Richtungsvektoren einer Ebene E, die parallel zur x_1x_2-**Ebene** verläuft und durch den Punkt $P(p_1, p_2, p_3)$ geht, sind die Einheitsvektoren $\vec{e}_1 = (1, 0, 0)^T$ und $\vec{e}_2 = (0, 1, 0)^T$. Somit ist eine Parameterdarstellung dieser Ebene gegeben durch

$$E: \quad \begin{pmatrix} x_1 \\ x_2 \\ x_3 \end{pmatrix} = \begin{pmatrix} p_1 \\ p_2 \\ p_3 \end{pmatrix} + \lambda \begin{pmatrix} 1 \\ 0 \\ 0 \end{pmatrix} + \mu \begin{pmatrix} 0 \\ 1 \\ 0 \end{pmatrix}, \lambda, \mu \in \mathbb{R}.$$

  Für $P(0, 0, 0)$ erhält man eine Parameterdarstellung der x_1x_2-**Ebene**.

- Die Richtungsvektoren einer Ebene E, die parallel zur x_1x_3-**Ebene** verläuft und durch den Punkt $P(p_1, p_2, p_3)$ geht, sind die Einheitsvektoren $\vec{e}_1 = (1, 0, 0)^T$ und $\vec{e}_3 = (0, 0, 1)^T$. Somit ist eine Parameterdarstellung dieser Ebene gegeben durch

$$E: \quad \begin{pmatrix} x_1 \\ x_2 \\ x_3 \end{pmatrix} = \begin{pmatrix} p_1 \\ p_2 \\ p_3 \end{pmatrix} + \lambda \begin{pmatrix} 1 \\ 0 \\ 0 \end{pmatrix} + \mu \begin{pmatrix} 0 \\ 0 \\ 1 \end{pmatrix}, \lambda, \mu \in \mathbb{R}.$$

Für $P(0,0,0)$ erhält man eine Parameterdarstellung der x_1x_3-**Ebene**.

- Die Richtungsvektoren einer Ebene E, die parallel zur x_2x_3-**Ebene** verläuft und durch den Punkt $P(p_1, p_2, p_3)$ geht, sind die Einheitsvektoren $\vec{e}_2 = (0,1,0)^T$ und $\vec{e}_3 = (0,0,1)^T$. Somit ist eine Parameterdarstellung dieser Ebene gegeben durch

$$E: \quad \begin{pmatrix} x_1 \\ x_2 \\ x_3 \end{pmatrix} = \begin{pmatrix} p_1 \\ p_2 \\ p_3 \end{pmatrix} + \lambda \begin{pmatrix} 0 \\ 1 \\ 0 \end{pmatrix} + \mu \begin{pmatrix} 0 \\ 0 \\ 1 \end{pmatrix}, \lambda, \mu \in \mathbb{R}.$$

Für $P(0,0,0)$ erhält man eine Parameterdarstellung der x_2x_3-**Ebene**.

3.2.2 Koordinatenform einer Ebene

Gegeben sei die Ebene E durch die **Parameterdarstellung**

$$E: \quad \begin{pmatrix} x_1 \\ x_2 \\ x_3 \end{pmatrix} = \begin{pmatrix} 1 \\ 2 \\ -3 \end{pmatrix} + \lambda \begin{pmatrix} 6 \\ 4 \\ -3 \end{pmatrix} + \mu \begin{pmatrix} 1 \\ 1 \\ -1 \end{pmatrix}, \lambda, \mu \in \mathbb{R}.$$

Die Koordinaten eines auf dieser Ebene E liegenden Punktes $X(x_1, x_2, x_3)$ müssen folgende Gleichungen erfüllen:

$$\begin{aligned} x_1 &= 1 + 6 \cdot \lambda + 1 \cdot \mu && \text{I} \\ x_2 &= 2 + 4 \cdot \lambda + 1 \cdot \mu && \text{II} \\ x_3 &= -3 - 3 \cdot \lambda - 1 \cdot \mu && \text{III}. \end{aligned}$$

Addiert man Gleichung II zu Gleichung III, so erhält man

$$\begin{aligned} x_2 + x_3 &= -1 + \lambda \text{, also} \\ \lambda &= x_2 + x_3 + 1. \end{aligned}$$

Setzt man dies in Gleichung I ein, folgt

$$\begin{aligned} x_1 &= 1 + 6(x_2 + x_3 + 1) + \mu \text{, also} \\ \mu &= x_1 - 6x_2 - 6x_3 - 7. \end{aligned}$$

$\lambda = x_2 + x_3 + 1$ und $\mu = x_1 - 6x_2 - 6x_3 - 7$ in die Gleichung III eingesetzt, liefert dann

$$\begin{aligned} x_3 &= -3 - 3(x_2 + x_3 + 1) - (x_1 - 6x_2 - 6x_3 - 7) \text{, also} \\ 0 &= -x_1 + 3x_2 + 2x_3 + 1. \end{aligned}$$

Liegt ein Punkt $X(x_1, x_2, x_3)$ in der Ebene E, so erfüllen seine Koordinaten die Gleichung

$$-x_1 + 3x_2 + 2x_3 + 1 \; = \; 0\,.$$

Diese Gleichung nennt man **Koordinatengleichung** der Ebene E.

Aus der Parameterform einer Ebene erhält man also eine weitere Darstellungsform, indem man die beiden Parameter λ und μ eliminiert. Das Resultat ist dann die

- **Koordinatenform einer Ebene** E

  $$E \; : \; ax_1 + bx_2 + cx_3 + d \; = \; 0 \quad \text{mit } a,\, b,\, c,\, d \in \mathbb{R}\,, \tag{3.3}$$

  wobei $a^2 + b^2 + c^2 \neq 0$ gilt.

Bemerkung:

1.) $a^2 + b^2 + c^2 \neq 0$ bedeutet nur, daß die reellen Koeffizienten a, b und c nicht alle gleichzeitig Null sein dürfen.

2.) Wird obige Gleichung mit einer Konstanten $k \in \mathbb{R} \setminus \{0\}$ durchmultipliziert, so erhält man eine weitere Darstellung. Somit besitzt eine Ebene unendlich viele Darstellungen in Koordinatenform.

Beispiel 3.2.2

Eine Parameterdarstellung der Ebene E sei gegeben durch

$$E \; : \quad \begin{pmatrix} x_1 \\ x_2 \\ x_3 \end{pmatrix} = \begin{pmatrix} 1 \\ 0 \\ 4 \end{pmatrix} + \lambda \begin{pmatrix} 1 \\ 0 \\ 1 \end{pmatrix} + \mu \begin{pmatrix} 0 \\ -1 \\ 1 \end{pmatrix}, \lambda, \mu \in \mathbb{R}\,.$$

Gesucht ist eine Darstellung dieser Ebene in Koordinatenform.

Lösung:

Die Koordinaten eines auf dieser Ebene E liegenden Punktes $X(x_1, x_2, x_3)$ müssen folgende Gleichungen erfüllen:

$$\begin{aligned} x_1 &= 1 + 1 \cdot \lambda + 0 \cdot \mu \qquad && \text{I} \\ x_2 &= 0 + 0 \cdot \lambda - 1 \cdot \mu && \text{II} \\ x_3 &= 4 + 1 \cdot \lambda + 1 \cdot \mu && \text{III}\,. \end{aligned}$$

Aus den Gleichung I und II erhält man direkt

$$\begin{aligned} \lambda &= x_1 - 1 \\ \mu &= -x_2 . \end{aligned}$$

Setzt man $\lambda = x_1 - 1$ und $\mu = -x_2$ in die Gleichung III ein, liefert dann

$$x_3 = 4 + (x_1 - 1) + (-x_2) .$$

Eine Koordinatengleichung der Ebene E ist somit gegeben durch

$$E : \quad x_1 - x_2 - x_3 + 3 = 0 .$$

Beispiel 3.2.3

Eine Parameterdarstellung der Ebene E, die parallel zur x_1x_2-Ebene verläuft ist gegeben durch

$$E : \quad \begin{pmatrix} x_1 \\ x_2 \\ x_3 \end{pmatrix} = \begin{pmatrix} p_1 \\ p_2 \\ p_3 \end{pmatrix} + \lambda \begin{pmatrix} 1 \\ 0 \\ 0 \end{pmatrix} + \mu \begin{pmatrix} 0 \\ 1 \\ 0 \end{pmatrix} , \lambda, \mu \in \mathbb{R} .$$

Gesucht ist eine Darstellung dieser Ebene in Koordinatenform.

Lösung:

Die Koordinaten eines auf dieser Ebene E liegenden Punktes $X(x_1, x_2, x_3)$ müssen folgende Gleichungen erfüllen:

$$\begin{array}{rclcrcll} x_1 &=& p_1 + 1 \cdot \lambda + 0 \cdot \mu & \Longrightarrow & x_1 &=& p_1 + \lambda & \text{I} \\ x_2 &=& p_2 + 0 \cdot \lambda + 1 \cdot \mu & \Longrightarrow & x_2 &=& p_2 + \mu & \text{II} \\ x_3 &=& p_3 + 0 \cdot \lambda + 0 \cdot \mu & \Longrightarrow & x_3 &=& p_3 & \text{III} . \end{array}$$

Die Gleichung III ist unabhängig von den beiden Parametern λ und μ. Somit ist eine Koordinatengleichung dieser Ebene gegeben durch

$$E : \quad x_3 - p_3 = 0 .$$

Im folgenden werden weitere spezielle Ebenen in Koordinatenform dargestellt.

- Eine Ebene E, die parallel zur x_1x_2**-Ebene** verläuft und durch den Punkt $P(p_1, p_2, p_3)$ geht, kann in der folgenden Koordinatenform dargestellt werden:

$$E: \quad x_3 - p_3 = 0 .$$

Eine Koordinatendarstellung der x_1x_2**-Ebene** erhält man für $P(0,0,0)$, d.h.

$$E: \quad x_3 = 0 .$$

- Eine Ebene E, die parallel zur x_1x_3**-Ebene** verläuft und durch den Punkt $P(p_1, p_2, p_3)$ geht, besitzt die Koordinatendarstellung

$$E: \quad x_2 - p_2 = 0 .$$

Eine Koordinatendarstellung der x_1x_3**-Ebene** erhält man für $P(0,0,0)$, d.h.

$$E: \quad x_2 = 0 .$$

- Eine Ebene E, die parallel zur x_2x_3**-Ebene** verläuft und durch den Punkt $P(p_1, p_2, p_3)$ geht, kann durch die Koordinatenform

$$E: \quad x_1 - p_1 = 0$$

dargestellt werden.
Die x_2x_3**-Ebene** selbst erhält man für $P(0,0,0)$, d.h.

$$E: \quad x_1 = 0 .$$

Im folgenden wird gezeigt, wie man aus der Koordinatendarstellung einer Ebene E eine Parameterdarstellung dieser Ebene berechnen kann.

Beispiel 3.2.4
Gegeben seien die Ebenen E_i mit $1 \leq i \leq 4$ in Koordinatenform. Gesucht ist jeweils eine Parameterdarstellung dieser Ebenen.

1.) $E_1 : x_1 - 3x_2 + x_3 - 2 = 0 ,$

2.) $E_2 : -x_1 + 2x_2 + 4 = 0 ,$

3.) $E_3 : 2x_2 - x_3 = 0 ,$

4.) $E_4 \ : \ -3x_3 + 17 = 0\,.$

5.) In welcher Ebene liegt der Punkt $P(2,-1,4)$?

Lösung:

Aus einer Koordinatengleichung einer Ebene erhält man eine Parametergleichung, indem man zwei der drei Variablen x_1, x_2 und x_3 durch die Parameter λ und μ ersetzt. Diese Methode soll im folgenden angewandt werden.

1.) Seien $x_2 = \lambda$ und $x_3 = \mu$. Löst man dann die Koordinatengleichung der Ebene

$$E_1 \ : \qquad x_1 - 3x_2 + x_3 - 2 = 0$$

nach x_1 auf, so erhält man

$$x_1 \ = \ 3x_2 - x_3 + 2\,,$$

d.h. mit $x_2 = \lambda$ und $x_3 = \mu$ ergibt sich

$$x_1 \ = \ 3\lambda - \mu + 2\,.$$

Zusammengefaßt erhält man

$$\begin{aligned} x_1 &= 2 + 3 \cdot \lambda + (-1) \cdot \mu\,, \\ x_2 &= 0 + 1 \cdot \lambda + 0 \cdot \mu\,, \\ x_3 &= 0 + 0 \cdot \lambda + 1 \cdot \mu\,. \end{aligned}$$

Vektoriell sieht dies so aus:

$$E_1 \ : \quad \begin{pmatrix} x_1 \\ x_2 \\ x_3 \end{pmatrix} = \begin{pmatrix} 2 \\ 0 \\ 0 \end{pmatrix} + \lambda \begin{pmatrix} 3 \\ 1 \\ 0 \end{pmatrix} + \mu \begin{pmatrix} -1 \\ 0 \\ 1 \end{pmatrix}, \lambda, \mu \in \mathbb{R}\,.$$

Dies ist also eine Parameterdarstellung von E_1.

2.) In diesem Fall ist der Koeffizient der dritten Koordinate, d.h. der Koeffizient von x_3, gleich Null. Deshalb ist x_3 auf jeden Fall frei wählbar. Seien also wieder $x_2 = \lambda$ und $x_3 = \mu$. Löst man die Koordinatengleichung der Ebene

$$E_2 \ : \qquad -x_1 + 2x_2 + 4 = 0$$

nach x_1 auf, so erhält man

$$x_1 \ = \ 2x_2 + 4\,,$$

d.h. mit $x_2 = \lambda$ (und $x_3 = \mu$) folgt

$$x_1 = 2\lambda + 4\,.$$

Zusammengefaßt erhält man

$$\begin{aligned} x_1 &= 4 + 2 \cdot \lambda + 0 \cdot \mu\,, \\ x_2 &= 0 + 1 \cdot \lambda + 0 \cdot \mu\,, \\ x_3 &= 0 + 0 \cdot \lambda + 1 \cdot \mu\,. \end{aligned}$$

Somit ist eine Parameterdarstellung von E_2 gegeben durch

$$E_2 : \quad \begin{pmatrix} x_1 \\ x_2 \\ x_3 \end{pmatrix} = \begin{pmatrix} 4 \\ 0 \\ 0 \end{pmatrix} + \lambda \begin{pmatrix} 2 \\ 1 \\ 0 \end{pmatrix} + \mu \begin{pmatrix} 0 \\ 0 \\ 1 \end{pmatrix}, \lambda, \mu \in \mathbb{R}\,.$$

3.) Hier ist der Koeffizient der ersten Koordinate, d.h. der Koeffizient von x_1, gleich Null. Deshalb ist x_1 beliebig wählbar. Seien also $x_1 = \lambda$ und $x_2 = \mu$. Durch Auflösen der Koordinatengleichung von E_3 mit

$$E_3 : \qquad 2x_2 - x_3 = 0$$

nach x_3 erhält man

$$x_3 = 2x_2\,,$$

d.h. mit $x_1 = \lambda$ und $x_2 = \mu$ folgt

$$x_3 = 2\mu\,.$$

Zusammengefaßt erhält man

$$\begin{aligned} x_1 &= 0 + 1 \cdot \lambda + 0 \cdot \mu\,, \\ x_2 &= 0 + 0 \cdot \lambda + 1 \cdot \mu\,, \\ x_3 &= 0 + 0 \cdot \lambda + 2 \cdot \mu\,. \end{aligned}$$

Somit ist eine Parameterdarstellung von E_3 gegeben durch

$$E_3 : \quad \begin{pmatrix} x_1 \\ x_2 \\ x_3 \end{pmatrix} = \begin{pmatrix} 0 \\ 0 \\ 0 \end{pmatrix} + \lambda \begin{pmatrix} 1 \\ 0 \\ 0 \end{pmatrix} + \mu \begin{pmatrix} 0 \\ 1 \\ 2 \end{pmatrix}, \lambda, \mu \in \mathbb{R}\,.$$

4.) Bei dieser Ebene sind die Koeffizienten der ersten und der zweiten Koordinate gleich Null, d.h. x_1 und x_2 sind frei wählbar. Seien also

$x_1 = \lambda$ und $x_2 = \mu$. Durch Auflösen der Koordinatengleichung der Ebene E_4 mit

$$E_4 : \quad -3x_3 + 17 = 0$$

nach x_3 erhält man

$$x_3 = \frac{17}{3}.$$

Zusammengefaßt gilt:

$$\begin{aligned} x_1 &= 0 + 1 \cdot \lambda + 0 \cdot \mu, \\ x_2 &= 0 + 0 \cdot \lambda + 1 \cdot \mu, \\ x_3 &= \frac{17}{3} + 0 \cdot \lambda + 0\mu. \end{aligned}$$

Somit ist eine Parameterdarstellung von E_4 gegeben durch

$$E_4 : \quad \begin{pmatrix} x_1 \\ x_2 \\ x_3 \end{pmatrix} = \begin{pmatrix} 0 \\ 0 \\ \frac{17}{3} \end{pmatrix} + \lambda \begin{pmatrix} 1 \\ 0 \\ 0 \end{pmatrix} + \mu \begin{pmatrix} 0 \\ 1 \\ 0 \end{pmatrix}, \lambda, \mu \in \mathbb{R}.$$

5.) Um nachzuprüfen, in welcher Ebene der Punkt $P(2, -1, 4)$ liegt, ist lediglich für jede Ebene die Punktprobe durchzuführen. Der Punkt $P(2, -1, 4)$ besitzt die Koordinaten $x_1 = 2$, $x_2 = -1$ und $x_3 = 4$. Es gilt:

$$\begin{aligned} \text{für } E_1 &: \quad 2 - 3 \cdot (-1) + 4 - 2 = 7 \neq 0, \\ \text{für } E_2 &: \quad -2 + 2 \cdot (-1) + 4 = 0, \\ \text{für } E_3 &: \quad 2 \cdot (-1) - 4 = -6 \neq 0, \\ \text{für } E_4 &: \quad -3 \cdot 4 + 17 = 5 \neq 0. \end{aligned}$$

Somit liegt der Punkt $P(2, -1, 4)$ nur in der Ebene E_2.

3.2.3 Zusammenhänge zwischen der Parameterform und der Koordinatenform einer Ebene

Der Zusammenhang zwischen der Parameterform und der Koordinatenform einer Ebene im $\mathbb{R}^3$ ist vergleichbar mit dem Verhältnis dieser Darstellungsformen einer Geraden im $\mathbb{R}^2$.

Der aus der Koordinatenform der Ebene E mit

$$E: \quad ax_1 + bx_2 + cx_3 + d = 0 \quad \text{bzw.}$$

$$E: \quad \begin{pmatrix} a \\ b \\ c \end{pmatrix}^T \cdot \begin{pmatrix} x_1 \\ x_2 \\ x_3 \end{pmatrix} + d = 0$$

mit a, b, c, $d \in \mathbb{R}$ und $a^2 + b^2 + c^2 \neq 0$ resultierende Vektor

$$\vec{n} = \begin{pmatrix} a \\ b \\ c \end{pmatrix},$$

steht senkrecht auf den beiden Richtungsvektoren dieser Ebene. Dieser Vektor $\vec{n}$ heißt **Normalenvektor** der Ebene E.
Normiert man diesen Vektor auf die Länge 1, d.h.

$$\vec{n}_0 = \frac{1}{|\vec{n}|} \cdot \vec{n} = \frac{1}{\sqrt{a^2 + b^2 + c^2}} \begin{pmatrix} a \\ b \\ c \end{pmatrix},$$

nennt man ihn einen **Normaleneinheitsvektor** ($\vec{n}_0$) der Ebene E.

Bemerkung:

1.) Zu einer Ebene E gibt es genau zwei Normaleneinheitsvektoren. Ist $\vec{n}_0$ Normaleneinheitsvektor der Ebene E, so ist auch $-\vec{n}_0$ Normaleneinheitsvektor der Ebene E. Es gibt allerdings unendlich viele Normalenvektoren. Denn ist $\vec{n}$ ein Normalenvektor von E, so ist auch $\alpha\vec{n}$ mit $\alpha \in \mathbb{R} \setminus \{0\}$ Normalenvektor dieser Ebene.

2.) Eine Ebene E ist **eindeutig** bestimmt durch einen auf ihr liegenden Punkt $P(p_1, p_2, p_3)$ und zwei nicht parallele Richtungsvektoren $\vec{s} = (s_1, s_2, s_3)^T$ und $\vec{t} = (t_1, t_2, t_3)^T$. Die sich daraus ergebende Parameterdarstellung der Ebene E ist

$$E: \quad \overrightarrow{OX} = \overrightarrow{OP} + \lambda\vec{s} + \mu\vec{t}, \quad \lambda, \mu \in \mathbb{R}.$$

Für einen Normalenvektor $\vec{n}$ dieser Ebene gilt dann

$$< \vec{n}, \vec{s} > = 0 \quad \text{und} \quad < \vec{n}, \vec{t} > = 0$$

mit $\vec{n} = (n_1, n_2, n_3)^T$. Diese Eigenschaft gilt auch für das Vektorprodukt (vgl. Kapitel 1.2.4) $\vec{s} \times \vec{t}$ der beiden Richtungsvektoren $\vec{s}$ und $\vec{t}$. Somit kann man einen Normalenvektor $\vec{n}$ der Ebene E ganz einfach mit dessen Hilfe angeben:

$$\vec{n} \;=\; \vec{s} \times \vec{t} = \begin{pmatrix} s_2t_3 - s_3t_2 \\ s_3t_1 - s_1t_3 \\ s_1t_2 - s_2t_1 \end{pmatrix} .$$

Beispiel 3.2.5

Gegeben sei die Ebene E durch

$$E \;:\; \begin{pmatrix} x_1 \\ x_2 \\ x_3 \end{pmatrix} = \begin{pmatrix} 2 \\ 0 \\ 3 \end{pmatrix} + \lambda \begin{pmatrix} 2 \\ 1 \\ 1 \end{pmatrix} + \mu \begin{pmatrix} 1 \\ -1 \\ 1 \end{pmatrix}, \lambda, \mu \in \mathbb{R} .$$

Geben Sie einen Normaleneinheitsvektor von E an.

Lösung:

Ein Normalenvektor $\vec{n} = (n_1, n_2, n_3)^T$ von E ist mithilfe des Vektorprodukts der beiden Richtungsvektoren gegeben durch

$$\begin{pmatrix} n_1 \\ n_2 \\ n_3 \end{pmatrix} = \begin{pmatrix} 2 \\ 1 \\ 1 \end{pmatrix} \times \begin{pmatrix} 1 \\ -1 \\ 1 \end{pmatrix} = \begin{pmatrix} 1 \cdot 1 - 1 \cdot (-1) \\ 1 \cdot 1 - 2 \cdot 1 \\ 2 \cdot (-1) - 1 \cdot 1 \end{pmatrix} = \begin{pmatrix} 2 \\ -1 \\ -3 \end{pmatrix} .$$

Die Länge dieses Vektors ist

$$|\vec{n}| \;=\; \sqrt{2^2 + (-1)^2 + (-3)^2} \;=\; \sqrt{14} .$$

Somit ist

$$\vec{n}_0 \;=\; \frac{1}{\sqrt{14}} \begin{pmatrix} 2 \\ -1 \\ -3 \end{pmatrix}$$

ein Normaleneinheitsvektor von E .

Die Bedeutung der Koeffizienten a, b und c in der Koordinatendarstellung einer Ebene ist somit geklärt. Die Rolle der Konstanten $d \in \mathbb{R}$ in der Koordinatenform einer Ebene wird durch den nachfolgenden Satz beschrieben.

Satz 3.2.1

Die Ebene E, gegeben durch die Koordinatengleichung

$$E \; : \quad ax_1 + bx_2 + cx_3 + d \; = \; 0$$

mit a, b, c, $d \in \mathbb{R}$, wobei die reellen Koeffizienten a, b und c nicht alle gleichzeitig Null sind, hat zum Ursprung den Abstand

$$\frac{|d|}{\sqrt{a^2+b^2+c^2}} = \begin{cases} \dfrac{d}{\sqrt{a^2+b^2+c^2}} & \textit{für} \quad d \geq 0 \\ \dfrac{-d}{\sqrt{a^2+b^2+c^2}} & \textit{für} \quad d < 0\,. \end{cases}$$

Bemerkung:

Beweisansatz zum Satz 3.2.1.

Satz 3.2.1 kann man analog zum zweidimensionalen Fall (Abstand einer Geraden im $\mathbb{R}^2$ zum Ursprung) beweisen.

Derjenige Punkt X der Ebene E, der den minimalen Abstand zum Ursprung hat, definiert den Abstand der Ebene zum Ursprung. Zur Ermittlung dieses Abstands benötigt man eine Parameterdarstellung des Ortsvektors $\overrightarrow{OX} = (x_1, x_2, x_3)^T$ eines beliebigen Ebenenpunktes $X(x_1, x_2, x_3)$ (also die Parameterdarstellung der Ebene E).

Eine aus der in Satz 3.2.1 angegebenen Koordinatenform resultierende Parameterdarstellung der Ebene E wäre nun zu berechnen. Das Ergebnis sei

$$E \; : \quad \begin{pmatrix} x_1 \\ x_2 \\ x_3 \end{pmatrix} = \begin{pmatrix} p_1 \\ p_2 \\ p_3 \end{pmatrix} + \lambda \begin{pmatrix} s_1 \\ s_2 \\ s_3 \end{pmatrix} + \mu \begin{pmatrix} t_1 \\ t_2 \\ t_3 \end{pmatrix}, \quad \lambda, \mu \in \mathbb{R}\,.$$

Die Quadratabstandsfunktion eines Punktes X der Ebene zum Ursprung ist allerdings hierbei eine zweidimensionale Funktion. Diese ist gegeben durch $d^2 : \mathbb{R}^2 \longrightarrow [0, \infty)$ mit

$$\begin{aligned} d^2(\lambda, \mu) &= \overrightarrow{OX}^T \cdot \overrightarrow{OX} \\ &= (p_1 - \lambda s_1 - \mu t_1)^2 + (p_2 - \lambda s_2 - \mu t_2)^2 + (p_3 - \lambda s_3 - \mu t_3)^2\,. \end{aligned}$$

Diese Funktion wäre nun in λ und μ zu minimieren. Wie hierbei zu verfahren ist, wurde allerdings in Band 2: Analysis nicht behandelt. Deshalb soll hier auf eine weitere Betrachtung verzichtet werden.

Beispiel 3.2.6
Gegeben sei die Ebene E durch

$$E \; : \; -x_1 + 3x_2 - x_3 + \sqrt{11} \; = \; 0\,.$$

Welchen Abstand hat diese Ebene zum Ursprung?

Lösung:
Der Abstand der Ebene E zum Ursprung ist nach Satz 3.2.1 gegeben durch

$$\frac{\sqrt{11}}{\sqrt{(-1)^2 + 3^2 + (-1)^2}} \; = \; \frac{\sqrt{11}}{\sqrt{11}} \; = \; 1\,.$$

E hat also zum Ursprung den Abstand 1.

3.2.4 Die Hesse'sche Normalform einer Ebene

Es sei $\vec{n}_0 = (n_1, n_2, n_3)^T$ mit $|\vec{n}_0| = 1$ der vom Ursprung wegzeigende Normaleneinheitsvektor der Ebene E und X ein beliebiger Punkt in E und $p \geq 0$ sei **der Abstand dieser Ebene zum Ursprung.** Dann gilt analog zum zweidimensionalen Fall (einer Geraden im $\mathbb{R}^2$)

$$\vec{n}_0^T \cdot \overrightarrow{\mathrm{O}X} \; = \; p\,.$$

Hieraus resultiert die

- **Hesse'sche Normalform einer Ebene E im $\mathbb{R}^3$:**

$$g \; : \quad \vec{n}_0^T \cdot \overrightarrow{\mathrm{O}X} - p \; = \; 0 \qquad \text{bzw.}$$

$$g \; : \quad n_1 x_1 + n_2 x_2 + n_3 x_3 - p \; = \; 0\,.$$

Mithilfe der Hesse'schen Normalform kann man den Abstand eines beliebigen Punktes Q zur Ebene E auf einfache Weise berechnen. Hierbei gilt:

Satz 3.2.2

Gegeben seien die **Hesse'sche Normalform der Ebene** E **im** $\mathbb{R}^3$ *durch*

$$E \,:\, n_1 x_1 + n_2 x_2 + n_3 x_3 - p \;=\; 0$$

und ein beliebiger Punkt $Q(q_1, q_2, q_3)$*. Dann ist der Abstand von* Q *zur Ebene* E *gegeben durch*

$$d(Q,E) \;=\; |\, n_1 \cdot q_1 + n_2 \cdot q_2 + n_3 \cdot q_3 - p \,|\,.$$

Bemerkung zu Satz 3.2.2:

1.) Der Term $n_1 \cdot q_1 + n_2 \cdot q_2 + n_3 \cdot q_3 - p$ ist positiv, falls $Q(q_1, q_2, q_3)$ und der Koordinatenursprung $\mathrm{O}(0,0,0)$ auf verschiedenen Seiten der Ebene E liegen. Befinden sich der Punkt $Q(q_1, q_2, q_3)$ und der Koordinatenursprung $\mathrm{O}(0,0,0)$ auf der gleichen Seite der Ebene, so ist der Term $n_1 \cdot q_1 + n_2 \cdot q_2 + n_3 \cdot q_3 - p$ negativ. Dieser Term ist genau dann Null, wenn $Q(q_1, q_2, q_3)$ in der Ebene liegt.

2.) Die Koordinatengleichung

$$E \,:\, a x_1 + b x_2 + c x_3 + d \;=\; 0$$

mit a, b, c, $d \in \mathbb{R}$ und $a^2 + b^2 + c^2 \neq 0$ besitzt die Hesse'sche Normalform

$$\begin{cases} -\left(\dfrac{a}{\sqrt{a^2+b^2+c^2}}\right) x_1 - \left(\dfrac{b}{\sqrt{a^2+b^2+c^2}}\right) x_2 - \left(\dfrac{c}{\sqrt{a^2+b^2+c^2}}\right) x_3 \\ -\left(\dfrac{d}{\sqrt{a^2+b^2+c^2}}\right) \;=\; 0 \qquad \text{für } d > 0\,, \\ \\ \left(\dfrac{a}{\sqrt{a^2+b^2+c^2}}\right) x_1 + \left(\dfrac{b}{\sqrt{a^2+b^2+c^2}}\right) x_2 + \left(\dfrac{c}{\sqrt{a^2+b^2+c^2}}\right) x_3 \\ +\left(\dfrac{d}{\sqrt{a^2+b^2+c^2}}\right) \;=\; 0 \qquad \text{für } d \leq 0\,. \end{cases}$$

3.) Eine Ebene E ist **eindeutig** bestimmt durch einen auf ihr senkrecht stehenden Vektor (Normalenvektor) und einen in der Ebene liegenden Punkt.

Die vektorielle Darstellung der Hesse'schen Normalform ist gegeben durch

$$E : \quad (\vec{x} - \vec{p})^T \cdot \vec{n_0} = 0 ,$$

$$E : \quad \left(\overrightarrow{OX} - \overrightarrow{OP}\right)^T \cdot \vec{n_0} = 0 ,$$

$$E : \quad \left(\begin{pmatrix} x_1 \\ x_2 \\ x_3 \end{pmatrix} - \begin{pmatrix} p_1 \\ p_2 \\ p_3 \end{pmatrix} \right)^T \cdot \begin{pmatrix} n_1 \\ n_2 \\ n_3 \end{pmatrix} = 0 .$$

Hierbei ist $\vec{n_0} = (n_1, n_2, n_3)$ mit $|\vec{n_0}| = \sqrt{n_1^2 + n_2^2 + n_3^2} = 1$ ein Normaleneinheitsvektor und $P(p_1, p_2, p_3)$ ein Punkt der Ebene E.

Satz 3.2.3

Gegeben seien die **Hesse'sche Normalform der Ebene** E **im** $\mathbb{R}^3$ *durch*

$$E : \left(\begin{pmatrix} x_1 \\ x_2 \\ x_3 \end{pmatrix} - \begin{pmatrix} p_1 \\ p_2 \\ p_3 \end{pmatrix} \right)^T \cdot \begin{pmatrix} n_1 \\ n_2 \\ n_3 \end{pmatrix} = 0 .$$

und ein beliebiger Punkt $Q(q_1, q_2, q_3)$. *Dann ist der Abstand von* Q *zur Ebene* E *gegeben durch*

$$d(Q, E) = \left| \begin{pmatrix} q_1 - p_1 \\ q_2 - p_2 \\ q_3 - p_3 \end{pmatrix}^T \cdot \begin{pmatrix} n_1 \\ n_2 \\ n_3 \end{pmatrix} \right| .$$

Beispiel 3.2.7

Gegeben sei die Koordinatengleichung der Ebene E durch

$$E : -2x_1 + 2x_2 + x_3 - 3 = 0 .$$

1.) Geben Sie die Hesse'sche Normalform dieser Ebene an.

2.) Welchen Abstand hat der Punkt $Q(1,1,1)$ zu E.

3.) Welchen Abstand hat der Punkt $R(-1,-1,3)$ zu E.

4.) Befinden sich der Punkt $S(-2,-1,-2)$ bzw. $T(-3,-1,2)$ und der Ursprung auf derselben Seite der Ebene E?

Lösung:

1.) Nach obiger Bemerkung 2.) ist die Hesse'sche Normalform der Ebene E gegeben durch

$$E \,:\, -\frac{2}{3}\,x_1 + \frac{2}{3}\,x_2 + \frac{1}{3}\,x_3 - 1 \;=\; 0\,.$$

2.) Der Abstand des Punktes $Q(1,1,1)$ zu E ist nach Satz 3.2.2

$$d(Q,E) \;=\; \left|-\frac{2}{3}\cdot 1 + \frac{2}{3}\cdot 1 + \frac{1}{3}\cdot 1 - 1\right| \;=\; \left|-\frac{2}{3}\right| \;=\; \frac{2}{3}\,,$$

d.h. Q ist von der Ebene E genau $\frac{2}{3}$ Längeneinheiten entfernt.

3.) Der Abstand des Punktes $R(-1,-1,3)$ zu E ist nach Satz 3.2.2

$$d(R,E) \;=\; \left|-\frac{2}{3}\cdot(-1) + \frac{2}{3}\cdot(-1) + \frac{1}{3}\cdot 3 - 1\right| \;=\; 0\,,$$

d.h. R liegt in der Ebene.

4.) Für den Punkt $S(-2,-1,-2)$ gilt mit Bemerkung 1.) zu Satz 3.2.2

$$-\frac{2}{3}\cdot(-2) + \frac{2}{3}\cdot(-1) + \frac{1}{3}\cdot(-2) - 1 \;=\; -1 \;<\; 0\,.$$

Somit liegen der Punkt $S(-2,-1,-2)$ und der Koordinatenursprung auf derselben Seite der Ebene E.
Für den Punkt $T(-3,-1,2)$ gilt mit Bemerkung 1.) zu Satz 3.2.2

$$-\frac{2}{3}\cdot(-3) + \frac{2}{3}\cdot(-1) + \frac{1}{3}\cdot 2 - 1 \;=\; 1 \;>\; 0\,.$$

Somit liegen der Punkt $T(-3,-1,2)$ und der Koordinatenursprung auf verschiedenen Seiten der Ebene E.

3.2.5 Schnitt zweier Ebenen

Schneidet man zwei Ebenen E_1 und E_2, so sind drei Lösungsmengen möglich:

- Die Lösungsmenge ist genau dann die leere Menge, wenn die Ebenen parallel ($||$) und nicht identisch ($\neq$) sind.
  $\mathbb{L} = \{\} \iff E_1 \,||\, E_2$ und $E_1 \neq E_2$.
- Die Lösungsmenge besteht genau dann aus der Menge aller Punkte, die auf der Ebene E_1 oder E_2 liegen, wenn die Ebenen identisch sind.
- Die Lösungsmenge besteht genau dann aus einer Schnittgeraden g, wenn sich die beiden Ebenen schneiden aber nicht identisch sind.

Beispiel 3.2.8

1.) Gegeben seien die beiden Ebenen E_1 und E_2 durch:

$$E_1: \quad 31x_1 - 2x_2 - 13x_3 - 57 = 0,$$

$$E_2: \quad \begin{pmatrix} x_1 \\ x_2 \\ x_3 \end{pmatrix} = \begin{pmatrix} 1 \\ 0 \\ -2 \end{pmatrix} + \lambda \begin{pmatrix} 2 \\ 5 \\ 4 \end{pmatrix} + \mu \begin{pmatrix} 1 \\ -4 \\ 3 \end{pmatrix}, \quad \lambda, \mu \in \mathbb{R}.$$

Aus der Parametergleichung der Ebene E_2 erhält man für die Koordinaten folgende Gleichungen:

$$\begin{aligned} x_1 &= 1 + 2\lambda + \mu, \\ x_2 &= 5\lambda - 4\mu, \\ x_3 &= -2 + 4\lambda + 3\mu. \end{aligned}$$

Setzt man diese in die Koordinatengleichung der Ebene E_1 ein, so erhält man

$$\begin{aligned} 31(1 + 2\lambda + \mu) - 2(5\lambda - 4\mu) - 13(-2 + 4\lambda + 3\mu) - 57 &= 0, \\ 31 + 62\lambda + 31\mu - 10\lambda + 8\mu + 26 - 52\lambda - 39\mu - 57 &= 0, \\ 0 &= 0. \end{aligned}$$

Die Parameter λ und μ sind demnach frei wählbar, d.h. die beiden Ebenen sind identisch.

Bei einem anderen Lösungsansatz wird der Normalenvektor der Ebene E_1 betrachtet. Dieser ist

$$\vec{n} = \begin{pmatrix} 31 \\ -2 \\ -13 \end{pmatrix}.$$

Der Normalenvektor von E_1 steht senkrecht auf den Richtungsvektoren von E_2, denn

$$\begin{pmatrix} 31 \\ -2 \\ -13 \end{pmatrix}^T \cdot \begin{pmatrix} 2 \\ 5 \\ 4 \end{pmatrix} = 31 \cdot 2 + (-2) \cdot 5 + (-13) \cdot 4 = 0 ,$$

$$\begin{pmatrix} 31 \\ -2 \\ -13 \end{pmatrix}^T \cdot \begin{pmatrix} 1 \\ -4 \\ 3 \end{pmatrix} = 31 \cdot 1 + (-2) \cdot (-4) + (-13) \cdot 3 = 0 .$$

Somit ist $\vec{n}$ auch Normalenvektor der Ebene E_2, d.h. die beiden Ebenen sind parallel.
Der Punkt $P(1,0,-2)$ liegt in der Ebene E_2. Mithilfe der Punktprobe, d.h. $P(1,0,-2)$ eingesetzt in die Koordinatengleichung der Ebene E_1, kann man nachweisen, daß $P(1,0,-2)$ auch in E_1 liegt.

$$31 \cdot 1 - 2 \cdot 0 - 13 \cdot (-2) - 57 = 0 .$$

Da die Ebenen parallel sind und beide den Punkt $P(1,0,-2)$ enthalten, müssen sie identisch sein.

2.) Gegeben seien die beiden Ebenen E_1 und E_2 durch:

$$E_1 : \quad -2x_1 + 2x_3 - 3 = 0 ,$$

$$E_2 : \quad \begin{pmatrix} x_1 \\ x_2 \\ x_3 \end{pmatrix} = \begin{pmatrix} 1 \\ 7 \\ -1 \end{pmatrix} + \lambda \begin{pmatrix} 1 \\ 1 \\ 1 \end{pmatrix} + \mu \begin{pmatrix} -1 \\ 1 \\ -1 \end{pmatrix}, \quad \lambda, \mu \in \mathbb{R} .$$

Aus der Parametergleichung der Ebene E_2 erhält man für die Koordinaten folgende Gleichungen:

$$\begin{aligned} x_1 &= 1 + \lambda - \mu\,, \\ x_2 &= 7 + \lambda + \mu\,, \\ x_3 &= -1 + \lambda - \mu\,. \end{aligned}$$

Setzt man diese in die Koordinatengleichung der Ebene E_1 ein, so erhält man

$$\begin{aligned} -2(1+\lambda-\mu) + 2(-1+\lambda-\mu) - 3 &= 0\,, \\ -2 - 2\lambda + 2\mu - 2 + 2\lambda - 2\mu - 3 &= 0\,, \\ -7 &= 0\,. \end{aligned}$$

Das Gleichungssystem ist nicht lösbar, d.h. die beiden Ebenen schneiden sich nicht.

Ein anderer Lösungsansatz ist den Normalenvektor der Ebene E_1 zu betrachten. Dieser ist

$$\vec{n} = \begin{pmatrix} -2 \\ 0 \\ 2 \end{pmatrix}.$$

Der Normalenvektor von E_1 steht senkrecht auf den Richtungsvektoren von E_2, denn

$$\begin{pmatrix} -2 \\ 0 \\ 2 \end{pmatrix}^T \cdot \begin{pmatrix} 1 \\ 1 \\ 1 \end{pmatrix} = -2 \cdot 1 + 0 \cdot 1 + 2 \cdot 1 = 0\,,$$

$$\begin{pmatrix} -2 \\ 0 \\ 2 \end{pmatrix}^T \cdot \begin{pmatrix} -1 \\ 1 \\ -1 \end{pmatrix} = -2 \cdot (-1) + 0 \cdot 1 + 2 \cdot (-1) = 0\,.$$

Somit ist $\vec{n}$ auch Normalenvektor der Ebene E_2, d.h. die beiden Ebenen sind parallel.
Der Punkt $P(1,7,-1)$ liegt in der Ebene E_2. Mithilfe der Punktprobe,

d.h. $P(1,7,-1)$ eingesetzt in die Koordinatengleichung der Ebene E_1, kann man nachweisen, daß dieser Punkt nicht in E_1 liegt.

$$-2 \cdot 1 + 2 \cdot (-1) - 3 \quad = \quad -7 \neq 0\,.$$

Da die Ebenen parallel sind und nur E_1 den Punkt $P(1,7,-1)$ enthält, schneiden die beiden Ebenen sich nicht.

3.) Gegeben seien die beiden Ebenen E_1 und E_2 durch:

$$E_1: \quad x_1 - x_2 - x_3 - 1 = 0\,,$$

$$E_2: \quad \begin{pmatrix} x_1 \\ x_2 \\ x_3 \end{pmatrix} = \begin{pmatrix} 1 \\ -1 \\ 1 \end{pmatrix} + \lambda \begin{pmatrix} 2 \\ 4 \\ 3 \end{pmatrix} + \mu \begin{pmatrix} 1 \\ 2 \\ -1 \end{pmatrix}, \ \lambda, \mu \in \mathbb{R}\,.$$

Aus der Parametergleichung der Ebene E_2 erhält man für die Koordinaten folgende Gleichungen:

$$\begin{aligned} x_1 &= 1 + 2\lambda + \mu\,, \\ x_2 &= -1 + 4\lambda + 2\mu\,, \\ x_3 &= 1 + 3\lambda - \mu\,. \end{aligned}$$

Setzt man diese in die Koordinatengleichung der Ebene E_1 ein, so erhält man

$$\begin{aligned} (1 + 2\lambda + \mu) - (-1 + 4\lambda + 2\mu) - (1 + 3\lambda - \mu) - 1 &= 0\,, \\ 1 + 2\lambda + \mu + 1 - 4\lambda - 2\mu - 1 - 3\lambda + \mu - 1 &= 0\,, \\ -5\lambda &= 0\,, \end{aligned}$$

d.h. $\lambda = 0$. Der Parameter μ hingegen ist frei wählbar. Somit schneiden sich die beiden Ebenen und die Schnittmenge ist eine Gerade, die man erhält, indem man in die Parametergleichung der Ebene E_2 den Wert $\lambda = 0$ einsetzt. Eine Parameterform der Schnittgeraden g ist somit gegeben durch:

$$g: \quad \begin{pmatrix} x_1 \\ x_2 \\ x_3 \end{pmatrix} = \begin{pmatrix} 1 \\ -1 \\ 1 \end{pmatrix} + 0 \cdot \begin{pmatrix} 2 \\ 4 \\ 3 \end{pmatrix} + \mu \cdot \begin{pmatrix} 1 \\ 2 \\ -1 \end{pmatrix}, \mu \in \mathbb{R}\,,$$

$$g: \quad \begin{pmatrix} x_1 \\ x_2 \\ x_3 \end{pmatrix} = \begin{pmatrix} 1 \\ -1 \\ 1 \end{pmatrix} + \mu \begin{pmatrix} 1 \\ 2 \\ -1 \end{pmatrix}, \mu \in \mathbb{R}.$$

In diesem Fall ist der Richtungsvektor der Geraden g mit einem der Richtungsvektoren der Ebene E_2 identisch.

4.) Gegeben seien die beiden Ebenen E_1 und E_2 durch:

$$E_1: \quad x_1 + x_2 - x_3 - 1 = 0,$$

$$E_2: \quad \begin{pmatrix} x_1 \\ x_2 \\ x_3 \end{pmatrix} = \begin{pmatrix} 1 \\ -1 \\ 1 \end{pmatrix} + \lambda \begin{pmatrix} 2 \\ 4 \\ 3 \end{pmatrix} + \mu \begin{pmatrix} 1 \\ 2 \\ -1 \end{pmatrix}, \quad \lambda, \mu \in \mathbb{R}.$$

Aus der Parametergleichung der Ebene E_2 erhält man - wie zuvor - für die Koordinaten folgende Gleichungen:

$$\begin{aligned} x_1 &= 1 + 2\lambda + \mu, \\ x_2 &= -1 + 4\lambda + 2\mu, \\ x_3 &= 1 + 3\lambda - \mu. \end{aligned}$$

Setzt man diese in die Koordinatengleichung der Ebene E_1 ein, so erhält man

$$\begin{aligned} (1 + 2\lambda + \mu) + (-1 + 4\lambda + 2\mu) - (1 + 3\lambda - \mu) - 1 &= 0, \\ 1 + 2\lambda + \mu - 1 + 4\lambda + 2\mu - 1 - 3\lambda + \mu - 1 &= 0, \\ -2 + 3\lambda + 4\mu &= 0, \\ \lambda &= \frac{2}{3} - \frac{4}{3}\mu. \end{aligned}$$

Ein Parameter ist also frei wählbar. Sei dies $\mu \in \mathbb{R}$. Somit schneiden sich die beiden Ebenen und die Schnittmenge ist eine Gerade, die man erhält, indem man in die Parametergleichung der Ebene E_2 für λ den Wert $\frac{2}{3} - \frac{4}{3}\mu$ einsetzt, d.h.

$$\begin{pmatrix} x_1 \\ x_2 \\ x_3 \end{pmatrix} = \begin{pmatrix} 1 \\ -1 \\ 1 \end{pmatrix} + \left(\frac{2}{3} - \frac{4}{3}\mu\right) \begin{pmatrix} 2 \\ 4 \\ 3 \end{pmatrix} + \mu \begin{pmatrix} 1 \\ 2 \\ -1 \end{pmatrix}$$

$$= \begin{pmatrix} 1 \\ -1 \\ 1 \end{pmatrix} + \frac{2}{3} \begin{pmatrix} 2 \\ 4 \\ 3 \end{pmatrix} + \mu \left(-\frac{4}{3} \begin{pmatrix} 2 \\ 4 \\ 3 \end{pmatrix} + \begin{pmatrix} 1 \\ 2 \\ -1 \end{pmatrix} \right)$$

$$= \begin{pmatrix} \frac{7}{3} \\ \frac{5}{3} \\ 3 \end{pmatrix} + \mu \begin{pmatrix} -\frac{5}{3} \\ -\frac{10}{3} \\ -5 \end{pmatrix}$$

$$= \begin{pmatrix} \frac{7}{3} \\ \frac{5}{3} \\ 3 \end{pmatrix} - \frac{5}{3} \mu \begin{pmatrix} 1 \\ 2 \\ 3 \end{pmatrix}, \mu \in \mathbb{R}.$$

Ersetzt man nun μ durch $-\frac{3}{5}\rho$, so ist die Schnittgerade der beiden Ebenen gegeben durch

$$g: \quad \begin{pmatrix} x_1 \\ x_2 \\ x_3 \end{pmatrix} = \begin{pmatrix} \frac{7}{3} \\ \frac{5}{3} \\ 3 \end{pmatrix} + \rho \begin{pmatrix} 1 \\ 2 \\ 3 \end{pmatrix}, \rho \in \mathbb{R}.$$

Bemerkung:
Sei $\vec{n}_1$ ein Normalenvektor der Ebene E_1 und $\vec{n}_2$ ein Normalenvektor der Ebene E_2.

- Gilt dann $\vec{n}_1 = \lambda \vec{n}_2$ für ein $\lambda \in \mathbb{R} \setminus \{0\}$, so sind die beiden Ebenen parallel.

    - Liegt zusätzlich ein beliebiger Punkt der Ebene E_1 auch in der Ebene E_2, so sind die beiden Ebenen identisch.

- Ist $\vec{n}_1 \neq \lambda \vec{n}_2$ für alle $\lambda \in \mathbb{R}$, so schneiden sich die Ebenen. Die Schnittmenge ist eine Gerade.

Möchte man den **Abstand eines Punktes von einer Ebene** berechnen, so kann man hierfür die Hesse'sche Normalform heranziehen.
Den **Abstand zweier Ebenen** kann man fast genauso einfach berechnen.

- Gegeben seien zwei nicht identische, zueinander parallele Ebenen E_1 und E_2. Sei P_1 ein beliebiger Punkt der Ebene E_1, dann ist der Abstand der Ebene E_1 zur Ebene E_2 gleich dem Abstand des Punktes P_1 zur Ebene E_2.

- Schneiden sich zwei Ebenen E_1 und E_2 (oder sind diese identisch), so ist deren Abstand zueinander Null.

Beispiel 3.2.9
Gegeben seien die beiden Ebenen E_1 und E_2 durch:

$$\begin{aligned} E_1 \ : \quad & 2x_1 - x_2 + 2x_3 - 1 \ = \ 0\,, \\ E_2 \ : \quad & -4x_1 + 2x_2 - 4x_3 + 1 \ = \ 0\,. \end{aligned}$$

Gesucht ist der Abstand, den diese Ebenen zueinander haben.

Lösung:
Die beiden Ebenen sind parallel, denn es ist

$$\begin{pmatrix} 2 \\ -1 \\ 2 \end{pmatrix} = -\frac{1}{2} \begin{pmatrix} -4 \\ 2 \\ -4 \end{pmatrix},$$

d.h. die Normalenvektoren der beiden Ebenen sind linear abhängig. Der Punkt $P(1,-1,-1)$ liegt in E_1 aber nicht in E_2. Dies ist ganz einfach durch die Punktprobe nachweisbar. Die beiden Ebenen sind somit parallel aber nicht identisch.
Die Hesse'sche Normalform der Ebene E_2 ist gegeben durch

$$E_2 \ : \quad \frac{2}{3}x_1 - \frac{1}{3}x_2 + \frac{2}{3}x_3 - \frac{1}{6} \ = \ 0\,.$$

Der Punkt $P(1,-1,-1)$ liegt in der Ebene E_1. Der Abstand der Ebene E_1 zur Ebene E_2 ist mithilfe des Satzes 3.2.2 berechenbar. Dieser ist

$$d(E_1, E_2) \ = \ d(P, E_2) \ = \ \left| \frac{2}{3} \cdot 1 - \frac{1}{3} \cdot (-1) + \frac{2}{3} \cdot (-1) - \frac{1}{6} \right| \ = \ \frac{1}{6}\,.$$

3.3 Abstände im dreidimensionalen Raum

In diesem Abschnitt wird gezeigt, wie man im dreidimensionalen Raum den Abstand zwischen

- Punkt - Punkt
- Ebene - Punkt
- Ebene - Ebene
- Ebene - Gerade
- Gerade - Punkt
- Gerade - Gerade

berechnen kann.

- **Abstand Punkt - Punkt:**

Den Abstand zwischen zwei Punkten kann man ganz einfach mithilfe der Betragsfunktion berechnen.

Gegeben seien die Punkte $P(p_1, p_2, p_3)$ und $Q(q_1, q_2, q_3)$ des $\mathbb{R}^3$. Dann ist der Abstand dieser beiden Punkte zueinander gegeben durch

$$d(P,Q) = \sqrt{(q_1 - p_1)^2 + (q_2 - p_2)^2 + (q_3 - p_3)^2}\,.$$

Beispiel 3.3.1

Gegeben seien die Punkte $P(1,-2,-5)$ und $Q(3,0,-4)$ des $\mathbb{R}^3$. Der Abstand des Punktes P zum Punkt Q ist gegeben durch

$$d(P,Q) = \sqrt{(3-1)^2 + (0-(-2))^2 + (-4-(-5))^2} = \sqrt{9} = 3\,.$$

- **Abstand Ebene - Punkt:**

Der Abstand eines Punktes P zu einer Ebene E kann man mithilfe des Satzes 3.2.2 über die Hesse'sche Normalform der Ebene E berechnen. Vergleiche hierzu Beispiel 3.2.7.

- **Abstand Ebene - Ebene:**

In Abschnitt 3.2.5 wurden Aussagen über den Schnitt zweier Ebenen gemacht. Man erkennt unmittelbar, daß der Abstand, den zwei Ebenen zueinander einnehmen genau dann Null ist, wenn die beiden Ebenen sich schneiden oder identisch sind. Der Abstand ist genau dann ungleich Null, wenn diese Ebenen parallel und nicht identisch sind.
Gegeben seien also zwei nicht identische, parallel zueinander liegende Ebenen E_1 und E_2. Desweiteren liegen der Punkt P_1 in E_1 und der Punkt P_2 in E_2. Dann ist der Abstand, den die beiden Ebenen zueinander haben, gegeben durch

$$d(E_1, E_2) = d(P_1, E_2) = d(E_1, P_2),$$

d.h. man kann das Problem der Abstandsberechnung Ebene zu Ebene auf das einfachere Problem der Abstandsberechnung Ebene zu Punkt reduzieren. Der Satz 3.2.2 findet abermals seine Anwendung.

Beispiel 3.3.2
Gegeben seien die Ebenen E_1 und E_2 durch:

$$E_1 : \quad 3x_1 - 4x_3 - 5 = 0,$$

$$E_2 : \quad 3x_1 - 4x_3 - 2 = 0.$$

Die beiden Ebenen sind parallel aber nicht identisch. Die Hesse'sche Normalform von E_1 ist gegeben durch

$$E_1 : \quad \frac{3}{5}x_1 - \frac{4}{5}x_3 - 1 = 0.$$

Ein Punkt der Ebene E_2 ist z.B. $P_2(2, 0, 1)$. Somit ist der Abstand der beiden Ebenen zueinander mithilfe des Satzes 3.2.2 gegeben durch

$$d(E_1, E_2) = d(E_1, P_2) = \left|\frac{3}{5} \cdot 2 - \frac{4}{5} \cdot 1 - 1\right| = \left|-\frac{3}{5}\right| = \frac{3}{5}.$$

- **Abstand Ebene - Gerade:**

Gegeben seien eine Gerade g und eine Ebene E im dreidimensionalen Raum. Folgende Konstellationen können auftreten:

1.) Die Gerade g liegt in der Ebene E. In diesem Fall ist der Abstand der Geraden zur Ebene gleich Null.

2.) Die Gerade g schneidet die Ebene E, liegt aber nicht in E. Auch hier ist der Abstand der Geraden zur Ebene gleich Null.

3.) Die Gerade g verläuft parallel zur Ebene E, liegt aber nicht in E. In diesem Fall ist der gesuchte Abstand ungleich Null.

Seien also g eine parallel zur Ebene E verlaufende Gerade, die nicht in E liegt und P ein auf der Geraden liegender Punkt. Der Abstand von g zu E ist dann gleich dem Abstand des Punktes P zur Ebene E, d.h.

$$d(E,g) = d(E,P).$$

Auch in diesem Fall kann wieder Satz 3.2.2 angewandt werden.

Bemerkung:
Verläuft eine Gerade parallel zu einer Ebene, so ist der Richtungsvektor dieser Geraden als Linearkombination der beiden Richtungsvektoren dieser Ebene darstellbar. Desweiteren steht der Normalenvektor der Ebene auch senkrecht auf dem Richtungsvektor der Geraden.

Beispiel 3.3.3
Gegeben seien die Ebene E und die Geraden g_1 und g_2 durch:

$$E: \quad 3x_1 - 4x_3 - 5 = 0,$$

$$g_1: \quad \begin{pmatrix} x_1 \\ x_2 \\ x_3 \end{pmatrix} = \begin{pmatrix} 1 \\ 0 \\ 2 \end{pmatrix} + \lambda \begin{pmatrix} 4 \\ 1 \\ 3 \end{pmatrix}, \quad \lambda \in \mathbb{R},$$

$$g_2: \quad \begin{pmatrix} x_1 \\ x_2 \\ x_3 \end{pmatrix} = \begin{pmatrix} 1 \\ 1 \\ -1 \end{pmatrix} + \mu \begin{pmatrix} 3 \\ 0 \\ 1 \end{pmatrix}, \quad \mu \in \mathbb{R}.$$

Gesucht sind die Abstände $d(E, g_1)$ und $d(E, g_2)$.

1.) Ein Normalenvektor der Ebene ist $\vec{n} = (3, 0, -4)$. Dieser Vektor steht senkrecht auf dem Richtungsvektor der Geraden g_1, denn

$$\begin{pmatrix} 3 \\ 0 \\ -4 \end{pmatrix}^T \cdot \begin{pmatrix} 4 \\ 1 \\ 3 \end{pmatrix} = 3 \cdot 4 + 0 \cdot 1 + (-4) \cdot 3 = 0.$$

Der Punkt $P_1(1,0,2)$ liegt auf der Geraden g_1 aber nicht in der Ebene, denn mit der Punktprobe folgt

$$3 \cdot 1 - 4 \cdot 2 - 5 = -10 \neq 0 .$$

Somit ist nachgewiesen, daß die Gerade g_1 parallel zur Ebene E verläuft und nicht in E enthalten ist. Der gesuchte Abstand ist damit gegeben durch

$$d(E, g_1) = d(E, P_1) .$$

Um $d(E, P_1)$ zu berechnen, benötigt man die Hesse'sche Normalform von E. Diese ist

$$E_1 : \quad \frac{3}{5}x_1 - \frac{4}{5}x_3 - 1 = 0 .$$

Mit Satz 3.2.2 folgt dann

$$d(E, g_1) = d(E, P_1) = \left|\frac{3}{5} \cdot 1 - \frac{4}{5} \cdot 2 - 1\right| = |-2| = 2 .$$

2.) Ein Normalenvektor der Ebene ist $\vec{n} = (3, 0, -4)$. Dieser Vektor steht nicht senkrecht auf dem Richtungsvektor der Geraden g_2, denn

$$\begin{pmatrix} 3 \\ 0 \\ -4 \end{pmatrix}^T \cdot \begin{pmatrix} 3 \\ 0 \\ 1 \end{pmatrix} = 3 \cdot 3 + 0 \cdot 0 + (-4) \cdot 1 = 5 \neq 0 .$$

Somit schneidet die Gerade g_2 die Ebene E. Der Abstand von g_2 zu E ist daher Null.

Im folgenden wird noch der Schnittpunkt von g_2 mit E berechnet. Hierzu setzt man einfach die Geradengleichung in die Ebenengleichung ein. Aus der Gleichung von g_2 ergibt sich für die Koordinaten

$$\begin{aligned} x_1 &= 1 + 3 \cdot \mu , \\ x_2 &= 1 + 0 \cdot \mu , \\ x_3 &= -1 + \mu . \end{aligned}$$

Setzt man diese Gleichungen in die Koordinatengleichung der Ebene ein, so erhält man

$$\begin{aligned} 3(1 + 3\mu) - 4(-1 + \mu) - 5 &= 0 , \\ 5\mu + 2 &= 0 , \\ \mu &= -\frac{2}{5} . \end{aligned}$$

Diese Identität wird nun in die Parametergleichung der Geraden g_2 eingesetzt. Als Resultat erhält man den Ortsvektor des Schnittpunktes S der Geraden g_2 mit der Ebene E, d.h.

$$\begin{pmatrix} s_1 \\ s_2 \\ s_3 \end{pmatrix} = \begin{pmatrix} 1 \\ 1 \\ -1 \end{pmatrix} - \frac{2}{5}\begin{pmatrix} 3 \\ 0 \\ 1 \end{pmatrix} = \begin{pmatrix} -\frac{1}{5} \\ 1 \\ -\frac{7}{5} \end{pmatrix}.$$

- **Abstand Gerade - Punkt:**

Gegeben seien eine Gerade g und ein Punkt P des $\mathbb{R}^3$. Es können zwei Fälle auftreten.

1.) P liegt auf der Geraden. Der Abstand von g zu P ist dann Null.

2.) P liegt nicht auf der Geraden. Folglich ist der Abstand von g zu P ungleich Null.

Die Bestimmung des Abstands zwischen der Geraden g und dem Punkt P wird auf das folgende Problem führen:

Beispiel 3.3.4

Es seien eine Gerade g mit

$$g: \quad \begin{pmatrix} x_1 \\ x_2 \\ x_3 \end{pmatrix} = \begin{pmatrix} q_1 \\ q_2 \\ q_3 \end{pmatrix} + \lambda \begin{pmatrix} n_1 \\ n_2 \\ n_3 \end{pmatrix}, \quad \lambda \in \mathbb{R},$$

und ein nicht auf g liegender Punkt $P(p_1, p_2, p_3)$ gegeben.
Gesucht ist eine Ebene E, die senkrecht auf der Geraden g steht und den Punkt P enthält.

Lösung:

Da die Ebene E senkrecht auf g steht, ist der Richtungsvektor von g ein Normalenvektor dieser Ebene. Alle Ebenen, die senkrecht auf g stehen, sind gegeben durch

$$E(p): \quad n_1x_1 + n_2x_2 + n_3x_3 - p = 0 \quad \text{mit } p \in \mathbb{R}.$$

Da der Punkt $P(p_1, p_2, p_3)$ in der gesuchten Ebene liegt, muß für den Parameter p gelten:

$$\begin{aligned} n_1 \cdot p_1 + n_2 \cdot p_2 + n_3 \cdot p_3 - p &= 0\,, \\ n_1 \cdot p_1 + n_2 \cdot p_2 + n_3 \cdot p_3 &= p\,. \end{aligned}$$

Eine Koordinatengleichung von E ist folglich

$$E: \quad n_1x_1 + n_2x_2 + n_3x_3 - (n_1 \cdot p_1 + n_2 \cdot p_2 + n_3 \cdot p_3) = 0\,.$$

Hat man eine Hilfsebene, wie im vorigen Beispiel beschrieben, aufgestellt, so ist der Abstand der Geraden g zum Punkt P gleich dem Abstand des Punktes P zum Schnittpunkt S der Geraden g mit dieser Hilfsebene.

Bemerkung:
Den Ortsvektor von S erhält man aus der Geradengleichung von g für

$$\lambda = \frac{\vec{n}^T \cdot \overrightarrow{QP}}{n_1 + n_2 + n_3}\,.$$

Beispiel 3.3.5
Gegeben seien die Gerade g mit

$$g: \quad \begin{pmatrix} x_1 \\ x_2 \\ x_3 \end{pmatrix} = \begin{pmatrix} -1 \\ 2 \\ 0 \end{pmatrix} + \lambda \begin{pmatrix} 5 \\ 3 \\ 1 \end{pmatrix}, \quad \lambda \in \mathbb{R}$$

und der nicht auf g liegende Punkt $P(7, 10, 6)$.
Gesucht ist der Abstand $d(g, P)$, den die Gerade g zum Punkt P hat.

Lösung:
Zur Abstandsberechnung benötigt man die Hilfsebene E, die senkrecht auf der Geraden g steht und den Punkt P enthält. Der Richtungsvektor von g ist $\vec{n} = (5, 3, 1)^T$. Dies ist zugleich ein Normalenvektor der gesuchten Ebene. Alle Ebenen, die $\vec{n}$ als Normalenvektor besitzten, haben die Koordinatenform

$$E(p): \quad 5x_1 + 3x_2 + x_3 - p = 0 \quad \text{mit } p \in \mathbb{R}\,.$$

Die gesuchte Ebene E erhält man, indem man mithilfe der Punktprobe die Variable p bestimmt. Da der Punkt $P(7, 10, 6)$ in E liegt, gilt

$$\begin{aligned} 5 \cdot 7 + 3 \cdot 10 + 1 \cdot 6 - p &= 0\,, \\ p &= 71\,. \end{aligned}$$

Eine Koordinatengleichung von E ist folglich

$$E: \qquad 5x_1 + 3x_2 + x_3 - 71 = 0 .$$

Als nächstes ist der Schnittpunkt $S(s_1, s_2, s_3)$ der Geraden g mit der Hilfsebene E zu bestimmen. Aus der Parameterdarstellung von g folgt für die Koordinaten

$$\begin{aligned} x_1 &= -1 + 5\lambda , \\ x_2 &= 2 + 3\lambda , \\ x_3 &= \lambda . \end{aligned}$$

Setzt man diese Gleichungen in die Koordinatengleichung von E ein, so erhält man

$$\begin{aligned} 5(-1+5\lambda) + 3(2+3\lambda) + \lambda - 71 &= 0 , \\ 35\lambda - 70 &= 0 , \\ \lambda &= 2 . \end{aligned}$$

Den Schnittpunkt S der Geraden g mit E erhält man, indem $\lambda = 2$ in die Parametergleichung der Geraden eingesetzt wird.

$$\begin{pmatrix} s_1 \\ s_2 \\ s_3 \end{pmatrix} = \begin{pmatrix} -1 \\ 2 \\ 0 \end{pmatrix} + 2 \begin{pmatrix} 5 \\ 3 \\ 1 \end{pmatrix} = \begin{pmatrix} 9 \\ 8 \\ 2 \end{pmatrix} .$$

Letztendlich ist der Abstand der Geraden g zum Punkt P gegeben durch

$$\begin{aligned} d(g,P) &= d(S,P) = \sqrt{(7-9)^2 + (10-8)^2 + (6-2)^2} \\ &= \sqrt{12} = 2\sqrt{3} . \end{aligned}$$

• **Abstand Gerade - Gerade:**

Im Abschnitt 3.1.2 über den Schnitt von Geraden im dreidimensionalen Raum wurden die möglichen Beziehung beschrieben, die zwei Geraden g_1 und g_2 haben können.

1.) Die beiden Geraden schneiden sich. In diesem Fall ist der Abstand zwischen den beiden Geraden Null.

2.) Die beiden Geraden sind identisch. Auch hier ist der Abstand zwischen den Geraden Null.

3.) Die beiden Geraden sind parallel aber nicht identisch. Der Abstand ist ungleich Null.

4.) Die beiden Geraden sind windschief, d.h. die beiden Geraden sind nicht parallel und schneiden sich nicht. In diesem Fall ist der Abstand zwischen den beiden Geraden ungleich Null.

Die Punkte 3.) und 4.) werden im weiteren näher untersucht.

Gegeben seien die beiden nicht identischen, parallel zueinander verlaufenden Geraden g_1 und g_2. Desweiteren seien P_1 ein beliebiger Punkt der Geraden g_1 und P_2 ein beliebiger Punkt von g_2. Dann ist der Abstand, den die Geraden zueinander einnehmen, gegeben durch

$$d(g_1, g_2) = d(g_1, P_2) = d(g_2, P_1) \, .$$

Das Problem der Abstandsberechnung zwischen Gerade und Gerade ist in diesem Fall dadurch lösbar, daß man den Abstand eines Punktes zu einer Geraden berechnet. Wie dies funktioniert wurde bereits gezeigt.

Die Bestimmung des Abstands zwischen windschiefen Geraden wird auf das folgende Problem führen:

Beispiel 3.3.6
Gegeben seien die windschiefen Geraden g_1 und g_2 durch

$$g_1 : \quad \begin{pmatrix} x_1 \\ x_2 \\ x_3 \end{pmatrix} = \begin{pmatrix} p_1 \\ p_2 \\ p_3 \end{pmatrix} + \lambda \begin{pmatrix} r_1 \\ r_2 \\ r_3 \end{pmatrix} , \quad \lambda \in \mathbb{R} ,$$

$$g_2 : \quad \begin{pmatrix} x_1 \\ x_2 \\ x_3 \end{pmatrix} = \begin{pmatrix} q_1 \\ q_2 \\ q_3 \end{pmatrix} + \mu \begin{pmatrix} s_1 \\ s_2 \\ s_3 \end{pmatrix} , \quad \mu \in \mathbb{R} .$$

1.) Gesucht ist eine Ebene E_1, die die Gerade g_1 enthält und parallel zur Geraden g_2 verläuft.

2.) Gesucht ist eine Ebene E_2, die die Gerade g_2 enthält und parallel zur Geraden g_1 verläuft.

Lösung:

1.) Die Richtungsvektoren der Ebene E_1 sind die Richtungsvektoren der beiden Geraden. Da E_1 die Gerade g_1 enthalten soll, ist eine Parameterform der Ebene E_1 gegeben durch

$$E_1 : \quad \begin{pmatrix} x_1 \\ x_2 \\ x_3 \end{pmatrix} = \underbrace{\begin{pmatrix} p_1 \\ p_2 \\ p_3 \end{pmatrix} + \lambda \begin{pmatrix} r_1 \\ r_2 \\ r_3 \end{pmatrix}}_{g_1} + \mu \begin{pmatrix} s_1 \\ s_2 \\ s_3 \end{pmatrix}, \; \lambda, \mu \in \mathbb{R}.$$

2.) Analog zum ersten Fall sind auch hier die Richtungsvektoren der Ebene E_2 die Richtungsvektoren der beiden Geraden. Da E_2 die Gerade g_2 enthalten soll, ist eine Parameterform der Ebene E_2 gegeben durch

$$E_2 : \quad \begin{pmatrix} x_1 \\ x_2 \\ x_3 \end{pmatrix} = \underbrace{\begin{pmatrix} q_1 \\ q_2 \\ q_3 \end{pmatrix} + \mu \begin{pmatrix} s_1 \\ s_2 \\ s_3 \end{pmatrix}}_{g_2} + \lambda \begin{pmatrix} r_1 \\ r_2 \\ r_3 \end{pmatrix}, \; \mu, \lambda \in \mathbb{R}.$$

Zurück zum Abstandsproblem. Gegeben seien die windschiefen Geraden g_1 und g_2. Desweiteren sei E_1 eine Ebene, die die Gerade g_1 enthält und parallel zur Geraden g_2 verläuft. Den Abstand, den diese beiden Geraden zueinander einnehmen, ist dann gleich dem Abstand der Ebene E_1 zur Geraden g_2. Wie man den Abstand einer Ebene zu einer parallel verlaufenden, nicht in der Ebene liegenden Geraden berechnen kann, wurde bereits gezeigt. Die Lösung führt wieder einmal über die Berechnung des Abstands Punkt zu Ebene (Satz 3.2.2).

Beispiel 3.3.7

Gegeben seien die windschiefen Geraden g_1 und g_2 durch

$$g_1 : \quad \begin{pmatrix} x_1 \\ x_2 \\ x_3 \end{pmatrix} = \begin{pmatrix} 1 \\ -2 \\ 4 \end{pmatrix} + \lambda \begin{pmatrix} 4 \\ 2 \\ 1 \end{pmatrix}, \quad \lambda \in \mathbb{R},$$

$$g_2 : \quad \begin{pmatrix} x_1 \\ x_2 \\ x_3 \end{pmatrix} = \begin{pmatrix} 0 \\ -3 \\ 2 \end{pmatrix} + \mu \begin{pmatrix} -1 \\ 1 \\ 0 \end{pmatrix}, \quad \mu \in \mathbb{R}.$$

Gesucht ist der Abstand $d(g_1, g_2)$, den die Geraden g_1 und g_2 zueinander einnehmen.

Lösung:

Zur Abstandsberechnung benötigt man die Hilfsebene E_1, die die Gerade g_1 enthält und parallel zu g_2 verläuft. Diese ist gegeben durch

$$E_1 : \quad \begin{pmatrix} x_1 \\ x_2 \\ x_3 \end{pmatrix} = \underbrace{\begin{pmatrix} 1 \\ -2 \\ 4 \end{pmatrix} + \lambda \begin{pmatrix} 4 \\ 2 \\ 1 \end{pmatrix}}_{g_1} + \mu \begin{pmatrix} -1 \\ 1 \\ 0 \end{pmatrix}, \ \lambda, \mu \in \mathbb{R}.$$

Um letztendlich Satz 3.2.2 anwenden zu können, benötigt man die Hesse'sche Normalform von E_1. Aus der Parametergleichung der Ebene erhält man für die Koordinaten folgende Gleichungen:

$$\begin{array}{lllcllll} x_1 & = & 1 + 4\lambda - \mu & \Longrightarrow & \mu & = & -x_1 + 4\lambda + 1 & \text{I} \\ x_2 & = & -2 + 2\lambda + \mu & \Longrightarrow & \mu & = & x_2 - 2\lambda + 2 & \text{II} \\ x_3 & = & 4 + \lambda & \Longrightarrow & \lambda & = & x_3 - 4 & \text{III.} \end{array}$$

Setzt man Gleichung III in die Gleichungen I und II ein, so erhält man

$$\begin{aligned} \mu &= -x_1 + 4\,(x_3 - 4) + 1 = -x_1 + 4x_3 - 15\,, \\ \mu &= x_2 - 2\,(x_3 - 4) + 2 = x_2 - 2x_3 + 10\,, \end{aligned}$$

d.h.

$$-x_1 + 4x_3 - 15 = x_2 - 2x_3 + 10\,.$$

Somit ist eine Koordinatengleichung von E_1 gegeben durch

$$E_1 : \quad -x_1 - x_2 + 6x_3 - 25 = 0\,.$$

Die Hesse'sche Normalform ist folglich

$$E_1 : \quad -\frac{1}{\sqrt{38}}\,x_1 - \frac{1}{\sqrt{38}}\,x_2 + \frac{6}{\sqrt{38}}\,x_3 - \frac{25}{\sqrt{38}} = 0\,.$$

Die Gerade g_2 verläuft parallel zu E_1. Der Abstand von g_2 zu E_1 ist dann gleich dem Abstand eines beliebigen Punktes der Geraden g_2 zu dieser Ebene. $P_2(0, -3, 2)$ ist ein Punkt von g_2. Mithilfe des Satzes 3.2.2 erhält man schließlich den Abstand, den die beiden Geraden zueinander einnehmen. Dieser ist

$$\begin{aligned} d(g_1, g_2) &= d(E_1, g_2) = d(E_1, P_2) \\ &= \left| -\frac{1}{\sqrt{38}} \cdot 0 - \frac{1}{\sqrt{38}} \cdot (-3) + \frac{6}{\sqrt{38}} \cdot 2 - \frac{25}{\sqrt{38}} \right| \\ &= \left| -\frac{10}{\sqrt{38}} \right| = \frac{10}{\sqrt{38}} . \end{aligned}$$

Alternative Lösung:

Ein anderer Weg, der keine Hilfsebene erfordert ist:

Sei $\vec{v}$ ein beliebiger Vektor, der von einem beliebigen Punkt der Geraden g_1 zu einem beliebigen Punkt der Geraden g_2 zeigt. $\vec{v}$ ist also gegeben durch

$$\vec{v} = \begin{pmatrix} 0 - \mu \\ -3 + \mu \\ 2 + 0 \cdot \mu \end{pmatrix} - \begin{pmatrix} 1 + 4 \cdot \lambda \\ -2 + 2 \cdot \lambda \\ 4 + \lambda \end{pmatrix} = \begin{pmatrix} -1 - 4 \cdot \lambda - \mu \\ -1 - 2 \cdot \lambda + \mu \\ -2 - \lambda \end{pmatrix}, \mu, \lambda \in \mathbb{R} .$$

Die Länge dieses Vektors beschreibt den Abstand von g_1 zu g_2, falls die Richtungsvektoren beider Geraden auf $\vec{v}$ senkrecht stehen, d.h. wenn gilt:

$$\begin{pmatrix} 4 \\ 2 \\ 1 \end{pmatrix} \perp \begin{pmatrix} -1 - 4\lambda - \mu \\ -1 - 2\lambda + \mu \\ -2 - \lambda \end{pmatrix} \quad \text{und} \quad \begin{pmatrix} -1 \\ 1 \\ 0 \end{pmatrix} \perp \begin{pmatrix} -1 - 4\lambda - \mu \\ -1 - 2\lambda + \mu \\ -2 - \lambda \end{pmatrix} .$$

Die dazugehörigen Gleichungen sind:

$$\begin{aligned} 4 \cdot (-1 - 4\lambda - \mu) + 2 \cdot (-1 - 2\lambda + \mu) + 1 \cdot (-2 - \lambda) &= 0 \\ -8 - 21\lambda - 2\mu &= 0 \\ 2\mu &= -8 - 21\lambda \quad \text{IV} , \end{aligned}$$

und

$$\begin{aligned} (-1) \cdot (-1 - 4\lambda - \mu) + 1 \cdot (-1 - 2\lambda + \mu) + 0 \cdot (-2 - \lambda) &= 0 \\ 2\lambda + 2\mu &= 0 \\ 2\mu &= -2\lambda \quad \text{V} . \end{aligned}$$

Aus den Gleichungen IV und V folgt $-8 - 21\lambda = -2\lambda$ und somit

$$\lambda = -\frac{8}{19} .$$

Setzt man den Wert für λ in Gleichung V ein, so erhält man den Wert für μ, d.h.

$$\mu = -\left(-\frac{8}{19}\right) = \frac{8}{19} .$$

Somit ergibt sich für den Vektor $\vec{v}$ die Darstellung

$$\begin{pmatrix} -1-4\cdot\left(-\frac{8}{19}\right)-\frac{8}{19} \\ -1-2\left(-\frac{8}{19}\right)+\frac{8}{19} \\ -2-\left(-\frac{8}{19}\right) \end{pmatrix} = \begin{pmatrix} \frac{5}{19} \\ \frac{5}{19} \\ -\frac{30}{19} \end{pmatrix}.$$

Der Abstand der beiden Geraden ist gleich der Länge des Vektors $\vec{v}$, d.h.

$$\begin{aligned} d(g_1,g_2) &= |\vec{v}| = \sqrt{\left(\frac{5}{19}\right)^2+\left(\frac{5}{19}\right)^2+\left(-\frac{30}{19}\right)^2} \\ &= \frac{\sqrt{950}}{19} = \frac{5}{19}\sqrt{38} = \frac{10}{\sqrt{38}}. \end{aligned}$$

3.4 Aufgaben zu Kapitel 3

Aufgabe 3.4.1

Untersuchen Sie die gegenseitige Lage der drei Geraden

$$g_1 : \quad \begin{pmatrix} x_1 \\ x_2 \\ x_3 \end{pmatrix} = \begin{pmatrix} 1 \\ -1 \\ 0 \end{pmatrix} + \lambda \begin{pmatrix} 1 \\ -5 \\ 2 \end{pmatrix}, \quad \lambda \in \mathbb{R},$$

$$g_2 : \quad \begin{pmatrix} x_1 \\ x_2 \\ x_3 \end{pmatrix} = \begin{pmatrix} -3 \\ 6 \\ 1 \end{pmatrix} + \mu \begin{pmatrix} -2 \\ 10 \\ -4 \end{pmatrix}, \quad \mu \in \mathbb{R},$$

$$g_3 : \quad \begin{pmatrix} x_1 \\ x_2 \\ x_3 \end{pmatrix} = \begin{pmatrix} -1 \\ 9 \\ -4 \end{pmatrix} + \delta \begin{pmatrix} 3 \\ -1 \\ 1 \end{pmatrix}, \quad \delta \in \mathbb{R}.$$

Lösung:

Die Richtungsvektoren der Geraden g_1 und g_2 sind linear abhängig, da

$$(-2) \cdot \begin{pmatrix} 1 \\ -5 \\ 2 \end{pmatrix} = \begin{pmatrix} -2 \\ 10 \\ -4 \end{pmatrix}.$$

Somit sind g_1 und g_2 parallel. Da der Punkt $P(-3, 6, 1)$ der Geraden g_2 nicht auf der Geraden g_1 liegt, sind diese beiden Geraden verschieden. Um dies nachzuweisen, ist zu zeigen, daß das nachfolgende Gleichungssystem nicht lösbar ist, d.h. der Punkt P liegt nicht auf g_1.

$$\begin{pmatrix} -3 \\ 6 \\ 1 \end{pmatrix} = \begin{pmatrix} 1 \\ -1 \\ 0 \end{pmatrix} + \lambda \begin{pmatrix} 1 \\ -5 \\ 2 \end{pmatrix}$$

ist äquivalent zu

$$\begin{aligned} -3 &= 1 + \lambda & \Longrightarrow \quad \lambda &= -4 \\ 6 &= -1 - 5\lambda & \Longrightarrow \quad \lambda &= -\frac{7}{5} \\ 1 &= 0 + 2\lambda & \Longrightarrow \quad \lambda &= \frac{1}{2}. \end{aligned}$$

Die Gültigkeit aller drei Gleichungen für λ führt zum Widerspruch. Das Gleichungssystem ist nicht lösbar.

Die Geraden g_1 und g_3 sind nicht parallel, da die Richtungsvektoren dieser Geraden keine Vielfachen voneinander sind. Entweder schneiden sich die Geraden genau in einem Punkt oder sie sind windschief. Um dies herauszufinden werden sie durch Gleichsetzen auf gemeinsame Punkte hin untersucht. Dies führt zu folgendem Gleichungssystem:

$$\begin{array}{rcllrcll} 1+\lambda & = & -1+3\delta & \Longrightarrow & \lambda & = & -2+3\delta & \text{I} \\ -1-5\lambda & = & 9-\delta & \Longrightarrow & \lambda & = & -2+\frac{1}{5}\delta & \text{II} \\ 0+2\lambda & = & -4+\delta & \Longrightarrow & \lambda & = & -2+\frac{1}{2}\delta & \text{III}. \end{array}$$

Aus II und III folgt

$$-2+\frac{1}{5}\delta = -2+\frac{1}{2}\delta \Longrightarrow \delta = 0 .$$

$\delta = 0$ in die Gleichung I eingesetzt, liefert $\lambda = -2$. Also schneiden sich die beiden Geraden im Punkt S, dessen Ortsvektor gegeben ist durch

$$\begin{pmatrix} s_1 \\ s_2 \\ s_3 \end{pmatrix} = \begin{pmatrix} -1 \\ 9 \\ -4 \end{pmatrix} + 0 \cdot \begin{pmatrix} 3 \\ -1 \\ 1 \end{pmatrix} = \begin{pmatrix} -1 \\ 9 \\ -4 \end{pmatrix} .$$

Somit ist $S(-1, 9, -4)$ der Schnittpuntk der beiden Gerade g_1 und g_3.

Auch die Geraden g_2 und g_3 sind nicht parallel, da die Richtungsvektoren dieser Geraden nicht parallel sind. Ob sich die beiden Geraden schneiden oder ob sie windschief sind, wird mithilfe des nachfolgenden Gleichungssystems entschieden.

$$\begin{array}{rcllrcll} -3-2\mu & = & -1+3\delta & \Longrightarrow & \mu & = & -1-\frac{3}{2}\delta & \text{IV} \\ 6+10\mu & = & 9-\delta & \Longrightarrow & \mu & = & \frac{3}{10}-\frac{1}{10}\delta & \text{V} \\ 1-4\mu & = & -4+\delta & \Longrightarrow & \mu & = & \frac{5}{4}-\frac{1}{4}\delta & \text{VI}. \end{array}$$

Aus IV und VI folgt

$$-1-\frac{3}{2}\delta = \frac{5}{4}-\frac{1}{4}\delta \Longrightarrow \delta = -\frac{9}{5}$$

und aus V und VI folgt

$$\frac{3}{10} - \frac{1}{10}\delta = \frac{5}{4} - \frac{1}{4}\delta \quad \Longrightarrow \quad \delta = -\frac{19}{3}.$$

Da für δ sich zwei unterschiedliche Werte ergeben, ist dieses Gleichungssystem nicht lösbar. Die Geraden g_2 und g_3 sind windschief.

Aufgabe 3.4.2
Gegeben sei die Ebene E durch

$$E \,:\, x_1 + 2x_2 - 5x_3 - 12 = 0.$$

Geben Sie für diese Ebene eine Parameterform und die Hesse'sche Normalform in vektorieller Darstellung an.

Lösung:
Seien $x_2 = \lambda$ und $x_3 = \mu$, dann folgt $x_1 = 12 - 2\lambda + 5\mu$. Somit gilt für die Parameterform von E mit $\lambda, \mu \in \mathbb{R}$:

$$E \,:\quad \begin{pmatrix} x_1 \\ x_2 \\ x_3 \end{pmatrix} = \begin{pmatrix} 12 - 2\cdot\lambda + 5\cdot\mu \\ \lambda \\ \mu \end{pmatrix} = \begin{pmatrix} 12 - 2\cdot\lambda + 5\cdot\mu \\ 0 + 1\cdot\lambda + 0\cdot\mu \\ 0 + 0\cdot\lambda + 1\cdot\mu \end{pmatrix},$$

$$E \,:\quad \begin{pmatrix} x_1 \\ x_2 \\ x_3 \end{pmatrix} = \begin{pmatrix} 12 \\ 0 \\ 0 \end{pmatrix} + \lambda \begin{pmatrix} -2 \\ 1 \\ 0 \end{pmatrix} + \mu \begin{pmatrix} 5 \\ 0 \\ 1 \end{pmatrix}, \qquad \lambda, \mu \in \mathbb{R}.$$

Da $P(12,0,0)$ ein Punkt von E ist und der Vektor $\vec{n}^T = (1,2,-5)$ mit der Länge $|\vec{n}| = \sqrt{1^2 + 2^2 + (-5)^2} = \sqrt{30}$ senkrecht auf E steht (ein Normalenvektor von E ist), gilt für die vektorielle Darstellung der Hesse'schen Normalform:

$$E \,:\quad \left(\begin{pmatrix} x_1 \\ x_2 \\ x_3 \end{pmatrix} - \begin{pmatrix} p_1 \\ p_2 \\ p_3 \end{pmatrix} \right)^T \cdot \begin{pmatrix} n_1 \\ n_2 \\ n_3 \end{pmatrix} = 0,$$

$$E \,:\quad \left(\begin{pmatrix} x_1 \\ x_2 \\ x_3 \end{pmatrix} - \begin{pmatrix} 12 \\ 0 \\ 0 \end{pmatrix} \right)^T \cdot \begin{pmatrix} \frac{1}{\sqrt{30}} \\ \frac{2}{\sqrt{30}} \\ -\frac{5}{\sqrt{30}} \end{pmatrix} = 0.$$

Aufgabe 3.4.3

Gegeben sei die Ebene

$$E: \quad \begin{pmatrix} x_1 \\ x_2 \\ x_3 \end{pmatrix} = \begin{pmatrix} 1 \\ -5 \\ 3 \end{pmatrix} + \lambda \begin{pmatrix} 1 \\ 1 \\ 1 \end{pmatrix} + \mu \begin{pmatrix} 2 \\ 1 \\ 2 \end{pmatrix}, \quad \lambda, \mu \in \mathbb{R}.$$

Geben Sie eine Koordinatengleichung und die Hesse'sche Normalform in vektorieller Darstellung an.

Lösung:

Für die Ebene gilt:

$$\begin{pmatrix} x_1 \\ x_2 \\ x_3 \end{pmatrix} = \begin{pmatrix} 1 + \lambda \cdot 1 + \mu \cdot 2 \\ -5 + \lambda \cdot 1 + \mu \cdot 1 \\ 3 + \lambda \cdot 1 + \mu \cdot 2 \end{pmatrix} = \begin{pmatrix} 1 + \lambda + 2\mu \\ -5 + \lambda + \mu \\ 3 + \lambda + 2\mu \end{pmatrix}.$$

Mit dieser Vektorgleichung erhält man folgendes Gleichungssystem:

$$\begin{aligned} x_1 &= 1 + \lambda + 2\mu &\implies \lambda &= x_1 - 1 - 2\mu \quad \text{I} \\ x_2 &= -5 + \lambda + \mu &\implies \lambda &= x_2 + 5 - \mu \quad \text{II} \\ x_3 &= 3 + \lambda + 2\mu &\implies \lambda &= x_3 - 3 - 2\mu \quad \text{III}. \end{aligned}$$

Aus den ersten beiden Darstellungen für λ (Gleichungen I und II) folgt

$$x_1 - 1 - 2\mu = x_2 + 5 - \mu \implies \mu = x_1 - x_2 - 6 \quad \text{IV}.$$

Aus den Gleichungen II und III erhält man

$$x_2 + 5 - \mu = x_3 - 3 - 2\mu \implies \mu = -x_2 + x_3 - 8 \quad \text{V}.$$

Somit folgt durch Gleichsetzen von IV und V

$$x_1 - x_2 - 6 = -x_2 + x_3 - 8 \implies x_1 - x_3 + 2 = 0 \quad \text{VI}.$$

Formel VI, d.h.

$$E: x_1 - x_3 + 2 = 0$$

ist eine Koordinatendarstellung von E.
Mithilfe dieser Darstellung erkennt man sofort, daß $\vec{n}^T = (1,0,-1)$ mit der Länge $|\vec{n}| = \sqrt{1^2+0^2+(-1)^2} = \sqrt{2}$ ein Normalenvektor von E ist. Da $P(1,-5,3)$ in der Ebene liegt, folgt direkt die vektorielle Darstellung der Hesse'schen Normalform von E durch:

$$E: \quad \left(\begin{pmatrix} x_1 \\ x_2 \\ x_3 \end{pmatrix} - \begin{pmatrix} p_1 \\ p_2 \\ p_3 \end{pmatrix}\right)^T \cdot \begin{pmatrix} n_1 \\ n_2 \\ n_3 \end{pmatrix} = 0\,,$$

$$E: \quad \left(\begin{pmatrix} x_1 \\ x_2 \\ x_3 \end{pmatrix} - \begin{pmatrix} 1 \\ -5 \\ 3 \end{pmatrix}\right)^T \cdot \begin{pmatrix} \frac{1}{\sqrt{2}} \\ 0 \\ -\frac{1}{\sqrt{2}} \end{pmatrix} = 0\,.$$

Aufgabe 3.4.4
Gegeben seien die beiden Ebenen E_1 und E_2 durch:

$$E_1: \quad x_1 - x_2 + 5x_3 = 11\,,$$

$$E_2: \quad \begin{pmatrix} x_1 \\ x_2 \\ x_3 \end{pmatrix} = \begin{pmatrix} 1 \\ 4 \\ -1 \end{pmatrix} + \lambda \begin{pmatrix} 1 \\ 0 \\ 2 \end{pmatrix} + \mu \begin{pmatrix} -1 \\ -8 \\ 3 \end{pmatrix}, \quad \lambda, \mu \in \mathbb{R}\,.$$

Geben Sie eine Gerade g an, die parallel zu beiden Ebenen verläuft und durch den Punkt $P(1,-3,2)$ geht.

Lösung:
Zunächst ist zu untersuchen, wie die beiden Ebenen zueinander liegen. Hierzu setzt man beiden Ebenen gleich. Aus der Parametergleichung der Ebene E_2 erhält man für deren Koordinaten folgende Gleichungen:

$$\begin{aligned} x_1 &= 1 + \lambda - \mu\,, \\ x_2 &= 4 - 8\mu\,, \\ x_3 &= -1 + 2\lambda + 3\mu\,. \end{aligned}$$

Setzt man diese in die Koordinatengleichung der Ebene E_1 ein, so erhält man

$$(1+\lambda-\mu) - (4-8\mu) + 5\,(-1+2\lambda+3\mu) = 11\,,$$

$$\begin{aligned}1+\lambda-\mu-4+8\mu-5+10\lambda+15\mu-11 &= 0\,,\\ -19+11\lambda+22\mu &= 0\,,\\ \lambda &= \frac{19}{11}-2\mu\,.\end{aligned}$$

Ein Parameter ist also frei wählbar. Sei dies $\mu \in \mathbb{R}$. Somit schneiden sich die beiden Ebenen und die Schnittmenge ist eine Gerade, die man erhält, indem man in die Parametergleichung der Ebene E_2 für λ den Wert $\frac{19}{11} - 2\mu$ einsetzt, d.h.

$$\begin{aligned}\begin{pmatrix}x_1\\x_2\\x_3\end{pmatrix} &= \begin{pmatrix}1\\4\\-1\end{pmatrix} + \left(\frac{19}{11}-2\mu\right)\begin{pmatrix}1\\0\\2\end{pmatrix} + \mu\begin{pmatrix}-1\\-8\\3\end{pmatrix}\\ &= \begin{pmatrix}1\\4\\-1\end{pmatrix} + \frac{19}{11}\begin{pmatrix}1\\0\\2\end{pmatrix} + \mu\left((-2)\cdot\begin{pmatrix}1\\0\\2\end{pmatrix} + \begin{pmatrix}-1\\-8\\3\end{pmatrix}\right)\\ &= \begin{pmatrix}\frac{30}{11}\\4\\\frac{27}{11}\end{pmatrix} + \mu\begin{pmatrix}-3\\-8\\-1\end{pmatrix}, \quad \mu\in\mathbb{R}\,.\end{aligned}$$

Die beiden Ebenen schneiden sich also. Ersetzt man nun μ durch $-\rho$, so ist die Schnittgerade h der beiden Ebenen gegeben durch

$$h: \quad \begin{pmatrix}x_1\\x_2\\x_3\end{pmatrix} = \begin{pmatrix}\frac{30}{11}\\4\\\frac{27}{11}\end{pmatrix} + \rho\begin{pmatrix}3\\8\\1\end{pmatrix}, \quad \rho\in\mathbb{R}\,.$$

h ist als Schnittgerade in den Ebenen enthalten. Sie ist somit parallel zu beiden Ebenen. Die gesuchte Gerade g soll ebenfalls parallel zu E_1 und E_2 verlaufen. Folglich hat g denselben Richtungsvektor wie h. Da g durch den Punkt $P(1,-3,2)$ geht, besitzt die gesuchte Gerade die Parameterdarstellung

$$g: \quad \begin{pmatrix}x_1\\x_2\\x_3\end{pmatrix} = \begin{pmatrix}1\\-3\\2\end{pmatrix} + \rho\begin{pmatrix}3\\8\\1\end{pmatrix}, \quad \rho\in\mathbb{R}\,.$$

Aufgabe 3.4.5

Gegeben seien die beiden Ebenen E_1 und E_2 durch:

$$E_1 : \quad 3x_1 + 2x_2 + x_3 - 6 = 0\,,$$

$$E_2 : \quad -27x_1 + 38x_2 + 5x_3 - 100 = 0\,.$$

Geben Sie eine Gleichung der Geraden g an, die parallel zu E_1 verläuft, in E_2 liegt und durch den Punkt $P(0,5,-18)$ geht.

Lösung:

Voraussetzung für die Existenz einer solchen Geraden ist, daß der Punkt $P(0,5,-18)$ in der Ebene E_2 liegt. Die Punktprobe zeigt, daß dies zutrifft:

$$(-27)\cdot 0 + 38\cdot 5 + 5\cdot(-18) - 100 = 0 + 190 - 90 - 100 = 0\,.$$

Da die Normalenvektoren $\vec{n}_1^T = (3,2,1)$ und $\vec{n}_2^T = (-27,38,5)$ keine Vielfachen voneinander sind, sind die Ebenen nicht parallel. Die Ebenen sind somit auch nicht identisch. Folglich schneiden sie sich in einer Geraden. Die Richtung der Schnittgerade ist dann auch die Richtung der gesuchten Geraden.

Aus der Gleichung von E_1 folgt $x_3 = -3x_1 - 2x_2 + 6$. Setzt man diese Identität in die Gleichung von E_2 ein, so erhält man

$$\begin{aligned} -27x_1 + 38x_2 + 5\,(-3x_1 - 2x_2 + 6) - 100 &= 0\,, \\ -42x_1 + 28x_2 - 70 &= 0\,, \\ x_2 &= \frac{5}{2} + \frac{3}{2}x_1\,. \end{aligned}$$

Sei nun $x_1 = \rho \in \mathbb{R}$, dann folgen:

$$\begin{aligned} x_2 &= \frac{5}{2} + \frac{3}{2}\rho\,, \\ x_3 &= -3\rho - 2\left(\frac{5}{2} + \frac{3}{2}\rho\right) + 6 = -6\rho + 1\,. \end{aligned}$$

Die Schnittmenge der beiden Ebenen ist gekennzeichnet durch alle Punkte der Form

$$\begin{pmatrix} x_1 \\ x_2 \\ x_3 \end{pmatrix} = \begin{pmatrix} \rho \\ \frac{5}{2} + \frac{3}{2}\rho \\ -6\rho + 1 \end{pmatrix} = \begin{pmatrix} 0 + 1\cdot\rho \\ \frac{5}{2} + \frac{3}{2}\cdot\rho \\ 1 - 6\cdot\rho \end{pmatrix} = \begin{pmatrix} 0 \\ \frac{5}{2} \\ 1 \end{pmatrix} + \rho \begin{pmatrix} 1 \\ \frac{3}{2} \\ -6 \end{pmatrix}$$

mit $\rho \in \mathbb{R}$. Somit ist die Schnittgerade h gegeben durch

$$h: \quad \begin{pmatrix} x_1 \\ x_2 \\ x_3 \end{pmatrix} = \begin{pmatrix} 0 \\ \frac{5}{2} \\ 1 \end{pmatrix} + \rho \begin{pmatrix} 1 \\ \frac{3}{2} \\ -6 \end{pmatrix}, \quad \rho \in \mathbb{R}.$$

Damit gilt mit $\rho = 2\vartheta$ für die gesuchte Gerade

$$h: \quad \begin{pmatrix} x_1 \\ x_2 \\ x_3 \end{pmatrix} = \begin{pmatrix} 0 \\ 5 \\ -18 \end{pmatrix} + \vartheta \begin{pmatrix} 2 \\ 3 \\ -12 \end{pmatrix}, \quad \vartheta \in \mathbb{R}.$$

Aufgabe 3.4.6

Gegeben seien die beiden Ebenen E_1 und E_2 durch:

$$E_1: \quad x_1 + 3x_2 - x_3 - 9 = 0,$$

$$E_2: \quad x_1 + x_3 - 17 = 0.$$

Geben Sie eine Gleichung der Geraden g an, die parallel zu E_1 verläuft, senkrecht auf E_2 steht und durch den Punkt $P(1,2,3)$ geht.

Lösung:

Eine solche Gerade existiert nur dann, wenn die beiden Ebenen senkrecht aufeinander stehen. Die Normalenvektoren zu den oben angegebenen Ebenen sind $\vec{n}_1^T = (1,3,-1)$ und $\vec{n}_2^T = (1,0,1)$. Diese Vektoren stehen wegen

$$\vec{n}_1^T \cdot \vec{n}_2 = 1 \cdot 1 + 3 \cdot 0 + (-1) \cdot 1 = 0$$

senkrecht aufeinander und demnach auch die beiden Ebenen. Der Normalenvektor von E_2 ist dann parallel zu E_1 und die gesuchte Gerade g, die durch den Punkt $P(1,2,3)$ geht, ist

$$g: \quad \begin{pmatrix} x_1 \\ x_2 \\ x_3 \end{pmatrix} = \begin{pmatrix} 1 \\ 2 \\ 3 \end{pmatrix} + \lambda \begin{pmatrix} 1 \\ 0 \\ 1 \end{pmatrix}, \quad \lambda \in \mathbb{R}.$$

Aufgabe 3.4.7

Gegeben seien die beiden parallelen Geraden

$$g_1: \quad \begin{pmatrix} x_1 \\ x_2 \\ x_3 \end{pmatrix} = \begin{pmatrix} 1 \\ 0 \\ -3 \end{pmatrix} + \alpha \begin{pmatrix} 2 \\ -1 \\ 3 \end{pmatrix}, \quad \alpha \in \mathbb{R},$$

$$g_2 : \quad \begin{pmatrix} x_1 \\ x_2 \\ x_3 \end{pmatrix} = \begin{pmatrix} 4 \\ -1 \\ -1 \end{pmatrix} + \beta \begin{pmatrix} 2 \\ -1 \\ 3 \end{pmatrix}, \quad \beta \in \mathbb{R}$$

sowie die beiden windschiefen Geraden

$$g_3 : \quad \begin{pmatrix} x_1 \\ x_2 \\ x_3 \end{pmatrix} = \begin{pmatrix} -1 \\ 8 \\ -10 \end{pmatrix} + \gamma \begin{pmatrix} 5 \\ 5 \\ 1 \end{pmatrix}, \quad \gamma \in \mathbb{R},$$

$$g_4 : \quad \begin{pmatrix} x_1 \\ x_2 \\ x_3 \end{pmatrix} = \begin{pmatrix} -24 \\ 16 \\ -13 \end{pmatrix} + \delta \begin{pmatrix} 0 \\ 1 \\ 4 \end{pmatrix}, \quad \delta \in \mathbb{R}.$$

Gibt es eine Gerade g, die alle vier Geraden schneidet? Wenn ja, geben Sie sowohl diese Gerade als auch die vier Schnittpunkte an.

Lösung:

Die Gerade g existiert, falls die beiden windschiefen Geraden g_3 und g_4 nicht parallel zur Ebene E sind, die von den beiden Geraden g_1 und g_2 aufgespannt wird und sowohl der Schnittpunkt von g_3 mit E als auch der Schnittpunkt von g_4 mit E nicht auf einer Geraden liegt, die parallel zu g_1 und g_2 verläuft. Dieser Sachverhalt ist zunächst nachzuprüfen.

Die Ebene E, die von den Geraden g_1 und g_2 aufgespannt wird, ist

$$E : \begin{pmatrix} x_1 \\ x_2 \\ x_3 \end{pmatrix} = \underbrace{\begin{pmatrix} 1 \\ 0 \\ -3 \end{pmatrix} + \lambda \begin{pmatrix} 2 \\ -1 \\ 3 \end{pmatrix}}_{g_1} + \mu \underbrace{\left(\begin{pmatrix} 4 \\ -1 \\ -1 \end{pmatrix} - \begin{pmatrix} 1 \\ 0 \\ -3 \end{pmatrix} \right)}_{\substack{\text{Stützvektor von } g_2 \text{ abzgl.} \\ \text{Stützvektor von } g_1}}$$

$$= \begin{pmatrix} 1 \\ 0 \\ -3 \end{pmatrix} + \lambda \begin{pmatrix} 2 \\ -1 \\ 3 \end{pmatrix} + \mu \begin{pmatrix} 3 \\ -1 \\ 2 \end{pmatrix}, \quad \lambda, \mu \in \mathbb{R}.$$

Um die Schnittpunkte von E mit den Geraden g_3 und g_4 leichter berechnen zu können, wird E in Koordinatenform umgewandelt. Es gilt:

$$\begin{array}{rclcrcll} x_1 &=& 1+2\lambda+3\mu & \Longrightarrow & \lambda &=& \frac{1}{2}x_1-\frac{1}{2}-\frac{3}{2}\mu & \text{I} \\ x_2 &=& -\lambda-\mu & \Longrightarrow & \lambda &=& -x_2-\mu & \text{II} \\ x_3 &=& -3+3\lambda+2\mu & \Longrightarrow & \lambda &=& \frac{1}{3}x_3+1-\frac{2}{3}\mu & \text{III}. \end{array}$$

Setzt man I und II für λ gleich, so folgt

$$\begin{aligned} \frac{1}{2}x_1-\frac{1}{2}-\frac{3}{2}\mu &= -x_2-\mu\,, \\ -\frac{1}{2}\mu &= -\frac{1}{2}x_1-x_2+\frac{1}{2}\,, \\ \mu &= x_1+2x_2-1\,. \end{aligned}$$

Setzt man II mit III gleich, so folgt

$$\begin{aligned} -x_2-\mu &= \frac{1}{3}x_3+1-\frac{2}{3}\mu\,, \\ -\frac{1}{3}\mu &= x_2+\frac{1}{3}x_3+1\,, \\ \mu &= -3x_2-x_3-3\,. \end{aligned}$$

Somit erhält man mit den beiden Formeln für μ

$$\begin{aligned} x_1+2x_2-1 &= -3x_2-x_3-3\,, \\ x_1+5x_2+x_3+2 &= 0\,. \end{aligned}$$

Also lautet eine Koordinatendarstellung von E:

$$E: \quad x_1+5x_2+x_3+2 = 0\,.$$

Als nächstes werden die Schnittpunkte der Geraden g_3 und g_4 mit E berechnet.

Schnittpunkt S_3 von g_3 mit E:
Die Koordinaten der Geraden g_3 sind:

$$\begin{aligned} x_1 &= -1+5\gamma\,, \\ x_2 &= 8+5\gamma\,, \\ x_3 &= -10+\gamma\,. \end{aligned}$$

Diese Identitäten werden in die Koordinatengleichung von E eingesetzt. Es ergibt sich somit:

$$\begin{aligned}
(-1+5\gamma)+5\,(8+5\gamma)+(-10+\gamma)+2 &= 0\,,\\
-1+5\gamma+40+25\gamma-10+\gamma+2 &= 0\,,\\
31\gamma+31 &= 0\,,\\
\gamma &= -1\,.
\end{aligned}$$

Durch Einsetzten von $\gamma=-1$ in die Parametergleichung von g_3 erhält man den Schnittpunkt $S_3(-6,3-11)$.

Schnittpunkt S_4 von g_4 mit E:
Die Koordinaten der Geraden g_4 sind:

$$\begin{aligned}
x_1 &= -24\,,\\
x_2 &= 16+\delta\,,\\
x_3 &= -13+4\delta\,.
\end{aligned}$$

Diese Identitäten werden in die Koordinatengleichung von E eingesetzt.

$$\begin{aligned}
-24+5\,(16+\delta)+(-13+4\delta)+2 &= 0\,,\\
-24+80+5\delta-13+4\delta+2 &= 0\,,\\
9\delta+45 &= 0\,,\\
\delta &= -5\,.
\end{aligned}$$

Setzt man $\delta=-5$ in die Parametergleichung von g_4 ein, so erhält man den Schnittpunkt $S_4(-24,11,-33)$.

Die Gerade g durch die Schnittpunkte $S_3(-6,3-11)$ und $S_4(-24,11,-33)$ ist gegeben durch die Zwei-Punkte-Form.

$$g:\overrightarrow{OX} = \overrightarrow{OS_3}+\vartheta\left(\overrightarrow{OS_4}-\overrightarrow{OS_3}\right),\quad \vartheta\in\mathbb{R}\,,$$

$$g:\begin{pmatrix}x_1\\x_2\\x_3\end{pmatrix} = \begin{pmatrix}-6\\3\\-11\end{pmatrix}+\vartheta\left(\begin{pmatrix}-24\\11\\-33\end{pmatrix}-\begin{pmatrix}-6\\3\\-11\end{pmatrix}\right)$$

$$= \begin{pmatrix}-6\\3\\-11\end{pmatrix}+\vartheta\begin{pmatrix}-18\\8\\-22\end{pmatrix}$$

$$= \begin{pmatrix} -6 \\ 3 \\ -11 \end{pmatrix} + \sigma \begin{pmatrix} -9 \\ 4 \\ -11 \end{pmatrix}$$

mit $\vartheta \in \mathbb{R}$ und $2\vartheta = \sigma \in \mathbb{R}$.

Die Gerade g ist nicht parallel zu g_1 und g_2, da der Richtungsvektor von g kein Vielfaches des Richtungsvektors von g_1 bzw. von g_2 ist. Desweiteren liegt g in der von g_1 und g_2 aufgespannten Ebene E. Somit schneidet g die Geraden g_1 und g_2. g erfüllt also alle notwendigen Voraussetzungen der gesuchten Gerade.
Zu berechnen sind nur noch die beiden letzten Schnittpunkte S_1 und S_2.

Den Schnittpunkt S_1 der Geraden g_1 mit g erhält man durch Gleichsetzen der Koordinaten dieser beiden Geraden, d.h.

$$\begin{aligned} 1 + 2\alpha &= -6 - 9\sigma & \Longrightarrow \quad \alpha &= -\frac{7}{2} - \frac{9}{2}\sigma & \text{IV} \\ -\alpha &= 3 + 4\sigma & \Longrightarrow \quad \alpha &= -3 - 4\sigma & \text{V} \\ -3 + 3\alpha &= -11 - 11\sigma & \Longrightarrow \quad \alpha &= -\frac{8}{3} - \frac{11}{3}\sigma & \text{VI}. \end{aligned}$$

Aus den Gleichungen IV und V folgt:

$$\begin{aligned} -\frac{7}{2} - \frac{9}{2}\sigma &= -3 - 4\sigma, \\ -\frac{1}{2}\sigma &= \frac{1}{2}, \\ \sigma &= -1. \end{aligned}$$

Mit Gleichung V erhält man $\alpha = 1$. Gleichung VI ist mit $\alpha = 1$ und $\sigma = -1$ auch erfüllt. Durch Einsetzen von $\alpha = 1$ in die Parametergleichung von g_1 erhält man den Schnittpunkt $S_1(3, -1, 0)$.

Den Schnittpunkt S_2 der Geraden g_2 mit g erhält man ebenfalls durch Gleichsetzen der entsprechenden Koordinaten.

$$\begin{array}{rclcrcll} 4+2\beta &=& -6-9\sigma & \Longrightarrow & \beta &=& -5-\frac{9}{2}\sigma & \text{VII} \\ -1-\beta &=& 3+4\sigma & \Longrightarrow & \beta &=& -4-4\sigma & \text{VIII} \\ -1+3\beta &=& -11-11\sigma & \Longrightarrow & \beta &=& -\frac{10}{3}-\frac{11}{3}\sigma & \text{IX}. \end{array}$$

Aus den Gleichungen VII und VIII folgt:

$$\begin{array}{rcl} -5-\frac{9}{2}\sigma &=& -4-4\sigma\,, \\ -\frac{1}{2}\sigma &=& 1\,, \\ \sigma &=& -2\,. \end{array}$$

Mit Gleichung VIII erhält man $\beta = 4$. Gleichung IX ist mit $\beta = 4$ und $\sigma = -2$ auch erfüllt. Durch Einsetzen von $\beta = 4$ in die Parametergleichung von g_2 erhält man den Schnittpunkt $S_2(12, -5, 11)$.

Zusammenfassend gilt:
Eine Parameterdarstellung der gesuchten Geraden g ist

$$g: \begin{pmatrix} x_1 \\ x_2 \\ x_3 \end{pmatrix} = \begin{pmatrix} -6 \\ 3 \\ -11 \end{pmatrix} + \sigma \begin{pmatrix} -9 \\ 4 \\ -11 \end{pmatrix}, \quad \sigma \in \mathbb{R}.$$

Die vier Schnittpunkte sind $S_1(3,-1,0)$, $S_2(12,-5,11)$, $S_3(-6,3,-11)$ und $S_4(-24,11,-33)$.

Aufgabe 3.4.8
Gegeben sei für alle $t \in \mathbb{R}$ die Geradenschar

$$g_t: \begin{pmatrix} x_1 \\ x_2 \\ x_3 \end{pmatrix} = \begin{pmatrix} 1 \\ 2 \\ -5 \end{pmatrix} + \lambda \begin{pmatrix} 0 \\ 1 \\ t \end{pmatrix}, \quad \lambda \in \mathbb{R}.$$

a) Zeigen Sie, daß alle Geraden in einer Ebene E liegen und geben Sie eine Parameterdarstellung und die Hesse'sche Normalform dieser Ebene an.

b) Gibt es Geraden dieser Schar, die parallel zu einer der Koordinatenachsen des $\mathbb{R}^3$ verlaufen?

c) Gibt es zu jeder der Geraden eine senkrechte Gerade, die ebenfalls zu dieser Geradenschar gehört?

Lösung:

a) Da der Punkt $P(1,2,-5)$ auf allen Geraden liegt und die Richtungsvektoren

$$\vec{r}_1 = \begin{pmatrix} 0 \\ 1 \\ t_1 \end{pmatrix} \quad \text{und} \quad \vec{r}_2 = \begin{pmatrix} 0 \\ 1 \\ t_2 \end{pmatrix}$$

für $t_1 \neq t_2$ stets linear unabhängig sind, liegen alle Geraden dieser Schar in einer Ebene E. Sei $t_1 = 0$ und $t_2 = 1$, so ist eine Parameterform dieser Ebene E gegeben durch (vgl. Formel (3.2)):

$$E: \quad \begin{pmatrix} x_1 \\ x_2 \\ x_3 \end{pmatrix} = \begin{pmatrix} 1 \\ 2 \\ -5 \end{pmatrix} + \lambda \begin{pmatrix} 0 \\ 1 \\ 0 \end{pmatrix} + \mu \begin{pmatrix} 0 \\ 1 \\ 1 \end{pmatrix}, \quad \lambda, \mu \in \mathbb{R}.$$

Für die erste Koordinate von E gilt $x_1 = 1$. Diese ist unabhängig von den beiden Parametern λ und μ. Somit ist

$$E: \quad x_1 - 1 = 0$$

eine Koordinatendarstellung von E. Ein Normalenvektor ist demnach $\vec{n}^T = (1,0,0)$. Die Länge dieses Vektors ist 1. Somit ist die oben angegebene Koordinatenform zugleich die Hesse'sche Normalform von E.

b) Gegeben seien die Gleichungen

$$\alpha \cdot \begin{pmatrix} 0 \\ 1 \\ t \end{pmatrix} = \begin{pmatrix} 1 \\ 0 \\ 0 \end{pmatrix} = \vec{e}_1 \qquad \text{I}$$

$$\beta \cdot \begin{pmatrix} 0 \\ 1 \\ t \end{pmatrix} = \begin{pmatrix} 0 \\ 1 \\ 0 \end{pmatrix} = \vec{e}_2 \qquad \text{II}$$

$$\gamma \cdot \begin{pmatrix} 0 \\ 1 \\ t \end{pmatrix} = \begin{pmatrix} 0 \\ 0 \\ 1 \end{pmatrix} = \vec{e}_3 \qquad \text{III}$$

für alle t, α, β, $\gamma \in \mathbb{R}$. Für die Gleichungen I und III gibt es keine Kombination von t und α bzw. von t und γ, so daß diese Gleichungen erfüllt wären. Somit existiert keine Gerade der Geradenschar, die parallel zur x_1-Achse bzw. zur x_3-Achse ist. Für $t = 0$ und $\beta = 1$ ist die Gleichung II erfüllt. Folglich ist die Gerade g_0 mit

$$g_0 : \quad \begin{pmatrix} x_1 \\ x_2 \\ x_3 \end{pmatrix} = \begin{pmatrix} 1 \\ 2 \\ -5 \end{pmatrix} + \lambda \begin{pmatrix} 0 \\ 1 \\ 0 \end{pmatrix}, \quad \lambda \in \mathbb{R}.$$

die einzige Gerade dieser Schar, die parallel zur x_2-Achse verläuft.

c) Gegeben seien die linear unabhängigen Richtungsvektoren

$$\vec{r}_1 = \begin{pmatrix} 0 \\ 1 \\ t_1 \end{pmatrix} \quad \text{und} \quad \vec{r}_2 = \begin{pmatrix} 0 \\ 1 \\ t_2 \end{pmatrix}$$

mit $t_1 \neq t_2$. Diese stehen genau dann senkrecht aufeinander, falls

$$\vec{r}_1^{\,T} \cdot \vec{r}_2 = 0 \cdot 0 + 1 \cdot 1 + t_1 \cdot t_2 = 0$$

gilt. Diese Gleichung ist für $t_1 \cdot t_2 \neq 0$, d.h. für t_1, $t_2 \in \mathbb{R} \setminus \{0\}$ lösbar und äquivalent zu

$$t_1 = -\frac{1}{t_2} \quad \text{oder} \quad t_2 = -\frac{1}{t_1}.$$

Somit gibt es für jede Gerade g_t mit $t \neq 0$ der Geradenschar eine in dieser Schar befindliche Gerade $h_t = g_{-\frac{1}{t}}$, die senkrecht auf g_t steht. Diese hat für $t \in \mathbb{R} \setminus \{0\}$ die Parameterdarstellung

$$h_t : \quad \begin{pmatrix} x_1 \\ x_2 \\ x_3 \end{pmatrix} = \begin{pmatrix} 1 \\ 2 \\ -5 \end{pmatrix} + \lambda \begin{pmatrix} 0 \\ 1 \\ -\frac{1}{t} \end{pmatrix}, \quad \lambda \in \mathbb{R}.$$

Aufgabe 3.4.9

Gegeben sei für alle $t \in \mathbb{R}$ die Geradenschar

$$g_t : \quad \begin{pmatrix} x_1 \\ x_2 \\ x_3 \end{pmatrix} = \begin{pmatrix} 10 \\ 0 \\ -2 \end{pmatrix} + \lambda \begin{pmatrix} -5 \\ t-1 \\ t \end{pmatrix}, \quad \lambda \in \mathbb{R}.$$

a) Geben Sie den gemeinsamen Punkt aller Geraden dieser Schar an.

b) Gibt es ein Gerade dieser Schar, die durch den Ursprung geht?

c) Welche Punkte des $\mathbb{R}^3$ sind mit dieser Geradenschar erreichbar?

Lösung:

a) Da der Punkt $P(10, 0, -2)$ unabhängig von $t \in \mathbb{R}$ ist, liegt er auf allen Geraden der Schar g_t.

b) Genau die Geraden enthalten den Ursprung, für die die Gleichung

$$\begin{pmatrix} 0 \\ 0 \\ 0 \end{pmatrix} = \begin{pmatrix} 10 \\ 0 \\ -2 \end{pmatrix} + \lambda \begin{pmatrix} -5 \\ t-1 \\ t \end{pmatrix}$$

lösbar ist. Dies ist äquivalent zu

$$\begin{aligned} 0 &= 10 - 5\lambda && \text{I} \\ 0 &= \lambda(t-1) && \text{II} \\ 0 &= -2 + \lambda t && \text{III}. \end{aligned}$$

Aus Gleichung I folgt $\lambda = 2$. Setzt man dieses Ergebnis in Gleichung II ein, so erhält man $t = 1$. Diese Lösungen werden mit Gleichung III bestätigt. Also ist die Gerade g_1 mit der Parameterdarstellung

$$g_1 : \quad \begin{pmatrix} x_1 \\ x_2 \\ x_3 \end{pmatrix} = \begin{pmatrix} 10 \\ 0 \\ -2 \end{pmatrix} + \lambda \begin{pmatrix} -5 \\ 0 \\ 1 \end{pmatrix}, \quad \lambda \in \mathbb{R}$$

die einzige Gerade der Schar, die durch den Ursprung geht. Den Ursprung erhält man für $\lambda = 2$.

c) Sei $X(x_1, x_2, x_3)$ ein beliebiger Punkt des $\mathbb{R}^3$. Damit X auf der Geradenschar g_t liegt, muß gelten

$$\begin{aligned} x_1 &= 10 - 5\lambda &\Longrightarrow&& \lambda &= 2 - \frac{1}{5}x_1 && \text{I} \\ x_2 &= \lambda(t-1) &\Longrightarrow&& \lambda t &= x_2 + \lambda && \text{II} \\ x_3 &= -2 + \lambda t &\Longrightarrow&& \lambda t &= x_3 + 2 && \text{III}. \end{aligned}$$

Aus den Gleichungen II und III folgt

$$x_2 + \lambda = x_3 + 2 \quad \Longrightarrow \quad \lambda = -x_2 + x_3 + 2.$$

Setzt man dieses Ergebnis für λ in I ein, so erhält man

$$2 - \frac{1}{5}x_1 = -x_2 + x_3 + 2 \quad \Longrightarrow \quad \frac{1}{5}x_1 - x_2 + x_3 = 0 \qquad \text{IV}.$$

Somit sind alle Punkte $R(x_1, x_2, x_3)$ des $\mathbb{R}^3$ mit der Geradenschar g_t erreichbar, deren Koordinaten die Gleichung IV erfüllen, bzw. auf der Ebene E liegen, deren Koordinatendarstellung gegeben ist durch

$$E: \quad \frac{1}{5}x_1 - x_2 + x_3 = 0.$$

Aufgabe 3.4.10

Gegeben sei die Ebenenschar

$$E_t: \quad tx_1 + 8x_2 - 2tx_3 + 4t = 0, \quad t \in \mathbb{R}.$$

a) Welche Beziehung muß zwischen t_1 und t_2 bestehen, so daß die Ebenen E_{t_1} und E_{t_2} senkrecht aufeinander stehen?

b) Geben Sie die Gerade an, die in jeder Ebene der Schar E_t enthalten ist.

c) Welche Ebenen haben vom Ursprung den Abstand $\sqrt{13}$?

Lösung:

a) Der Normalvektor einer Ebene obiger Schar E_t ist $\vec{n}_t^T = (t, 8 - 2t)$. Damit die zwei verschiedenen Ebenen E_{t_1} und E_{t_2} mit $t_1 \neq t_2$ senkrecht aufeinanderstehen, muß

$$\vec{n}_{t_1} \perp \vec{n}_{t_2} \quad \Longleftrightarrow \quad \vec{n}_{t_1}^T \cdot \vec{n}_{t_2} = 0$$

gelten, d.h.

$$\begin{aligned} t_1 \cdot t_2 + 8 \cdot 8 + (-2t_1) \cdot (-2t_2) &= 0, \\ 5t_1t_2 + 64 &= 0, \\ t_1t_2 &= -\frac{64}{5}. \end{aligned}$$

Diese Gleichung ist für $t_1 \neq t_2$ mit $t_1, t_2 \in \mathbb{R} \setminus \{0\}$ nach einer dieser beiden Variablen auflösbar. Damit also die beiden Ebenen E_{t_1} und E_{t_2} senkrecht aufeinander stehen, muß gelten

$$t_1 = -\frac{64}{5t_2} \quad \text{oder} \quad t_2 = -\frac{64}{5t_1}$$

mit $t_1 \neq t_2$ und $t_1, t_2 \in \mathbb{R} \setminus \{0\}$.

b) Gegeben seien die beiden Ebenen

$$E_{t_1}: \quad t_1x_1 + 8x_2 - 2t_1x_3 + 4t_1 = 0, \quad t_1 \in \mathbb{R},$$
$$E_{t_2}: \quad t_2x_1 + 8x_2 - 2t_2x_3 + 4t_2 = 0, \quad t_2 \in \mathbb{R}$$

mit $t_1 \neq t_2$. Zieht man die Koordinatengleichung der zweiten Ebene von derjenigen der ersten ab, so erhält man

$$(t_1 - t_2)\,x_1 - 2\,(t_1 - t_2)\,x_3 + 4\,(t_1 - t_2) = 0.$$

Da $t_1 \neq t_2$ ist, folgt nach Division beider Seiten der Gleichung durch $t_1 - t_2$:

$$x_1 - 2x_3 + 4 = 0.$$

Setzt man nun $x_3 = \lambda$ mit $\lambda \in \mathbb{R}$, so folgt $x_1 = -4 + 2\lambda$. Dies führt mithilfe der Koordinatengleichung von E_{t_1} zu

$$\begin{aligned} t_1\,(-4 + 2\lambda) + 8x_2 - 2t_1\,(\lambda) + 4t_1 &= 0, \\ -4t_1 + 2t_1\lambda + 8x_2 - 2t_1\lambda + 4t_1 &= 0, \\ 8x_2 &= 0, \\ x_2 &= 0. \end{aligned}$$

Die gesuchte Gerade lautet daher

$$g: \quad \begin{pmatrix} x_1 \\ x_2 \\ x_3 \end{pmatrix} = \begin{pmatrix} -4 + 2\lambda \\ 0 \\ \lambda \end{pmatrix} = \begin{pmatrix} -4 + 2 \cdot \lambda \\ 0 + 0 \cdot \lambda \\ 0 + 1 \cdot \lambda \end{pmatrix}, \quad \lambda \in \mathbb{R}$$

also

$$g: \quad \begin{pmatrix} x_1 \\ x_2 \\ x_3 \end{pmatrix} = \begin{pmatrix} -4 \\ 0 \\ 0 \end{pmatrix} + \lambda \begin{pmatrix} 2 \\ 0 \\ 1 \end{pmatrix}, \quad \lambda \in \mathbb{R}.$$

c) Den Abstand einer Ebene vom Ursprung kann man am leichtesten mithilfe der Hesse'schen Normalform berechnen (vgl. hierzu Satz 3.2.2). Der Vektor $\vec{n}_t^T = (t, 8 - 2t)$ hat die Länge

$$|\vec{n}_t| = \sqrt{t^2 + 8^2 + (-2t)^2} = \sqrt{5t^2 + 64}.$$

Somit ist die zur Ebenenschar E_t gehörende Hesse'sche Normalform für $t \in \mathbb{R}$ gegeben durch

$$E_t: \quad \frac{tx_1}{\sqrt{5t^2 + 64}} + \frac{8x_2}{\sqrt{5t^2 + 64}} - \frac{2tx_3}{\sqrt{5t^2 + 64}} + \frac{4t}{\sqrt{5t^2 + 64}} = 0.$$

Mit Satz 3.2.2 gilt dann

$$\begin{aligned} d(\mathrm{O}, E_t) &= \left| \frac{t \cdot 0}{\sqrt{5t^2+64}} + \frac{8 \cdot 0}{\sqrt{5t^2+64}} - \frac{2t \cdot 0}{\sqrt{5t^2+64}} + \frac{4t}{\sqrt{5t^2+64}} \right| \\ &= \left| \frac{4t}{\sqrt{5t^2+64}} \right| . \end{aligned}$$

Da $d(\mathrm{O}, E_t) = \sqrt{13}$ gelten soll, folgen für $t \geq 0$

$$\frac{4t}{\sqrt{5t^2+64}} = \sqrt{13} \quad \Longrightarrow \quad 4t = \sqrt{13\,(5t^2+64)} \quad \mathrm{I}$$

und für $t < 0$

$$-\frac{4t}{\sqrt{5t^2+64}} = \sqrt{13} \quad \Longrightarrow \quad 4t = -\sqrt{13\,(5t^2+64)} \quad \mathrm{II}.$$

Vgl. hierzu Betragsauflösungen, Band 1: Grundlagen. Quadriert man Gleichung I, so erhält man

$$\begin{aligned} 16t^2 &= 65t^2 + 832 \\ t^2 &= -\frac{832}{49} . \end{aligned}$$

Diese Gleichung besitzt keine reelle Lösung. Quadriert man Gleichung II, so erhält man ebenfalls $t^2 = -\frac{832}{49}$ und somit keine reelle Lösung. Damit ist nachgewiesen, daß keine Ebene der Ebenenschar E_t vom Ursprung den Abstand $\sqrt{13}$ besitzt.

Aufgabe 3.4.11

Gegeben seien für alle $a \in \mathbb{R}$ die Geradenschar

$$g_a : \quad \begin{pmatrix} x_1 \\ x_2 \\ x_3 \end{pmatrix} = \begin{pmatrix} 1 \\ 1 \\ 0 \end{pmatrix} + \lambda \begin{pmatrix} 1 \\ a \\ 1-a \end{pmatrix}, \quad \lambda \in \mathbb{R}$$

und für alle $b \in \mathbb{R}$ die Ebenenschar

$$E_b : \quad x_1 + (1-b)\,x_2 + bx_3 + b = 0 .$$

a) Für welche a, $b \in \mathbb{R}$ schneiden sich g_a und E_b in genau einem Punkt? Geben Sie diesen Schnittpunkt (Durchstoßpunkt) an.

b) Bestimmen Sie a und b so, daß sich g_a und E_b im Ursprung schneiden.

Lösung:

a) Für die Koordinaten der Geradenschar gilt:

$$\begin{aligned} x_1 &= 1+\lambda\,, \\ x_2 &= 1+\lambda a\,, \\ x_3 &= \lambda\,(1-a)\,. \end{aligned}$$

Diese eingesetzt in E_b ergibt:

$$\begin{aligned} (1+\lambda)+(1-b)\,(1+\lambda a)+b(\lambda\,(1-a))+b &= 0\,, \\ 1+\lambda+1-b+\lambda a-\lambda ab+\lambda b-\lambda ab+b &= 0\,, \\ 2+\lambda\,(1+a+b-2ab) &= 0\,, \\ \lambda &= -\frac{2}{1+a+b-2ab} \end{aligned}$$

für $1+a+b-2ab \neq 0$. (Für $1+a+b-2ab=0$ gibt es keine Lösung und somit auch keinen Schnittpunkt.)
Setzt man diese Lösung in die Gleichung der Geradenschar ein, so erhält man für $1+a+b-2ab \neq 0$ den Schnittpunkt $S_{a,b}$ dessen Ortsvektor $\overrightarrow{OS}_{a,b}(s_1, s_2, s_3)$ gegeben ist durch

$$\begin{aligned} \begin{pmatrix} s_1 \\ s_2 \\ s_3 \end{pmatrix} &= \begin{pmatrix} 1 \\ 1 \\ 0 \end{pmatrix} - \frac{2}{1+a+b-2ab} \begin{pmatrix} 1 \\ a \\ 1-a \end{pmatrix} \\ &= \begin{pmatrix} \dfrac{-1+a+b-2ab}{1+a+b-2ab} \\ \dfrac{1-a+b-2ab}{1+a+b-2ab} \\ \dfrac{-2+2a}{1+a+b-2ab} \end{pmatrix}. \end{aligned}$$

b) In Teil a) wurde der Schnittpunkt $S_{a,b}$ der Geradenschar g_a mit der Ebenenschar E_b bestimmt. Dieser ist genau dann mit dem Ursprung identisch, wenn gilt:

$$\begin{aligned} -1+a+b-2ab &= 0 \quad \text{I} \\ 1-a+b-2ab &= 0 \quad \text{II} \\ -2+2a &= 0 \quad \text{III}\,. \end{aligned}$$

Aus Gleichung III folgt $a = 1$. Damit erhält man aus den beiden anderen Gleichungen $-b = 0$, also $b = 0$.

Somit schneiden sich g_1 und E_0 im Ursprung.

Aufgabe 3.4.12

Gegeben seien für $t \in \mathbb{R}$ die beiden Geraden

$$g: \quad \begin{pmatrix} x_1 \\ x_2 \\ x_3 \end{pmatrix} = \begin{pmatrix} 10 \\ 0 \\ 0 \end{pmatrix} + \lambda \begin{pmatrix} -2 \\ 1 \\ 0 \end{pmatrix}, \quad \lambda \in \mathbb{R},$$

$$g_t: \quad \begin{pmatrix} x_1 \\ x_2 \\ x_3 \end{pmatrix} = \begin{pmatrix} -4 \\ 1 \\ t \end{pmatrix} + \mu \begin{pmatrix} -2 \\ 0 \\ 1 \end{pmatrix}, \quad \mu \in \mathbb{R}.$$

a) Für welches $t \in \mathbb{R}$ schneiden sich die beiden Geraden g und g_t? Geben Sie für diesen Fall den Schnittpunkt an.

b) Für welches $t \in \mathbb{R}$ haben die beiden Geraden g und g_t den Abstand 2?

Lösung:

Die beiden Geraden sind nicht parallel (und somit auch nicht identisch), da für alle $\rho \in \mathbb{R}$ für die Richtungsvektoren gilt:

$$\begin{pmatrix} -2 \\ 1 \\ 0 \end{pmatrix} \neq \rho \begin{pmatrix} -2 \\ 0 \\ 1 \end{pmatrix}.$$

Entweder schneiden sich die beiden Geraden oder sie sind windschief. Um dies herauszufinden, setzt man beide Geraden gleich, d.h.

$$\begin{pmatrix} 10 \\ 0 \\ 0 \end{pmatrix} + \lambda \begin{pmatrix} -2 \\ 1 \\ 0 \end{pmatrix} = \begin{pmatrix} -4 \\ 1 \\ t \end{pmatrix} + \mu \begin{pmatrix} -2 \\ 0 \\ 1 \end{pmatrix}.$$

Man erhält also

$$\lambda \begin{pmatrix} -2 \\ 1 \\ 0 \end{pmatrix} + \mu \begin{pmatrix} 2 \\ 0 \\ -1 \end{pmatrix} = \begin{pmatrix} -14 \\ 1 \\ t \end{pmatrix}.$$

Dies führt zu folgendem Gleichungssystem

$$\begin{array}{rclcrcll} -2\lambda + 2\mu & = & -14 & \Longrightarrow & \lambda & = & 7+\mu & \text{I} \\ \lambda & = & 1 & \Longrightarrow & \lambda & = & 1 & \text{II} \\ -\mu & = & t & \Longrightarrow & \mu & = & -t & \text{III}\,. \end{array}$$

Setzt man $\lambda = 1$ in Gleichung I ein, so erhält man $\mu = -6$. Die beiden Geraden schneiden sich genau dann, wenn Gleichung III keinen Widerspruch liefert, also für $t = 6$. Ist $t \neq 6$, so sind die Geraden windschief, da Gleichung III nicht erfüllt ist.

a) Die beiden Geraden schneiden sich für $t = 6$, d.h. g und g_6 schneiden sich. Den Schnittpunkt erhält man, indem man $\lambda = 1$ in die Parametergleichung von g oder $\mu = -6$ in die Parametergleichung von g_6 einsetzt. Der Schnittpunkt ist folglich $S(8,1,0)$.

b) Der Abstand der beiden Geraden g und g_t ist genau dann größer Null, wenn die beiden Geraden windschief sind, d.h. wenn $t \neq 6$ ist. Sei dies also vorausgesetzt.

Zur Abstandsberechnung benötigt man die Hilfsebene E, die die Gerade g enthält und parallel zu g_t verläuft. Diese ist gegeben durch

$$E: \begin{pmatrix} x_1 \\ x_2 \\ x_3 \end{pmatrix} = \underbrace{\begin{pmatrix} 10 \\ 0 \\ 0 \end{pmatrix} + \lambda \begin{pmatrix} -2 \\ 1 \\ 0 \end{pmatrix}}_{g} + \mu \begin{pmatrix} -2 \\ 0 \\ 1 \end{pmatrix}, \lambda, \mu \in \mathbb{R}\,.$$

Um Satz 3.2.2 anwenden zu können, benötigt man die Hesse'sche Normalform von E. Aus der Parametergleichung der Ebene erhält man für die Koordinaten folgende Gleichungen:

$$\begin{array}{rcll} x_1 & = & 10 - 2\lambda - 2\mu & \text{I} \\ x_2 & = & \lambda & \text{II} \\ x_3 & = & \mu & \text{III.} \end{array}$$

Setzt man die Gleichungen II und III in die Gleichungen I ein, so erhält man

$$x_1 = 10 - 2 \cdot x_2 - 2 \cdot x_3\,.$$

Somit ist eine Koordinatengleichung von E gegeben durch

$$E: \quad x_1 + 2x_2 + 2x_3 - 10 = 0\,.$$

Die Hesse'sche Normalform von E ist aufgrund der Länge des Normalenvektors $\vec{n}^T = (1,2,2)$ von $\sqrt{1^2+2^2+2^2} = 3$:

$$E: \quad \frac{1}{3}\,x_1 + \frac{2}{3}\,x_2 + \frac{2}{3}\,x_3 - \frac{10}{3} = 0\,.$$

Die Gerade g_t verläuft parallel zu E. Der Abstand von g_t zu E ist dann gleich dem Abstand eines beliebigen Punkts der Geraden g_t zu dieser Ebene. $P_t(-4,1,t)$ ist ein Punkt von g_t. Mithilfe des Satzes 3.2.2 erhält man schließlich den Abstand, den die beiden Geraden zueinander einnehmen. Dieser ist

$$\begin{aligned} d(g,g_t) &= d(E,g_t) = d(E,P_t) \\ &= \left|\frac{1}{3}\cdot(-4) + \frac{2}{3}\cdot 1 + \frac{2}{3}\cdot t - \frac{10}{3}\right| = \left|-4 + \frac{2t}{3}\right|. \end{aligned}$$

Da $d(g,g_t) = 2$ sein soll, ist die Gleichung

$$\left|-4 + \frac{2t}{3}\right| = 2$$

nach t aufzulösen (vgl. Betragsauflösung, Band 1: Grundlagen). Dies führt für $t > 6$ ($t \neq 6$ ist vorausgesetzt) zu

$$-4 + \frac{2t}{3} = 2 \quad \Longrightarrow \quad t = 9$$

und für $t < 6$ erhält man

$$4 - \frac{2t}{3} = 2 \quad \Longrightarrow \quad t = 3\,.$$

Somit haben die Geraden g und g_3 und auch die Geraden g und g_9 den Abstand 2.

Kapitel 4

Matrizen

4.1 Definition und Eigenschaften

Matrizen sind eine Verallgemeinerung der Vektoren und sind in vielerlei Hinsicht wichtig. Sie sind ein rechnerisches Hilfsmittel und werden vor allem aus schreib- und darstellungstechnischen Gründen verwendet. Mathematisch gesehen sind Matrizen wichtige Bestandteile beim Lösen von linearen Gleichungssystemen, bei der Dimensionsbestimmung von Vektorräumen und bei der Ermittlung der Anzahl linear unabhängiger Vektoren in einer Teilmenge. Weitere Anwendungsgebiete sind Transformationen und Darstellungen von linearen Abbildungen.

In der folgenden Definition wird eine Matrix als eine Art Tabelle in einem rechteckigen Zahlenschema erklärt.

Definition 4.1.1
Für alle $1 \leq i \leq m, 1 \leq j \leq n,\ i, j, m, n \in \mathbb{N}$, *seien die* $m \cdot n$ *reellen Zahlen*

a_{ij} gegeben. Dann heißt nachstehendes Rechteckschema

$$A = (a_{ij}) = \begin{pmatrix} a_{11} & a_{12} & a_{13} & \dots & a_{1n} \\ a_{21} & a_{22} & a_{23} & \dots & a_{2n} \\ \vdots & \vdots & \vdots & \dots & \vdots \\ a_{m1} & a_{m2} & a_{m3} & \dots & a_{mn} \end{pmatrix}$$

*eine $m \times n$-**Matrix**. Eine $m \times n$-Matrix besteht somit aus m Zeilen und n Spalten. Die $m \cdot n$ reellen Zahlen $a_{ij}, 1 \leq i \leq m, 1 \leq j \leq n,\ i, j, m, n \in \mathbb{N}$, heißen **Matrizenelemente**, wobei der erste Index der **Zeilenindex** und der zweite Index der **Spaltenindex** ist.*
*Eine Matrix aus m Zeilen und n Spalten heißt vom **Typ** $m \times n$.*

Bemerkung
Die im ersten Kapitel definierten Vektoren sind spezielle Matrizen: Zeilenvektoren sind Matrizen vom Typ $1 \times n$, Spaltenvektoren sind Matrizen vom Typ $m \times 1$.

Definition 4.1.2
*Vertauscht man die Zeilen und die Spalten einer $m \times n$-Matrix, so heißt die neu entstandene $n \times m$-Matrix A^T die zu A **transponierte Matrix**.*

Beispiel 4.1.1
Ein Zentrallager beliefert 6 Außenstellen mit 8 unterschiedlichen Artikeln. Mit $m = 6$ und $n = 8$ kann der gesamte Auslieferungsablauf durch eine 6×8-Matrix A dargestellt werden. Die einzelnen Matrizenelemente $a_{ij}, 1 \leq i \leq 6, 1 \leq j \leq 8,\ i, j \in \mathbb{N}$, beschreiben dabei die an die Außenstelle i gelieferte Anzahl des Artikels j.
Die zu A transponierte 8×6-Matrix A^T beschreibt im Prinzip den gleichen Vorgang. Die Matrizenelemente $a_{ij}, 1 \leq i \leq 8, 1 \leq j \leq 6,\ i, j \in \mathbb{N}$, bestimmen nun die Auslieferungsmenge von Artikel i an die Außenstelle j. Dabei sieht man, daß in den Anwendungen sowohl A als auch A^T benutzt werden kann, je nach Sichtweise der Dinge. Die nachstehenden beiden Matrizen

beschreiben einen möglichen Auslieferungsablauf:

$$A = \begin{pmatrix} 1 & 7 & 0 & 6 & 1 & 0 & 14 & 1 \\ 4 & 12 & 0 & 2 & 1 & 0 & 2 & 2 \\ 5 & 3 & 1 & 0 & 24 & 1 & 0 & 0 \\ 0 & 4 & 1 & 2 & 24 & 1 & 0 & 0 \\ 2 & 0 & 4 & 2 & 3 & 0 & 1 & 4 \\ 3 & 0 & 13 & 4 & 0 & 0 & 4 & 5 \end{pmatrix}$$

oder

$$A^T = \begin{pmatrix} 1 & 4 & 5 & 0 & 2 & 3 \\ 7 & 12 & 3 & 4 & 0 & 0 \\ 0 & 0 & 1 & 1 & 4 & 13 \\ 6 & 2 & 0 & 2 & 2 & 4 \\ 1 & 1 & 24 & 24 & 3 & 0 \\ 0 & 0 & 1 & 1 & 0 & 0 \\ 14 & 2 & 0 & 0 & 1 & 4 \\ 1 & 2 & 0 & 0 & 4 & 5 \end{pmatrix}.$$

In den folgenden Definitionen wird das elementare Rechnen mit Matrizen erklärt.

Definition 4.1.3

Die Multiplikation einer Zahl (eines Skalars) mit einer Matrix wird komponentenweise durchgeführt.
Sei $k \in \mathbb{R}$ und sei A eine $m \times n$-Matrix, so gilt:

$$k \cdot A = \begin{pmatrix} k \cdot a_{11} & k \cdot a_{12} & k \cdot a_{13} & \dots & k \cdot a_{1n} \\ k \cdot a_{21} & k \cdot a_{22} & k \cdot a_{23} & \dots & k \cdot a_{2n} \\ \vdots & \vdots & \vdots & \vdots & \vdots \\ k \cdot a_{m1} & k \cdot a_{m2} & k \cdot a_{m3} & \dots & k \cdot a_{mn} \end{pmatrix}.$$

Definition 4.1.4

Die Addition bzw. die Subtraktion zweier Matrizen ist nur möglich, wenn die beiden Matrizen vom gleichen Typ sind. Beide Operationen werden ebenfalls

komponentenweise durchgeführt.
Seien A und B zwei $m \times n$-Matrizen, so gilt:

$$A \pm B = \begin{pmatrix} a_{11} \pm b_{11} & a_{12} \pm b_{12} & a_{13} \pm b_{13} & \dots & a_{1n} \pm b_{1n} \\ a_{21} \pm b_{21} & a_{22} \pm b_{22} & a_{23} \pm b_{23} & \dots & a_{2n} \pm b_{2n} \\ \vdots & \vdots & \vdots & \vdots & \vdots \\ a_{m1} \pm b_{m1} & a_{m2} \pm b_{m2} & a_{m3} \pm b_{m3} & \dots & a_{mn} \pm b_{mn} \end{pmatrix}.$$

Das Produkt zweier Matrizen wird auf das Skalarprodukt zweier Vektoren zurückgeführt. Dabei wird jede Zeile der ersten Matrix mit jeder Spalte der zweiten Matrix multipliziert. Dadurch ergibt sich als Voraussetzung für die Multiplikation zweier Matrizen, daß die Spaltenanzahl der ersten Matrix gleich der Zeilenanzahl der zweiten Matrix sein muß.

Definition 4.1.5
Die Multiplikation $A \cdot B$ zweier Matrizen A und B ist genau dann definiert, wenn die Anzahl der Spalten der Matrix A gleich der Anzahl der Zeilen der Matrix B ist. Ist dabei A eine $m \times n$-Matrix und B eine $n \times r$-Matrix, so ist $C = A \cdot B$ eine $m \times r$-Matrix und es gilt:

$$c_{ik} = \sum_{j=1}^{n} a_{ij} \cdot b_{jk}, 1 \leq i \leq m, 1 \leq k \leq r.$$

Beispiel 4.1.2
Gegeben seien die Matrizen

$$A = \begin{pmatrix} 2 & 1 \\ 0 & -1 \end{pmatrix}, B = \begin{pmatrix} 4 & 3 \\ 9 & -15 \\ 3 & 12 \end{pmatrix}, C = \begin{pmatrix} 1 & 4 \\ 1 & 3 \end{pmatrix},$$

$$D = \begin{pmatrix} 1 & -1 & 0 \\ 0 & -1 & 3 \end{pmatrix}, E = \begin{pmatrix} 1 & -1 \\ 0 & -1 \end{pmatrix} \text{ und } F = \begin{pmatrix} 2 & -1 & 4 \\ 0 & 3 & 2 \end{pmatrix}.$$

Dann gilt für die folgenden Verknüpfungen:

Skalarmultiplikation:

$$4 \cdot A = 4 \cdot \begin{pmatrix} 2 & 1 \\ 0 & -1 \end{pmatrix} = \begin{pmatrix} 4 \cdot 2 & 4 \cdot 1 \\ 4 \cdot 0 & 4 \cdot (-1) \end{pmatrix} = \begin{pmatrix} 8 & 4 \\ 0 & -4 \end{pmatrix}.$$

$$\begin{aligned} 0.5 \cdot B &= 0.5 \cdot \begin{pmatrix} 4 & 3 \\ 9 & -15 \\ 3 & 12 \end{pmatrix} \\ &= \begin{pmatrix} 0.5 \cdot 4 & 0.5 \cdot 3 \\ 0.5 \cdot 9 & 0.5 \cdot (-15) \\ 0.5 \cdot 3 & 0.5 \cdot 12 \end{pmatrix} = \begin{pmatrix} 2 & 1.5 \\ 4.5 & -7.5 \\ 1.5 & 6 \end{pmatrix}. \end{aligned}$$

Addition und Subtraktion:

$$C + D = \begin{pmatrix} 1 & 4 \\ 1 & 3 \end{pmatrix} + \begin{pmatrix} 1 & -1 & 0 \\ 0 & -1 & 3 \end{pmatrix}$$

ist nicht definiert, da die Typen der beiden Matrizen verschieden sind.

$$\begin{aligned} C + E &= \begin{pmatrix} 1 & 4 \\ 1 & 3 \end{pmatrix} + \begin{pmatrix} 1 & -1 \\ 0 & -1 \end{pmatrix} \\ &= \begin{pmatrix} 1+1 & 4+(-1) \\ 1+0 & 3+(-1) \end{pmatrix} = \begin{pmatrix} 2 & 3 \\ 1 & 2 \end{pmatrix}. \end{aligned}$$

$$\begin{aligned} C - E &= \begin{pmatrix} 1 & 4 \\ 1 & 3 \end{pmatrix} - \begin{pmatrix} 1 & -1 \\ 0 & -1 \end{pmatrix} \\ &= \begin{pmatrix} 1-1 & 4-(-1) \\ 1-0 & 3-(-1) \end{pmatrix} = \begin{pmatrix} 0 & 5 \\ 1 & 4 \end{pmatrix}. \end{aligned}$$

Multiplikation:

$$C \cdot F = \begin{pmatrix} 1 & 4 \\ 1 & 3 \end{pmatrix} \cdot \begin{pmatrix} 2 & -1 & 4 \\ 0 & 3 & 2 \end{pmatrix}$$

$$= \begin{pmatrix} 1 \cdot 2 + 4 \cdot 0 & 1 \cdot (-1) + 4 \cdot 3 & 1 \cdot 4 + 4 \cdot 2 \\ 1 \cdot 2 + 3 \cdot 0 & 1 \cdot (-1) + 3 \cdot 3 & 1 \cdot 4 + 3 \cdot 2 \end{pmatrix} = \begin{pmatrix} 2 & 11 & 12 \\ 2 & 8 & 10 \end{pmatrix}.$$

Das folgende Beispiel zeigt die Anwendung der Matrizenmultiplikation in der Praxis.

Beispiel 4.1.3

Eine Firma stellt aus 3 Rohstoffen über 3 Zwischenprodukte 3 Endprodukte her.

Die Mengeneinheiten der Rohstoffe, die für die jeweiligen Zwischenprodukte benötigt werden, sind durch folgende Tabelle gegeben:

	Z_1	Z_2	Z_3
R_1	5	3	0
R_2	8	1	3
R_3	2	5	2

.

Die Mengeneinheiten der Zwischenprodukte, die für die jeweiligen Endprodukte benötigt werden, sind durch folgende Tabelle gegeben:

	E_1	E_2	E_3
Z_1	2	2	1
Z_2	5	0	2
Z_3	3	7	3

.

Gesucht sind die Mengeneinheiten der Rohstoffe, die zur Herstellung der Endprodukte benötigt werden, also eine Tabelle, die den Rohstoffbedarf für die Endprodukte angibt.

Überlegt man sich, wieviel Mengeneinheiten von Rohstoff R_1 für das Endprodukt E_1 benötigt werden, so ergibt sich:

Für Z_1 werden 5 Mengeneinheiten von R_1 benötigt und für E_1 werden 2 Mengeneinheiten von Z_1 benötigt, also insgesamt $5 \cdot 2$ Mengeneinheiten von R_1 um über das Zwischenprodukt Z_1 das Endprodukt E_1 zu produzieren. Völlig analog dazu benötigt man $3 \cdot 5$ Mengeneinheiten von R_1 um über das Zwischenprodukt Z_2 das Endprodukt E_1 zu produzieren und $0 \cdot 3$ Mengeneinheiten von R_1 um über das Zwischenprodukt Z_3 das Endprodukt E_1 zu produzieren. Insgesamt benötigt man also $5 \cdot 2 + 3 \cdot 5 + 0 \cdot 3 = 15$ Mengeneinheiten von R_1 um das Endprodukt E_1 zu produzieren.

Dies ist aber gerade das Skalarprodukt der ersten Zeile der ersten Tabelle (Matrix) mit der ersten Spalte der zweiten Tabelle (Matrix).

Somit wird der Inhalt der gesuchten Tabelle als Matrizenmultiplikation der Matrizen

$$A_{RZ} = \begin{pmatrix} 5 & 3 & 0 \\ 8 & 1 & 3 \\ 2 & 5 & 2 \end{pmatrix}$$

und

$$A_{ZE} = \begin{pmatrix} 2 & 2 & 1 \\ 5 & 0 & 2 \\ 3 & 7 & 3 \end{pmatrix}$$

berechnet. Es gilt:

$$\begin{aligned} A_{RE} &= A_{RZ} \cdot A_{ZE} = \begin{pmatrix} 5 & 3 & 0 \\ 8 & 1 & 3 \\ 2 & 5 & 2 \end{pmatrix} \cdot \begin{pmatrix} 2 & 2 & 1 \\ 5 & 0 & 2 \\ 3 & 7 & 3 \end{pmatrix} \\ &= \begin{pmatrix} 5 \cdot 2 + 3 \cdot 5 + 0 \cdot 3 & 5 \cdot 2 + 3 \cdot 0 + 0 \cdot 7 & 5 \cdot 1 + 3 \cdot 2 + 0 \cdot 3 \\ 8 \cdot 2 + 1 \cdot 5 + 3 \cdot 3 & 8 \cdot 2 + 1 \cdot 0 + 3 \cdot 7 & 8 \cdot 1 + 1 \cdot 2 + 3 \cdot 3 \\ 2 \cdot 2 + 5 \cdot 5 + 2 \cdot 3 & 2 \cdot 2 + 5 \cdot 0 + 2 \cdot 7 & 2 \cdot 1 + 5 \cdot 2 + 2 \cdot 3 \end{pmatrix} \\ &= \begin{pmatrix} 25 & 10 & 11 \\ 30 & 37 & 19 \\ 35 & 18 & 18 \end{pmatrix}. \end{aligned}$$

Somit lautet die Tabelle, die die Mengeneinheiten der Rohstoffe angibt, die für die jeweiligen Endprodukte benötigt werden

	E_1	E_2	E_3
R_1	25	10	11
R_2	30	37	19
R_3	35	18	18

.

In der nächsten Definition werden einige spezielle Matrizen vorgestellt.

Definition 4.1.6

1.) Gilt $m = n$, so heißt eine $m \times m$-Matrix **quadratisch**.

2.) Eine $m \times n$-Matrix heißt **Nullmatrix** O*, falls gilt:*

$$a_{ij} = 0 \text{ für alle } 1 \le i \le m,\ 1 \le j \le n.$$

3.) Eine quadratische $m \times m$-Matrix heißt **Einheitsmatrix** E*, falls gilt:*

$$a_{ij} = 1 \text{ für } i = j \text{ und } a_{ij} = 0 \text{ für } i \ne j,\ 1 \le i \le m,\ 1 \le j \le m.$$

4.) Eine quadratische $m \times m$-Matrix heißt **Diagonalmatrix***, falls gilt:*

$$a_{ij} \ne 0 \text{ für } i = j \text{ und } a_{ij} = 0 \text{ für } i \ne j,\ 1 \le i \le m,\ 1 \le j \le n.$$

5.) Eine quadratische $m \times m$-Matrix heißt **untere Dreiecksmatrix***, falls gilt:*

$$a_{ij} = 0 \text{ für } 1 \le i < j \le m.$$

Eine quadratische $m \times m$-Matrix heißt **obere Dreiecksmatrix***, falls gilt:*

$$a_{ij} = 0 \text{ für } 1 \le j < i \le m.$$

Beispiel 4.1.4

$$A = \begin{pmatrix} 2 & 11 & 8 \\ 2 & 8 & 10 \\ 1 & -2 & -3 \end{pmatrix} \text{ ist eine quadratische Matrix.}$$

$$O = \begin{pmatrix} 0 & 0 & 0 \\ 0 & 0 & 0 \\ 0 & 0 & 0 \end{pmatrix} \text{ ist eine Nullmatrix.}$$

$$E = \begin{pmatrix} 1 & 0 & 0 \\ 0 & 1 & 0 \\ 0 & 0 & 1 \end{pmatrix} \text{ ist eine Einheitsmatrix.}$$

$$B = \begin{pmatrix} 2 & 0 & 0 \\ 0 & -5 & 0 \\ 0 & 0 & 12 \end{pmatrix} \text{ ist eine Diagonalmatrix.}$$

$$C = \begin{pmatrix} 2 & 0 & 0 \\ -1 & 5 & 0 \\ 6 & -2 & -3 \end{pmatrix}$$ ist eine untere Dreiecksmatrix.

$$D = \begin{pmatrix} 2 & -1 & 6 \\ 0 & 5 & -2 \\ 0 & 0 & -3 \end{pmatrix}$$ ist eine obere Dreiecksmatrix.

Für das Rechnen mit Matrizen gibt es eine große Anzahl von Gesetzen und Formeln. Die wichtigsten dieser Formeln sind im folgenden angegeben.

Rechenregeln für Matrizen

Seien A, B und C Matrizen und seien λ und μ reelle Zahlen. Dann gelten die folgenden Regeln, falls die Matrizenoperationen definiert sind:

$$(A+B)+C = A+(B+C)$$

$$(AB)C = A(BC)$$

$$(A+B)C = AC+BC$$

$$A(B+C) = AB+AC$$

$$(\lambda A)B = \lambda(AB) = A(\lambda B)$$

$$(\lambda A+\mu B)C = \lambda(AC)+\mu(BC)$$

$$A(\lambda B+\mu C) = \lambda(AB)+\mu(AC)$$

$$A+B = B+A$$

$$A+O = O+A$$

$$A \cdot E = E \cdot A = A, \quad A \text{ quadratische Matrix}$$

$$A \cdot O = O \cdot A = O, \quad A, O \text{ quadratische Matrizen}$$

$$\left(A^T\right)^T = A$$

$$(AB)^T = B^T \cdot A^T$$

$$(A+B)^T = A^T + B^T$$

$$(\lambda A)^T = \lambda A^T.$$

Beispiel 4.1.5
Gegeben seien

$$A = \begin{pmatrix} 1 & -1 \\ 0 & 2 \end{pmatrix},\ B = \begin{pmatrix} -1 & 0 \\ 4 & 5 \end{pmatrix},\ C = \begin{pmatrix} 3 & 1 \\ 3 & -1 \end{pmatrix},$$

$$E = \begin{pmatrix} 1 & 0 \\ 0 & 1 \end{pmatrix},\ O = \begin{pmatrix} 0 & 0 \\ 0 & 0 \end{pmatrix},\ \lambda = 2 \text{ und } \mu = 3.$$

$$\begin{aligned} 1.)\ (A+B)+C &= \left(\begin{pmatrix} 1 & -1 \\ 0 & 2 \end{pmatrix} + \begin{pmatrix} -1 & 0 \\ 4 & 5 \end{pmatrix}\right) + \begin{pmatrix} 3 & 1 \\ 3 & -1 \end{pmatrix} \\ &= \begin{pmatrix} 0 & -1 \\ 4 & 7 \end{pmatrix} + \begin{pmatrix} 3 & 1 \\ 3 & -1 \end{pmatrix} = \begin{pmatrix} 3 & 0 \\ 7 & 6 \end{pmatrix}. \end{aligned}$$

$$\begin{aligned} A+(B+C) &= \begin{pmatrix} 1 & -1 \\ 0 & 2 \end{pmatrix} + \left(\begin{pmatrix} -1 & 0 \\ 4 & 5 \end{pmatrix} + \begin{pmatrix} 3 & 1 \\ 3 & -1 \end{pmatrix}\right) \\ &= \begin{pmatrix} 1 & -1 \\ 0 & 2 \end{pmatrix} + \begin{pmatrix} 2 & 1 \\ 7 & 4 \end{pmatrix} = \begin{pmatrix} 3 & 0 \\ 7 & 6 \end{pmatrix}. \end{aligned}$$

$$\begin{aligned} 2.)\ (AB)C &= \left(\begin{pmatrix} 1 & -1 \\ 0 & 2 \end{pmatrix} \cdot \begin{pmatrix} -1 & 0 \\ 4 & 5 \end{pmatrix}\right) \cdot \begin{pmatrix} 3 & 1 \\ 3 & -1 \end{pmatrix} \\ &= \begin{pmatrix} -5 & -5 \\ 8 & 10 \end{pmatrix} \cdot \begin{pmatrix} 3 & 1 \\ 3 & -1 \end{pmatrix} = \begin{pmatrix} -30 & 0 \\ 54 & -2 \end{pmatrix}. \end{aligned}$$

$$\begin{aligned} A(BC) &= \begin{pmatrix} 1 & -1 \\ 0 & 2 \end{pmatrix} \cdot \left(\begin{pmatrix} -1 & 0 \\ 4 & 5 \end{pmatrix} \cdot \begin{pmatrix} 3 & 1 \\ 3 & -1 \end{pmatrix}\right) \\ &= \begin{pmatrix} 1 & -1 \\ 0 & 2 \end{pmatrix} \cdot \begin{pmatrix} -3 & -1 \\ 27 & -1 \end{pmatrix} = \begin{pmatrix} -30 & 0 \\ 54 & -2 \end{pmatrix}. \end{aligned}$$

$$\begin{aligned} 3.)\ (A+B)C &= \left(\begin{pmatrix} 1 & -1 \\ 0 & 2 \end{pmatrix} + \begin{pmatrix} -1 & 0 \\ 4 & 5 \end{pmatrix}\right) \cdot \begin{pmatrix} 3 & 1 \\ 3 & -1 \end{pmatrix} \\ &= \begin{pmatrix} 0 & -1 \\ 4 & 7 \end{pmatrix} \cdot \begin{pmatrix} 3 & 1 \\ 3 & -1 \end{pmatrix} = \begin{pmatrix} -3 & 1 \\ 33 & -3 \end{pmatrix}. \end{aligned}$$

$$AC + BC = \begin{pmatrix} 1 & -1 \\ 0 & 2 \end{pmatrix} \cdot \begin{pmatrix} 3 & 1 \\ 3 & -1 \end{pmatrix} + \begin{pmatrix} -1 & 0 \\ 4 & 5 \end{pmatrix} \cdot \begin{pmatrix} 3 & 1 \\ 3 & -1 \end{pmatrix}$$

$$= \begin{pmatrix} 0 & 2 \\ 6 & -2 \end{pmatrix} + \begin{pmatrix} -3 & -1 \\ 27 & -1 \end{pmatrix} = \begin{pmatrix} -3 & 1 \\ 33 & -3 \end{pmatrix}.$$

4.) $$(\lambda A)B = \left(2 \cdot \begin{pmatrix} 1 & -1 \\ 0 & 2 \end{pmatrix}\right) \cdot \begin{pmatrix} -1 & 0 \\ 4 & 5 \end{pmatrix}$$

$$= \begin{pmatrix} 2 & -2 \\ 0 & 4 \end{pmatrix} \cdot \begin{pmatrix} -1 & 0 \\ 4 & 5 \end{pmatrix} = \begin{pmatrix} -10 & -10 \\ 16 & 20 \end{pmatrix}.$$

$$\lambda(AB) = 2 \cdot \left(\begin{pmatrix} 1 & -1 \\ 0 & 2 \end{pmatrix} \cdot \begin{pmatrix} -1 & 0 \\ 4 & 5 \end{pmatrix}\right)$$

$$= 2 \cdot \begin{pmatrix} -5 & -5 \\ 8 & 10 \end{pmatrix} = \begin{pmatrix} -10 & -10 \\ 16 & 20 \end{pmatrix}.$$

$$A \cdot (\lambda B) = \begin{pmatrix} 1 & -1 \\ 0 & 2 \end{pmatrix} \cdot \left(2 \cdot \begin{pmatrix} -1 & 0 \\ 4 & 5 \end{pmatrix}\right)$$

$$= \begin{pmatrix} 1 & -1 \\ 0 & 2 \end{pmatrix} \cdot \begin{pmatrix} -2 & 0 \\ 8 & 10 \end{pmatrix} = \begin{pmatrix} -10 & -10 \\ 16 & 20 \end{pmatrix}.$$

5.) $$(\lambda A + \mu B)C = \left(2 \cdot \begin{pmatrix} 1 & -1 \\ 0 & 2 \end{pmatrix} + 3 \cdot \begin{pmatrix} -1 & 0 \\ 4 & 5 \end{pmatrix}\right) \cdot \begin{pmatrix} 3 & 1 \\ 3 & -1 \end{pmatrix}$$

$$= \left(\begin{pmatrix} 2 & -2 \\ 0 & 4 \end{pmatrix} + \begin{pmatrix} -3 & 0 \\ 12 & 15 \end{pmatrix}\right) \cdot \begin{pmatrix} 3 & 1 \\ 3 & -1 \end{pmatrix}$$

$$= \begin{pmatrix} -1 & -2 \\ 12 & 19 \end{pmatrix} \cdot \begin{pmatrix} 3 & 1 \\ 3 & -1 \end{pmatrix} = \begin{pmatrix} -9 & 1 \\ 93 & -7 \end{pmatrix}.$$

$$\lambda(AC) + \mu(BC) = 2 \cdot \left(\begin{pmatrix} 1 & -1 \\ 0 & 2 \end{pmatrix} \cdot \begin{pmatrix} 3 & 1 \\ 3 & -1 \end{pmatrix}\right)$$

$$+ 3 \cdot \left(\begin{pmatrix} -1 & 0 \\ 4 & 5 \end{pmatrix} \cdot \begin{pmatrix} 3 & 1 \\ 3 & -1 \end{pmatrix}\right)$$

$$= 2 \cdot \begin{pmatrix} 0 & 2 \\ 6 & -2 \end{pmatrix} + 3 \cdot \begin{pmatrix} -3 & -1 \\ 27 & -1 \end{pmatrix}$$

$$= \begin{pmatrix} 0 & 4 \\ 12 & -4 \end{pmatrix} + \begin{pmatrix} -9 & -3 \\ 81 & -3 \end{pmatrix} = \begin{pmatrix} -9 & 1 \\ 93 & -7 \end{pmatrix}.$$

6.) $$A + B = \begin{pmatrix} 1 & -1 \\ 0 & 2 \end{pmatrix} + \begin{pmatrix} -1 & 0 \\ 4 & 5 \end{pmatrix} = \begin{pmatrix} 0 & -1 \\ 4 & 7 \end{pmatrix}.$$

$$B + A = \begin{pmatrix} -1 & 0 \\ 4 & 5 \end{pmatrix} + \begin{pmatrix} 1 & -1 \\ 0 & 2 \end{pmatrix} = \begin{pmatrix} 0 & -1 \\ 4 & 7 \end{pmatrix}.$$

7.) $$\left(A^T\right)^T = \left(\begin{pmatrix} 1 & -1 \\ 0 & 2 \end{pmatrix}^T\right)^T = \begin{pmatrix} 1 & 0 \\ -1 & 2 \end{pmatrix}^T = \begin{pmatrix} 1 & -1 \\ 0 & 2 \end{pmatrix} = A.$$

8.) $$(AB)^T = \left(\begin{pmatrix} 1 & -1 \\ 0 & 2 \end{pmatrix} \cdot \begin{pmatrix} -1 & 0 \\ 4 & 5 \end{pmatrix}\right)^T = \begin{pmatrix} -5 & -5 \\ 8 & 10 \end{pmatrix}^T = \begin{pmatrix} -5 & 8 \\ -5 & 10 \end{pmatrix}.$$

$$B^T A^T = \begin{pmatrix} -1 & 0 \\ 4 & 5 \end{pmatrix}^T \cdot \begin{pmatrix} 1 & -1 \\ 0 & 2 \end{pmatrix}^T = \begin{pmatrix} -1 & 4 \\ 0 & 5 \end{pmatrix} \cdot \begin{pmatrix} 1 & 0 \\ -1 & 2 \end{pmatrix} = \begin{pmatrix} -5 & 8 \\ -5 & 10 \end{pmatrix}.$$

9.) $$(A+B)^T = \left(\begin{pmatrix} 1 & -1 \\ 0 & 2 \end{pmatrix} + \begin{pmatrix} -1 & 0 \\ 4 & 5 \end{pmatrix}\right)^T$$

$$= \begin{pmatrix} 0 & -1 \\ 4 & 7 \end{pmatrix}^T = \begin{pmatrix} 0 & 4 \\ -1 & 7 \end{pmatrix}.$$

$$A^T + B^T = \begin{pmatrix} 1 & -1 \\ 0 & 2 \end{pmatrix}^T + \begin{pmatrix} -1 & 0 \\ 4 & 5 \end{pmatrix}^T$$

$$= \begin{pmatrix} 1 & 0 \\ -1 & 2 \end{pmatrix} + \begin{pmatrix} -1 & 4 \\ 0 & 5 \end{pmatrix} = \begin{pmatrix} 0 & 4 \\ -1 & 7 \end{pmatrix}.$$

Die Sachverhalte im folgenden Beispiel sollen zeigen, daß beim Rechnen mit Matrizen Vorsicht geboten ist. Manche Rechenregeln oder Eigenschaften, die vom Rechnen mit reellen Zahlen geläufig sind, können nicht auf das Rechnen mit Matrizen übertragen werden.

Beispiel 4.1.6

1.) $$A \cdot B = \begin{pmatrix} 1 & -1 \\ -1 & 1 \end{pmatrix} \cdot \begin{pmatrix} 3 & 3 \\ 3 & 3 \end{pmatrix} = \begin{pmatrix} 0 & 0 \\ 0 & 0 \end{pmatrix}.$$

Das Produkt $A \cdot B$ ist gleich der Nullmatrix, ohne daß A oder B gleich der Nullmatrix sind.

2.) $$A \cdot B = \begin{pmatrix} 3 & -2 \\ 4 & 5 \end{pmatrix} \cdot \begin{pmatrix} -1 & 4 \\ 7 & -2 \end{pmatrix} = \begin{pmatrix} -17 & 16 \\ 31 & 6 \end{pmatrix}.$$

$$B \cdot A = \begin{pmatrix} -1 & 4 \\ 7 & -2 \end{pmatrix} \cdot \begin{pmatrix} 3 & -2 \\ 4 & 5 \end{pmatrix} = \begin{pmatrix} 13 & 22 \\ 13 & -24 \end{pmatrix}.$$

An diesen zwei Produkten sieht man, daß die Matrizenmultiplikation nicht kommutativ ist, d.h. in der Regel gilt $AB \neq BA$.

3.) Seien $A = \begin{pmatrix} 2 & 7 \\ 12 & -2 \end{pmatrix}$ und $B = \begin{pmatrix} 3 & -1 \\ 0 & -3 \end{pmatrix}$.

Dann gilt:

$$(A+B)^2 = \begin{pmatrix} 5 & 6 \\ 12 & -5 \end{pmatrix} \cdot \begin{pmatrix} 5 & 6 \\ 12 & -5 \end{pmatrix} = \begin{pmatrix} 97 & 0 \\ 0 & 97 \end{pmatrix} \text{ und}$$

$$A^2 + B^2 = \begin{pmatrix} 88 & 0 \\ 0 & 88 \end{pmatrix} + \begin{pmatrix} 9 & 0 \\ 0 & 9 \end{pmatrix} = \begin{pmatrix} 97 & 0 \\ 0 & 97 \end{pmatrix}.$$

Es gilt also $(A + B)^2 = A^2 + B^2$, ohne daß eine der beiden Matrizen gleich der Nullmatix ist. Dieser Fehler wird häufig bei der Anwendung von binomischen Formeln bei reellen Zahlen gemacht.

Der in der folgenden Definition erklärte Rang einer Matrix wird im nächsten Kapitel zum Nachweis der Existenz und der Anzahl der Lösungen von linearen Gleichungssystemen benötigt.

Definition 4.1.7
Der **Rang** $rg(A)$ *einer Matrix ist die maximale Anzahl linear unabhängiger Zeilen oder Spalten.*

Ein Verfahren zur Rangbestimmung wird im folgenden angegeben. Die Ausgangsmatrix

$$A = \begin{pmatrix} a_{11} & a_{12} & a_{13} & \dots & a_{1n} \\ a_{21} & a_{22} & a_{23} & \dots & a_{2n} \\ \vdots & \vdots & \vdots & \vdots & \vdots \\ a_{m1} & a_{m2} & a_{m3} & \dots & a_{mn} \end{pmatrix}$$

wird mittels der drei Umformungen

1.) Vertauschen zweier Zeilen

2.) Multiplikation einer Zeile mit $c \neq 0$

3.) Addition des Vielfachen einer Zeile zum Vielfachen einer anderen Zeile

so lange umgeformt, bis sie die folgende Gestalt erreicht hat:

$$A^* = \begin{pmatrix} a^*_{11} & a^*_{12} & a^*_{13} & \dots & a^*_{1,k-1} & a^*_{1k} & \dots & a^*_{1n} \\ 0 & a^*_{22} & a^*_{23} & \dots & a^*_{2,k-1} & a^*_{2k} & \dots & a^*_{2n} \\ 0 & 0 & a^*_{33} & \dots & a^*_{3,k-1} & a^*_{3k} & \dots & a^*_{3n} \\ \vdots & \vdots & \vdots & \dots & \vdots & \vdots & \dots & \vdots \\ 0 & 0 & 0 & \dots & 0 & a^*_{kk} & \dots & a^*_{kn} \\ 0 & 0 & 0 & \dots & 0 & 0 & \dots & 0 \\ \vdots & \vdots & \vdots & \dots & \vdots & \vdots & \dots & \vdots \\ 0 & 0 & 0 & \dots & 0 & 0 & \dots & 0 \end{pmatrix}$$

mit $a^*_{ii} \neq 0, 1 \leq i \leq k$.
Die Matrizen A^* und A besitzen den gleichen Rang und es gilt:

$$rg(A) = rg(A^*) = k.$$

Beispiel 4.1.7

Sei $A = \begin{pmatrix} 2 & 4 \\ 1 & 2 \end{pmatrix}$. Dann folgt:

$$\begin{pmatrix} 2 & 4 \\ 1 & 2 \end{pmatrix} \begin{matrix} \text{I} \\ \text{II} \end{matrix} \sim$$

$$\begin{pmatrix} 2 & 4 \\ 0 & 0 \end{pmatrix} \begin{matrix} \text{I} \\ \text{I} - 2 \cdot \text{II}. \end{matrix}$$

Damit gilt: $rg(A) = 1$.

Sei $B = \begin{pmatrix} 1 & 5 \\ -1 & 7 \end{pmatrix}$. Dann folgt:

$$\begin{pmatrix} 1 & 5 \\ -1 & 7 \end{pmatrix} \begin{matrix} \text{I} \\ \text{II} \end{matrix} \sim$$

$$\begin{pmatrix} 1 & 5 \\ 0 & 12 \end{pmatrix} \begin{matrix} \text{I} \\ \text{I} + \text{II}. \end{matrix}$$

Damit gilt: $rg(B) = 2$.

Sei $C = \begin{pmatrix} 1 & 2 & 0 \\ -1 & 5 & 4 \\ 8 & 9 & 3 \end{pmatrix}$. Dann folgt:

$$\begin{pmatrix} 1 & 2 & 0 \\ -1 & 5 & 4 \\ 8 & 9 & 3 \end{pmatrix} \begin{matrix} \mathrm{I} \\ \mathrm{II} \\ \mathrm{III} \end{matrix} \quad \sim$$

$$\begin{pmatrix} 1 & 2 & 0 \\ 0 & 7 & 4 \\ 0 & 7 & -3 \end{pmatrix} \begin{matrix} \mathrm{I} & & \\ \mathrm{I} + \mathrm{II} & \widehat{=} & \mathrm{IV} \\ 8 \cdot \mathrm{I} - \mathrm{III} & \widehat{=} & \mathrm{V} \end{matrix} \quad \sim$$

$$\begin{pmatrix} 1 & 2 & 0 \\ 0 & 7 & 4 \\ 0 & 0 & 7 \end{pmatrix} \begin{matrix} \mathrm{I} \\ \mathrm{IV} \\ \mathrm{IV} - \mathrm{V}. \end{matrix}$$

Damit gilt: $rg(C) = 3$.

Sei $D = \begin{pmatrix} 1 & 4 & -1 & 3 & 2 & -2 & 1 \\ 3 & 0 & -2 & 4 & 2 & 2 & 2 \\ -1 & 1 & 0 & 0 & 3 & 3 & 5 \\ 2 & -3 & -1 & 1 & 5 & 7 & 2 \\ -8 & 9 & 4 & -6 & 1 & -7 & 1 \\ -8 & 6 & 3 & -5 & 2 & 0 & 11 \end{pmatrix}$. Dann folgt:

$$\begin{pmatrix} 1 & 4 & -1 & 3 & 2 & -2 & 1 \\ 3 & 0 & -2 & 4 & 2 & 2 & 2 \\ -1 & 1 & 0 & 0 & 3 & 3 & 5 \\ 2 & -3 & -1 & 1 & 5 & 7 & 2 \\ -8 & 9 & 4 & -6 & 1 & -7 & 1 \\ -8 & 6 & 3 & -5 & 2 & 0 & 11 \end{pmatrix} \begin{matrix} \mathrm{I} \\ \mathrm{II} \\ \mathrm{III} \\ \mathrm{IV} \\ \mathrm{V} \\ \mathrm{VI} \end{matrix} \quad \sim$$

$$\begin{pmatrix} 1 & 4 & -1 & 3 & 2 & -2 & 1 \\ 0 & 12 & -1 & 5 & 4 & -8 & 1 \\ 0 & 5 & -1 & 3 & 5 & 1 & 6 \\ 0 & -1 & -1 & 1 & 11 & 13 & 12 \\ 0 & -3 & 0 & -2 & 21 & 21 & 9 \\ 0 & 3 & 1 & -1 & -1 & -7 & -10 \end{pmatrix} \begin{matrix} \mathrm{I} & & \\ 3\cdot\mathrm{I}-\mathrm{II} & \widehat{=} & \mathrm{VII} \\ \mathrm{I}+\mathrm{III} & \widehat{=} & \mathrm{VIII} \\ 2\cdot\mathrm{III}+\mathrm{IV} & \widehat{=} & \mathrm{IX} \\ 4\cdot\mathrm{IV}+\mathrm{V} & \widehat{=} & \mathrm{X} \\ \mathrm{V}-\mathrm{VI} & \widehat{=} & \mathrm{XI} \end{matrix} \sim$$

$$\begin{pmatrix} 1 & 4 & -1 & 3 & 2 & -2 & 1 \\ 0 & 12 & -1 & 5 & 4 & -8 & 1 \\ 0 & 0 & -13 & 17 & 136 & 148 & 145 \\ 0 & 0 & -6 & 8 & 60 & 66 & 66 \\ 0 & 0 & -3 & 5 & 12 & 18 & 27 \\ 0 & 0 & 1 & -3 & 20 & 14 & -1 \end{pmatrix} \begin{matrix} \mathrm{I} & & \\ \mathrm{VII} & & \\ \mathrm{VII}+12\cdot\mathrm{IX} & \widehat{=} & \mathrm{XII} \\ \mathrm{VIII}+5\cdot\mathrm{IX} & \widehat{=} & \mathrm{XIII} \\ 3\cdot\mathrm{IX}-\mathrm{X} & \widehat{=} & \mathrm{XIV} \\ \mathrm{X}+\mathrm{XI} & \widehat{=} & \mathrm{XV} \end{matrix} \sim$$

$$\begin{pmatrix} 1 & 4 & -1 & 3 & 2 & -2 & 1 \\ 0 & 12 & -1 & 5 & 4 & -8 & 1 \\ 0 & 0 & -13 & 17 & 136 & 148 & 145 \\ 0 & 0 & 0 & -10 & 180 & 150 & 60 \\ 0 & 0 & 0 & -22 & 396 & 330 & 132 \\ 0 & 0 & 0 & -4 & 72 & 60 & 24 \end{pmatrix} \begin{matrix} \mathrm{I} & & \\ \mathrm{VII} & & \\ \mathrm{XII} & & \\ \mathrm{XIII}+6\cdot\mathrm{XV} & \widehat{=} & \mathrm{XVI} \\ \mathrm{XII}+13\cdot\mathrm{XV} & \widehat{=} & \mathrm{XVII} \\ \mathrm{XIV}+3\cdot\mathrm{XV} & \widehat{=} & \mathrm{XVIII} \end{matrix}$$

$$\begin{pmatrix} 1 & 4 & -1 & 3 & 2 & -2 & 1 \\ 0 & 12 & -1 & 5 & 4 & -8 & 1 \\ 0 & 0 & -13 & 17 & 136 & 148 & 145 \\ 0 & 0 & 0 & 1 & -18 & -15 & -6 \\ 0 & 0 & 0 & 0 & 0 & 0 & 0 \\ 0 & 0 & 0 & 0 & 0 & 0 & 0 \end{pmatrix} \begin{matrix} \mathrm{I} \\ \mathrm{VII} \\ \mathrm{XII} \\ \mathrm{XVI}:10 \\ 22\cdot\mathrm{XVI}-10\cdot\mathrm{XVII} \\ 4\cdot\mathrm{XVI}-10\cdot\mathrm{XVIII}. \end{matrix} \sim$$

Damit gilt: $rg(D) = 4$.

4.2 Inverse Matrizen

Inverse Matrizen sind beim Lösen von Matrizengleichungen und auch beim Lösen von linearen Gleichungssystemen wertvolle Hilfsmittel.

Definition 4.2.1
Sei A eine quadratische Matrix. Falls es eine Matrix A^{-1} gibt mit

$$A \cdot A^{-1} = A^{-1} \cdot A = E,$$

so heißt die Matrix A^{-1} die **inverse Matrix** *von A.*

Die inverse Matrix existiert genau dann, wenn die $n \times n$-Matrix A den Rang n hat. Sie kann dann mit nachfolgendem Verfahren ermittelt werden.

Ausgehend von dem Schema $(A|E)$:

$$\left(\begin{array}{ccccc|ccccc} a_{11} & a_{12} & a_{13} & \dots & a_{1n} & 1 & 0 & 0 & \dots & 0 \\ a_{21} & a_{22} & a_{23} & \dots & a_{2n} & 0 & 1 & 0 & \dots & 0 \\ \vdots & \vdots & \vdots & \vdots & \vdots & \vdots & \vdots & \vdots & \vdots & \vdots \\ a_{n1} & a_{n2} & a_{n3} & \dots & a_{nn} & 0 & 0 & 0 & \dots & 1 \end{array}\right)$$

wird mittels der drei Umformungen

1.) Vertauschen zweier Zeilen

2.) Multiplikation einer Zeile mit $c \neq 0$

3.) Addition des Vielfachen einer Zeile zum Vielfachen einer anderen Zeile

so lange verändert, bis folgendes Schema $\left(E|A^{-1}\right)$ erzeugt ist:

$$\left(\begin{array}{ccccc|ccccc} 1 & 0 & 0 & \dots & 0 & a_{11}^* & a_{12}^* & a_{13}^* & \dots & a_{1n}^* \\ 0 & 1 & 0 & \dots & 0 & a_{21}^* & a_{22}^* & a_{23}^* & \dots & a_{2n}^* \\ \vdots & \vdots & \vdots & \vdots & \vdots & \vdots & \vdots & \vdots & \vdots & \vdots \\ 0 & 0 & 0 & \dots & 1 & a_{n1}^* & a_{n2}^* & a_{n3}^* & \dots & a_{nn}^* \end{array}\right).$$

Aus diesem Schema kann dann die inverse Matrix abgelesen werden:

$$A^{-1} = \begin{pmatrix} a_{11}^* & a_{12}^* & a_{13}^* & \dots & a_{1n}^* \\ a_{21}^* & a_{22}^* & a_{23}^* & \dots & a_{2n}^* \\ \vdots & \vdots & \vdots & \vdots & \vdots \\ a_{n1}^* & a_{n2}^* & a_{n3}^* & \dots & a_{nn}^* \end{pmatrix}.$$

Beispiel 4.2.1
Gegeben sei die Matrix

$$A = \begin{pmatrix} 2 & 7 \\ 4 & 15 \end{pmatrix}.$$

Dann gilt:

$$\left(\begin{array}{cc|cc} 2 & 7 & 1 & 0 \\ 4 & 15 & 0 & 1 \end{array}\right) \quad \begin{array}{l} \mathrm{I} \\ \mathrm{II} \end{array} \quad \sim$$

$$\left(\begin{array}{cc|cc} 2 & 7 & 1 & 0 \\ 0 & -1 & 2 & -1 \end{array}\right) \quad \begin{array}{l} \mathrm{I} \\ 2\cdot\mathrm{I} - \mathrm{II} \;\widehat{=}\; \mathrm{III} \end{array} \quad \sim$$

$$\left(\begin{array}{cc|cc} 2 & 0 & 15 & -7 \\ 0 & -1 & 2 & -1 \end{array}\right) \quad \begin{array}{l} \mathrm{I} + 7\cdot\mathrm{III} \;\widehat{=}\; \mathrm{IV} \\ \mathrm{III} \end{array} \quad \sim$$

$$\left(\begin{array}{cc|cc} 1 & 0 & \frac{15}{2} & -\frac{7}{2} \\ 0 & 1 & -2 & 1 \end{array}\right) \quad \begin{array}{l} \mathrm{IV} : 2 \\ \mathrm{III} : (-1). \end{array}$$

Damit gilt :

$$A^{-1} = \begin{pmatrix} \frac{15}{2} & -\frac{7}{2} \\ -2 & 1 \end{pmatrix}.$$

Gegeben sei die Matrix

$$B = \begin{pmatrix} 1 & 2 \\ 2 & 4 \end{pmatrix}.$$

Dann gilt:

$$\left(\begin{array}{cc|cc} 1 & 2 & 1 & 0 \\ 2 & 4 & 0 & 1 \end{array}\right) \quad \begin{array}{l} \mathrm{I} \\ \mathrm{II} \end{array} \quad \sim$$

$$\left(\begin{array}{cc|cc} 1 & 2 & 1 & 0 \\ 0 & 0 & 2 & -1 \end{array}\right) \quad \begin{array}{l} \text{I} \\ 2\cdot\text{I}-\text{II} \;\widehat{=}\; \text{III}. \end{array}$$

Wegen $rg(B) = 1 < 2$ existiert keine inverse Matrix B^{-1}.

Gegeben sei die Matrix

$$C = \begin{pmatrix} 1 & -2 & -2 \\ 3 & -1 & 0 \\ 5 & 4 & 7 \end{pmatrix}.$$

Dann gilt:

$$\left(\begin{array}{ccc|ccc} 1 & -2 & -2 & 1 & 0 & 0 \\ 3 & -1 & 0 & 0 & 1 & 0 \\ 5 & 4 & 7 & 0 & 0 & 1 \end{array}\right) \quad \begin{array}{l} \text{I} \\ \text{II} \\ \text{III} \end{array} \quad \sim$$

$$\left(\begin{array}{ccc|ccc} 1 & -2 & -2 & 1 & 0 & 0 \\ 0 & -5 & -6 & 3 & -1 & 0 \\ 0 & -14 & -17 & 5 & 0 & -1 \end{array}\right) \quad \begin{array}{lcl} \text{I} & & \\ 3\cdot\text{I}-\text{II} & \widehat{=} & \text{IV} \\ 5\cdot\text{I}-\text{III} & \widehat{=} & \text{V} \end{array} \quad \sim$$

$$\left(\begin{array}{ccc|ccc} 5 & 0 & 2 & -1 & 2 & 0 \\ 0 & -5 & -6 & 3 & -1 & 0 \\ 0 & 0 & 1 & 17 & -14 & 5 \end{array}\right) \quad \begin{array}{lcl} 5\cdot\text{I}-2\cdot\text{IV} & \widehat{=} & \text{VI} \\ \text{IV} & & \\ 14\cdot\text{IV}-5\cdot\text{V} & \widehat{=} & \text{VII} \end{array} \quad \sim$$

$$\left(\begin{array}{ccc|ccc} 5 & 0 & 0 & -35 & 30 & -10 \\ 0 & -5 & 0 & 105 & -85 & 30 \\ 0 & 0 & 1 & 17 & -14 & 5 \end{array}\right) \quad \begin{array}{lcl} \text{VI}-2\cdot\text{VII} & \widehat{=} & \text{VIII} \\ \text{IV}+6\cdot\text{VII} & \widehat{=} & \text{IX} \\ \text{VII} & & \end{array} \quad \sim$$

$$\left(\begin{array}{ccc|ccc} 1 & 0 & 0 & -7 & 6 & -2 \\ 0 & 1 & 0 & -21 & 17 & -6 \\ 0 & 0 & 1 & 17 & -14 & 5 \end{array}\right) \quad \begin{array}{l} \text{VIII} : 5 \\ \text{IX} : (-5) \\ \text{VII}. \end{array}$$

Damit gilt :

$$C^{-1} = \begin{pmatrix} -7 & 6 & -2 \\ -21 & 17 & -6 \\ 17 & -14 & 5 \end{pmatrix}.$$

Gegeben sei die Matrix

$$D = \begin{pmatrix} 1 & 2 & -1 & 3 \\ 2 & 0 & 1 & -1 \\ -2 & -1 & 0 & 1 \\ 1 & -1 & 2 & 2 \end{pmatrix}.$$

Dann gilt:

$$\left(\begin{array}{rrrr|rrrr} 1 & 2 & -1 & 3 & 1 & 0 & 0 & 0 \\ 2 & 0 & 1 & -1 & 0 & 1 & 0 & 0 \\ -2 & -1 & 0 & 1 & 0 & 0 & 1 & 0 \\ 1 & -1 & 2 & 2 & 0 & 0 & 0 & 1 \end{array}\right) \begin{array}{l} \mathrm{I} \\ \mathrm{II} \\ \mathrm{III} \\ \mathrm{IV} \end{array} \sim$$

$$\left(\begin{array}{rrrr|rrrr} 1 & 2 & -1 & 3 & 1 & 0 & 0 & 0 \\ 0 & 4 & -3 & 7 & 2 & -1 & 0 & 0 \\ 0 & -1 & 1 & 0 & 0 & 1 & 1 & 0 \\ 0 & 3 & -3 & 1 & 1 & 0 & 0 & -1 \end{array}\right) \begin{array}{lcl} \mathrm{I} & & \\ 2 \cdot \mathrm{I} - \mathrm{II} & \widehat{=} & \mathrm{V} \\ \mathrm{II} + \mathrm{III} & \widehat{=} & \mathrm{VI} \\ \mathrm{I} - \mathrm{IV} & \widehat{=} & \mathrm{VII} \end{array} \sim$$

$$\left(\begin{array}{rrrr|rrrr} 1 & 0 & 1 & 3 & 1 & 2 & 2 & 0 \\ 0 & 4 & -3 & 7 & 2 & -1 & 0 & 0 \\ 0 & 0 & 1 & 7 & 2 & 3 & 4 & 0 \\ 0 & 0 & 0 & 1 & 1 & 3 & 3 & -1 \end{array}\right) \begin{array}{lcl} \mathrm{I} + 2 \cdot \mathrm{VI} & \widehat{=} & \mathrm{VIII} \\ \mathrm{V} & & \\ \mathrm{V} + 4 \cdot \mathrm{VI} & \widehat{=} & \mathrm{IX} \\ 3 \cdot \mathrm{VI} + \mathrm{VII} & \widehat{=} & \mathrm{X} \end{array} \sim$$

$$\left(\begin{array}{rrrr|rrrr} 1 & 0 & 0 & -4 & -1 & -1 & -2 & 0 \\ 0 & 4 & 0 & 28 & 8 & 8 & 12 & 0 \\ 0 & 0 & 1 & 7 & 2 & 3 & 4 & 0 \\ 0 & 0 & 0 & 1 & 1 & 3 & 3 & -1 \end{array}\right) \begin{array}{lcl} \mathrm{VIII} - \mathrm{IX} & \widehat{=} & \mathrm{XI} \\ \mathrm{V} + 3 \cdot \mathrm{IX} & \widehat{=} & \mathrm{XII} \\ \mathrm{IX} & & \\ \mathrm{X} & & \end{array} \sim$$

$$\left(\begin{array}{rrrr|rrrr} 1 & 0 & 0 & 0 & 3 & 11 & 10 & -4 \\ 0 & 4 & 0 & 0 & -20 & -76 & -72 & 28 \\ 0 & 0 & 1 & 0 & -5 & -18 & -17 & 7 \\ 0 & 0 & 0 & 1 & 1 & 3 & 3 & -1 \end{array}\right) \begin{array}{lcl} \mathrm{XI} + 4 \cdot \mathrm{X} & \widehat{=} & \mathrm{XIII} \\ \mathrm{XII} - 28 \cdot \mathrm{X} & \widehat{=} & \mathrm{XIV} \\ \mathrm{IX} - 7 \cdot \mathrm{X} & \widehat{=} & \mathrm{XV} \\ \mathrm{X} & & \end{array} \sim$$

$$\left(\begin{array}{rrrr|rrrr} 1 & 0 & 0 & 0 & 3 & 11 & 10 & -4 \\ 0 & 1 & 0 & 0 & -5 & -19 & -18 & 7 \\ 0 & 0 & 1 & 0 & -5 & -18 & -17 & 7 \\ 0 & 0 & 0 & 1 & 1 & 3 & 3 & -1 \end{array}\right) \begin{array}{l} \mathrm{XIII} \\ \mathrm{XIV} : 4 \\ \mathrm{XV} \\ \mathrm{X}. \end{array}$$

Damit gilt :

$$D^{-1} = \begin{pmatrix} 3 & 11 & 10 & -4 \\ -5 & -19 & -18 & 7 \\ -5 & -18 & -17 & 7 \\ 1 & 3 & 3 & -1 \end{pmatrix}.$$

Für das Rechnen mit inversen Matrizen gibt es einige Rechenregeln.

Rechenregeln für inverse Matrizen

Seien A, B invertierbare Matrizen und sei λ eine reelle Zahl. Dann gelten die folgenden Regeln:

$$\left(A^{-1}\right)^{-1} = A$$

$$(AB)^{-1} = B^{-1} \cdot A^{-1}$$

$$(\lambda A)^{-1} = \frac{1}{\lambda} A^{-1}, \lambda \neq 0$$

$$\left(A^T\right)^{-1} = \left(A^{-1}\right)^T.$$

Beispiel 4.2.2

Gegeben seien

$$A = \begin{pmatrix} 1 & -1 \\ 0 & 2 \end{pmatrix}, \; B = \begin{pmatrix} -1 & 0 \\ 4 & 5 \end{pmatrix} \text{ und } \lambda = 2.$$

Daraus folgen nach elementaren Zwischenrechnungen

$$A^{-1} = \begin{pmatrix} 1 & \frac{1}{2} \\ 0 & \frac{1}{2} \end{pmatrix}, \; B^{-1} = \begin{pmatrix} -1 & 0 \\ \frac{4}{5} & \frac{1}{5} \end{pmatrix},$$

$$AB = \begin{pmatrix} -5 & -5 \\ 8 & 10 \end{pmatrix} \text{ und } (AB)^{-1} = \begin{pmatrix} -1 & -\frac{1}{2} \\ \frac{4}{5} & \frac{1}{2} \end{pmatrix}.$$

$$\text{1.) } \left(A^{-1}\right)^{-1} = \left(\begin{pmatrix} 1 & -1 \\ 0 & 2 \end{pmatrix}^{-1}\right)^{-1} = \begin{pmatrix} 1 & -\frac{1}{2} \\ 0 & -\frac{1}{2} \end{pmatrix}^{-1}$$

$$= \begin{pmatrix} 1 & -1 \\ 0 & 2 \end{pmatrix} = A.$$

$$2.)\ (AB)^{-1} = \left(\begin{pmatrix} 1 & -1 \\ 0 & 2 \end{pmatrix} \cdot \begin{pmatrix} -1 & 0 \\ 4 & 5 \end{pmatrix} \right)^{-1}$$

$$= \begin{pmatrix} -5 & -5 \\ 8 & 10 \end{pmatrix}^{-1} = \begin{pmatrix} -1 & -\frac{1}{2} \\ \frac{4}{5} & \frac{1}{2} \end{pmatrix}.$$

$$B^{-1}A^{-1} = \begin{pmatrix} -1 & 0 \\ 4 & 5 \end{pmatrix}^{-1} \cdot \begin{pmatrix} 1 & -1 \\ 0 & 2 \end{pmatrix}^{-1}$$

$$= \begin{pmatrix} -1 & 0 \\ \frac{4}{5} & \frac{1}{5} \end{pmatrix} \cdot \begin{pmatrix} 1 & \frac{1}{2} \\ 0 & \frac{1}{2} \end{pmatrix} = \begin{pmatrix} -1 & -\frac{1}{2} \\ \frac{4}{5} & \frac{1}{2} \end{pmatrix}.$$

$$3.)\ (\lambda A)^{-1} = \left(2 \cdot \begin{pmatrix} 1 & -1 \\ 0 & 2 \end{pmatrix} \right)^{-1}$$

$$= \begin{pmatrix} 2 & -2 \\ 0 & 4 \end{pmatrix}^{-1} = \begin{pmatrix} \frac{1}{2} & \frac{1}{4} \\ 0 & \frac{1}{4} \end{pmatrix}.$$

$$\frac{1}{\lambda}A^{-1} = \frac{1}{2} \cdot \begin{pmatrix} 1 & \frac{1}{2} \\ 0 & \frac{1}{2} \end{pmatrix} = \begin{pmatrix} \frac{1}{2} & \frac{1}{4} \\ 0 & \frac{1}{4} \end{pmatrix}.$$

$$4.)\ (A^T)^{-1} = \left(\begin{pmatrix} 1 & -1 \\ 0 & 2 \end{pmatrix}^T \right)^{-1} = \begin{pmatrix} 1 & 0 \\ -1 & 2 \end{pmatrix}^{-1}$$

$$= \begin{pmatrix} 1 & 0 \\ \frac{1}{2} & \frac{1}{2} \end{pmatrix}.$$

$$(A^{-1})^T = \begin{pmatrix} 1 & \frac{1}{2} \\ 0 & \frac{1}{2} \end{pmatrix}^T = \begin{pmatrix} 1 & 0 \\ \frac{1}{2} & \frac{1}{2} \end{pmatrix}.$$

In den folgenden Definitionen werden Eigenschaften von Matrizen vorgestellt, bei denen inverse Matrizen vorkommen.

Definition 4.2.2
Eine Matrix vom Typ $n \times n$ heißt **regulär**, *falls sie den Rang n hat.*

Definition 4.2.3
Zwei Matrizen A und A' vom Typ $m \times n$ heißen **äquivalent**, *falls es eine reguläre Matrix S vom Typ $m \times m$ und eine reguläre Matrix T vom Typ $n \times n$ gibt mit*

$$A' = SAT^{-1}.$$

Definition 4.2.4
Zwei Matrizen A und A' vom Typ $n \times n$ heißen **ähnlich**, *falls es eine reguläre Matrix T vom Typ $n \times n$ gibt mit*

$$A' = TAT^{-1}.$$

Die beiden obenstehenden Formeln werden später bei der Darstellung linearer Abbildungen in unterschiedlichen Koordinatensystemen eine wichtige Rolle spielen.

Beispiel 4.2.3
Die beiden Matrizen $A = \begin{pmatrix} 2 & -1 & 5 \\ 7 & 1 & 3 \end{pmatrix}$ und $A' = \begin{pmatrix} 59 & 4 & -94 \\ 20 & 9 & -41 \end{pmatrix}$

sind äquivalent, da mit

$$S = \begin{pmatrix} 5 & 2 \\ 3 & -1 \end{pmatrix}, T = \begin{pmatrix} 2 & 3 & -1 \\ 0 & 2 & -1 \\ 1 & 2 & -1 \end{pmatrix} \text{ und } T^{-1} = \begin{pmatrix} 0 & -1 & 1 \\ 1 & 1 & -2 \\ 2 & 1 & -4 \end{pmatrix} \text{ gilt:}$$

$$A' = SAT^{-1}.$$

Die beiden Matrizen $A = \begin{pmatrix} 4 & -1 \\ 1 & 3 \end{pmatrix}$ und $A' = \begin{pmatrix} 41 & -67 \\ 21 & -34 \end{pmatrix}$

sind ähnlich, da mit

$$T = \begin{pmatrix} 2 & 7 \\ 1 & 4 \end{pmatrix} \text{ und } T^{-1} = \begin{pmatrix} 4 & -7 \\ -1 & 2 \end{pmatrix} \text{ gilt:}$$

$$A' = TAT^{-1}.$$

4.3 Determinanten

In einigen Anwendungen ist es erforderlich, einer Matrix eine reelle Zahl (einen Skalar) zuzuordnen, ähnlich wie bei der Definition des Rangs. In den nächsten Definitionen wird die **Determinante**, eine lineare Abbildung, die einer $n \times n$-Matrix eine reelle Zahl zuordnet, erklärt. Determinanten spielen eine zentrale Rolle bei der Theorie der linearen Gleichungssysteme.

Die Schreibweise für die Determinante einer Matrix A ist

$$det(A) = |A| = \begin{vmatrix} a_{11} & a_{12} & a_{13} & \dots & a_{1n} \\ a_{21} & a_{22} & a_{23} & \dots & a_{2n} \\ \vdots & \vdots & \vdots & \ddots & \vdots \\ a_{n1} & a_{n2} & a_{n3} & \dots & a_{nn} \end{vmatrix}.$$

Definition 4.3.1
Für $n = 2$ gilt:

$$det(A) = \begin{vmatrix} a_{11} & a_{12} \\ a_{21} & a_{22} \end{vmatrix} = a_{11}a_{22} - a_{12}a_{21}.$$

Für $n = 3$ gilt:

$$\begin{aligned} det(A) &= \begin{vmatrix} a_{11} & a_{12} & a_{13} \\ a_{21} & a_{22} & a_{23} \\ a_{31} & a_{32} & a_{33} \end{vmatrix} \\ &= a_{11}a_{22}a_{33} + a_{12}a_{23}a_{31} + a_{13}a_{21}a_{32} \\ &\quad - a_{31}a_{22}a_{13} - a_{32}a_{23}a_{11} - a_{33}a_{21}a_{12}. \end{aligned}$$

Der Fall $n = 3$ wird auch als die Regel von Sarrus (P. Sarrus, 1768-1861) bezeichnet: Man fügt der Ausgangsmatrix die ersten beiden Spalten nochmals hinzu und subtrahiert von der Summe der 3 Produkte der Hauptdiagonalen (links oben nach rechts unten) die Summe der 3 Produkte der Nebendiagonalen (links unten nach rechts oben).

Für die Fälle $n \geq 4$ wird folgende Definition benötigt:

Definition 4.3.2

1.) Entfernt man aus der Determinante einer $n \times n$-Matrix die i-te Zeile und die k-te Spalte, so entsteht die Determinante einer $(n-1)\times(n-1)$-Matrix, die **Unterdeterminante** U_{ik}.

2.) Multipliziert man die Unterdeterminante U_{ik} mit $(-1)^{i+k}$, so entsteht die **Adjunkte** $A_{ik} = (-1)^{i+k} \cdot U_{ik}$.

Satz 4.3.1 Determinantenentwicklungssatz
Für $n \geq 4$ gilt:

$$det(A) = \sum_{k=1}^{n} a_{ik} \cdot A_{ik} = \sum_{i=1}^{n} a_{ik} \cdot A_{ik}$$

für jedes feste i der ersten Summe oder jedes feste k der zweiten Summe.

Beispiel 4.3.1

$$det(A) = \begin{vmatrix} 1 & -1 \\ 4 & 3 \end{vmatrix} = 1 \cdot 3 - (-1) \cdot 4 = 3 + 4 = 7.$$

Mit der Regel von Sarrus gilt für die folgende Determinate einer 3×3-Matrix:

$$\begin{aligned} det(B) &= \begin{vmatrix} 1 & 10 & 3 \\ -1 & 4 & 5 \\ 3 & 2 & 7 \end{vmatrix} \\ &= 1 \cdot 4 \cdot 7 + 10 \cdot 5 \cdot 3 + 3 \cdot (-1) \cdot 2 \\ &\quad -3 \cdot 4 \cdot 3 + 2 \cdot 5 \cdot 1 - 7 \cdot (-1) \cdot 10 \\ &= 28 + 150 - 6 - 36 - 10 + 70 \ = \ 196. \end{aligned}$$

Völlig analog dazu gilt mit dem Determinantenentwicklungssatz:

$$\begin{aligned}
det(B) &= \begin{vmatrix} 1 & 10 & 3 \\ -1 & 4 & 5 \\ 3 & 2 & 7 \end{vmatrix} \\
&= 1 \cdot \begin{vmatrix} 4 & 5 \\ 2 & 7 \end{vmatrix} - 10 \cdot \begin{vmatrix} -1 & 5 \\ 3 & 7 \end{vmatrix} + 3 \cdot \begin{vmatrix} -1 & 4 \\ 3 & 2 \end{vmatrix} \\
&= 1 \cdot (4 \cdot 7 - 5 \cdot 2) - 10 \cdot ((-1) \cdot 7 - 5 \cdot 3) \\
&\quad +3 \cdot ((-1) \cdot 2 - 4 \cdot 3) \\
&= 1 \cdot 18 - 10 \cdot (-22) + 3 \cdot (-14) \;=\; 196.
\end{aligned}$$

Mithilfe des Determinantenentwicklungssatzes und der Entwicklung nach der ersten Zeile gilt für die folgende Determinate:

$$\begin{aligned}
det(C) &= \begin{vmatrix} -1 & 5 & 8 & -1 \\ 2 & 8 & 1 & -3 \\ -2 & 7 & 2 & 2 \\ 4 & -3 & 4 & 2 \end{vmatrix} \\
&= -1 \cdot \begin{vmatrix} 8 & 1 & -3 \\ 7 & 2 & 2 \\ -3 & 4 & 2 \end{vmatrix} - 5 \cdot \begin{vmatrix} 2 & 1 & -3 \\ -2 & 2 & 2 \\ 4 & 4 & 2 \end{vmatrix} \\
&\quad +8 \cdot \begin{vmatrix} 2 & 8 & -3 \\ -2 & 7 & 2 \\ 4 & -3 & 2 \end{vmatrix} - (-1) \cdot \begin{vmatrix} 2 & 8 & 1 \\ -2 & 7 & 2 \\ 4 & -3 & 4 \end{vmatrix} \\
&= -1 \cdot (8 \cdot 2 \cdot 2 + 1 \cdot 2 \cdot (-3) + (-3) \cdot 7 \cdot 4 \\
&\quad -(-3) \cdot 2 \cdot (-3) - 4 \cdot 2 \cdot 8 - 2 \cdot 7 \cdot 1) \\
&\quad -5 \cdot (2 \cdot 2 \cdot 2 + 1 \cdot 2 \cdot 4 + (-3) \cdot (-2) \cdot 4 \\
&\quad -4 \cdot 2 \cdot (-3) - 4 \cdot 2 \cdot 2 - 2 \cdot (-2) \cdot 1) \\
&\quad +8 \cdot (2 \cdot 7 \cdot 2 + 8 \cdot 2 \cdot 4 + (-3) \cdot (-2) \cdot (-3) \\
&\quad -4 \cdot 7 \cdot (-3) - (-3) \cdot 2 \cdot 2 - 2 \cdot (-2) \cdot 8)
\end{aligned}$$

$$
\begin{aligned}
& +1 \cdot (2 \cdot 7 \cdot 4 + 8 \cdot 2 \cdot 4 + 1 \cdot (-2) \cdot (-3) \\
& -4 \cdot 7 \cdot 1 - (-3) \cdot 2 \cdot 2 - 4 \cdot (-2) \cdot 8) \\
= \; & -1 \cdot (32 - 6 - 84 - 18 - 64 - 14) \\
& -5 \cdot (8 + 8 + 24 + 24 - 16 + 4) \\
& +8 \cdot (28 + 64 - 18 + 84 + 12 + 32) \\
& +1 \cdot (56 + 64 + 6 - 28 + 12 + 64) \\
= \; & -1 \cdot (-154) - 5 \cdot 52 + 8 \cdot 202 + 1 \cdot 174 \\
= \; & 154 - 260 + 1\,616 + 174 \; = \; 1\,684.
\end{aligned}
$$

Mit dem Determinantenentwicklungssatz und der Entwicklung nach der ersten Spalte gilt für die gleiche Determinate:

$$
\begin{aligned}
det(C) \; = \; & \begin{vmatrix} -1 & 5 & 8 & -1 \\ 2 & 8 & 1 & -3 \\ -2 & 7 & 2 & 2 \\ 4 & -3 & 4 & 2 \end{vmatrix} \\
= \; & -1 \cdot \begin{vmatrix} 8 & 1 & -3 \\ 7 & 2 & 2 \\ -3 & 4 & 2 \end{vmatrix} - 2 \cdot \begin{vmatrix} 5 & 8 & -1 \\ 7 & 2 & 2 \\ -3 & 4 & 2 \end{vmatrix} \\
& -2 \cdot \begin{vmatrix} 5 & 8 & -1 \\ 8 & 1 & -3 \\ -3 & 4 & 2 \end{vmatrix} - 4 \cdot \begin{vmatrix} 5 & 8 & -1 \\ 8 & 1 & -3 \\ 7 & 2 & 2 \end{vmatrix} \\
= \; & -1 \cdot (8 \cdot 2 \cdot 2 + 1 \cdot 2 \cdot (-3) + (-3) \cdot 7 \cdot 4 \\
& -(-3) \cdot 2 \cdot (-3) - 4 \cdot 2 \cdot 8 - 2 \cdot 7 \cdot 1) \\
& -2 \cdot (5 \cdot 2 \cdot 2 + 8 \cdot 2 \cdot (-3) + (-1) \cdot 7 \cdot 4 \\
& -(-3) \cdot 2 \cdot (-1) - 4 \cdot 2 \cdot 5 - 2 \cdot 7 \cdot 8) \\
& -2 \cdot (5 \cdot 1 \cdot 2 + 8 \cdot (-3) \cdot (-3) + (-1) \cdot 8 \cdot 4 \\
& -(-3) \cdot 1 \cdot (-1) - 4 \cdot (-3) \cdot 5 - 2 \cdot 8 \cdot 8) \\
& -4 \cdot (5 \cdot 1 \cdot 2 + 8 \cdot (-3) \cdot 7 + (-1) \cdot 8 \cdot 2 \\
& -7 \cdot 1 \cdot (-1) - 2 \cdot (-3) \cdot 5 - 2 \cdot 8 \cdot 8)
\end{aligned}
$$

$$\begin{aligned}
&= -1 \cdot (32 - 6 - 84 - 18 - 64 - 14) \\
&\quad -2 \cdot (20 - 48 - 28 - 6 - 40 - 112) \\
&\quad -2 \cdot (10 + 72 - 32 - 3 + 60 - 128) \\
&\quad -4 \cdot (10 - 168 - 16 + 7 + 30 - 128) \\
&= -1 \cdot (-154) - 2 \cdot (-214) - 2 \cdot (-21) - 4 \cdot (-265) \\
&= 154 + 428 + 42 + 1\,060 \;=\; 1\,684.
\end{aligned}$$

4.4 Anwendungen

4.4.1 Transformationen

Basistransformationen

Gegeben seien zwei Basen $\mathcal{B}$ und $\mathcal{B}'$ eines n-dimensionalen Vektorraums mit

$$\mathcal{B} = \left\{\vec{b}_1, \vec{b}_2, \ldots, \vec{b}_n\right\} \text{ und } \mathcal{B}' = \left\{\vec{b}_1{}', \vec{b}_2{}', \ldots, \vec{b}_n{}'\right\}.$$

Wegen der linearen Unabhängigkeit können die Basisvektoren von $\mathcal{B}$ als Linearkombination der Basisvektoren von $\mathcal{B}'$ geschrieben werden:

$$\vec{b}_k = t_{k1}\vec{b}_1{}' + t_{k2}\vec{b}_2{}' + \ldots + t_{kn}\vec{b}_n{}' = \sum_{j=1}^{n} t_{kj}\vec{b}_j{}', \quad 1 \leq k \leq n.$$

Die Matrix T^T mit

$$T^T = \begin{pmatrix} t_{11} & t_{12} & t_{13} & \ldots & t_{1n} \\ t_{21} & t_{22} & t_{23} & \ldots & t_{2n} \\ \vdots & \vdots & \vdots & \ddots & \vdots \\ t_{n1} & t_{n2} & t_{n3} & \ldots & t_{nn} \end{pmatrix}$$

beschreibt diesen Zusammenhang. Dabei werden die alten Basisvektoren durch die neuen Basisvektoren ausgedrückt.

Beispiel 4.4.1

Es seien die 2 Basen $\mathcal{B}$ und $\mathcal{B}'$ des 3-dimensionalen reellen Vektorraums gegeben durch

$$\mathcal{B} = \left\{\vec{b}_1, \vec{b}_2, \vec{b}_3\right\} = \left\{ \begin{pmatrix} 1 \\ 0 \\ 0 \end{pmatrix}, \begin{pmatrix} 0 \\ 1 \\ 0 \end{pmatrix}, \begin{pmatrix} 0 \\ 0 \\ 1 \end{pmatrix} \right\} \quad \text{und}$$

$$\mathcal{B}' = \left\{\vec{b}_1{}', \vec{b}_2{}', \vec{b}_3{}'\right\} = \left\{ \begin{pmatrix} 2 \\ 1 \\ -1 \end{pmatrix}, \begin{pmatrix} 1 \\ 0 \\ 0 \end{pmatrix}, \begin{pmatrix} -1 \\ 2 \\ -1 \end{pmatrix} \right\}.$$

Hier gilt nach einer kleinen Zwischenrechnung:

$$\vec{b}_1 = \begin{pmatrix} 1 \\ 0 \\ 0 \end{pmatrix} = 0 \cdot \begin{pmatrix} 2 \\ 1 \\ -1 \end{pmatrix} + 1 \cdot \begin{pmatrix} 1 \\ 0 \\ 0 \end{pmatrix} + 0 \cdot \begin{pmatrix} -1 \\ 2 \\ -1 \end{pmatrix},$$

$$\vec{b}_2 = \begin{pmatrix} 0 \\ 1 \\ 0 \end{pmatrix} = (-1) \cdot \begin{pmatrix} 2 \\ 1 \\ -1 \end{pmatrix} + 3 \cdot \begin{pmatrix} 1 \\ 0 \\ 0 \end{pmatrix} + 1 \cdot \begin{pmatrix} -1 \\ 2 \\ -1 \end{pmatrix},$$

$$\vec{b}_3 = \begin{pmatrix} 0 \\ 0 \\ 1 \end{pmatrix} = (-2) \cdot \begin{pmatrix} 2 \\ 1 \\ -1 \end{pmatrix} + 5 \cdot \begin{pmatrix} 1 \\ 0 \\ 0 \end{pmatrix} + 1 \cdot \begin{pmatrix} -1 \\ 2 \\ -1 \end{pmatrix}.$$

Damit gilt

$$T^T = \begin{pmatrix} 0 & 1 & 0 \\ -1 & 3 & 1 \\ -2 & 5 & 1 \end{pmatrix}.$$

Koordinatentransformationen

Gegeben seien zwei Basen $\mathcal{B}$ und $\mathcal{B}'$ eines n-dimensionalen Vektorraums mit

$$\mathcal{B} = \left\{\vec{b}_1, \vec{b}_2, \ldots, \vec{b}_n\right\} \text{ und } \mathcal{B}' = \left\{\vec{b}_1{}', \vec{b}_2{}', \ldots, \vec{b}_n{}'\right\}.$$

Ein beliebiger Vektor $\vec{x}$ dieses n-dimensionalen Vektorraums kann dann als Linearkombination der Basisvektoren beider Basen geschrieben werden:

$$\vec{x} = \sum_{k=1}^{n} x_k \vec{b}_k = \sum_{k=1}^{n} x'_k \vec{b}_k{}'.$$

Mit dem aus dem Abschnitt Basistransformationen bekannten Zusammenhang

$$\vec{b}_k = \sum_{j=1}^{n} t_{kj} \vec{b}_j{}', \quad 1 \le k \le n$$

folgt dann:

$$\begin{aligned} \vec{x} &= \sum_{k=1}^{n} x_k \vec{b}_k = \sum_{k=1}^{n} x_k \sum_{j=1}^{n} t_{kj} \vec{b}_j{}' \\ &= \sum_{j=1}^{n} \sum_{k=1}^{n} (x_k t_{kj}) \vec{b}_j{}' = \sum_{k=1}^{n} x'_j \vec{b}_j{}'. \end{aligned}$$

Somit gilt

$$x'_j = \sum_{k=1}^{n} x_k t_{kj}, \quad 1 \le j \le n, \text{ oder } \vec{x}\,' = T \cdot \vec{x}.$$

Wegen der Summation über den ersten Index der t_{kj} ist die Matrix T die transponierte Matrix von T^T aus dem letzten Abschnitt. Ganz im Gegensatz zu den Basistransformationen werden jetzt die neuen Koordinaten durch die alten Koordinaten ausgedrückt.

Beispiel 4.4.2

Es seien die 2 Basen $\mathcal{B}$ und $\mathcal{B}'$ des 3-dimensionalen reellen Vektorraums gegeben durch

$$\mathcal{B} = \left\{\vec{b}_1, \vec{b}_2, \vec{b}_3\right\} = \left\{ \begin{pmatrix} 1 \\ 0 \\ 0 \end{pmatrix}, \begin{pmatrix} 0 \\ 1 \\ 0 \end{pmatrix}, \begin{pmatrix} 0 \\ 0 \\ 1 \end{pmatrix} \right\} \text{ und}$$

$$\mathcal{B}' = \left\{\vec{b}_1{}', \vec{b}_2{}', \vec{b}_3{}'\right\} = \left\{ \begin{pmatrix} 2 \\ 1 \\ -1 \end{pmatrix}, \begin{pmatrix} 1 \\ 0 \\ 0 \end{pmatrix}, \begin{pmatrix} -1 \\ 2 \\ -1 \end{pmatrix} \right\}.$$

Die Matrix T^T für die Basistransformation wurde im letzten Beispiel berechnet. Damit gilt sofort

$$T = \begin{pmatrix} 0 & -1 & -2 \\ 1 & 3 & 5 \\ 0 & 1 & 1 \end{pmatrix}.$$

Sei nun der Vektor $\vec{x} = \begin{pmatrix} 2 \\ -3 \\ 1 \end{pmatrix}$ bezüglich $\mathcal{B}$ gegeben. Für diesen gilt

$$\vec{x} = \begin{pmatrix} 2 \\ -3 \\ 1 \end{pmatrix} = 2 \cdot \vec{b}_1 - 3 \cdot \vec{b}_2 + 1 \cdot \vec{b}_3.$$

Für den Vektor $\vec{x}\,'$ bezüglich der anderen Basis $\mathcal{B}'$ gilt dann

$$\vec{x}\,' = T \cdot \vec{x} = \begin{pmatrix} 0 & -1 & -2 \\ 1 & 3 & 5 \\ 0 & 1 & 1 \end{pmatrix} \cdot \begin{pmatrix} 2 \\ -3 \\ 1 \end{pmatrix} = \begin{pmatrix} 1 \\ -2 \\ -2 \end{pmatrix}.$$

Die Richtigkeit dieser Berechnung wird leicht überprüft mittels

$$1 \cdot \vec{b}_1{}' - 2 \cdot \vec{b}_2{}' - 2 \cdot \vec{b}_3{}'$$

$$= 1 \cdot \begin{pmatrix} 2 \\ 1 \\ -1 \end{pmatrix} - 2 \cdot \begin{pmatrix} 1 \\ 0 \\ 0 \end{pmatrix} - 2 \cdot \begin{pmatrix} -1 \\ 2 \\ -1 \end{pmatrix} = \begin{pmatrix} 2 \\ -3 \\ 1 \end{pmatrix}.$$

Es seien nun 2 Basen $\mathcal{C}$ und $\mathcal{C}'$ des 2-dimensionalen reellen Vektorraums gegeben durch

$$\mathcal{C} = \{\vec{c}_1, \vec{c}_2\} = \left\{ \begin{pmatrix} 1 \\ 0 \end{pmatrix}, \begin{pmatrix} 0 \\ 1 \end{pmatrix} \right\} \text{ und}$$

$$\mathcal{C}' = \{\vec{c}_1{}', \vec{c}_2{}'\} = \left\{ \begin{pmatrix} 1 \\ 1 \end{pmatrix}, \begin{pmatrix} 1 \\ -1 \end{pmatrix} \right\}.$$

Es folgt für die Basistransformation

$$\vec{c}_1 = \begin{pmatrix} 1 \\ 0 \end{pmatrix} = \frac{1}{2} \cdot \begin{pmatrix} 1 \\ 1 \end{pmatrix} + \frac{1}{2} \cdot \begin{pmatrix} 1 \\ -1 \end{pmatrix}$$

$$\vec{c}_2 = \begin{pmatrix} 0 \\ 1 \end{pmatrix} = \frac{1}{2} \cdot \begin{pmatrix} 1 \\ 1 \end{pmatrix} - \frac{1}{2} \cdot \begin{pmatrix} 1 \\ -1 \end{pmatrix}.$$

Damit gilt

$$T^T = \begin{pmatrix} \frac{1}{2} & \frac{1}{2} \\ \frac{1}{2} & -\frac{1}{2} \end{pmatrix}.$$

Die Matrix T für die Koordinatentransformation lautet dann

$$T = \begin{pmatrix} \frac{1}{2} & \frac{1}{2} \\ \frac{1}{2} & -\frac{1}{2} \end{pmatrix}.$$

Abbildung 4.4.1

Darstellung eines Punktes mithilfe verschiedener Basen des $\mathbb{R}^2$.

Basis $\mathcal{C}$: $\overrightarrow{OP} = 2\vec{c}_1 + 4\vec{c}_2$, Basis $\mathcal{C}'$: $\overrightarrow{OP'} = 3\vec{c}_1{}' - \vec{c}_2{}'$.

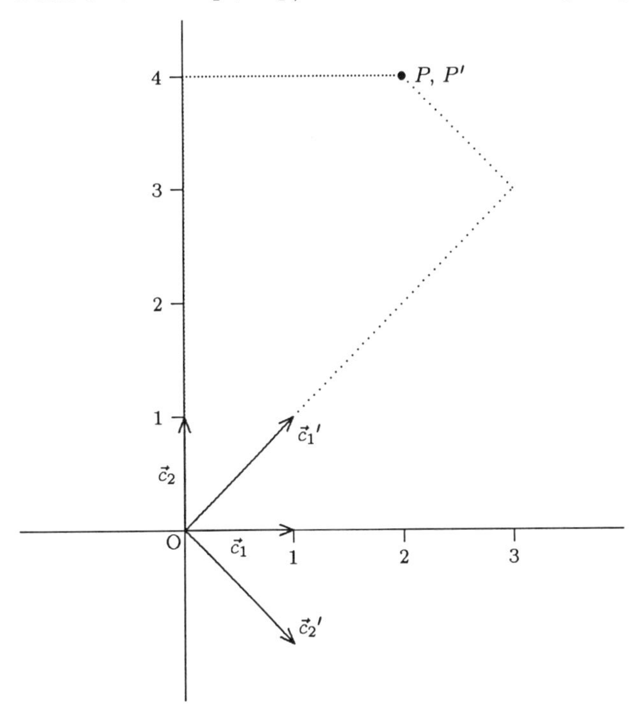

Lineare Abbildungen in neuen Koordinaten

Gegeben sei eine lineare Abbildung A von einem n-dimensionalen Vektorraum in einen m-dimensionalen Vektorraum. Diese Abbildung wird dann durch eine $m \times n$-Matrix beschrieben.

$$A : V^n \longmapsto W^m .$$

Gegeben seien außerdem zwei Basen $\mathcal{B}$ und $\mathcal{B}'$ eines n-dimensionalen Vektorraums V^n mit

$$\mathcal{B} = \left\{\vec{b}_1, \vec{b}_2, \ldots, \vec{b}_n\right\} \text{ und } \mathcal{B}' = \left\{\vec{b}_1{}', \vec{b}_2{}', \ldots, \vec{b}_n{}'\right\}.$$

Für die Basisvektoren gilt dann

$$\vec{b}_k = \sum_{j=1}^{n} t_{kj}\vec{b}_j{}', \ 1 \leq k \leq n.$$

Die dazugehörigen Transformationsmatrizen T^T bzw. T sind $n \times n$-Matrizen. Gegeben seien zusätzlich zwei Basen $\mathcal{C}$ und $\mathcal{C}'$ eines m-dimensionalen Vektorraums W^m mit

$$\mathcal{C} = \{\vec{c}_1, \vec{c}_2, \ldots, \vec{c}_m\} \text{ und } \mathcal{C}' = \{\vec{c}_1{}', \vec{c}_2{}', \ldots, \vec{c}_m{}'\}.$$

Für die Basisvektoren gilt dann

$$\vec{c}_l = \sum_{i=1}^{m} s_{li}\vec{c}_i{}', \ 1 \leq l \leq m.$$

Die dazugehörigen Transformationsmatrizen S^T bzw. S sind $m \times m$-Matrizen.

Für die Transformationen gelten dann die Gleichungen

$$\vec{x}\,' = T \cdot \vec{x}, \quad \vec{x}, \vec{x}\,' \in V^n \quad \text{und}$$

$$\vec{y}\,' = S \cdot \vec{y}, \quad \vec{y}, \vec{y}\,' \in W^m.$$

Gegeben sei die lineare Abbildung A mit

$$\vec{y} = A \cdot \vec{x} \quad \text{für } \vec{x} \in V^n, \vec{y} \in W^m.$$

Gesucht ist die Darstellung der linearen Abbildung A' nach den Koordinatentransformationen.

Aus obigen Gleichungen folgt

$$\vec{y}\,' = S \cdot \vec{y} = S \cdot A \cdot \vec{x} = S \cdot A \cdot T^{-1} \cdot \vec{x}\,'.$$

Also gilt für die Darstellung der Abbildung in den neuen Koordinaten

$$A' = S \cdot A \cdot T^{-1}.$$

Abbildung 4.4.2
Die lineare Abbildung A' in neuen Koordinaten

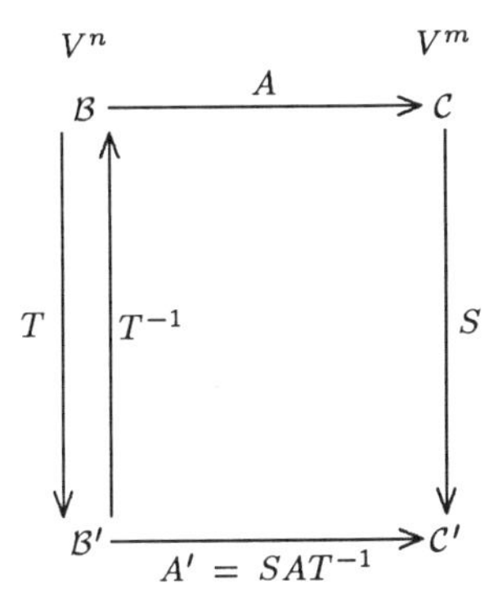

Beispiel 4.4.3
Es seien die 2 Basen $\mathcal{B}$ und $\mathcal{B}'$ des 3-dimensionalen reellen Vektorraums gegeben durch

$$\mathcal{B} = \left\{\vec{b}_1, \vec{b}_2, \vec{b}_3\right\} = \left\{\begin{pmatrix} 1 \\ 0 \\ 0 \end{pmatrix}, \begin{pmatrix} 0 \\ 1 \\ 0 \end{pmatrix}, \begin{pmatrix} 0 \\ 0 \\ 1 \end{pmatrix}\right\} \quad \text{und}$$

$$\mathcal{B}' = \left\{\vec{b}_1{}', \vec{b}_2{}', \vec{b}_3{}'\right\} = \left\{\begin{pmatrix} 2 \\ 1 \\ -1 \end{pmatrix}, \begin{pmatrix} 1 \\ 0 \\ 0 \end{pmatrix}, \begin{pmatrix} -1 \\ 2 \\ -1 \end{pmatrix}\right\}.$$

Die Matrix T für die Koordinatentransformation im $\mathbb{R}^3$ wurde im letzten Beispiel berechnet.

$$T = \begin{pmatrix} 0 & -1 & -2 \\ 1 & 3 & 5 \\ 0 & 1 & 1 \end{pmatrix}.$$

Außerdem seien 2 Basen $\mathcal{C}$ und $\mathcal{C}'$ des 2-dimensionalen reellen Vektorraums gegeben durch

$$\mathcal{C} = \{\vec{c}_1, \vec{c}_2\} = \left\{\begin{pmatrix} 1 \\ 0 \end{pmatrix}, \begin{pmatrix} 0 \\ 1 \end{pmatrix}\right\} \quad \text{und}$$

$$\mathcal{C}' = \{\vec{c}_1{}', \vec{c}_2{}'\} = \left\{ \begin{pmatrix} 1 \\ 1 \end{pmatrix}, \begin{pmatrix} 1 \\ -1 \end{pmatrix} \right\}.$$

Die Matrix S für die Koordinatentransformation im $\mathbb{R}^3$ wurde ebenfalls im letzten Beispiel berechnet. Diese ist

$$S = \begin{pmatrix} \frac{1}{2} & \frac{1}{2} \\ \frac{1}{2} & -\frac{1}{2} \end{pmatrix}.$$

Letztendlich sei eine lineare Abbildung vom Vektorraum $\mathbb{R}^3$ in den Vektorraum $\mathbb{R}^2$ durch die Matrix A mit

$$A = \begin{pmatrix} 0 & 2 & 3 \\ 1 & -2 & 0 \end{pmatrix}$$

gegeben.

Gesucht ist die Matrix A' der linearen Abbildung in den neuen Koordinaten.

Aufgrund der Formel

$$A' = S \cdot A \cdot T^{-1}.$$

muß zuerst die inverse Matrix T^{-1} der Matrix T bestimmt werden.

$$\left(\begin{array}{ccc|ccc} 0 & -1 & -2 & 1 & 0 & 0 \\ 1 & 3 & 5 & 0 & 1 & 0 \\ 0 & 1 & 1 & 0 & 0 & 1 \end{array}\right) \quad \begin{array}{l} \text{I} \\ \text{II} \\ \text{III} \end{array} \quad \sim$$

$$\left(\begin{array}{ccc|ccc} 1 & 3 & 5 & 0 & 1 & 0 \\ 0 & -1 & -2 & 1 & 0 & 0 \\ 0 & 1 & 1 & 0 & 0 & 1 \end{array}\right) \quad \begin{array}{l} \text{II} \\ \text{I} \\ \text{III} \end{array} \quad \sim$$

$$\left(\begin{array}{ccc|ccc} 1 & 0 & -1 & 3 & 1 & 0 \\ 0 & -1 & -2 & 1 & 0 & 0 \\ 0 & 0 & -1 & 1 & 0 & 1 \end{array}\right) \quad \begin{array}{lcl} \text{II} + 3 \cdot \text{I} & \hat{=} & \text{IV} \\ \text{I} & & \\ \text{I} + \text{III} & \hat{=} & \text{V} \end{array} \quad \sim$$

$$\left(\begin{array}{ccc|ccc} 1 & 0 & 0 & 2 & 1 & -1 \\ 0 & -1 & 0 & -1 & 0 & -2 \\ 0 & 0 & -1 & 1 & 0 & 1 \end{array}\right) \quad \begin{array}{lcl} \mathrm{IV} - \mathrm{V} & \widehat{=} & \mathrm{VI} \\ \mathrm{I} - 2 \cdot \mathrm{V} & \widehat{=} & \mathrm{VII} \\ \mathrm{V}. & & \end{array} \sim$$

Damit gilt :

$$T^{-1} = \begin{pmatrix} 2 & 1 & -1 \\ 1 & 0 & 2 \\ -1 & 0 & -1 \end{pmatrix}.$$

Damit folgt

$$\begin{aligned} A' &= S \cdot A \cdot T^{-1} \\ &= \begin{pmatrix} \frac{1}{2} & \frac{1}{2} \\ \frac{1}{2} & -\frac{1}{2} \end{pmatrix} \cdot \begin{pmatrix} 0 & 2 & 3 \\ 1 & -2 & 0 \end{pmatrix} \cdot \begin{pmatrix} 2 & 1 & -1 \\ 1 & 0 & 2 \\ -1 & 0 & -1 \end{pmatrix} \\ &= \begin{pmatrix} \frac{1}{2} & 0 & \frac{3}{2} \\ -\frac{1}{2} & 2 & \frac{3}{2} \end{pmatrix} \cdot \begin{pmatrix} 2 & 1 & -1 \\ 1 & 0 & 2 \\ -1 & 0 & -1 \end{pmatrix} = \begin{pmatrix} -\frac{1}{2} & \frac{1}{2} & -2 \\ \frac{1}{2} & -\frac{1}{2} & 3 \end{pmatrix}. \end{aligned}$$

4.4.2 Affine Abbildungen

In diesem Abschnitt werden lineare Abbildungen betrachtet, die jedem 2-dimensionalen Vektor wieder einen 2-dimensionalen Vektor zuordnen. Solche Abbildungen werden durch 2×2-Matrizen dargestellt. Es werden Eigenschaften wie Eigenwerte und Eigenvektoren, Fixelemente, Darstellungen in neu definierten Koordinatensystemen sowie Umkehrabbildungen untersucht.

Definition und Darstellung affiner Abbildungen

Definition 4.4.1
Eine Abbildung α von $\mathbb{R}^2$ in $\mathbb{R}^2$ heißt eine **affine Abbildung**, *wenn durch $f_\alpha(\overrightarrow{PQ}) = \overrightarrow{\alpha(P)\alpha(Q)}$ eine lineare Abbildung definiert wird.*

Aufgrund dieser Definition können affine Abbildungen mithilfe von Matrizen dargestellt werden.

Hat der Bildpunkt des Ursprungs die Koordinaten (e, f) und sind die Bilder der Einheitsvektoren $f_\alpha\begin{pmatrix}1\\0\end{pmatrix}=\begin{pmatrix}a\\b\end{pmatrix}$ und $f_\alpha\begin{pmatrix}0\\1\end{pmatrix}=\begin{pmatrix}c\\d\end{pmatrix}$, so folgt für die Matrixdarstellung einer affinen Abbildung:

$$\begin{pmatrix}x_1'\\x_2'\end{pmatrix}=\begin{pmatrix}a & b\\c & d\end{pmatrix}\begin{pmatrix}x_1\\x_2\end{pmatrix}+\begin{pmatrix}e\\f\end{pmatrix}$$

oder

$$\vec{x}\,'=M\cdot\vec{x}+\vec{v}.$$

Affine Abbildungen sind eindeutig definiert durch Angabe dreier Punktepaare, bei denen die Urbildpunkte (Ausgangspunkte) nicht auf einer Geraden liegen.

Beispiel 4.4.4
Gegeben seien die Punkte $P=(1,1)$, $Q=(-1,1)$ und $R=(5,-2)$ mit den Bildpunkten $P'=(5,11)$, $Q'=(3,13)$ und $R'=(-3,-14)$. Setzt man die drei Punktpaare in die Ausgangsgleichung

$$\begin{pmatrix}x_1'\\x_2'\end{pmatrix}=\begin{pmatrix}a & b\\c & d\end{pmatrix}\begin{pmatrix}x_1\\x_2\end{pmatrix}+\begin{pmatrix}e\\f\end{pmatrix}$$

ein, so folgen

$$\begin{pmatrix}5\\11\end{pmatrix}=\begin{pmatrix}a & b\\c & d\end{pmatrix}\begin{pmatrix}1\\1\end{pmatrix}+\begin{pmatrix}e\\f\end{pmatrix},$$

$$\begin{pmatrix}3\\13\end{pmatrix}=\begin{pmatrix}a & b\\c & d\end{pmatrix}\begin{pmatrix}-1\\1\end{pmatrix}+\begin{pmatrix}e\\f\end{pmatrix},$$

$$\begin{pmatrix}-3\\-14\end{pmatrix}=\begin{pmatrix}a & b\\c & d\end{pmatrix}\begin{pmatrix}5\\-2\end{pmatrix}+\begin{pmatrix}e\\f\end{pmatrix}.$$

Dies ergibt ein lineares Gleichungssystem mit 6 Gleichungen und 6 Unbekannten:

$$\begin{aligned}
5 &= a+b+e \\
11 &= c+d+f \\
3 &= -a+b+e \\
13 &= -c+d+f \\
-3 &= 5a-2b+e \\
-14 &= 5c-2d+f.
\end{aligned}$$

Aufgrund der Verteilung der 6 Unbekannten ergeben sich 2 lineare Gleichungssysteme mit jeweils drei Unbekannten, die nacheinander gelöst werden:

$$\begin{array}{rcll}
a+b+e &=& 5 & \text{I} \\
-a+b+e &=& 3 & \text{II} \\
5a-2b+e &=& -3 & \text{III}
\end{array}$$

$$\begin{array}{rcllcl}
a+b+e &=& 5 & \text{I} & & \\
2b+2e &=& 8 & \text{I}+\text{II} & \widehat{=} & \text{IV} \\
3b+6e &=& 12 & 5\cdot\text{II}+\text{III} & \widehat{=} & \text{V}
\end{array}$$

$$\begin{array}{rcllcl}
a+b+e &=& 5 & \text{I} & & \\
2b+2e &=& 8 & \text{IV} & & \\
-6e &=& 0 & 3\cdot\text{IV}-2\cdot\text{V} & \widehat{=} & \text{VI.}
\end{array}$$

Aus Gleichung VI folgt $e = 0$.
Damit folgt aus Gleichung IV sofort $b = 4$.
Schließlich folgt dann aus Gleichung I $a = 1$.

Das zweite lineare Gleichungssystem ist gegeben durch:

$$\begin{array}{rcll}
c+d+f &=& 11 & \text{I} \\
-c+d+f &=& 13 & \text{II} \\
5c-2d+f &=& -14 & \text{III}
\end{array}$$

$$\begin{array}{rcllcl}
c+d+f &=& 11 & \text{I} & & \\
2d+2f &=& 24 & \text{I}+\text{II} & \widehat{=} & \text{IV} \\
3d+6f &=& 51 & 5\cdot\text{II}+\text{III} & \widehat{=} & \text{V}
\end{array}$$

$$\begin{aligned} c + \ d + \ f &= \ 11 && \text{I} \\ 2d + 2f &= \ 24 && \text{IV} \\ -6f &= -30 && 3 \cdot \text{IV} - 2 \cdot \text{V} \ \hat{=} \ \text{VI}. \end{aligned}$$

Aus Gleichung VI folgt $f = 5$.
Damit folgt aus Gleichung IV sofort $d = 7$.
Schließlich folgt dann aus Gleichung I $c = -1$.

Damit hat die affine Abbildung die Matrixdarstellung

$$\begin{pmatrix} x_1' \\ x_2' \end{pmatrix} = \begin{pmatrix} 1 & 4 \\ -1 & 7 \end{pmatrix} \begin{pmatrix} x_1 \\ x_2 \end{pmatrix} + \begin{pmatrix} 0 \\ 5 \end{pmatrix}.$$

Die Verkettung zweier affiner Abbildungen wird in folgender Definition erklärt.

Definition 4.4.2
Sind α und β zwei affine Abbildungen mit den Matrizendarstellungen

$$\alpha \, : \, \vec{x}\,' = M_1 \cdot \vec{x} + \vec{v}_1 \ \ \textit{und} \ \ \beta \, : \, \vec{x}\,' = M_2 \cdot \vec{x} + \vec{v}_2$$

so gilt für die **Verkettung**

$$\alpha \circ \beta = \alpha(\beta) \, : \, \vec{x}\,' = M_1 \cdot M_2 \cdot \vec{x} + M_1 \cdot \vec{v}_2 + \vec{v}_1.$$

Beispiel 4.4.5
Gegeben seien die affinen Abbildungen

$$\alpha : \vec{x}\,' = \begin{pmatrix} 1 & 2 \\ -1 & 5 \end{pmatrix} \vec{x} + \begin{pmatrix} 2 \\ 3 \end{pmatrix} \quad \text{und}$$

$$\beta : \vec{x}\,' = \begin{pmatrix} 5 & 3 \\ -2 & 4 \end{pmatrix} \vec{x} + \begin{pmatrix} -1 \\ -2 \end{pmatrix}.$$

Dann gilt für die Verkettungen

$$\begin{aligned}
\alpha \circ \beta : \vec{x}\,' &= \begin{pmatrix} 1 & 2 \\ -1 & 5 \end{pmatrix} \cdot \begin{pmatrix} 5 & 3 \\ -2 & 4 \end{pmatrix} \vec{x} \\
&\quad + \begin{pmatrix} 1 & 2 \\ -1 & 5 \end{pmatrix} \cdot \begin{pmatrix} -1 \\ -2 \end{pmatrix} + \begin{pmatrix} 2 \\ 3 \end{pmatrix} \\
&= \begin{pmatrix} 1 & 11 \\ -15 & 17 \end{pmatrix} \vec{x} + \begin{pmatrix} -5 \\ -9 \end{pmatrix} + \begin{pmatrix} 2 \\ 3 \end{pmatrix} \\
&= \begin{pmatrix} 1 & 11 \\ -15 & 17 \end{pmatrix} \vec{x} + \begin{pmatrix} -3 \\ -6 \end{pmatrix} \quad \text{und}
\end{aligned}$$

$$\begin{aligned}
\beta \circ \alpha : \vec{x}\,' &= \begin{pmatrix} 5 & 3 \\ -2 & 4 \end{pmatrix} \cdot \begin{pmatrix} 1 & 2 \\ -1 & 5 \end{pmatrix} \vec{x} \\
&\quad + \begin{pmatrix} 5 & 3 \\ -2 & 4 \end{pmatrix} \cdot \begin{pmatrix} 2 \\ 3 \end{pmatrix} + \begin{pmatrix} -1 \\ -2 \end{pmatrix} \\
&= \begin{pmatrix} 2 & 25 \\ -6 & 16 \end{pmatrix} \vec{x} + \begin{pmatrix} 19 \\ 8 \end{pmatrix} + \begin{pmatrix} -1 \\ -2 \end{pmatrix} \\
&= \begin{pmatrix} 2 & 25 \\ -6 & 16 \end{pmatrix} \vec{x} + \begin{pmatrix} 18 \\ 6 \end{pmatrix}.
\end{aligned}$$

Definition 4.4.3

Affine Abbildungen sind eindeutig definiert durch Angabe dreier Punktepaare, bei denen die Urbildpunkte nicht auf einer Geraden liegen. Affine Abbildungen, bei denen die Bildpunkte nicht auf einer Geraden liegen, heißen **Affinitäten**.

Definition 4.4.4

Sei α eine Affinität mit der Matrixdarstellung

$$\vec{x}\,' = M \cdot \vec{x} + \vec{v},$$

so hat die **Umkehrabbildung** α^{-1} *die Matrixdarstellung*

$$\vec{x} = M^{-1} \cdot \vec{x}\,' - M^{-1} \cdot \vec{v}.$$

Beispiel 4.4.6
Gegeben sei die Affinität

$$\alpha : \vec{x}\,' = \begin{pmatrix} 1 & 3 \\ 2 & 7 \end{pmatrix} \vec{x} + \begin{pmatrix} 2 \\ 1 \end{pmatrix}.$$

Zuerst muß die inverse Matrix M^{-1} bestimmt werden.

$$\left(\begin{array}{cc|cc} 1 & 3 & 1 & 0 \\ 2 & 7 & 0 & 1 \end{array}\right) \begin{array}{l} \mathrm{I} \\ \mathrm{II} \end{array} \sim$$

$$\left(\begin{array}{cc|cc} 1 & 3 & 1 & 0 \\ 0 & -1 & 2 & -1 \end{array}\right) \begin{array}{l} \mathrm{I} \\ 2\cdot\mathrm{I} - \mathrm{II} \;\hat{=}\; \mathrm{III} \end{array} \sim$$

$$\left(\begin{array}{cc|cc} 1 & 0 & 7 & -3 \\ 0 & -1 & 2 & -1 \end{array}\right) \begin{array}{l} \mathrm{I} + 3\cdot\mathrm{III} \;\hat{=}\; \mathrm{IV} \\ \mathrm{III} \end{array} \sim$$

$$\left(\begin{array}{cc|cc} 1 & 0 & 7 & -3 \\ 0 & 1 & -2 & 1 \end{array}\right) \begin{array}{l} \mathrm{IV} \\ \mathrm{III} : (-1). \end{array}$$

Damit gilt

$$M^{-1} = \begin{pmatrix} 7 & -3 \\ -2 & 1 \end{pmatrix}$$

und folglich

$$\begin{aligned} \alpha^{-1} : \vec{x} &= \begin{pmatrix} 7 & -3 \\ -2 & 1 \end{pmatrix} \cdot \vec{x}\,' - \begin{pmatrix} 7 & -3 \\ -2 & 1 \end{pmatrix} \cdot \begin{pmatrix} 2 \\ 1 \end{pmatrix} \\ &= \begin{pmatrix} 7 & -3 \\ -2 & 1 \end{pmatrix} \cdot \vec{x}\,' + \begin{pmatrix} -11 \\ 3 \end{pmatrix}. \end{aligned}$$

Sei nun $\vec{x} = \begin{pmatrix} 2 \\ -3 \end{pmatrix}$. Dann folgt:

$$\begin{aligned} \alpha : \vec{x} &= \begin{pmatrix} 1 & 3 \\ 2 & 7 \end{pmatrix} \cdot \begin{pmatrix} 2 \\ -3 \end{pmatrix} + \begin{pmatrix} 2 \\ 1 \end{pmatrix} \\ &= \begin{pmatrix} -7 \\ -17 \end{pmatrix} + \begin{pmatrix} 2 \\ 1 \end{pmatrix} = \begin{pmatrix} -5 \\ -16 \end{pmatrix} \text{ und} \end{aligned}$$

$$\alpha^{-1} : \vec{x}\,' = \begin{pmatrix} 7 & -3 \\ -2 & 1 \end{pmatrix} \cdot \begin{pmatrix} -5 \\ -16 \end{pmatrix} + \begin{pmatrix} -11 \\ 3 \end{pmatrix}$$
$$= \begin{pmatrix} 13 \\ -6 \end{pmatrix} + \begin{pmatrix} -11 \\ 3 \end{pmatrix} = \begin{pmatrix} 2 \\ -3 \end{pmatrix}.$$

Eigenwerte, Eigenvektoren und Eigenräume

Bei der Untersuchung der Eigenschaften affiner Abbildungen spielen Vektoren, die auf ein Vielfaches von sich selbst abgebildet werden, eine wichtige Rolle. In der folgenden Definition werden solche Vektoren vorgestellt.

Definition 4.4.5
Ein Vektor $\vec{v} \neq \vec{0}$ *heißt* **Eigenvektor** *der Matrix* M *zum* **Eigenwert** λ, $\lambda \in \mathbb{R}$, *wenn* $M\vec{v} = \lambda\vec{v}$ *ist.*

Definition 4.4.6
Die Menge der Eigenvektoren von M *zum Eigenwert* λ, *zuzüglich des Nullvektors* $\vec{0}$, *heißt* **Eigenraum** *von* M *zum Eigenwert* λ.

Die Eigenwerte werden aus der Gleichung $M\vec{v} = \lambda\vec{v} \Longrightarrow (M - \lambda E) = \vec{0}$, also

$$\begin{pmatrix} a-\lambda & b \\ c & d-\lambda \end{pmatrix} \cdot \begin{pmatrix} v_1 \\ v_2 \end{pmatrix} = \begin{pmatrix} 0 \\ 0 \end{pmatrix}$$

bestimmt. Dieses homogene lineare Gleichungssystem

$$\begin{aligned} (a-\lambda)v_1 + \quad bv_2 &= 0 \\ cv_1 + (d-\lambda)v_2 &= 0 \end{aligned}$$

hat genau dann eine nichttriviale Lösung, wenn die beiden Gleichungen Vielfache voneinander sind oder äquivalent dazu $det(M - \lambda E) = 0$ gilt:

$$(a-\lambda)(d-\lambda) - bc = 0.$$

Diese Gleichung wird die **charakteristische Gleichung** zum Berechnen von Eigenwerten genannt.

Beispiel 4.4.7

Gegeben sei die Matrix

$$M = \begin{pmatrix} 1 & 6 \\ 1.5 & 1 \end{pmatrix}.$$

Dann gilt für die charakteristische Gleichung

$$\begin{aligned} (1-\lambda)(1-\lambda) - 6 \cdot 1.5 &= 0 \\ \lambda^2 - 2\lambda - 8 &= 0 \\ (\lambda - 4)(\lambda + 2) &= 0. \end{aligned}$$

Damit gilt: $\lambda_1 = 4$ und $\lambda_2 = -2$.

Für $\lambda_1 = 4$ gilt für das lineare Gleichungssystem $(M - \lambda_1 E)\,\vec{v}_1 = \vec{0}$:

$$\begin{aligned} -3v_1 + 6v_2 &= 0 \\ 1.5v_1 - 3v_2 &= 0. \end{aligned}$$

Sei nun $v_2 = t \in \mathbb{R}$. Dann folgt $v_1 = 2t$.

Deshalb ist $\vec{v}_1 = \begin{pmatrix} 2 \\ 1 \end{pmatrix}$ ein Eigenvektor zum Eigenwert $\lambda_1 = 4$.

Der Eigenraum ist dann gegeben durch

$$E_1 = \left\{ \vec{x} \,\middle|\, \vec{x} = t \begin{pmatrix} 2 \\ 1 \end{pmatrix},\ t \in \mathbb{R} \right\}.$$

Für $\lambda_2 = -2$ gilt für das lineare Gleichungssystem $(M - \lambda_2 E)\,\vec{v}_2 = \vec{0}$:

$$\begin{aligned} 3v_1 + 6v_2 &= 0 \\ 1.5v_1 + 3v_2 &= 0. \end{aligned}$$

Sei nun $v_2 = t \in \mathbb{R}$. Dann folgt $v_1 = -2t$.

Deshalb ist $\vec{v}_2 = \begin{pmatrix} -2 \\ 1 \end{pmatrix}$ ein Eigenvektor zum Eigenwert $\lambda_2 = -2$.

Der Eigenraum ist dann gegeben durch

$$E_2 = \left\{ \vec{x} \,\middle|\, \vec{x} = t \begin{pmatrix} -2 \\ 1 \end{pmatrix},\ t \in \mathbb{R} \right\}.$$

Fixelemente affiner Abbildungen

In diesem Abschnitt wird untersucht, welche Objekte (Punkte oder Geraden) bei affinen Abbildungen auf sich selbst abgebildet werden.

Definition 4.4.7
Ist α eine affine Abbildung, so heißt P **Fixpunkt** *von α, falls $\alpha(P) = P$ gilt.*
Eine Gerade g heißt **Fixpunktgerade** *von α, falls $\alpha(P) = P$ für jeden Punkt $P \in g$ gilt.*

Fixpunkte und Fixpunktgeraden werden aus der Gleichung $\vec{x} = M\vec{x} + \vec{v}$ berechnet. Dieses lineare Gleichungssystem muß auf Lösungen untersucht werden.

In den beiden folgenden Beispielen werden zwei affine Abbildungen mit einem Fixpunkt und mit einer Fixpunktgeraden vorgestellt.

Beispiel 4.4.8
Gegeben sei die Affinität

$$\alpha : \vec{x}\,' = \begin{pmatrix} 3 & -5 \\ -3 & 4 \end{pmatrix} \vec{x} + \begin{pmatrix} -17 \\ 12 \end{pmatrix}.$$

Dann gilt für mögliche Fixpunkte

$$\begin{pmatrix} 3 & -5 \\ -3 & 4 \end{pmatrix} \cdot \begin{pmatrix} x_1 \\ x_2 \end{pmatrix} + \begin{pmatrix} -17 \\ 12 \end{pmatrix} = \begin{pmatrix} x_1 \\ x_2 \end{pmatrix}.$$

Dieses lineare Gleichungssystem muß gelöst werden.

$$\begin{aligned} 3x_1 - 5x_2 - 17 &= x_1 \qquad \text{I} \\ -3x_1 + 4x_2 + 12 &= x_2 \qquad \text{II} \end{aligned}$$

$$\begin{aligned} 2x_1 - 5x_2 &= 17 \qquad \text{I} \\ -3x_1 + 3x_3 &= -12 \qquad \text{II} \end{aligned}$$

$$\begin{aligned} 2x_1 - 5x_2 &= 17 && \text{I} \\ -9x_2 &= 27 && 3 \cdot \text{I} + 2 \cdot \text{II} \ \widehat{=} \ \text{III}. \end{aligned}$$

Damit folgt $x_2 = -3$ und $x_1 = 1$. Also ist $P(1, -3)$ einziger Fixpunkt.

Beispiel 4.4.9
Gegeben sei die Affinität

$$\alpha : \vec{x}\,' = \begin{pmatrix} 3 & 4 \\ -4 & -7 \end{pmatrix} \vec{x} + \begin{pmatrix} -5 \\ 10 \end{pmatrix}.$$

Dann gilt für mögliche Fixpunkte

$$\begin{pmatrix} 3 & 4 \\ -4 & -7 \end{pmatrix} \cdot \begin{pmatrix} x_1 \\ x_2 \end{pmatrix} + \begin{pmatrix} -5 \\ 10 \end{pmatrix} = \begin{pmatrix} x_1 \\ x_2 \end{pmatrix}.$$

Dieses lineare Gleichungssystem muß gelöst werden.

$$\begin{aligned} 3x_1 + 4x_2 - \ 5 &= x_1 && \text{I} \\ -4x_1 - 7x_2 + 10 &= x_2 && \text{II} \end{aligned}$$

$$\begin{aligned} 2x_1 + 4x_2 &= \ 5 && \text{I} \\ -4x_1 - 8x_2 &= -10 && \text{II} \end{aligned}$$

$$\begin{aligned} 2x_1 + 4x_2 &= 5 && \text{I} \\ 0 &= 0 && 2 \cdot \text{I} + \text{II} \ \widehat{=} \ \text{III}. \end{aligned}$$

Damit hat dieses lineare Gleichungssystem unendlich viele Lösungen und es folgt mit $x_2 = \lambda \in \mathbb{R}$: $x_1 = \frac{5}{2} - 2\lambda$.

Damit ist die Gerade $g : \vec{x} = \begin{pmatrix} \frac{5}{2} \\ 0 \end{pmatrix} + \lambda \begin{pmatrix} -2 \\ 1 \end{pmatrix}$, $\lambda \in \mathbb{R}$, eine Fixpunktgerade.

Definition 4.4.8
Ist α eine affine Abbildung, so heißt eine Gerade g **Fixgerade** *von α, falls $\alpha(g) = g$ ist.*

Im Gegensatz zur Fixpunktgeraden wird bei einer Fixgeraden nicht jeder Punkt auf sich selbst abgebildet.

Fixgeraden können nicht mit der gleichen Methode wie Fixpunktgeraden bestimmt werden. Da jedoch die Eigenvektoren die einzigen Vektoren sind, die auf Vielfache abgebildet werden, können die Richtungsvektoren der Fixgeraden nur die Eigenvektoren sein. Im folgenden Satz wird ein Kriterium zur Berechnung von Fixgeraden angegeben.

Satz 4.4.1

Sei α eine Affinität, die den Punkt P auf den Punkt P' abbildet. Eine Gerade $g: \vec{x} = \vec{p} + \lambda\vec{q}$ ist eine Fixgerade, wenn $\vec{q}$ ein Eigenvektor von f_α ist und $\vec{p}' - \vec{p} = t\vec{q}$ ist für ein $t \in \mathbb{R}$.

Beispiel 4.4.10

Gegeben sei die Affinität $\alpha : \vec{x}' = M \cdot \vec{x} + \vec{v}$ mit

$$\alpha : \vec{x}' = \begin{pmatrix} 2 & -1 \\ 3 & -2 \end{pmatrix} \vec{x} + \begin{pmatrix} -1 \\ -5 \end{pmatrix}.$$

Dann gilt für die charakteristische Gleichung

$$\begin{aligned} (2-\lambda)(-2-\lambda) - ((-1)\cdot 3) &= 0 \\ \lambda^2 - 1 &= 0 \\ (\lambda - 1)(\lambda + 1) &= 0. \end{aligned}$$

Damit gilt: $\lambda_1 = 1$ und $\lambda_2 = -1$.

Für $\lambda_1 = 1$ gilt für das lineare Gleichungssystem $(M - \lambda_1 E)\,\vec{v}_1 = \vec{0}$:

$$\begin{aligned} v_1 - v_2 &= 0 \\ 3v_1 - 3v_2 &= 0. \end{aligned}$$

Sei nun $v_2 = k \in \mathbb{R}$. Dann folgt $v_1 = k$.

Deshalb ist $\vec{v}_1 = \begin{pmatrix} 1 \\ 1 \end{pmatrix}$ ein Eigenvektor zum Eigenwert $\lambda_1 = 1$.

Für $\lambda_2 = -1$ gilt für das lineare Gleichungssystem $(M - \lambda_2 E)\,\vec{v}_2 = \vec{0}$:

$$\begin{aligned} 3v_1 - v_2 &= 0 \\ 3v_1 - v_2 &= 0. \end{aligned}$$

Sei nun $v_1 = k \in \mathbb{R}$. Dann folgt $v_2 = 3k$.

Deshalb ist $\vec{v}_2 = \begin{pmatrix} 1 \\ 3 \end{pmatrix}$ ein Eigenvektor zum Eigenwert $\lambda_2 = -1$.

Folglich können Fixgeraden nur die Gestalt

$g : \vec{x} = \begin{pmatrix} p_1 \\ p_2 \end{pmatrix} + \lambda \begin{pmatrix} 1 \\ 1 \end{pmatrix}$ oder $g : \vec{x} = \begin{pmatrix} p_1 \\ p_2 \end{pmatrix} + \lambda \begin{pmatrix} 1 \\ 3 \end{pmatrix}$, $\lambda \in \mathbb{R}$, haben.

Sei zuerst $g : \vec{x} = \begin{pmatrix} p_1 \\ p_2 \end{pmatrix} + \lambda \begin{pmatrix} 1 \\ 1 \end{pmatrix}$.

Dann folgt mit $P(p_1, p_2)$ und $P'(2p_1 - p_2 - 1, 3p_1 - 2p_2 - 5)$

$$\vec{p}\,' - \vec{p} = t \begin{pmatrix} 1 \\ 1 \end{pmatrix} \quad \text{oder}$$

$$\begin{pmatrix} 2p_1 - p_2 - 1 \\ 3p_1 - 2p_2 - 5 \end{pmatrix} - \begin{pmatrix} p_1 \\ p_2 \end{pmatrix} = t \begin{pmatrix} 1 \\ 1 \end{pmatrix}.$$

Dieses lineare Gleichungssystem muß gelöst werden.

$$\begin{aligned} p_1 - p_2 - 1 &= t \qquad \text{I} \\ 3p_1 - 3p_2 - 5 &= t \qquad \text{II} \end{aligned}$$

$$\begin{aligned} p_1 - p_2 &= t + 1 \qquad \text{I} \\ 2p_1 - 2p_2 &= \phantom{t+{}} 4 \qquad \text{II} - \text{I} \;\widehat{=}\; \text{III}. \end{aligned}$$

Sei nun $p_2 = r \in \mathbb{R}$. Dann folgt $p_1 = r + 2$.

Dann ist $\begin{pmatrix} p_1 \\ p_2 \end{pmatrix} = \begin{pmatrix} 2 \\ 0 \end{pmatrix} + r \begin{pmatrix} 1 \\ 1 \end{pmatrix}$.

Für die Fixgerade gilt dann:

$$g : \vec{x} = \begin{pmatrix} 2 \\ 0 \end{pmatrix} + r \begin{pmatrix} 1 \\ 1 \end{pmatrix} + \lambda \begin{pmatrix} 1 \\ 1 \end{pmatrix} = \begin{pmatrix} 2 \\ 0 \end{pmatrix} + \lambda^* \begin{pmatrix} 1 \\ 1 \end{pmatrix}, \ \lambda^* \in \mathbb{R}.$$

Sei nun $g : \vec{x} = \begin{pmatrix} p_1 \\ p_2 \end{pmatrix} + \lambda \begin{pmatrix} 1 \\ 3 \end{pmatrix}$.

Dann folgt mit $P(p_1, p_2)$ und $P'(2p_1 - p_2 - 1, 3p_1 - 2p_2 - 5)$

$$\vec{p}' - \vec{p} = t \begin{pmatrix} 1 \\ 3 \end{pmatrix}$$

$$\begin{pmatrix} 2p_1 - p_2 - 1 \\ 3p_1 - 2p_2 - 5 \end{pmatrix} - \begin{pmatrix} p_1 \\ p_2 \end{pmatrix} = t \begin{pmatrix} 1 \\ 3 \end{pmatrix}.$$

Dieses lineare Gleichungssystem ist zu lösen.

$$\begin{array}{rl} p_1 - \ \ p_2 - 1 = \ t & \text{I} \\ 3p_1 - 3p_2 - 5 = 3t & \text{II} \end{array}$$

$$\begin{array}{rlll} p_1 - p_2 = t + 1 & \text{I} & & \\ 2 = \quad 0 & 3 \cdot \text{I} - \text{II} & \widehat{=} & \text{III}. \end{array}$$

Da dieses lineare Gleichungssystem keine Lösung hat, gibt es keine weitere Fixgerade.

Normalformen affiner Abbildungen

Durch Transformationen auf eine Basis mit möglichst vielen Eigenvektoren erhält man einfachere Darstellungen affiner Abbildungen. Die Basis- bzw. Koordinatentransformationen sind im vorigen Abschnitt beschrieben worden.

Beispiel 4.4.11
Gegeben sei die affine Abbildung

$$\alpha : \vec{x}' = \begin{pmatrix} 2 & -1 \\ 3 & -2 \end{pmatrix} \vec{x} + \begin{pmatrix} -1 \\ -5 \end{pmatrix}.$$

Diese Affinität hat die Eigenwerte $\lambda_1 = 1$ und $\lambda_2 = -1$ mit den Eigenvektoren $\vec{v}_1 = \begin{pmatrix} 1 \\ 1 \end{pmatrix}$ und $\vec{v}_2 = \begin{pmatrix} 1 \\ 3 \end{pmatrix}$.

Die Basen $\mathcal{C}$ und $\mathcal{C}'$ des 2-dimensionalen reellen Vektorraums seien gegeben durch

$$\mathcal{C} = \{\vec{e}_1, \vec{e}_2\} = \left\{ \begin{pmatrix} 1 \\ 0 \end{pmatrix}, \begin{pmatrix} 0 \\ 1 \end{pmatrix} \right\} \text{ und}$$

$$\mathcal{C}' = \{\vec{v}_1, \vec{v}_2\} = \left\{ \begin{pmatrix} 1 \\ 1 \end{pmatrix}, \begin{pmatrix} 1 \\ 3 \end{pmatrix} \right\}.$$

Es wird nun ein Basis- bzw. Koordinatentransformation von $\mathcal{C}$ in $\mathcal{C}'$ durchgeführt .
Es folgt für die Basistransformation

$$\vec{e}_1 = \begin{pmatrix} 1 \\ 0 \end{pmatrix} = \frac{3}{2} \cdot \begin{pmatrix} 1 \\ 1 \end{pmatrix} - \frac{1}{2} \cdot \begin{pmatrix} 1 \\ 3 \end{pmatrix},$$

$$\vec{e}_2 = \begin{pmatrix} 0 \\ 1 \end{pmatrix} = -\frac{1}{2} \cdot \begin{pmatrix} 1 \\ 1 \end{pmatrix} + \frac{1}{2} \cdot \begin{pmatrix} 1 \\ 3 \end{pmatrix}.$$

Damit gilt

$$T^T = \begin{pmatrix} \frac{3}{2} & -\frac{1}{2} \\ -\frac{1}{2} & \frac{1}{2} \end{pmatrix}.$$

Die Matrix T für die Koordinatentransformation lautet dann

$$T = \begin{pmatrix} \frac{3}{2} & -\frac{1}{2} \\ -\frac{1}{2} & \frac{1}{2} \end{pmatrix}.$$

Daraus folgt für die Matrix A' in neuen Koordinaten

$$A' = TAT^{-1}.$$

Die inverse Matrix T^{-1} lautet

$$\begin{pmatrix} 1 & 1 \\ 1 & 3 \end{pmatrix}.$$

Für die Matrix A' folgt somit

$$A' = \begin{pmatrix} \frac{3}{2} & -\frac{1}{2} \\ -\frac{1}{2} & \frac{1}{2} \end{pmatrix} \cdot \begin{pmatrix} 2 & -1 \\ 3 & -2 \end{pmatrix} \cdot \begin{pmatrix} 1 & 1 \\ 1 & 3 \end{pmatrix} = \begin{pmatrix} 1 & 0 \\ 0 & -1 \end{pmatrix}.$$

Also lautet die Darstellung dieser affinen Abbildung im neuen Koordinatensystem $\mathcal{K} = \{(0,0)^T, \vec{v}_1, \vec{v}_2\}$

$$\alpha : \vec{x}\,' = \begin{pmatrix} 1 & 0 \\ 0 & -1 \end{pmatrix} \vec{x} + \begin{pmatrix} -1 \\ -5 \end{pmatrix}.$$

Bei Existenz von Fixpunkten kann der Verschiebungsanteil, also der additive Vektor, in der Matrixdarstellung auch noch entfernt werden.

4.5 Aufgaben zu Kapitel 4

Aufgabe 4.5.1
Zeigen Sie, daß die Matrizen vom Typ 2×2 einen 4-dimensionalen Vektorraum bilden.

Lösung:

Seien $A = \begin{pmatrix} a_1 & b_1 \\ c_1 & d_1 \end{pmatrix}$, $B = \begin{pmatrix} a_2 & b_2 \\ c_2 & d_2 \end{pmatrix}$ und $C = \begin{pmatrix} a_3 & b_3 \\ c_3 & d_3 \end{pmatrix}$

2×2-Matizen mit $a_i, b_i, c_i, d_i \in \mathbb{R}$, $i \in \{1, 2, 3\}$ und $\lambda, \mu \in \mathbb{R}$.

Nachzuweisen ist, daß A1, A2, A3, A4, M1, M2, D1 und D2 erfüllt sind.

A1: Zu zeigen ist $(A + B) + C = A + (B + C)$.

$$\begin{aligned} (A+B)+C &= \left(\begin{pmatrix} a_1 & b_1 \\ c_1 & d_1 \end{pmatrix} + \begin{pmatrix} a_2 & b_2 \\ c_2 & d_2 \end{pmatrix}\right) + \begin{pmatrix} a_3 & b_3 \\ c_3 & d_3 \end{pmatrix} \\ &= \begin{pmatrix} a_1 + a_2 & b_1 + b_2 \\ c_1 + c_2 & d_1 + d_2 \end{pmatrix} + \begin{pmatrix} a_3 & b_3 \\ c_3 & d_3 \end{pmatrix} \\ &= \begin{pmatrix} a_1 + a_2 + a_3 & b_1 + b_2 + b_3 \\ c_1 + c_2 + c_3 & d_1 + d_2 + d_3 \end{pmatrix}. \end{aligned}$$

$$\begin{aligned} A+(B+C) &= \begin{pmatrix} a_1 & b_1 \\ c_1 & d_1 \end{pmatrix} + \left(\begin{pmatrix} a_2 & b_2 \\ c_2 & d_2 \end{pmatrix} + \begin{pmatrix} a_3 & b_3 \\ c_3 & d_3 \end{pmatrix}\right) \\ &= \begin{pmatrix} a_1 & b_1 \\ c_1 & d_1 \end{pmatrix} + \begin{pmatrix} a_2 + a_3 & b_2 + b_3 \\ c_2 + c_3 & d_2 + d_3 \end{pmatrix} \\ &= \begin{pmatrix} a_1 + a_2 + a_3 & b_1 + b_2 + b_3 \\ c_1 + c_2 + c_3 & d_1 + d_2 + d_3 \end{pmatrix}. \end{aligned}$$

Damit gilt $(A + B) + C = A + (B + C)$.

A2: Zu zeigen ist, daß eine Matrix O existiert mit $A + O = A$.

Sei $O = \begin{pmatrix} 0 & 0 \\ 0 & 0 \end{pmatrix}$. Dann gilt

$$A + O = \begin{pmatrix} a_1 & b_1 \\ c_1 & d_1 \end{pmatrix} + \begin{pmatrix} 0 & 0 \\ 0 & 0 \end{pmatrix}$$

$$= \begin{pmatrix} a_1+0 & b_1+0 \\ c_1+0 & d_1+0 \end{pmatrix} = \begin{pmatrix} a_1 & b_1 \\ c_1 & d_1 \end{pmatrix} = A.$$

A3: Zu zeigen ist, daß es für jede Matrix A eine Matrix $-A$ gibt mit $A+(-A)=O$.

Sei $-A = \begin{pmatrix} -a_1 & -b_1 \\ -c_1 & -d_1 \end{pmatrix}$. Dann gilt

$$\begin{aligned} A+(-A) &= \begin{pmatrix} a_1 & b_1 \\ c_1 & d_1 \end{pmatrix} + \begin{pmatrix} -a_1 & -b_1 \\ -c_1 & -d_1 \end{pmatrix} \\ &= \begin{pmatrix} a_1-a_1 & b_1-b_1 \\ c_1-c_1 & d_1-d_1 \end{pmatrix} = \begin{pmatrix} 0 & 0 \\ 0 & 0 \end{pmatrix} = O. \end{aligned}$$

A4: Zu zeigen ist $A+B=B+A$.

$$A+B = \begin{pmatrix} a_1 & b_1 \\ c_1 & d_1 \end{pmatrix} + \begin{pmatrix} a_2 & b_2 \\ c_2 & d_2 \end{pmatrix} = \begin{pmatrix} a_1+a_2 & b_1+b_2 \\ c_1+c_2 & d_1+d_2 \end{pmatrix}.$$

$$B+A = \begin{pmatrix} a_2 & b_2 \\ c_2 & d_2 \end{pmatrix} + \begin{pmatrix} a_1 & b_1 \\ c_1 & d_1 \end{pmatrix} = \begin{pmatrix} a_2+a_1 & b_2+b_1 \\ c_2+c_1 & d_2+d_1 \end{pmatrix}.$$

Damit gilt $A+B=B+A$.

M1: Zu zeigen ist $(\lambda\mu)A = \lambda(\mu A)$.

$$(\lambda\mu)A = (\lambda\mu)\cdot \begin{pmatrix} a_1 & b_1 \\ c_1 & d_1 \end{pmatrix} = \begin{pmatrix} \lambda\mu a_1 & \lambda\mu b_1 \\ \lambda\mu c_1 & \lambda\mu d_1 \end{pmatrix}.$$

$$\begin{aligned} \lambda(\mu A) &= \lambda \cdot \left(\mu \cdot \begin{pmatrix} a_1 & b_1 \\ c_1 & d_1 \end{pmatrix}\right) \\ &= \lambda \cdot \begin{pmatrix} \mu a_1 & \mu b_1 \\ \mu c_1 & \mu d_1 \end{pmatrix} = \begin{pmatrix} \lambda\mu a_1 & \lambda\mu b_1 \\ \lambda\mu c_1 & \lambda\mu d_1 \end{pmatrix}. \end{aligned}$$

Damit gilt $(\lambda\mu)A = \lambda(\mu A)$.

M2: Zu zeigen ist, daß eine Matrix E existiert mit $E\cdot A = A$.

Sei $E = \begin{pmatrix} 1 & 0 \\ 0 & 1 \end{pmatrix}$. Dann gilt

$$E \cdot A = \begin{pmatrix} 1 & 0 \\ 0 & 1 \end{pmatrix} \cdot \begin{pmatrix} a_1 & b_1 \\ c_1 & d_1 \end{pmatrix} = \begin{pmatrix} a_1 & b_1 \\ c_1 & d_1 \end{pmatrix} = A.$$

D1: Zu zeigen ist $\lambda(A+B) = \lambda A + \lambda B$.

$$\begin{aligned} \lambda(A+B) &= \lambda \cdot \left(\begin{pmatrix} a_1 & b_1 \\ c_1 & d_1 \end{pmatrix} + \begin{pmatrix} a_2 & b_2 \\ c_2 & d_2 \end{pmatrix} \right) \\ &= \lambda \cdot \begin{pmatrix} a_1 + a_2 & b_1 + b_2 \\ c_1 + c_2 & d_1 + d_2 \end{pmatrix} = \begin{pmatrix} \lambda a_1 + \lambda a_2 & \lambda b_1 + \lambda b_2 \\ \lambda c_1 + \lambda c_2 & \lambda d_1 + \lambda d_2 \end{pmatrix}. \end{aligned}$$

$$\begin{aligned} \lambda A + \lambda B &= \lambda \cdot \begin{pmatrix} a_1 & b_1 \\ c_1 & d_1 \end{pmatrix} + \lambda \cdot \begin{pmatrix} a_2 & b_2 \\ c_2 & d_2 \end{pmatrix} \\ &= \begin{pmatrix} \lambda a_1 & \lambda b_1 \\ \lambda c_1 & \lambda d_1 \end{pmatrix} + \begin{pmatrix} \lambda a_2 & \lambda b_2 \\ \lambda c_2 & \lambda d_2 \end{pmatrix} \\ &= \begin{pmatrix} \lambda a_1 + \lambda a_2 & \lambda b_1 + \lambda b_2 \\ \lambda c_1 + \lambda c_2 & \lambda d_1 + \lambda d_2 \end{pmatrix}. \end{aligned}$$

Damit gilt $\lambda(A+B) = \lambda A + \lambda B$.

D2: Zu zeigen ist $(\lambda + \mu)A = \lambda A + \mu A$.

$$\begin{aligned} (\lambda + \mu)A &= (\lambda + \mu) \cdot \begin{pmatrix} a_1 & b_1 \\ c_1 & d_1 \end{pmatrix} \\ &= \begin{pmatrix} (\lambda + \mu)a_1 & (\lambda + \mu)b_1 \\ (\lambda + \mu)c_1 & (\lambda + \mu)d_1 \end{pmatrix} \\ &= \begin{pmatrix} \lambda a_1 + \mu a_1 & \lambda b_1 + \mu b_1 \\ \lambda c_1 + \mu c_1 & \lambda d_1 + \mu d_1 \end{pmatrix}. \end{aligned}$$

$$\begin{aligned} \lambda A + \mu A &= \lambda \cdot \begin{pmatrix} a_1 & b_1 \\ c_1 & d_1 \end{pmatrix} + \mu \cdot \begin{pmatrix} a_1 & b_1 \\ c_1 & d_1 \end{pmatrix} \\ &= \begin{pmatrix} \lambda a_1 & \lambda b_1 \\ \lambda c_1 & \lambda d_1 \end{pmatrix} + \begin{pmatrix} \mu a_1 & \mu b_1 \\ \mu c_1 & \mu d_1 \end{pmatrix} \\ &= \begin{pmatrix} \lambda a_1 + \mu a_1 & \lambda b_1 + \mu b_1 \\ \lambda c_1 + \mu c_1 & \lambda d_1 + \mu d_1 \end{pmatrix}. \end{aligned}$$

Damit gilt $(\lambda + \mu)A = \lambda A + \mu A$.

Offensichtlich sind die 4 Matrizen

$$\begin{pmatrix} 1 & 0 \\ 0 & 0 \end{pmatrix}, \begin{pmatrix} 0 & 1 \\ 0 & 0 \end{pmatrix}, \begin{pmatrix} 0 & 0 \\ 1 & 0 \end{pmatrix} \text{ und } \begin{pmatrix} 0 & 0 \\ 0 & 1 \end{pmatrix}$$

linear unabhängig und bilden eine Basis dieses Vektorraums. Damit ist die Dimension dieses Vektorraums gleich 4.

Aufgabe 4.5.2

Gegeben seien die Vektoren

$$\vec{r} = \begin{pmatrix} 1 \\ 2 \\ 3 \end{pmatrix} \text{ und } \vec{s} = \begin{pmatrix} -1 \\ 0 \\ 1 \\ 4 \end{pmatrix}$$

und die Matrizen

$$A = \begin{pmatrix} -1 & 1 & 0 \\ 4 & 2 & 1 \\ -3 & 1 & 6 \end{pmatrix}, \ B = \begin{pmatrix} 0 & 0 & 1 \\ 0 & 1 & 2 \\ 1 & 2 & 3 \end{pmatrix}, \ C = \begin{pmatrix} 4 & 6 & 1 \\ 4 & 6 & 0 \\ 1 & -6 & -2 \end{pmatrix}$$

$$\text{und } D = \begin{pmatrix} -2 & 1 & 4 & 1 \\ 0 & 1 & 0 & 2 \\ 1 & 2 & 0 & -1 \end{pmatrix}.$$

Berechnen Sie:

a) $\vec{r}^T \cdot \vec{r}$, $\vec{s}^T \cdot \vec{s}$, $\vec{r} \cdot \vec{r}^T$ und $\vec{s} \cdot \vec{s}^T$.

b) $A \cdot \vec{r}$, $D \cdot \vec{s}$ und $\vec{r}^T \cdot B$.

c) $A \cdot C$, $C \cdot A$ und $A \cdot B \cdot C$.

d) $(\vec{r}^T \cdot B) \cdot \vec{r}$ und $(A \cdot \vec{r}) \cdot \vec{r}^T$.

e) $B^T \cdot A \cdot C^{-1}$.

Lösung:

a)
$$\vec{r}^T \cdot \vec{r} = (1,2,3) \cdot \begin{pmatrix} 1 \\ 2 \\ 3 \end{pmatrix} = 1 \cdot 1 + 2 \cdot 2 + 3 \cdot 3$$
$$= 1 + 4 + 9 = 14.$$

$$\vec{s}^T \cdot \vec{s} = (-1,0,1,4) \cdot \begin{pmatrix} -1 \\ 0 \\ 1 \\ 4 \end{pmatrix}$$
$$= (-1) \cdot (-1) + 0 \cdot 0 + 1 \cdot 1 + 4 \cdot 4 = 1 + 0 + 1 + 16 = 18.$$

$$\vec{r} \cdot \vec{r}^T = \begin{pmatrix} 1 \\ 2 \\ 3 \end{pmatrix} \cdot (1,2,3) = \begin{pmatrix} 1 \cdot 1 & 1 \cdot 2 & 1 \cdot 3 \\ 2 \cdot 1 & 2 \cdot 2 & 2 \cdot 3 \\ 3 \cdot 1 & 3 \cdot 2 & 3 \cdot 3 \end{pmatrix}$$
$$= \begin{pmatrix} 1 & 2 & 3 \\ 2 & 4 & 6 \\ 3 & 6 & 9 \end{pmatrix}.$$

$$\vec{s} \cdot \vec{s}^T = \begin{pmatrix} -1 \\ 0 \\ 1 \\ 4 \end{pmatrix} \cdot (-1,0,1,4)$$
$$= \begin{pmatrix} (-1) \cdot (-1) & (-1) \cdot 0 & (-1) \cdot 1 & (-1) \cdot 4 \\ 0 \cdot (-1) & 0 \cdot 0 & 0 \cdot 1 & 0 \cdot 4 \\ 1 \cdot (-1) & 1 \cdot 0 & 1 \cdot 1 & 1 \cdot 4 \\ 4 \cdot (-1) & 4 \cdot 0 & 4 \cdot 1 & 4 \cdot 4 \end{pmatrix}$$
$$= \begin{pmatrix} 1 & 0 & -1 & -4 \\ 0 & 0 & 0 & 0 \\ -1 & 0 & 1 & 4 \\ -4 & 0 & 4 & 16 \end{pmatrix}.$$

b)
$$A \cdot \vec{r} = \begin{pmatrix} -1 & 1 & 0 \\ 4 & 2 & 1 \\ -3 & 1 & 6 \end{pmatrix} \cdot \begin{pmatrix} 1 \\ 2 \\ 3 \end{pmatrix} = \begin{pmatrix} (-1) \cdot 1 + 1 \cdot 2 + 0 \cdot 3 \\ 4 \cdot 1 + 2 \cdot 2 + 1 \cdot 3 \\ (-3) \cdot 1 + 1 \cdot 2 + 6 \cdot 3 \end{pmatrix}$$

$$= \begin{pmatrix} -1+2+0 \\ 4+4+3 \\ -3+2+18 \end{pmatrix} = \begin{pmatrix} 1 \\ 11 \\ 17 \end{pmatrix}.$$

$$D \cdot \vec{s} = \begin{pmatrix} -2 & 1 & 4 & 1 \\ 0 & 1 & 0 & 2 \\ 1 & 2 & 0 & -1 \end{pmatrix} \cdot \begin{pmatrix} -1 \\ 0 \\ 1 \\ 4 \end{pmatrix}$$

$$= \begin{pmatrix} (-2)\cdot(-1)+1\cdot 0+4\cdot 1+1\cdot 4 \\ 0\cdot(-1)+1\cdot 0+0\cdot 1+2\cdot 4 \\ 1\cdot(-1)+2\cdot 0+0\cdot 1+(-1)\cdot 4 \end{pmatrix}$$

$$= \begin{pmatrix} 2+0+4+4 \\ 0+0+0+8 \\ -1+0+0-4 \end{pmatrix} = \begin{pmatrix} 10 \\ 8 \\ -5 \end{pmatrix}.$$

$$\vec{r}^T \cdot B = (1,2,3) \cdot \begin{pmatrix} 0 & 0 & 1 \\ 0 & 1 & 2 \\ 1 & 2 & 3 \end{pmatrix}$$

$$= (1\cdot 0+2\cdot 0+3\cdot 1, 1\cdot 0+2\cdot 1+3\cdot 2, 1\cdot 1+2\cdot 2+3\cdot 3)$$

$$= (0+0+3, 0+2+6, 1+4+9) = (3,8,14).$$

c) $$A \cdot C = \begin{pmatrix} -1 & 1 & 0 \\ 4 & 2 & 1 \\ -3 & 1 & 6 \end{pmatrix} \cdot \begin{pmatrix} 4 & 6 & 1 \\ 4 & 6 & 0 \\ 1 & -6 & -2 \end{pmatrix}$$

$$= \begin{pmatrix} (-1)\cdot 4+1\cdot 4+0\cdot 1 & (-1)\cdot 6+1\cdot 6+0\cdot(-6) & (-1)\cdot 1+1\cdot 0+0\cdot(-2) \\ 4\cdot 4+2\cdot 4+1\cdot 1 & 4\cdot 6+2\cdot 6+1\cdot(-6) & 4\cdot 1+2\cdot 0+1\cdot(-2) \\ (-3)\cdot 4+1\cdot 4+6\cdot 1 & (-3)\cdot 6+1\cdot 6+6\cdot(-6) & (-3)\cdot 1+1\cdot 0+6\cdot(-2) \end{pmatrix}$$

$$= \begin{pmatrix} -4+4+0 & -6+6+0 & -1+0+0 \\ 16+8+1 & 24+12-6 & 4+0-2 \\ -12+4+6 & -18+6-36 & -3+0-12 \end{pmatrix}$$

$$= \begin{pmatrix} 0 & 0 & -1 \\ 25 & 30 & 2 \\ -2 & -48 & -15 \end{pmatrix}.$$

$$C \cdot A = \begin{pmatrix} 4 & 6 & 1 \\ 4 & 6 & 0 \\ 1 & -6 & -2 \end{pmatrix} \cdot \begin{pmatrix} -1 & 1 & 0 \\ 4 & 2 & 1 \\ -3 & 1 & 6 \end{pmatrix}$$

$$= \begin{pmatrix} 4\cdot(-1)+6\cdot 4+1\cdot(-3) & 4\cdot 1+6\cdot 2+1\cdot 1 & 4\cdot 0+6\cdot 1+1\cdot 6 \\ 4\cdot(-1)+6\cdot 4+0\cdot(-3) & 4\cdot 1+6\cdot 2+0\cdot 1 & 4\cdot 0+6\cdot 1+0\cdot 6 \\ 1\cdot(-1)-6\cdot 4-2\cdot(-3) & 1\cdot 1-6\cdot 2-2\cdot 1 & 1\cdot 0-6\cdot 1-2\cdot 6 \end{pmatrix}$$

$$= \begin{pmatrix} -4+24-3 & 4+12+1 & 0+6+6 \\ -4+24+0 & 4+12+0 & 0+6+0 \\ -1-24+6 & 1-12-2 & 0-6-12 \end{pmatrix}$$

$$= \begin{pmatrix} 17 & 17 & 12 \\ 20 & 16 & 6 \\ -19 & -13 & -18 \end{pmatrix}.$$

$$A \cdot B \cdot C = \begin{pmatrix} -1 & 1 & 0 \\ 4 & 2 & 1 \\ -3 & 1 & 6 \end{pmatrix} \cdot \begin{pmatrix} 0 & 0 & 1 \\ 0 & 1 & 2 \\ 1 & 2 & 3 \end{pmatrix} \cdot \begin{pmatrix} 4 & 6 & 1 \\ 4 & 6 & 0 \\ 1 & -6 & -2 \end{pmatrix}$$

$$= \begin{pmatrix} (-1)\cdot 0+1\cdot 0+0\cdot 1 & (-1)\cdot 0+1\cdot 1+0\cdot 2 & (-1)\cdot 1+1\cdot 2+0\cdot 3 \\ 4\cdot 0+2\cdot 0+1\cdot 1 & 4\cdot 0+2\cdot 1+1\cdot 2 & 4\cdot 1+2\cdot 2+1\cdot 3 \\ (-3)\cdot 0+1\cdot 0+6\cdot 1 & (-3)\cdot 0+1\cdot 1+6\cdot 2 & (-3)\cdot 1+1\cdot 2+6\cdot 3 \end{pmatrix} \times$$

$$\times \begin{pmatrix} 4 & 6 & 1 \\ 4 & 6 & 0 \\ 1 & -6 & -2 \end{pmatrix}$$

$$= \begin{pmatrix} 0+0+0 & 0+1+0 & -1+2+0 \\ 0+0+1 & 0+2+2 & 4+4+3 \\ 0+0+6 & 0+1+12 & -3+2+18 \end{pmatrix} \times$$

$$\times \begin{pmatrix} 4 & 6 & 1 \\ 4 & 6 & 0 \\ 1 & -6 & -2 \end{pmatrix}$$

$$= \begin{pmatrix} 0 & 1 & 1 \\ 1 & 4 & 11 \\ 6 & 13 & 17 \end{pmatrix} \cdot \begin{pmatrix} 4 & 6 & 1 \\ 4 & 6 & 0 \\ 1 & -6 & -2 \end{pmatrix}$$

$$= \begin{pmatrix} 0\cdot4+1\cdot4+1\cdot1 & 0\cdot6+1\cdot6+1\cdot(-6) & 0\cdot1+1\cdot0+1\cdot(-2) \\ 1\cdot4+4\cdot4+11\cdot1 & 1\cdot6+4\cdot6+11\cdot(-6) & 1\cdot1+4\cdot0+11\cdot(-2) \\ 6\cdot4+13\cdot4+17\cdot1 & 6\cdot6+13\cdot6+17\cdot(-6) & 6\cdot1+13\cdot0+17\cdot(-2) \end{pmatrix}$$

$$= \begin{pmatrix} 0+4+1 & 0+6-6 & 0+0-2 \\ 4+16+11 & 6+24-66 & 1+0-22 \\ 24+52+17 & 36+78-102 & 6+0-34 \end{pmatrix}$$

$$= \begin{pmatrix} 5 & 0 & -2 \\ 31 & -36 & -21 \\ 93 & 12 & -28 \end{pmatrix}.$$

d) Unter Berücksichtigung der Ergebnisse von Teil b) folgt

$$\begin{aligned} (\vec{r}^T \cdot B) \cdot \vec{r} &= (3,8,14) \cdot \begin{pmatrix} 1 \\ 2 \\ 3 \end{pmatrix} = 3\cdot1+8\cdot2+14\cdot3 \\ &= 3+16+42 = 61. \end{aligned}$$

$$\begin{aligned} (A\cdot\vec{r})\cdot\vec{r}^T &= \begin{pmatrix} 1 \\ 11 \\ 17 \end{pmatrix} \cdot (1,2,3) = \begin{pmatrix} 1\cdot1 & 1\cdot2 & 1\cdot3 \\ 11\cdot1 & 11\cdot2 & 11\cdot3 \\ 17\cdot1 & 17\cdot2 & 17\cdot3 \end{pmatrix} \\ &= \begin{pmatrix} 1 & 2 & 3 \\ 11 & 22 & 33 \\ 17 & 34 & 51 \end{pmatrix}. \end{aligned}$$

e) Berechnung von C^{-1}:

$$\left(\begin{array}{ccc|ccc} 4 & 6 & 1 & 1 & 0 & 0 \\ 4 & 6 & 0 & 0 & 1 & 0 \\ 1 & -6 & -2 & 0 & 0 & 1 \end{array}\right) \quad \begin{array}{l} \text{I} \\ \text{II} \\ \text{III} \end{array} \quad \sim$$

$$\left(\begin{array}{ccc|ccc} 4 & 6 & 1 & 1 & 0 & 0 \\ 0 & 0 & 1 & 1 & -1 & 0 \\ 0 & 30 & 9 & 1 & 0 & -4 \end{array}\right) \quad \begin{array}{lcl} \text{I} & & \\ \text{I}-\text{II} & \widehat{=} & \text{IV} \\ \text{I}-4\cdot\text{III} & \widehat{=} & \text{V} \end{array} \quad \sim$$

$$\left(\begin{array}{ccc|ccc} 20 & 0 & -4 & 4 & 0 & 4 \\ 0 & 30 & 9 & 1 & 0 & -4 \\ 0 & 0 & 1 & 1 & -1 & 0 \end{array}\right) \quad \begin{array}{lcl} 5\cdot\text{I}-\text{V} & \widehat{=} & \text{VI} \\ \text{V} & & \\ \text{IV} & & \end{array} \quad \sim$$

$$\left(\begin{array}{rrr|rrr} 20 & 0 & 0 & 8 & -4 & 4 \\ 0 & 30 & 0 & -8 & 9 & -4 \\ 0 & 0 & 1 & 1 & -1 & 0 \end{array}\right) \begin{array}{lll} VI + 4 \cdot IV & \widehat{=} & VII \\ V - 9 \cdot IV & \widehat{=} & VIII \\ IV & & \end{array} \sim$$

$$\left(\begin{array}{rrr|rrr} 1 & 0 & 0 & \frac{2}{5} & -\frac{1}{5} & \frac{1}{5} \\ 0 & 1 & 0 & -\frac{4}{15} & \frac{3}{10} & -\frac{2}{15} \\ 0 & 0 & 1 & 1 & -1 & 0 \end{array}\right) \begin{array}{l} VII : 20 \\ VIII : 30 \\ IV. \end{array}$$

Damit gilt :

$$C^{-1} = \frac{1}{30} \begin{pmatrix} 12 & -6 & 6 \\ -8 & 9 & -4 \\ 30 & -30 & 0 \end{pmatrix}.$$

Damit folgt dann $B^T \cdot A \cdot C^{-1} =$

$$= \begin{pmatrix} 0 & 0 & 1 \\ 0 & 1 & 2 \\ 1 & 2 & 3 \end{pmatrix} \cdot \begin{pmatrix} -1 & 1 & 0 \\ 4 & 2 & 1 \\ -3 & 1 & 6 \end{pmatrix} \times$$

$$\times \frac{1}{30} \cdot \begin{pmatrix} 12 & -6 & 6 \\ -8 & 9 & -4 \\ 30 & -30 & 0 \end{pmatrix}$$

$$= \begin{pmatrix} 0\cdot(-1)+0\cdot 4+1\cdot(-3) & 0\cdot 1+0\cdot 2+1\cdot 1 & 0\cdot 0+0\cdot 1+1\cdot 6 \\ 0\cdot(-1)+1\cdot 4+2\cdot(-3) & 0\cdot 1+1\cdot 2+2\cdot 1 & 0\cdot 0+1\cdot 1+2\cdot 6 \\ 1\cdot(-1)+2\cdot 4+3\cdot(-3) & 1\cdot 1+2\cdot 2+3\cdot 1 & 1\cdot 0+2\cdot 1+3\cdot 6 \end{pmatrix} \times$$

$$\times \frac{1}{30} \cdot \begin{pmatrix} 12 & -6 & 6 \\ -8 & 9 & -4 \\ 30 & -30 & 0 \end{pmatrix}$$

$$= \begin{pmatrix} 0+0-3 & 0+0+1 & 0+0+6 \\ 0+4-6 & 0+2+2 & 0+1+12 \\ -1+8-9 & 1+4+3 & 0+2+18 \end{pmatrix} \times$$

$$\times \frac{1}{30} \cdot \begin{pmatrix} 12 & -6 & 6 \\ -8 & 9 & -4 \\ 30 & -30 & 0 \end{pmatrix}$$

$$= \frac{1}{30} \cdot \begin{pmatrix} -3 & 1 & 6 \\ -2 & 4 & 13 \\ -2 & 8 & 20 \end{pmatrix} \cdot \begin{pmatrix} 12 & -6 & 6 \\ -8 & 9 & -4 \\ 30 & -30 & 0 \end{pmatrix}$$

$$= \frac{1}{30} \cdot \begin{pmatrix} -3\cdot 12+1\cdot(-8)+6\cdot 30 & -3\cdot(-6)+1\cdot 9+6\cdot(-30) & -3\cdot 6+1\cdot(-4)+6\cdot 0 \\ -2\cdot 12+4\cdot(-8)+13\cdot 30 & -2\cdot(-6)+4\cdot 9+13\cdot(-30) & -2\cdot 6+4\cdot(-4)+13\cdot 0 \\ -2\cdot 12+8\cdot(-8)+20\cdot 30 & -2\cdot(-6)+8\cdot 9+20\cdot(-30) & -2\cdot 6+8\cdot(-4)+20\cdot 0 \end{pmatrix}$$

$$= \frac{1}{30} \cdot \begin{pmatrix} -36-8+180 & 18+9-180 & -18-4 \\ -24-32+390 & 12+36-390 & -12-16 \\ -24-64+600 & 12+72-600 & -12-32 \end{pmatrix}$$

$$= \frac{1}{30} \cdot \begin{pmatrix} 136 & -153 & -22 \\ 334 & -342 & -28 \\ 512 & -516 & -44 \end{pmatrix}.$$

Aufgabe 4.5.3

Ermitteln Sie den Rang der Matrix A in Abhängigkeit von a und b.

$$A = \begin{pmatrix} 0 & -2 & 4 & 3 \\ 1 & 1 & 1 & 1 \\ 3 & 5 & -1 & a \\ 2 & 1 & 4 & b \end{pmatrix}.$$

Lösung:

$$\begin{pmatrix} 0 & -2 & 4 & 3 \\ 1 & 1 & 1 & 1 \\ 3 & 5 & -1 & a \\ 2 & 1 & 4 & b \end{pmatrix} \begin{matrix} \text{I} \\ \text{II} \\ \text{III} \\ \text{IV} \end{matrix} \quad \sim$$

$$\begin{pmatrix} 1 & 1 & 1 & 1 \\ 0 & -2 & 4 & 3 \\ 0 & -2 & 4 & 3-a \\ 0 & 1 & -2 & 2-b \end{pmatrix} \begin{matrix} \text{II} & & \\ \text{I} & & \\ 3\cdot\text{II}-\text{III} & \widehat{=} & \text{V} \\ 2\cdot\text{II}-\text{IV} & \widehat{=} & \text{VI} \end{matrix} \quad \sim$$

$$\begin{pmatrix} 1 & 1 & 1 & 1 \\ 0 & -2 & 4 & 3 \\ 0 & 0 & 0 & a \\ 0 & 0 & 0 & 7-2b \end{pmatrix} \begin{matrix} \text{II} & & \\ \text{I} & & \\ \text{I}-\text{V} & \hat{=} & \text{VII} \\ \text{I}+2\cdot\text{VI} & \hat{=} & \text{VIII.} \end{matrix}$$

Damit gilt:

$Rg(A) = 2$ für $a = 0$ und $b = \frac{7}{2}$.

$Rg(A) = 3$ in allen anderen Fällen.

Aufgabe 4.5.4

Bestimmen Sie die inverse Matrix A^{-1} von

$$A = \begin{pmatrix} 5 & 2 & -2 \\ 3 & -1 & 1 \\ -1 & -3 & 2 \end{pmatrix}.$$

Lösung:

$$\left(\begin{array}{rrr|rrr} 5 & 2 & -2 & 1 & 0 & 0 \\ 3 & -1 & 1 & 0 & 1 & 0 \\ -1 & -3 & 2 & 0 & 0 & 1 \end{array}\right) \begin{matrix} \text{I} \\ \text{II} \\ \text{III} \end{matrix} \sim$$

$$\left(\begin{array}{rrr|rrr} 5 & 2 & -2 & 1 & 0 & 0 \\ 0 & -13 & 8 & 1 & 0 & 5 \\ 0 & -10 & 7 & 0 & 1 & 3 \end{array}\right) \begin{matrix} \text{I} & & \\ \text{I}+5\cdot\text{III} & \hat{=} & \text{IV} \\ \text{II}+3\cdot\text{III} & \hat{=} & \text{V} \end{matrix} \sim$$

$$\left(\begin{array}{rrr|rrr} 25 & 0 & -3 & 5 & 1 & 3 \\ 0 & -13 & 8 & 1 & 0 & 5 \\ 0 & 0 & -11 & 10 & -13 & 11 \end{array}\right) \begin{matrix} 5\cdot\text{I}+\text{V} & \hat{=} & \text{VI} \\ \text{IV} & & \\ 10\cdot\text{IV}-13\cdot\text{V} & \hat{=} & \text{VII} \end{matrix} \sim$$

$$\left(\begin{array}{rrr|rrr} 275 & 0 & 0 & 25 & 50 & 0 \\ 0 & -143 & 0 & 91 & -104 & 143 \\ 0 & 0 & -11 & 10 & -13 & 11 \end{array}\right) \begin{matrix} 11\cdot\text{VI}-3\cdot\text{VII} & \hat{=} & \text{VIII} \\ 11\cdot\text{IV}+8\cdot\text{VII} & \hat{=} & \text{IX} \\ \text{VII} & & \end{matrix}$$

$$\left(\begin{array}{rrr|rrr} 1 & 0 & 0 & \frac{1}{11} & \frac{2}{11} & 0 \\ 0 & 1 & 0 & -\frac{7}{11} & \frac{8}{11} & -1 \\ 0 & 0 & 1 & -\frac{10}{11} & \frac{13}{11} & -1 \end{array}\right) \begin{matrix} \text{VIII} : 275 \\ \text{IX} : (-143) \\ \text{VII} : (-11). \end{matrix}$$

Damit gilt :

$$A^{-1} = \begin{pmatrix} \frac{1}{11} & \frac{2}{11} & 0 \\ -\frac{7}{11} & \frac{8}{11} & -1 \\ -\frac{10}{11} & \frac{13}{11} & -1 \end{pmatrix}.$$

Aufgabe 4.5.5

Bestimmen Sie die inverse Matrix A^{-1} von

$$A = \begin{pmatrix} -2 & 1 & 0 & 2 \\ 3 & -1 & -\frac{1}{2} & -2 \\ -\frac{1}{3} & 0 & \frac{1}{3} & 0 \\ 0 & 0 & \frac{1}{2} & -1 \end{pmatrix}.$$

Lösung:

$$\left(\begin{array}{cccc|cccc} -2 & 1 & 0 & 2 & 1 & 0 & 0 & 0 \\ 3 & -1 & -\frac{1}{2} & -2 & 0 & 1 & 0 & 0 \\ -\frac{1}{3} & 0 & \frac{1}{3} & 0 & 0 & 0 & 1 & 0 \\ 0 & 0 & \frac{1}{2} & -1 & 0 & 0 & 0 & 1 \end{array}\right) \begin{array}{l} \text{I} \\ \text{II} \\ \text{III} \\ \text{IV} \end{array} \sim$$

$$\left(\begin{array}{cccc|cccc} -2 & 1 & 0 & 2 & 1 & 0 & 0 & 0 \\ 0 & 1 & -1 & 2 & 3 & 2 & 0 & 0 \\ 0 & 0 & \frac{1}{2} & -1 & 0 & 0 & 0 & 1 \\ 0 & 1 & -2 & 2 & 1 & 0 & -6 & 0 \end{array}\right) \begin{array}{lcl} \text{I} & & \\ 3 \cdot \text{I} + 2 \cdot \text{II} & \widehat{=} & \text{V} \\ \text{IV} & & \\ \text{I} - 6 \cdot \text{III} & \widehat{=} & \text{VI} \end{array} \sim$$

$$\left(\begin{array}{cccc|cccc} -2 & 0 & 2 & 0 & 0 & 0 & 6 & 0 \\ 0 & 1 & -1 & 2 & 3 & 2 & 0 & 0 \\ 0 & 0 & \frac{1}{2} & -1 & 0 & 0 & 0 & 1 \\ 0 & 0 & 1 & 0 & 2 & 2 & 6 & 0 \end{array}\right) \begin{array}{lcl} \text{I} - \text{VI} & \widehat{=} & \text{VII} \\ \text{V} & & \\ \text{IV} & & \\ \text{V} - \text{VI} & \widehat{=} & \text{VIII} \end{array} \sim$$

$$\left(\begin{array}{cccc|cccc} -2 & 0 & 0 & 0 & -4 & -4 & -6 & 0 \\ 0 & 1 & 0 & 2 & 5 & 4 & 6 & 0 \\ 0 & 0 & 1 & 0 & 2 & 2 & 6 & 0 \\ 0 & 0 & 0 & -2 & -2 & -2 & -6 & 2 \end{array}\right) \begin{array}{lcl} \text{VII} - 2 \cdot \text{VIII} & \widehat{=} & \text{IX} \\ \text{V} + \text{VIII} & \widehat{=} & \text{X} \\ \text{VIII} & & \\ 2 \cdot \text{IV} - \text{VIII} & \widehat{=} & \text{XI} \end{array} \sim$$

$$\left(\begin{array}{cccc|cccc} -2 & 0 & 0 & 0 & -4 & -4 & -6 & 0 \\ 0 & 1 & 0 & 0 & 3 & 2 & 0 & 2 \\ 0 & 0 & 1 & 0 & 2 & 2 & 6 & 0 \\ 0 & 0 & 0 & -2 & -2 & -2 & -6 & 2 \end{array}\right) \begin{array}{lcl} \text{IX} & & \\ \text{X} + \text{XI} & \widehat{=} & \text{XII} \\ \text{VIII} & & \\ \text{XI} & & \end{array} \sim$$

$$\left(\begin{array}{cccc|cccc} 1 & 0 & 0 & 0 & 2 & 2 & 3 & 0 \\ 0 & 1 & 0 & 0 & 3 & 2 & 0 & 2 \\ 0 & 0 & 1 & 0 & 2 & 2 & 6 & 0 \\ 0 & 0 & 0 & 1 & 1 & 1 & 3 & -1 \end{array}\right) \begin{array}{lcl} \text{IX} : (-2) & \widehat{=} & \text{XIII} \\ \text{XII} & & \\ \text{VIII} & & \\ \text{XI} : (-2) & \widehat{=} & \text{XIV}. \end{array}$$

Damit gilt: $A^{-1} = \begin{pmatrix} 2 & 2 & 3 & 0 \\ 3 & 2 & 0 & 2 \\ 2 & 2 & 6 & 0 \\ 1 & 1 & 3 & -1 \end{pmatrix}$.

Aufgabe 4.5.6

Für welche $a \in \mathbb{R}$ existiert die inverse Matrix A^{-1} von

$$A = \begin{pmatrix} 1 & 2 & -1 \\ 2 & -1 & a \\ 1 & -1 & a \end{pmatrix}.$$

Geben Sie die Matrix A^{-1} im Falle der Existenz an.

Lösung:

$$\left(\begin{array}{ccc|ccc} 1 & 2 & -1 & 1 & 0 & 0 \\ 2 & -1 & a & 0 & 1 & 0 \\ 1 & -1 & a & 0 & 0 & 1 \end{array}\right) \begin{array}{l} \text{I} \\ \text{II} \\ \text{III} \end{array} \sim$$

$$\left(\begin{array}{ccc|ccc} 1 & 2 & -1 & 1 & 0 & 0 \\ 0 & 5 & -2-a & 2 & -1 & 0 \\ 0 & 3 & -1-a & 1 & 0 & -1 \end{array}\right) \begin{array}{lcl} \text{I} & & \\ 2 \cdot \text{I} - \text{II} & \widehat{=} & \text{IV} \\ \text{I} - \text{III} & \widehat{=} & \text{V} \end{array} \sim$$

$$\left(\begin{array}{ccc|ccc} 5 & 0 & -1+2a & 1 & 2 & 0 \\ 0 & 5 & -2-a & 2 & -1 & 0 \\ 0 & 0 & -1+2a & 1 & -3 & 5 \end{array}\right) \quad \begin{array}{lcl} 5 \cdot \mathrm{I} - 2 \cdot \mathrm{IV} & \widehat{=} & \mathrm{VI} \\ \mathrm{IV} & & \\ 3 \cdot \mathrm{IV} - 5 \cdot \mathrm{V} & \widehat{=} & \mathrm{VII} \end{array} \sim$$

$$\left(\begin{array}{ccc|ccc} 5 & 0 & 0 & 0 & 5 & -5 \\ 0 & 5(-1+2a) & 0 & 5a & -5-5a & 5(2+a) \\ 0 & 0 & -1+2a & 1 & -3 & 5 \end{array}\right) \quad \begin{array}{l} \mathrm{VIII} \\ \mathrm{IX} \\ \mathrm{VII} \end{array} \quad \text{mit}$$

$$\begin{array}{lcl} \mathrm{VI} - \mathrm{VII} & \widehat{=} & \mathrm{VIII} \\ (-1+2a) \cdot \mathrm{IV} - (-2-a) \cdot \mathrm{VII} & \widehat{=} & \mathrm{IX} \\ \mathrm{VII} & & \end{array} \sim$$

$$\left(\begin{array}{ccc|ccc} 1 & 0 & 0 & 0 & 1 & -1 \\ 0 & 1 & 0 & \dfrac{a}{-1+2a} & \dfrac{-1-a}{-1+2a} & \dfrac{2+a}{-1+2a} \\ 0 & 0 & 1 & \dfrac{1}{-1+2a} & \dfrac{-3}{-1+2a} & \dfrac{5}{-1+2a} \end{array}\right) \quad \begin{array}{l} \mathrm{VIII} : 5 \\ \mathrm{IX} : (5(-1+2a)) \\ \mathrm{VII} : (-1+2a) \end{array}$$

für alle $a \neq \frac{1}{2}$. Also existiert A^{-1} für $a \neq \frac{1}{2}$ und es gilt:

$$A^{-1} = \begin{pmatrix} 0 & 1 & -1 \\ \dfrac{a}{-1+2a} & \dfrac{-1-a}{-1+2a} & \dfrac{2+a}{-1+2a} \\ \dfrac{1}{-1+2a} & \dfrac{-3}{-1+2a} & \dfrac{5}{-1+2a} \end{pmatrix}.$$

Aufgabe 4.5.7

Für welche $a, b \in \mathbb{R}$ existiert die inverse Matrix A^{-1} von

$$A = \begin{pmatrix} 2 & 1 & 3 \\ -1 & -2 & a \\ 1 & 1 & b \end{pmatrix}.$$

Geben Sie die Matrix A^{-1} im Falle der Existenz an.

Lösung:

$$\left(\begin{array}{rrr|rrr} 2 & 1 & 3 & 1 & 0 & 0 \\ -1 & -2 & a & 0 & 1 & 0 \\ 1 & 1 & b & 0 & 0 & 1 \end{array}\right) \quad \begin{array}{l} \text{I} \\ \text{II} \\ \text{III} \end{array} \quad \sim$$

$$\left(\begin{array}{rrr|rrr} 2 & 1 & 3 & 1 & 0 & 0 \\ 0 & -3 & 3+2a & 1 & 2 & 0 \\ 0 & -1 & 3-2b & 1 & 0 & -2 \end{array}\right) \quad \begin{array}{lcl} \text{I} & & \\ \text{I}+2\cdot\text{II} & \widehat{=} & \text{IV} \\ \text{I}-2\cdot\text{III} & \widehat{=} & \text{V} \end{array} \quad \sim$$

$$\left(\begin{array}{rrr|rrr} 2 & 0 & 6-2b & 2 & 0 & -2 \\ 0 & -3 & 3+2a & 1 & 2 & 0 \\ 0 & 0 & -6+2a+6b & -2 & 2 & 6 \end{array}\right) \quad \begin{array}{lcl} \text{I}+\text{V} & \widehat{=} & \text{VI} \\ \text{IV} & & \\ \text{IV}-3\cdot\text{V} & \widehat{=} & \text{VII.} \end{array}$$

Also existiert A^{-1} für $-6+2a+6b \neq 0$ oder $a \neq 3-3b$.

Weiter gilt dann mit $\eta = -6+2a+6b$:

$$\left(\begin{array}{rrr|rrr} 2\eta & 0 & 0 & 4a+8b & 4b-12 & -4a-24 \\ 0 & -3\eta & 0 & 6a+6b & 12b-18 & -12a-18 \\ 0 & 0 & \eta & -2 & 2 & 6 \end{array}\right) \quad \begin{array}{l} \eta\cdot\text{VI}-(6-2b)\cdot\text{VII} \\ \eta\cdot\text{IV}-(3+2a)\cdot\text{VII} \\ \text{VII.} \end{array}$$

In den Sonderfällen $b \neq 3$ oder $a \neq -\dfrac{3}{2}$ befinden sich die erforderlichen Nullen schon an den entsprechenden Positionen.

Weiter gilt dann:

$$\left(\begin{array}{ccc|ccc} 1 & 0 & 0 & \dfrac{a+2b}{-3+a+3b} & \dfrac{b-3}{-3+a+3b} & \dfrac{-a-6}{-3+a+3b} \\ 0 & 1 & 0 & \dfrac{-a-b}{-3+a+3b} & \dfrac{-2b+3}{-3+a+3b} & \dfrac{2a+3}{-3+a+3b} \\ 0 & 0 & 1 & \dfrac{-1}{-3+a+3b} & \dfrac{1}{-3+a+3b} & \dfrac{3}{-3+a+3b} \end{array}\right) \quad \begin{array}{l} \text{VIII} : (2\eta) \\ \text{IX} : (-3\eta) \\ \text{VII} : \eta. \end{array}$$

Damit gilt für $a \neq 3-3b$:

$$A^{-1} = \frac{1}{-3+a+3b} \cdot \begin{pmatrix} a+2b & b-3 & -a-6 \\ -a-b & -2b+3 & 2a+3 \\ -1 & 1 & 3 \end{pmatrix}.$$

Aufgabe 4.5.8

Gegeben seien die Matrizen

$$A = \begin{pmatrix} 4 & -2 \\ 1 & 1 \end{pmatrix}, \ B = \begin{pmatrix} -2 & -1 \\ 0 & 4 \end{pmatrix}, \ C = \begin{pmatrix} 3 & -1 \\ 2 & -2 \end{pmatrix} \text{ und}$$

$$D = \begin{pmatrix} 0 & 4 \\ 3 & -2 \end{pmatrix}.$$

Lösen Sie die Gleichung $(AX + B)^T C = 4\,X^T D$ nach X auf.

Lösung:

$$\begin{aligned}
(AX + B)^T C &= 4X^T D \\
\left((AX)^T + B^T\right) C &= 4X^T D \\
(AX)^T C + B^T C &= 4X^T D \\
X^T A^T C + B^T C &= 4X^T D \\
X^T A^T C - 4X^T D &= -B^T C \\
X^T \left(A^T C - 4D\right) &= -B^T C
\end{aligned}$$

$$\Longrightarrow X^T = -B^T C \left(A^T C - 4D\right)^{-1}$$

$$\Longrightarrow X = \left(-B^T C \left(A^T C - 4D\right)^{-1}\right)^T.$$

Eingesetzt folgt dann

$$\begin{aligned}
X &= \left(-\begin{pmatrix} -2 & 0 \\ -1 & 4 \end{pmatrix} \cdot \begin{pmatrix} 3 & -1 \\ 2 & -2 \end{pmatrix} \times \right. \\
&\qquad \left. \left(\begin{pmatrix} 4 & 1 \\ -2 & 1 \end{pmatrix} \cdot \begin{pmatrix} 3 & -1 \\ 2 & -2 \end{pmatrix} - 4 \cdot \begin{pmatrix} 0 & 4 \\ 3 & -2 \end{pmatrix}\right)^{-1}\right)^T \\
&= \left(\begin{pmatrix} 6 & -2 \\ -5 & 7 \end{pmatrix} \cdot \begin{pmatrix} 14 & -22 \\ -16 & 8 \end{pmatrix}^{-1}\right)^T \\
&= \left(\begin{pmatrix} 6 & -2 \\ -5 & 7 \end{pmatrix} \cdot \begin{pmatrix} -\frac{1}{30} & -\frac{11}{120} \\ -\frac{1}{15} & -\frac{7}{120} \end{pmatrix}\right)^T \\
&= \begin{pmatrix} -\frac{1}{15} & -\frac{13}{30} \\ -\frac{3}{10} & \frac{1}{20} \end{pmatrix}^T = \begin{pmatrix} -\frac{1}{15} & -\frac{3}{30} \\ -\frac{13}{10} & \frac{1}{20} \end{pmatrix}.
\end{aligned}$$

Aufgabe 4.5.9

Gegeben seien die Matrizen

$$A = \begin{pmatrix} 1 & 0 \\ 4 & 3 \end{pmatrix}, \; B = \begin{pmatrix} -1 & 2 \\ 0 & 1 \end{pmatrix} \text{ und } C = \begin{pmatrix} 0 & 1 \\ 2 & -1 \end{pmatrix}.$$

a) Zeigen Sie, daß A, B und C linear unabhängig sind.

b) Geben Sie alle Matrizen D an, so daß A, B, C und D linear unabhängig sind.

Lösung:

a) Zu untersuchen ist die Gleichung

$$x_1 \cdot \begin{pmatrix} 1 & 0 \\ 4 & 3 \end{pmatrix} + x_2 \cdot \begin{pmatrix} -1 & 2 \\ 0 & 1 \end{pmatrix}$$

$$+ x_3 \cdot \begin{pmatrix} 0 & 1 \\ 2 & -1 \end{pmatrix} = \begin{pmatrix} 0 & 0 \\ 0 & 0 \end{pmatrix} \quad \text{oder}$$

$$\begin{pmatrix} x_1 - x_2 & 2x_2 + x_3 \\ 4x_1 + 2x_3 & 3x_1 + x_2 - x_3 \end{pmatrix} = \begin{pmatrix} 0 & 0 \\ 0 & 0 \end{pmatrix}.$$

Dies ergibt ein lineares Gleichungssystem mit 3 Unbekannten und 4 Gleichungen.

$$\begin{array}{rcl} x_1 - x_2 & = 0 & \text{I} \\ 2x_2 + x_3 & = 0 & \text{II} \\ 4x_1 + 2x_3 & = 0 & \text{III} \\ 3x_1 + x_2 - x_3 & = 0 & \text{IV} \end{array}$$

$$\begin{array}{rcll} 3x_1 + x_2 - x_3 & = 0 & \text{IV} & \\ 2x_2 + x_3 & = 0 & \text{II} & \\ -4x_2 - 2x_3 & = 0 & 4 \cdot \text{I} - \text{III} & \widehat{=} \; \text{V} \\ -4x_2 + x_3 & = 0 & 3 \cdot \text{I} - \text{IV} & \widehat{=} \; \text{VI} \end{array}$$

$$\begin{array}{rcll} 3x_1 + x_2 - x_3 & = 0 & \text{IV} & \\ 2x_2 + x_3 & = 0 & \text{II} & \\ 0 & = 0 & 2 \cdot \text{II} + \text{V} & \widehat{=} \; \text{VII} \\ -3x_3 & = 0 & \text{V} - \text{VI} & \widehat{=} \; \text{VIII.} \end{array}$$

Aus Gleichung VIII folgt $x_3 = 0$.
Aus Gleichung II folgt dann $x_2 = 0$.
Aus Gleichung IV folgt dann $x_1 = 0$.

Damit sind A, B und C linear unabhängig.

b) Sei $D = \begin{pmatrix} a & b \\ c & d \end{pmatrix}$.

Zu untersuchen ist die Gleichung

$$x_1 \cdot \begin{pmatrix} 1 & 0 \\ 4 & 3 \end{pmatrix} + x_2 \cdot \begin{pmatrix} -1 & 2 \\ 0 & 1 \end{pmatrix}$$

$$+ x_3 \cdot \begin{pmatrix} 0 & 1 \\ 2 & -1 \end{pmatrix} + x_4 \cdot \begin{pmatrix} a & b \\ c & d \end{pmatrix} = \begin{pmatrix} 0 & 0 \\ 0 & 0 \end{pmatrix} \quad \text{oder}$$

$$\begin{pmatrix} x_1 - x_2 + ax_4 & 2x_2 + x_3 + bx_4 \\ 4x_1 + 2x_3 + cx_4 & 3x_1 + x_2 - x_3 + dx_4 \end{pmatrix} = \begin{pmatrix} 0 & 0 \\ 0 & 0 \end{pmatrix}.$$

Dies ergibt ein lineares Gleichungssystem mit 4 Unbekannten, 4 Parametern und 4 Gleichungen.

$$\begin{array}{rrrrl} x_1 - & x_2 & & + ax_4 = 0 & \text{I} \\ & 2x_2 + & x_3 + & bx_4 = 0 & \text{II} \\ 4x_1 & & + 2x_3 + & cx_4 = 0 & \text{III} \\ 3x_1 + & x_2 - & x_3 + & dx_4 = 0 & \text{IV} \end{array}$$

$$\begin{array}{rrrrlll} 3x_1 + & x_2 - & x_3 + & dx_4 = 0 & \text{IV} & & \\ & 2x_2 + & x_3 + & bx_4 = 0 & \text{II} & & \\ & -4x_2 - & 2x_3 + & (4a-c)x_4 = 0 & 4 \cdot \text{I} - \text{III} & \widehat{=} & \text{V} \\ & -4x_2 + & x_3 + & (3a-d)x_4 = 0 & 3 \cdot \text{I} - \text{IV} & \widehat{=} & \text{VI} \end{array}$$

$$\begin{array}{rrrrlll} 3x_1 + & x_2 - & x_3 + & dx_4 = 0 & \text{IV} & & \\ & 2x_2 + & x_3 + & bx_4 = 0 & \text{II} & & \\ & & & (4a+2b-c)x_4 = 0 & 2 \cdot \text{II} + \text{V} & \widehat{=} & \text{VII} \\ & & -3x_3 + & (a-c+d)x_4 = 0 & \text{V} - \text{VI} & \widehat{=} & \text{VIII.} \end{array}$$

Aus Gleichung VII folgt wegen $x_4 = 0$ sofort die Bedingung

$$4a + 2b - c \neq 0.$$

Damit sind A, B, C und D linear unabhängig, falls gilt:

$$D = \begin{pmatrix} a & b \\ c & d \end{pmatrix} \quad \text{mit } 4a + 2b - c \neq 0.$$

Aufgabe 4.5.10

Bestimmen Sie $a, b, c, d, e \in \mathbb{R}$ so, daß gilt:

$$\begin{pmatrix} 1 & a \\ -2 & b \end{pmatrix} \cdot \begin{pmatrix} c & a & d \\ 4 & -1 & e \end{pmatrix} = \begin{pmatrix} -9 & 0 & -8 \\ 6 & 3 & 1 \end{pmatrix}.$$

Lösung:

Es gilt:

$$\begin{pmatrix} 1 & a \\ -2 & b \end{pmatrix} \cdot \begin{pmatrix} c & a & d \\ 4 & -1 & e \end{pmatrix} = \begin{pmatrix} c + 4a & 0 & d + ae \\ -2c + 4b & -2a - b & -2d + be \end{pmatrix}.$$

Daraus folgt ein nichtlineares Gleichungssystem:

$$\begin{aligned} c + 4a &= -9 \quad \text{I} \\ 0 &= 0 \quad \text{II} \\ d + ae &= -8 \quad \text{III} \\ -2c + 4b &= 6 \quad \text{IV} \\ -2a - b &= 3 \quad \text{V} \\ -2d + be &= 1 \quad \text{VI}. \end{aligned}$$

Von den 6 Gleichungen mit 5 Variablen entfällt bei der weiteren Berechnung die allgemeingültige Gleichung II.

Die Gleichungen I, IV und V bilden ein lineares Gleichungssystem für die Variablen a, b und c:

$$\begin{aligned} c + 4a &= -9 \quad \text{I} \\ -2c + 4b &= 6 \quad \text{IV} \\ -2a - b &= 3 \quad \text{V}. \end{aligned}$$

Die Lösung erfolgt mit dem im nächsten Kapitel beschriebenen Gauß-Algorithmus (sortiert nach a, b und c):

$$\left(\begin{array}{rrr|r} 4 & 0 & 1 & -9 \\ 0 & 4 & -2 & 6 \\ -2 & -1 & 0 & 3 \end{array}\right) \begin{array}{l} \text{I} \\ \text{IV} \\ \text{V} \end{array} \sim$$

$$\left(\begin{array}{rrr|r} 4 & 0 & 1 & -9 \\ 0 & 4 & -2 & 6 \\ 0 & -2 & 1 & -3 \end{array}\right) \begin{array}{lcl} \text{I} & & \\ \text{IV} & & \\ \text{I} + 2 \cdot \text{V} & \widehat{=} & \text{VII} \end{array} \sim$$

$$\left(\begin{array}{rrr|r} 4 & 0 & 1 & -9 \\ 0 & 2 & -1 & 3 \\ 0 & 0 & 0 & 0 \end{array}\right) \begin{array}{lcl} \text{I} & & \\ \text{IV} : 2 & \widehat{=} & \text{IX} \\ \text{IV} + 2 \cdot \text{VII} & \widehat{=} & \text{VIII}. \end{array}$$

Aus Gleichung IX folgt $2b - c = 3$.

Setzt man $b = t \in \mathbb{R}$ beliebig aber fest, so folgt $c = 2b - 3 = 2t - 3$.

Aus Gleichung I folgt mit $c = 2t - 3$

$$\begin{aligned} 4a + c &= -9 \\ 4a + (2t - 3) &= -9 \\ 4a &= -6 - 2t \\ a &= -\frac{3}{2} - \frac{1}{2}t. \end{aligned}$$

Es verbleiben die Gleichungen III und VI:

$$\begin{array}{rcrl} d + ae &=& -8 & \text{III} \\ -2d + be &=& 1 & \text{VI} \end{array} \sim$$

$$\begin{array}{rcrlcl} d + ae &=& -8 & \text{III} & & \\ 2ae + be &=& -15 & 2 \cdot \text{III} + \text{VI} & \widehat{=} & \text{X}. \end{array}$$

Aus Gleichung X folgt (a und b eingesetzt):

$$\begin{aligned} e(2a + b) &= -15 \\ e(-3 - t + t) &= -15 \\ -3e &= -15 \\ e &= 5. \end{aligned}$$

Aus Gleichung III folgt (a und e eingesetzt):

$$\begin{aligned} d + ae &= -8 \\ d + \left(-\frac{3}{2} - \frac{1}{2}t\right) \cdot 5 &= -8 \\ d &= -\frac{1}{2} + \frac{5}{2}t. \end{aligned}$$

Also gibt es unendlich viele Lösungen:

$$(a,b,c,d,e) = \left(-\frac{3}{2} - \frac{1}{2}t, t, 2t-3, -\frac{1}{2} + \frac{5}{2}t, 5\right),\ t \in \mathbb{R}.$$

Aufgabe 4.5.11

Bestimmen Sie $a, b, c, d, e, f \in \mathbb{R}$ so, daß gilt:

$$\begin{pmatrix} a & 2 & -1 \\ 3 & b & c \\ d & 0 & 2 \end{pmatrix} \cdot \begin{pmatrix} -1 & a & a \\ 2 & b & e \\ 3 & f & d \end{pmatrix} = \begin{pmatrix} -1 & 0 & 3 \\ -6 & 13 & 5 \\ 1 & 6 & 20 \end{pmatrix}.$$

Lösung:

Es gilt:

$$\begin{pmatrix} a & 2 & -1 \\ 3 & b & c \\ d & 0 & 2 \end{pmatrix} \cdot \begin{pmatrix} -1 & a & a \\ 2 & b & e \\ 3 & f & d \end{pmatrix} =$$

$$\begin{pmatrix} 1-a & a^2+2b-f & a^2-d+2e \\ 2b+3c-3 & 3a+b^2+cf & 3a+be+cd \\ 6-d & ad+2f & ad+2d \end{pmatrix}.$$

Daraus folgt dann ein Gleichungssystem:

$$\begin{aligned} 1-a &= -1 \quad \text{I} \\ a^2+2b-f &= 0 \quad \text{II} \\ a^2-d+2e &= 3 \quad \text{III} \\ 2b+3c-3 &= -6 \quad \text{IV} \\ 3a+b^2+cf &= 13 \quad \text{V} \\ 3a+be+cd &= 5 \quad \text{VI} \\ 6-d &= 1 \quad \text{VII} \\ ad+2f &= 6 \quad \text{VIII} \\ ad+2d &= 20 \quad \text{IX}. \end{aligned}$$

Dies ist ein nichtlineares Gleichungssystem mit 6 Unbekannten und 9 Gleichungen.

Aus Gleichung I folgt:

$$\begin{aligned} 1-a &= -1 \\ a &= 2. \end{aligned}$$

Aus Gleichung VII folgt:

$$\begin{aligned} 6-d &= 1 \\ d &= 5. \end{aligned}$$

Aus Gleichung III folgt mit $a = 2$ und $d = 5$:

$$\begin{aligned} a^2 - d + 2e &= 3 \\ 4 - 5 + 2e &= 3 \\ 2e &= 4 \\ e &= 2. \end{aligned}$$

Aus Gleichung VIII folgt mit $a = 2$ und $d = 5$:

$$\begin{aligned} ad + 2f &= 6 \\ 2 \cdot 5 + 2f &= 6 \\ 2f &= -4 \\ f &= -2. \end{aligned}$$

Aus Gleichung II folgt mit $a = 2$ und $f = -2$:

$$\begin{aligned} a^2 + 2b - f &= 0 \\ 4 + 2b + 2 &= 0 \\ 2b &= -6 \\ b &= -3. \end{aligned}$$

Aus Gleichung IV folgt mit $b = -3$:

$$\begin{aligned} 2b + 3c - 3 &= -6 \\ -6 + 3c - 3 &= -6 \\ 3c &= 3 \\ c &= 1. \end{aligned}$$

Diese Werte müssen nun in den noch nicht betrachteten Gleichungen V, VI und IX überprüft werden.

Gleichung V:

$$\begin{aligned} 3a + b^2 + cf &= 13 \\ 3 \cdot 2 + (-3^2) + 1 \cdot (-2) &= 13 \\ 6 + 9 - 2 &= 13 \\ 13 &= 13. \end{aligned}$$

Gleichung VI:

$$\begin{aligned} 3a + be + cd &= 5 \\ 3 \cdot 2 - 3 \cdot 2 + 1 \cdot 5 &= 5 \\ 6 - 6 + 5 &= 5 \\ 5 &= 5. \end{aligned}$$

Gleichung IX:

$$\begin{aligned} ad + 2d &= 20 \\ 2 \cdot 5 + 2 \cdot 5 &= 20 \\ 10 + 10 &= 20 \\ 20 &= 20. \end{aligned}$$

Das Einsetzen in diese Gleichungen zieht drei wahre Aussagen nach sich.

Damit gibt es genau eine Lösung: $(a, b, c, d, e, f) = (2, -3, 1, 5, 2, -2)$.

Aufgabe 4.5.12

Gegeben seien die Matrizen

$$\mathbf{1} := \begin{pmatrix} 1 & 0 \\ 0 & 1 \end{pmatrix}, \mathbf{i} := \begin{pmatrix} i & 0 \\ 0 & -i \end{pmatrix}, \mathbf{j} := \begin{pmatrix} 0 & 1 \\ -1 & 0 \end{pmatrix} \text{ und}$$

$$\mathbf{k} := \begin{pmatrix} 0 & i \\ i & 0 \end{pmatrix}.$$

a) Zeigen Sie, daß $\mathbf{1}$, $\mathbf{i}, \mathbf{j}$ und $\mathbf{k}$ linear unabhängig sind.

b) Berechnen Sie alle 16 Produkte aus jeweils zwei dieser Matrizen.

c) Die Zahlenmenge $\mathcal{H} = \{a\mathbf{1} + b\mathbf{i} + c\mathbf{j} + d\mathbf{k},\ a, b, c, d \in \mathbb{R}\}$ wird Quaternionen genannt. Zeigen Sie, daß die Gleichung $x^2 = -\mathbf{1}$ mit $x \in \mathcal{H}$ überabzählbar viele Lösungen in $\mathcal{H}$ hat.

Lösung:

a) Um zu prüfen, ob $\mathbf{1}$, $\mathbf{i}$, $\mathbf{j}$ und $\mathbf{k}$ linear unabhängig sind, wird folgende Gleichung betrachtet.

$$x_1 \cdot \begin{pmatrix} 1 & 0 \\ 0 & 1 \end{pmatrix} + x_2 \cdot \begin{pmatrix} i & 0 \\ 0 & -i \end{pmatrix}$$
$$+ x_3 \cdot \begin{pmatrix} 0 & 1 \\ -1 & 0 \end{pmatrix} + x_4 \cdot \begin{pmatrix} 0 & i \\ i & 0 \end{pmatrix} = \begin{pmatrix} 0 & 0 \\ 0 & 0 \end{pmatrix}.$$

Diese ist gleichwertig mit

$$\begin{pmatrix} x_1 + ix_2 & x_3 + ix_4 \\ -x_3 + ix_4 & x_1 - ix_2 \end{pmatrix} = \begin{pmatrix} 0 & 0 \\ 0 & 0 \end{pmatrix}.$$

Es ergibt sich das folgende lineare Gleichungssystem.

$$\begin{aligned} x_1 + ix_2 &= 0 \quad \text{I} \\ x_3 + ix_4 &= 0 \quad \text{II} \\ -x_3 + ix_4 &= 0 \quad \text{III} \\ x_1 - ix_2 &= 0 \quad \text{IV} \end{aligned}$$

$$\begin{aligned} 2x_1 &= 0 \quad \text{I} + \text{IV} \mathrel{\hat{=}} \text{V} \\ 2ix_4 &= 0 \quad \text{II} + \text{III} \mathrel{\hat{=}} \text{VI}. \end{aligned}$$

Aus Gleichung V folgt $x_1 = 0$ und damit aus Gleichung I $x_2 = 0$. Aus Gleichung VI folgt $x_4 = 0$ und damit aus Gleichung II $x_3 = 0$.

Folglich sind die 4 Matrizen linear unabhängig.

b) $$\mathbf{1} \cdot \mathbf{1} = \begin{pmatrix} 1 & 0 \\ 0 & 1 \end{pmatrix} \cdot \begin{pmatrix} 1 & 0 \\ 0 & 1 \end{pmatrix} = \begin{pmatrix} 1 & 0 \\ 0 & 1 \end{pmatrix} = \mathbf{1}$$

$$\mathbf{1} \cdot \mathbf{i} = \begin{pmatrix} 1 & 0 \\ 0 & 1 \end{pmatrix} \cdot \begin{pmatrix} i & 0 \\ 0 & -i \end{pmatrix} = \begin{pmatrix} i & 0 \\ 0 & -i \end{pmatrix} = \mathbf{i}$$

$$\mathbf{1} \cdot \mathbf{j} = \begin{pmatrix} 1 & 0 \\ 0 & 1 \end{pmatrix} \cdot \begin{pmatrix} 0 & 1 \\ -1 & 0 \end{pmatrix} = \begin{pmatrix} 0 & 1 \\ -1 & 0 \end{pmatrix} = \mathbf{j}$$

$$\mathbf{1} \cdot \mathbf{k} = \begin{pmatrix} 1 & 0 \\ 0 & 1 \end{pmatrix} \cdot \begin{pmatrix} 0 & i \\ i & 0 \end{pmatrix} = \begin{pmatrix} 0 & i \\ i & 0 \end{pmatrix} = \mathbf{k}$$

$$\mathbf{i} \cdot \mathbf{1} = \begin{pmatrix} i & 0 \\ 0 & -i \end{pmatrix} \cdot \begin{pmatrix} 1 & 0 \\ 0 & 1 \end{pmatrix} = \begin{pmatrix} i & 0 \\ 0 & -i \end{pmatrix} = \mathbf{i}$$

$$\mathbf{i} \cdot \mathbf{i} = \begin{pmatrix} i & 0 \\ 0 & -i \end{pmatrix} \cdot \begin{pmatrix} i & 0 \\ 0 & -i \end{pmatrix} = \begin{pmatrix} -1 & 0 \\ 0 & -1 \end{pmatrix} = -\mathbf{1}$$

$$\mathbf{i} \cdot \mathbf{j} = \begin{pmatrix} i & 0 \\ 0 & -i \end{pmatrix} \cdot \begin{pmatrix} 0 & 1 \\ -1 & 0 \end{pmatrix} = \begin{pmatrix} 0 & i \\ i & 0 \end{pmatrix} = \mathbf{k}$$

$$\mathbf{i} \cdot \mathbf{k} = \begin{pmatrix} i & 0 \\ 0 & -i \end{pmatrix} \cdot \begin{pmatrix} 0 & i \\ i & 0 \end{pmatrix} = \begin{pmatrix} 0 & -1 \\ 1 & 0 \end{pmatrix} = -\mathbf{j}$$

$$\mathbf{j} \cdot \mathbf{1} = \begin{pmatrix} 0 & 1 \\ -1 & 0 \end{pmatrix} \cdot \begin{pmatrix} 1 & 0 \\ 0 & 1 \end{pmatrix} = \begin{pmatrix} 0 & 1 \\ -1 & 0 \end{pmatrix} = \mathbf{j}$$

$$\mathbf{j} \cdot \mathbf{i} = \begin{pmatrix} 0 & 1 \\ -1 & 0 \end{pmatrix} \cdot \begin{pmatrix} i & 0 \\ 0 & -i \end{pmatrix} = \begin{pmatrix} 0 & -i \\ -i & 0 \end{pmatrix} = -\mathbf{k}$$

$$\mathbf{j} \cdot \mathbf{j} = \begin{pmatrix} 0 & 1 \\ -1 & 0 \end{pmatrix} \cdot \begin{pmatrix} 0 & 1 \\ -1 & 0 \end{pmatrix} = \begin{pmatrix} -1 & 0 \\ 0 & -1 \end{pmatrix} = -\mathbf{1}$$

$$\mathbf{j} \cdot \mathbf{k} = \begin{pmatrix} 0 & 1 \\ -1 & 0 \end{pmatrix} \cdot \begin{pmatrix} 0 & i \\ i & 0 \end{pmatrix} = \begin{pmatrix} i & 0 \\ 0 & -i \end{pmatrix} = \mathbf{i}$$

$$\mathbf{k} \cdot \mathbf{1} = \begin{pmatrix} 0 & i \\ i & 0 \end{pmatrix} \cdot \begin{pmatrix} 1 & 0 \\ 0 & 1 \end{pmatrix} = \begin{pmatrix} 0 & i \\ i & 0 \end{pmatrix} = \mathbf{k}$$

$$\mathbf{k} \cdot \mathbf{i} = \begin{pmatrix} 0 & i \\ i & 0 \end{pmatrix} \cdot \begin{pmatrix} i & 0 \\ 0 & -i \end{pmatrix} = \begin{pmatrix} 0 & 1 \\ -1 & 0 \end{pmatrix} = \mathbf{j}$$

$$\mathbf{k} \cdot \mathbf{j} = \begin{pmatrix} 0 & i \\ i & 0 \end{pmatrix} \cdot \begin{pmatrix} 0 & 1 \\ -1 & 0 \end{pmatrix} = \begin{pmatrix} -i & 0 \\ 0 & i \end{pmatrix} = -\mathbf{i}$$

$$\mathbf{k} \cdot \mathbf{k} = \begin{pmatrix} 0 & i \\ i & 0 \end{pmatrix} \cdot \begin{pmatrix} 0 & i \\ i & 0 \end{pmatrix} = \begin{pmatrix} -1 & 0 \\ 0 & -1 \end{pmatrix} = -\mathbf{1}.$$

c) Es soll die Gleichung $x^2 = -\mathbf{1}$ gelöst werden.

$$\begin{aligned}
x^2 &= (a\mathbf{1} + b\mathbf{i} + c\mathbf{j} + d\mathbf{k})(a\mathbf{1} + b\mathbf{i} + c\mathbf{j} + d\mathbf{k}) \\
&= a^2\mathbf{1} + ab\mathbf{i} + ac\mathbf{j} + ad\mathbf{k} \\
&\quad + ab\mathbf{i} + b^2\mathbf{i}^2 + bc\mathbf{ij} + bd\mathbf{ik} \\
&\quad + ac\mathbf{j} + bc\mathbf{ji} + c^2\mathbf{j}^2 + cd\mathbf{jk} \\
&\quad + ad\mathbf{k} + bd\mathbf{ki} + cd\mathbf{kj} + d^2\mathbf{k}^2 \\
&= a^2\mathbf{1} + ab\mathbf{i} + ac\mathbf{j} + ad\mathbf{k} \\
&\quad + ab\mathbf{i} - b^2\mathbf{1} + bc\mathbf{k} - bd\mathbf{j} \\
&\quad + ac\mathbf{j} - bc\mathbf{k} - c^2\mathbf{1} + cd\mathbf{i} \\
&\quad + ad\mathbf{k} + bd\mathbf{j} - cd\mathbf{i} - d^2\mathbf{1} \\
&= \left(a^2 - b^2 - c^2 - d^2\right)\mathbf{1} + (ab + ab + cd - cd)\,\mathbf{i} \\
&= +\,(ac - bd + ac + bd)\,\mathbf{j} + (ad + bc - bc + ad)\,\mathbf{k} \\
&= \left(a^2 - b^2 - c^2 - d^2\right)\mathbf{1} + 2ab\mathbf{i} + 2ac\mathbf{j} + 2ad\mathbf{k}.
\end{aligned}$$

Somit folgt aus $x^2 = -\mathbf{1}$

$$-\mathbf{1} = \left(a^2 - b^2 - c^2 - d^2\right)\mathbf{1} + 2ab\mathbf{i} + 2ac\mathbf{j} + 2ad\mathbf{k}.$$

Es ergibt sich das folgende Gleichungssystem (Koeffizientenvergleich):

$$\begin{array}{rcrl}
-1 &=& a^2 - b^2 - c^2 - d^2 & \mathrm{I} \\
0 &=& 2ab & \mathrm{II} \\
0 &=& 2ac & \mathrm{III} \\
0 &=& 2ad & \mathrm{IV}.
\end{array}$$

Aus Gleichung II folgt $a = 0$ oder $b = 0$.

Ist $a = 0$, so folgt $b \neq 0$, $c \neq 0$ und $d \neq 0$ und damit aus Gleichung I:

$$b^2 + c^2 + d^2 = 1.$$

Ist $b = 0$, so folgt $a \neq 0$ und aus den Gleichungen III und IV: $c = d = 0$. Dann gilt aber in Gleichung I: $-1 = a^2$, was nicht möglich ist.

Ist $a = b = c = d = 0$, so folgt aus Gleichung I: $-1 = 0$, was wiederum nicht möglich ist.

Damit folgt als Lösungsmenge der Gleichung $x^2 = -\mathbf{1}$

$$\mathbb{L} = \left\{ x \in \mathcal{H} \,\middle|\, a = 0 \text{ und } b^2 + c^2 + d^2 = 1 \right\}.$$

Diese Menge beinhaltet offensichtlich überabzählbar viele Elemente.

Aufgabe 4.5.13

Bestimmen Sie alle 2×2-Matrizen, für die gilt: $A = A^{-1}$.

Lösung:

Es sei $A = \begin{pmatrix} a & b \\ c & d \end{pmatrix}$.

Die Bedingung $A = A^{-1}$ wird zu der Gleichung

$$\begin{pmatrix} a & b \\ c & d \end{pmatrix} \cdot \begin{pmatrix} a & b \\ c & d \end{pmatrix} = \begin{pmatrix} 1 & 0 \\ 0 & 1 \end{pmatrix}.$$

Daraus folgt ein nichtlineares Gleichungssystem mit 4 Gleichungen:

$$\begin{array}{rcll} a^2 + bc & = & 1 & \text{I} \\ ab + bd & = & 0 & \text{II} \\ ac + cd & = & 0 & \text{III} \\ bc + d^2 & = & 1 & \text{IV}. \end{array}$$

Gleichung I minus Gleichung IV ergibt $a^2 - d^2 = 0$ oder $a^2 = d^2$.
Aus Gleichung II folgt $b(a + d) = 0$.
Aus Gleichung III folgt $c(a + d) = 0$.

Da $a^2 = d^2$ gelten soll, müssen 3 Fälle unterschieden werden.

1. Fall: $a = d \neq 0$

Aus Gleichung II folgt $2ab = 0 \Longrightarrow b = 0$.

Aus Gleichung III folgt $2ac = 0 \Longrightarrow c = 0$.

Aus den Gleichungen I und IV folgt $a^2 = d^2 = 1$.

Also erfüllen 2 Matrizen die gewünschte Bedingung:

$$A_1 = \begin{pmatrix} 1 & 0 \\ 0 & 1 \end{pmatrix} \text{ und } A_2 = \begin{pmatrix} -1 & 0 \\ 0 & -1 \end{pmatrix}.$$

2. Fall: $a = d = 0$

Aus den Gleichungen I und IV folgt sofort $bc = 1$.

Setzt man $b = t \in \mathbb{R} \setminus \{0\}$, so folgt $c = \frac{1}{t}$.

Also erfüllen die Matrizen $A_t, t \in \mathbb{R} \setminus \{0\}$ die gewünschte Bedingung:

$$A_t = \begin{pmatrix} 0 & t \\ \frac{1}{t} & 0 \end{pmatrix}, \ t \in \mathbb{R} \setminus \{0\}.$$

3. Fall: $a = -d \neq 0$

Die Gleichungen II und III sind erfüllt.

Aus den Gleichungen I und IV folgt $a^2 + bc = 1$.

Setzt man $a = u \in \mathbb{R} \setminus \{0\}$ und $b = v \in \mathbb{R} \setminus \{0\}$, so folgt $c = \frac{1-u^2}{v}$.

Also erfüllen die Matrizen A_{uv} die gewünschte Bedingung:

$$A_{uv} = \begin{pmatrix} u & v \\ \frac{1-u^2}{v} & -u \end{pmatrix}, \ u, v \in \mathbb{R} \setminus \{0\}.$$

Ist dagegen $b = 0$, so ist c frei wählbar.

Mit $c = w \in \mathbb{R}$ folgt $a^2 = 1$.

Also erfüllen die Matrizen $A_w^{(1)}$ und $A_w^{(2)}$ die gewünschte Bedingung:

$$A_w^{(1)} = \begin{pmatrix} 1 & 0 \\ w & -1 \end{pmatrix} \text{ und } A_w^{(2)} = \begin{pmatrix} -1 & 0 \\ w & 1 \end{pmatrix}, \ w \in \mathbb{R}.$$

Damit erfüllen die Matrizen A_1, A_2, A_t, A_{uv}, $A_w^{(1)}$ und $A_w^{(2)}$ die geforderte Bedingung.

Aufgabe 4.5.14

Bestimmen Sie alle 2×2-Matrizen A mit

$$A \cdot A = \begin{pmatrix} 0 & 0 \\ 0 & 0 \end{pmatrix} \text{ und } A \neq \begin{pmatrix} 0 & 0 \\ 0 & 0 \end{pmatrix}.$$

Zeigen Sie, daß diese Matrizen den Rang 1 besitzen.

Lösung:

Es sei $A = \begin{pmatrix} a & b \\ c & d \end{pmatrix}$.

Daraus folgt $A \cdot A = \begin{pmatrix} a^2 + bc & ab + bd \\ ac + cd & bc + d^2 \end{pmatrix}$.

Es folgt ein nichtlineares Gleichungssystem mit 4 Gleichungen:

$$\begin{array}{rcll} a^2 + bc & = & 0 & \text{I} \\ ab + bd & = & 0 & \text{II} \\ ac + cd & = & 0 & \text{III} \\ bc + d^2 & = & 0 & \text{IV.} \end{array}$$

Gleichung I minus Gleichung IV ergibt $a^2 - d^2 = 0$ oder $|a| = |d|$.
Deshalb müssen 2 Fälle unterschieden werden.

1. Fall: $a = d$

Aus Gleichung II folgt $2ab = 0 \Longrightarrow a = 0$ oder $b = 0$.
Aus Gleichung III folgt $2ac = 0 \Longrightarrow a = 0$ oder $c = 0$.

Ist nun $a = d = 0$, so folgt aus Gleichung I oder IV $bc = 0$,
also $b = 0$ oder $c = 0$.

Also erfüllen die Matrizen A_{t_1} und A_{t_2} die gewünschte Bedingung:

$$A_{t_1} = \begin{pmatrix} 0 & t_1 \\ 0 & 0 \end{pmatrix} \text{ und } A_{t_2} = \begin{pmatrix} 0 & 0 \\ t_2 & 0 \end{pmatrix}, \ t_1, t_2 \in \mathbb{R} \setminus \{0\}.$$

Ist $a \neq 0$ und somit $d \neq 0$, folgt $b = c = 0$ im Widerspruch zu Gleichung I.

2. Fall: $a = -d \neq 0$

Die Gleichungen II und III sind allgemeingültig und aufgrund der Gleichungen I und IV bleibt

$$a^2 + bc = 0$$

als einzige Bedingung übrig.
Setzt man nun $b = t_3 \in \mathbb{R}$ und $c = t_4 \in \mathbb{R}$ mit $t_3 t_4 < 0$, so folgt $a^2 = -t_3 t_4$ oder $a = \pm\sqrt{-t_3 t_4}$.
Also erfüllen die Matrizen $A_{t_{34}}^{(1)}$ und $A_{t_{34}}^{(2)}$ die gewünschte Bedingung:

$$A_{t_{34}}^{(1)} = \begin{pmatrix} \sqrt{-t_3 t_4} & t_3 \\ t_4 & -\sqrt{-t_3 t_4} \end{pmatrix} \text{ und } A_{t_{34}}^{(2)} = \begin{pmatrix} -\sqrt{-t_3 t_4} & t_3 \\ t_4 & \sqrt{-t_3 t_4} \end{pmatrix},$$

$t_3 \in \mathbb{R}$, $t_4 \in \mathbb{R}$ mit $t_3 t_4 < 0$.

Die Matrizen A_{t_1} und A_{t_2} haben offensichtlich den Rang 1.
$A_{t_{34}}^{(1)}$, $t_3 t_4 < 0$ hat den Rang 1, falls es eine Zahl $\lambda \in \mathbb{R} \setminus \{0\}$ gibt mit

$$\begin{pmatrix} \sqrt{-t_3 t_4} \\ t_4 \end{pmatrix} = \lambda \begin{pmatrix} t_3 \\ -\sqrt{-t_3 t_4} \end{pmatrix}.$$

Daraus folgt ein nichtlineares Gleichungssystem mit 2 Gleichungen:

$$\begin{aligned} \sqrt{-t_3 t_4} &= \lambda t_3 && \text{I} \\ t_4 &= \lambda\left(-\sqrt{-t_3 t_4}\right) && \text{II.} \end{aligned}$$

Aus Gleichung I folgt $\lambda = \dfrac{\sqrt{-t_3 t_4}}{t_3}$.

Aus Gleichung II folgt $\lambda = \dfrac{-t_4}{\sqrt{-t_3 t_4}}$.

Ein Vergleich dieser beiden Werte zeigt:

$$\frac{\sqrt{-t_3 t_4}}{t_3} = \frac{-t_4}{\sqrt{-t_3 t_4}} \Longrightarrow \left(\sqrt{-t_3 t_4}\right)^2 = -t_3 t_4$$

$$\Longrightarrow -t_3 t_4 = -t_3 t_4 \text{ wegen } -t_3 t_4 > 0.$$

Damit sind diese beiden Werte gleich und $A_{t_{34}}^{(1)}$ hat Rang 1.
Völlig analog dazu haben auch die Matrizen $A_{t_{34}}^{(2)}$ den Rang 1.

Aufgabe 4.5.15

Bestimmen Sie alle 2×2-Matrizen A und B, deren Matrizenelemente alle nicht Null sind und für die gilt: $AB = BA$.
Für welche dieser Matrizen gilt $Rg(A) = Rg(B) = 1$?
Für welche dieser Matrizen gilt $Rg(A) = Rg(B) = 1$ und $Rg(AB) = 0$?

Lösung:

Mit $A = \begin{pmatrix} a & b \\ c & d \end{pmatrix}$ und $B = \begin{pmatrix} e & f \\ g & h \end{pmatrix}$ folgt

$$AB = \begin{pmatrix} ae + bg & af + bh \\ ce + dg & cf + dh \end{pmatrix} \text{ und } BA = \begin{pmatrix} ae + cf & be + df \\ ag + ch & bg + dh \end{pmatrix}.$$

Somit müssen folgende Gleichungen erfüllt sein:

$$\begin{aligned} ae + bg &= ae + cf \quad \text{I} \\ af + bh &= be + df \quad \text{II} \\ ce + dg &= ag + ch \quad \text{III} \\ cf + dh &= bg + dh \quad \text{IV}. \end{aligned}$$

Aus den Gleichungen I und IV folgt sofort $bg = cf$.

Aus Gleichung II folgt $f(a-d) = b(e-h)$.

Aus Gleichung III folgt $g(a-d) = c(e-h)$.

Setzt man nun $b = t_1$, $c = t_2$ und $f = t_3$ mit $t_1, t_2, t_3 \neq 0$, so folgt $g = \dfrac{t_2 t_3}{t_1}$.
Setzt man diese Ausdrücke in die Gleichungen II und III ein, so ergibt sich aus beiden Gleichungen $t_3(a-d) = t_1(e-h)$.

Setzt man nun noch $a = t_4$, $d = t_5$ und $e = t_6$ mit $t_4, t_5, t_6 \neq 0$, so folgt

$$h = t_6 - \frac{t_3}{t_1}(t_4 - t_5).$$

Damit gilt insgesamt:

$$A = \begin{pmatrix} t_4 & t_1 \\ t_2 & t_5 \end{pmatrix} \text{ und } B = \begin{pmatrix} t_6 & t_3 \\ \dfrac{t_2 t_3}{t_1} & t_6 - \dfrac{t_3}{t_1}(t_4 - t_5) \end{pmatrix}$$

mit $t_i \neq 0$, $1 \leq i \leq 6$ und $t_6 - \dfrac{t_3}{t_1}(t_4 - t_5) \neq 0$.

Benennt man die 6 Parameter um, so folgt

$$A = \begin{pmatrix} s_1 & s_2 \\ s_3 & s_4 \end{pmatrix} \text{ und } B = \begin{pmatrix} s_5 & s_6 \\ \dfrac{s_3 s_6}{s_2} & s_5 - \dfrac{s_6}{s_2}(s_1 - s_4) \end{pmatrix}$$

mit $s_i \neq 0$, $1 \leq i \leq 6$ und $s_5 - \dfrac{s_6}{s_2}(s_1 - s_4) \neq 0$.

$$Rg(A) = 1 \Longrightarrow \lambda \begin{pmatrix} s_1 \\ s_3 \end{pmatrix} = \begin{pmatrix} s_2 \\ s_4 \end{pmatrix} \Longrightarrow A = \begin{pmatrix} s_1 & \lambda s_1 \\ s_3 & \lambda s_3 \end{pmatrix}.$$

Soll zusätzlich $Rg(B) = 1$ sein, so muß für $\mu \neq 0$ gelten:

$$\mu \begin{pmatrix} s_5 \\ \dfrac{s_3 s_6}{\lambda s_1} \end{pmatrix} = \begin{pmatrix} s_6 \\ s_5 - \dfrac{s_6}{\lambda s_1}(s_1 - \lambda s_3) \end{pmatrix}.$$

Somit müssen folgende Gleichungen erfüllt sein:

$$\begin{aligned} s_6 &= \mu s_5 \\ \frac{\mu}{\lambda} \cdot \frac{s_3 s_6}{s_1} &= s_5 - \frac{s_6}{\lambda s_1}(s_1 - \lambda s_3). \end{aligned}$$

Setzt man $s_6 = \mu s_5$ in die zweite Gleichung ein, so folgt

$$\frac{\mu^2}{\lambda} \cdot \frac{s_3 s_5}{s_1} = s_5 - \frac{\mu}{\lambda} \cdot \frac{s_5}{s_1}(s_1 - \lambda s_3).$$

Aus dieser Gleichung folgt $s_3 = -\frac{s_1}{\mu}$.

Insgesamt gilt dann:

$$A = \begin{pmatrix} s_1 & \lambda s_1 \\ -\frac{s_1}{\mu} & -\frac{\lambda}{\mu} s_1 \end{pmatrix} \text{ und } B = \begin{pmatrix} s_5 & \mu s_5 \\ -\frac{1}{\lambda} s_5 & -\frac{\mu}{\lambda} s_5 \end{pmatrix}$$

mit $s_1,\, s_5,\, \lambda,\, \mu \neq 0$ oder

$$A = s_1 \cdot \begin{pmatrix} 1 & \lambda \\ -\frac{1}{\mu} & -\frac{\lambda}{\mu} \end{pmatrix} \text{ und } B = s_5 \cdot \begin{pmatrix} 1 & \mu \\ -\frac{1}{\lambda} & -\frac{\mu}{\lambda} \end{pmatrix}.$$

Für alle oben bestimmten Matrizen A und B gilt

$$AB = \begin{pmatrix} 0 & 0 \\ 0 & 0 \end{pmatrix}.$$

Damit ist $Rg(AB) = 0$.

Aufgabe 4.5.16

Für welche 3×3-Matrizen $A = (a_{ij})$ mit $a_{ij} = a_{ji}$ für alle $1 \leq i, j \leq 3$, bei denen die Hauptdiagonalenelemente gleich sind, gilt $A = A^{-1}$?

Lösung:

Nach Voraussetzung folgt $A = \begin{pmatrix} a & b & c \\ b & a & d \\ c & d & a \end{pmatrix}$ und damit aus

$$A \cdot A = \begin{pmatrix} a & b & c \\ b & a & d \\ c & d & a \end{pmatrix} \cdot \begin{pmatrix} a & b & c \\ b & a & d \\ c & d & a \end{pmatrix} = E = \begin{pmatrix} 1 & 0 & 0 \\ 0 & 1 & 0 \\ 0 & 0 & 1 \end{pmatrix}.$$

Somit müssen folgende Gleichungen erfüllt sein:

$$\begin{aligned} a^2+b^2+c^2 &= 1 \\ 2ab+cd &= 0 \\ 2ac+bd &= 0 \\ 2ab+cd &= 0 \\ a^2+b^2+d^2 &= 1 \\ 2ad+bc &= 0 \\ 2ac+bd &= 0 \\ 2ad+bc &= 0 \\ a^2+c^2+d^2 &= 1. \end{aligned}$$

Entfernt man die doppelten Gleichungen, so erhält man 6 Gleichungen für 4 Unbekannte:

$$\begin{aligned} a^2+b^2+c^2 &= 1 \quad \text{I} \\ a^2+b^2+d^2 &= 1 \quad \text{II} \\ a^2+c^2+d^2 &= 1 \quad \text{III} \\ 2ab+cd &= 0 \quad \text{IV} \\ 2ac+bd &= 0 \quad \text{V} \\ 2ad+bc &= 0 \quad \text{VI.} \end{aligned}$$

Aus den Gleichungen I und II folgt: $c^2 = d^2$.
Aus den Gleichungen I und III folgt: $b^2 = d^2$.
Aus den Gleichungen II und III folgt: $b^2 = c^2$.

Insgesamt gilt also $b^2 = c^2 = d^2$.

Folglich müssen 4 Fälle unterschieden werden.

1. Fall: $b = c = d$

Es bleiben folgende Gleichungen übrig:

$a^2 + 2b^2 = 1$ aus den Gleichungen I, II und III.

$2ab + b^2 = 0$ aus den Gleichungen IV, V und VI.

Aus $b(2a + b) = 0$ folgt aber $b = 0$ oder $b = -2a$.

Aus $b = 0$ folgt dann $a^2 = 1$ oder $a = \pm 1$.

Aus $b = -2a$ folgt dann $a^2 + 2 \cdot (-2a)^2 = 1$ oder $a = \pm\frac{1}{3}$.

Daraus ergeben sich 4 Lösungen:

$$A_1 = \begin{pmatrix} 1 & 0 & 0 \\ 0 & 1 & 0 \\ 0 & 0 & 1 \end{pmatrix}, A_2 = \begin{pmatrix} -1 & 0 & 0 \\ 0 & -1 & 0 \\ 0 & 0 & -1 \end{pmatrix},$$

$$A_3 = \begin{pmatrix} \frac{1}{3} & -\frac{2}{3} & -\frac{2}{3} \\ -\frac{2}{3} & \frac{1}{3} & -\frac{2}{3} \\ -\frac{2}{3} & -\frac{2}{3} & \frac{1}{3} \end{pmatrix} \text{ und } A_4 = \begin{pmatrix} -\frac{1}{3} & \frac{2}{3} & \frac{2}{3} \\ \frac{2}{3} & -\frac{1}{3} & \frac{2}{3} \\ \frac{2}{3} & \frac{2}{3} & -\frac{1}{3} \end{pmatrix}.$$

2. Fall: $b = -c = d$

Es bleiben folgende Gleichungen übrig:

$a^2 + 2b^2 = 1$ aus den Gleichungen I, II und III.

$2ab - b^2 = 0$ aus den Gleichungen IV, V und VI.

Aus $b(2a - b) = 0$ folgt aber $b = 0$ oder $b = 2a$.

Der Fall $b = 0$ ist schon im 1. Fall behandelt worden.

Aus $b = 2a$ folgt dann $a^2 + 2 \cdot (2a)^2 = 1$ oder $a = \pm\frac{1}{3}$.

Daraus ergeben sich 2 weitere Lösungen:

$$A_5 = \begin{pmatrix} \frac{1}{3} & \frac{2}{3} & -\frac{2}{3} \\ \frac{2}{3} & \frac{1}{3} & \frac{2}{3} \\ -\frac{2}{3} & \frac{2}{3} & \frac{1}{3} \end{pmatrix} \text{ und } A_6 = \begin{pmatrix} -\frac{1}{3} & -\frac{2}{3} & \frac{2}{3} \\ -\frac{2}{3} & -\frac{1}{3} & -\frac{2}{3} \\ \frac{2}{3} & -\frac{2}{3} & -\frac{1}{3} \end{pmatrix}.$$

3. Fall: $b = c = -d$

Es bleiben folgende Gleichungen übrig:

$a^2 + 2b^2 = 1$ aus den Gleichungen I, II und III.

$2ab - b^2 = 0$ aus den Gleichungen IV, V und VI.

Völlig analog zum 2. Fall folgt $a = \pm\frac{1}{3}$.

Daraus ergeben sich 2 weitere Lösungen:

$$A_7 = \begin{pmatrix} \frac{1}{3} & \frac{2}{3} & \frac{2}{3} \\ \frac{2}{3} & \frac{1}{3} & -\frac{2}{3} \\ \frac{2}{3} & -\frac{2}{3} & \frac{1}{3} \end{pmatrix} \text{ und } A_8 = \begin{pmatrix} -\frac{1}{3} & -\frac{2}{3} & -\frac{2}{3} \\ -\frac{2}{3} & -\frac{1}{3} & \frac{2}{3} \\ -\frac{2}{3} & \frac{2}{3} & -\frac{1}{3} \end{pmatrix}.$$

4. Fall: $b = -c = -d$

Es bleiben folgende Gleichungen übrig:

$a^2 + 2b^2 = 1$ aus den Gleichungen I, II und III.

$2ab + b^2 = 0$ aus den Gleichungen IV, V und VI.

Völlig analog zum 1. Fall folgt $a = \pm\frac{1}{3}$.

Daraus ergeben sich 2 weitere Lösungen:

$$A_9 = \begin{pmatrix} \frac{1}{3} & -\frac{2}{3} & \frac{2}{3} \\ -\frac{2}{3} & \frac{1}{3} & \frac{2}{3} \\ \frac{2}{3} & \frac{2}{3} & \frac{1}{3} \end{pmatrix} \text{ und } A_{10} = \begin{pmatrix} -\frac{1}{3} & \frac{2}{3} & -\frac{2}{3} \\ \frac{2}{3} & -\frac{1}{3} & -\frac{2}{3} \\ -\frac{2}{3} & -\frac{2}{3} & -\frac{1}{3} \end{pmatrix}.$$

Zusammengefaßt gibt es also die oben angegebenen Matrizen A_1 bis A_{10} mit der geforderten Eigenschaft.

Aufgabe 4.5.17

Bestimmen Sie alle 2×3-Matrizen A, für die gilt: $A \cdot A^T = \begin{pmatrix} 1 & 0 \\ 0 & 1 \end{pmatrix}$.

Lösung:

Mit $A = \begin{pmatrix} a & b & c \\ d & e & f \end{pmatrix}$ folgt

$$A \cdot A^T = \begin{pmatrix} a & b & c \\ d & e & f \end{pmatrix} \cdot \begin{pmatrix} a & d \\ b & e \\ c & f \end{pmatrix} = \begin{pmatrix} a^2 + b^2 + c^2 & ad + be + cf \\ ad + be + cf & d^2 + e^2 + f^2 \end{pmatrix}.$$

Somit müssen folgende Gleichungen erfüllt sein:

$$\begin{aligned} a^2+b^2+c^2 &= 1 \quad \text{I} \\ ad+be+cf &= 0 \quad \text{II} \\ d^2+e^2+f^2 &= 1 \quad \text{III.} \end{aligned}$$

Dies ist ein nichtlineares Gleichungssystem mit 3 Gleichungen und 6 Unbekannten. Es müssen mindestens 3 Variablen frei vorgegeben werden.

Seien also $a = r$ und $b = s$, $r, s \in \mathbb{R}$, $-1 \leq r, s \leq 1$ und $r^2 + s^2 \leq 1$.

Aus Gleichung I folgt dann $c = \pm\sqrt{1-r^2-s^2}$.

1. Fall: $c = +\sqrt{1-r^2-s^2}$

Sei zusätzlich $f = t$, $t \in \mathbb{R}$, $-1 \leq t \leq 1$.

Es verbleiben dann noch zwei Gleichungen:

$$\begin{aligned} rd+se &= -t\sqrt{1-r^2-s^2} \quad \text{VI} \\ d^2+e^2 &= 1-t^2 \quad \text{V.} \end{aligned}$$

Aus Gleichung IV folgt:

$$e = \frac{-t\sqrt{1-r^2-s^2}-rd}{s}.$$

Der Sonderfall $s = 0$, $-1 \leq r \leq 1$, wird dann im 3. Fall behandelt.

Setzt man obigen Term für e in Gleichung V ein, so folgt:

$$\begin{aligned} d^2 + \frac{t^2\left(1-r^2-s^2\right)+2rtd\sqrt{1-r^2-s^2}+r^2d^2}{s^2} &= 1-t^2 \\ \left(1+\frac{r^2}{s^2}\right)\cdot d^2 + \frac{2rt\sqrt{1-r^2-s^2}}{s^2}\cdot d + \left(\frac{t^2}{s^2}-\frac{t^2r^2}{s^2}-1\right) &= 0. \end{aligned}$$

Daraus folgen dann

$$\begin{aligned} d_{1,2} &= \frac{-\frac{2rt}{s^2}\sqrt{1-r^2-s^2}}{\frac{2(r^2+s^2)}{s^2}} \\ &= \frac{\pm\sqrt{\frac{4r^2t^2(1-r^2-s^2)}{s^4}-\frac{4}{s^4}\left(r^2+s^2\right)\left(t^2-t^2r^2-s^2\right)}}{\frac{2(r^2+s^2)}{s^2}} \\ &= \frac{-rt\sqrt{1-r^2-s^2}\pm s\sqrt{r^2+s^2-t^2}}{r^2+s^2} \end{aligned}$$

und

$$\begin{aligned} e &= \frac{-t\sqrt{1-r^2-s^2}}{s} \\ &\quad -\frac{r}{s\left(r^2+s^2\right)} \cdot \left(-rt\sqrt{1-r^2-s^2} \pm s\sqrt{r^2+s^2-t^2}\right) \\ &= \frac{-\left(r^2+s^2\right)t\sqrt{1-r^2-s^2}+r^2t\sqrt{1-r^2-s^2} \mp rs\sqrt{r^2+s^2-t^2}}{s\left(r^2+t^2\right)} \\ &= \frac{-st\sqrt{1-r^2-s^2} \mp r\sqrt{r^2+s^2-t^2}}{r^2+s^2}. \end{aligned}$$

Der Sonderfall $r = s = 0$ wird dann im 4. Fall behandelt.

Also gibt es 2 Lösungsmatrizen

$$A_1(r,s,t) = \begin{pmatrix} r & s & \eta \\ \dfrac{-rt\eta + s\sqrt{r^2+s^2-t^2}}{r^2+s^2} & \dfrac{-st\eta - r\sqrt{r^2+s^2-t^2}}{r^2+s^2} & t \end{pmatrix} \text{ und}$$

$$A_2(r,s,t) = \begin{pmatrix} r & s & \eta \\ \dfrac{-rt\eta - s\sqrt{r^2+s^2-t^2}}{r^2+s^2} & \dfrac{-st\eta + r\sqrt{r^2+s^2-t^2}}{r^2+s^2} & t \end{pmatrix}$$

mit $-1 \leq r,s,t \leq 1$, $0 < r^2+s^2 \leq 1$, $t^2 < r^2+s^2$ und $\eta = \sqrt{1-r^2-s^2}$.

2. Fall: $c = -\sqrt{1-r^2-s^2}$

Sei zusätzlich $f = t$, $t \in \mathbb{R}$, $-1 \leq t \leq 1$.

Es verbleiben dann noch zwei Gleichungen:

$$\begin{aligned} rd + se &= t\sqrt{1-r^2-s^2} \quad \text{VI} \\ d^2 + e^2 &= 1 - t^2 \quad \text{V}. \end{aligned}$$

Aus Gleichung IV folgt:

$$e = \frac{t\sqrt{1-r^2-s^2} - rd}{s}.$$

Der Sonderfall $s = 0$, $-1 \leq r \leq 1$, wird dann im 3. Fall behandelt.

Setzt man obigen Term für e in Gleichung V ein, so folgt:

$$\begin{aligned}
d^2 + \frac{t^2\left(1-r^2-s^2\right) - 2rtd\sqrt{1-r^2-s^2} + r^2d^2}{s^2} &= 1-t^2 \\
\left(1+\frac{r^2}{s^2}\right)\cdot d^2 - \frac{2rt\sqrt{1-r^2-s^2}}{s^2}\cdot d + \left(\frac{t^2}{s^2} - \frac{t^2r^2}{s^2} - 1\right) &= 0.
\end{aligned}$$

Daraus folgen dann

$$\begin{aligned}
d_{1,2} &= \frac{\frac{2rt}{s^2}\sqrt{1-r^2-s^2}}{\frac{2(r^2+s^2)}{s^2}} \\
&= \frac{\pm\sqrt{\frac{4r^2t^2(1-r^2-s^2)}{s^4} - \frac{4}{s^4}\left(r^2+s^2\right)\left(t^2-t^2r^2-s^2\right)}}{\frac{2(r^2+s^2)}{s^2}} \\
&= \frac{rt\sqrt{1-r^2-s^2} \pm s\sqrt{r^2+s^2-t^2}}{r^2+s^2}
\end{aligned}$$

und

$$\begin{aligned}
e &= \frac{t\sqrt{1-r^2-s^2}}{s} \\
&\quad - \frac{r}{s\left(r^2+s^2\right)}\cdot\left(rt\sqrt{1-r^2-s^2} \pm s\sqrt{r^2+s^2-t^2}\right) \\
&= \frac{\left(r^2+s^2\right)t\sqrt{1-r^2-s^2} - r^2t\sqrt{1-r^2-s^2} \mp rs\sqrt{r^2+s^2-t^2}}{s\left(r^2+t^2\right)} \\
&= \frac{st\sqrt{1-r^2-s^2} \mp r\sqrt{r^2+s^2-t^2}}{r^2+s^2}.
\end{aligned}$$

Der Sonderfall $r = s = 0$ wird dann im 4. Fall behandelt.

Also gibt es 2 weitere Lösungsmatrizen

$$A_3(r,s,t) = \begin{pmatrix} r & s & \eta \\ \frac{rt\eta + s\sqrt{r^2+s^2-t^2}}{r^2+s^2} & \frac{st\eta - r\sqrt{r^2+s^2-t^2}}{r^2+s^2} & t \end{pmatrix} \text{ und}$$

$$A_4(r,s,t) = \begin{pmatrix} r & s & \eta \\ \frac{rt\eta - s\sqrt{r^2+s^2-t^2}}{r^2+s^2} & \frac{st\eta + r\sqrt{r^2+s^2-t^2}}{r^2+s^2} & t \end{pmatrix}$$

mit $-1 \leq r, s, t \leq 1$, $0 < r^2 + s^2 \leq 1$, $t^2 < r^2 + s^2$ und $\eta = \sqrt{1 - r^2 - s^2}$.

3. Fall: $s = 0$, $r \neq 0$ und $c = \pm\sqrt{1 - r^2}$

Sei zusätzlich $f = t$, $t \in \mathbb{R}$, $-1 \leq t \leq 1$.

Es verbleiben dann noch 2 Gleichungen:

$$\begin{aligned} rd + \left(\pm\sqrt{1 - r^2} \cdot t\right) &= 0 \\ d^2 + e^2 + t^2 &= 1. \end{aligned}$$

Aus der ersten Gleichung folgt:

$$d = \mp\frac{t}{r}\sqrt{1 - r^2}.$$

Damit folgt aus der zweiten Gleichung:

$$e = \pm\sqrt{1 - t^2 - \frac{t^2}{r^2}(1 - r^2)} = \pm\sqrt{1 - \frac{t^2}{r^2}} = \pm\frac{1}{|r|}\sqrt{r^2 - t^2},\ r^2 \geq t^2.$$

Also gibt es zwei weitere Lösungsmatrizen

$$A_5(r,t) = \begin{pmatrix} r & 0 & \sqrt{1 - r^2} \\ -\frac{t}{r}\sqrt{1 - r^2} & \frac{1}{|r|}\sqrt{r^2 - t^2} & t \end{pmatrix} \text{ und}$$

$$A_6(r,t) = \begin{pmatrix} r & 0 & -\sqrt{1 - r^2} \\ \frac{t}{r}\sqrt{1 - r^2} & -\frac{1}{|r|}\sqrt{r^2 - t^2} & t \end{pmatrix}$$

mit $-1 \leq r, t \leq 1$, $r \neq 0$ und $r^2 \geq t^2$.

4. Fall: $r = s = 0$ und $c = \pm 1$

Sei zusätzlich $d = t$, $t \in \mathbb{R}$, $-1 \leq t \leq 1$.

Aus $f = 0$ folgt dann sofort:

$$e = \pm\sqrt{1 - t^2}.$$

Also gibt es vier weitere Lösungsmatrizen

$$A_7(t) = \begin{pmatrix} 0 & 0 & 1 \\ t & \sqrt{1 - t^2} & 0 \end{pmatrix},$$

$$A_8(t) = \begin{pmatrix} 0 & 0 & 1 \\ t & -\sqrt{1-t^2} & 0 \end{pmatrix},$$

$$A_9(t) = \begin{pmatrix} 0 & 0 & -1 \\ t & \sqrt{1-t^2} & 0 \end{pmatrix},$$

$$A_{10}(t) = \begin{pmatrix} 0 & 0 & -1 \\ t & -\sqrt{1-t^2} & 0 \end{pmatrix}$$

mit $-1 \leq t \leq 1$, $t \in \mathbb{R}$.

Aufgabe 4.5.18

Für welche $a, b, c, d \in \mathbb{R}$ existiert die inverse Matrix A^{-1} von

$$A = \begin{pmatrix} a & b \\ c & d \end{pmatrix}.$$

Geben Sie die Matrix A^{-1} dann explizit an.

Lösung:

$$\left(\begin{array}{cc|cc} a & b & 1 & 0 \\ c & d & 0 & 1 \end{array}\right) \begin{array}{l} \text{I} \\ \text{II} \end{array} \sim$$

$$\left(\begin{array}{cc|cc} ad-bc & b & d & -b \\ 0 & bc-ad & c & -a \end{array}\right) \begin{array}{lcl} d \cdot \text{I} - b \cdot \text{II} & \hat{=} & \text{III} \\ c \cdot \text{I} - a \cdot \text{II} & \hat{=} & \text{IV}. \end{array}$$

Damit existiert A^{-1} für alle $ad - bc \neq 0$ und es gilt:

$$A^{-1} = \frac{1}{ad-bc} \begin{pmatrix} d & -b \\ -c & a \end{pmatrix}.$$

Aufgabe 4.5.19

Sind die Matrizen

$$A' = \begin{pmatrix} 1 & 2 \\ 3 & 4 \end{pmatrix} \text{ und } A = \begin{pmatrix} -1 & 0 \\ 3 & 2 \end{pmatrix}$$

ähnlich?

Lösung:

A' und A sind ähnlich, falls es eine reguläre Matrix $T = \begin{pmatrix} a & b \\ c & d \end{pmatrix}$ gibt mit $A' = TAT^{-1}$.

Mit $T = \begin{pmatrix} a & b \\ c & d \end{pmatrix}$ und $T^{-1} = \frac{1}{ad-bc}\begin{pmatrix} d & -b \\ -c & a \end{pmatrix}$ folgt

$$\begin{pmatrix} 1 & 2 \\ 3 & 4 \end{pmatrix} = \begin{pmatrix} a & b \\ c & d \end{pmatrix}\begin{pmatrix} -1 & 0 \\ 3 & 2 \end{pmatrix} \cdot \frac{1}{ad-bc}\begin{pmatrix} d & -b \\ -c & a \end{pmatrix}$$

$$\begin{pmatrix} 1 & 2 \\ 3 & 4 \end{pmatrix} = \begin{pmatrix} \frac{-ad-2bc+3bd}{ad-bc} & \frac{3ab-3b^2}{ad-bc} \\ \frac{-3cd+3d^2}{ad-bc} & \frac{2ad+bc-3bd}{ad-bc} \end{pmatrix}.$$

Damit ergibt sich das Gleichungssystem:

$$\begin{aligned} \frac{-ad-2bc+3bd}{ad-bc} &= 1 \qquad \text{I} \\ \frac{3ab-3b^2}{ad-bc} &= 2 \qquad \text{II} \\ \frac{-3cd+3d^2}{ad-bc} &= 3 \qquad \text{III} \\ \frac{2ad+bc-3bd}{ad-bc} &= 4 \qquad \text{IV}. \end{aligned}$$

Durchmultipliziert und zusammengefaßt erhält man

$$\begin{aligned} -2ad-bc+3bd &= 0 \qquad \text{I} \\ 3ab-2ad-3b^2+2bc &= 0 \qquad \text{II} \\ -3ad+3bc-3cd+3d^2 &= 0 \qquad \text{III} \\ -2ad+5bc-3bd &= 0 \qquad \text{IV}. \end{aligned}$$

Werden die Gleichungen I und IV addiert, so folgt

$$-4ad+4bc = 0 \text{ oder } ad-bc = 0.$$

Diese Gleichung darf nicht erfüllt sein, da T sonst nicht regulär ist. Deshalb sind A' und A nicht ähnlich.

Aufgabe 4.5.20
Zeigen Sie, daß die Matrizen

$$A' = \begin{pmatrix} 41 & -67 \\ 21 & -34 \end{pmatrix} \text{ und } A = \begin{pmatrix} 4 & -1 \\ 1 & 3 \end{pmatrix}$$

ähnlich sind, indem Sie eine Matrix T angeben, für die gilt: $|T| = 1$.

Lösung:

A' und A sind ähnlich, falls es eine reguläre Matrix $T = \begin{pmatrix} a & b \\ c & d \end{pmatrix}$ gibt mit $A' = TAT^{-1}$.

Mit $T = \begin{pmatrix} a & b \\ c & d \end{pmatrix}$ und $T^{-1} = \frac{1}{ad-bc}\begin{pmatrix} d & -b \\ -c & a \end{pmatrix}$ folgt

$$\begin{pmatrix} 41 & -67 \\ 21 & -34 \end{pmatrix} = \begin{pmatrix} a & b \\ c & d \end{pmatrix}\begin{pmatrix} 4 & -1 \\ 1 & 3 \end{pmatrix} \cdot \frac{1}{ad-bc}\begin{pmatrix} d & -b \\ -c & a \end{pmatrix}$$

$$\begin{pmatrix} 41 & -67 \\ 21 & -34 \end{pmatrix} = \begin{pmatrix} \frac{ac+4ad+bd-3bc}{ad-bc} & \frac{a^2+ab+b^2}{bc-ad} \\ \frac{c^2+cd+d^2}{ad-bc} & \frac{ac-3ad+4bc+bd}{bc-ad} \end{pmatrix}.$$

Damit ergibt sich das folgende Gleichungssystem:

$$\begin{aligned} \frac{ac+4ad+bd-3bc}{ad-bc} &= 41 && \text{I} \\ \frac{a^2+ab+b^2}{bc-ad} &= -67 && \text{II} \\ \frac{c^2+cd+d^2}{ad-bc} &= 21 && \text{III} \\ \frac{ac-3ad+4bc+bd}{bc-ad} &= -34 && \text{IV.} \end{aligned}$$

Aus $|T| = 1$ folgt $ad - bc = 1$ und damit

$$\begin{aligned} ac+4ad+bd-3bc &= 41 && \text{I} \\ a^2+ab+b^2 &= 67 && \text{II} \\ c^2+cd+d^2 &= 21 && \text{III} \\ ac-3ad+4bc+bd &= 34 && \text{IV.} \end{aligned}$$

Subtrahiert man die Gleichung IV von Gleichung I, so folgt

$$7ad - 7bc = 7 \text{ oder } ad - bc = 1.$$

Deshalb erfolgt eine Reduktion auf die Gleichungen I bis III mit $ad - bc = 1$. Zur Lösung dieses Gleichungssystem bedarf es größerer Anstrengungen. Es besitzt mehr als eine Lösung.

Deshalb sei $a = 2$ fest vorgegeben.

Aus Gleichung II folgt $b^2 + 2b - 63 = 0$ mit den Lösungen $b_1 = 2$ und $b_2 = -9$.

Setzt man $a = 2$ und $b = 7$ in die Gleichungen I, III und IV ein, so gilt

$$\begin{array}{lcll} -19c + 15d & = & 41 & \text{I} \\ c^2 + cd + d^2 & = & 21 & \text{III} \\ 30c + d & = & 34 & \text{IV.} \end{array}$$

Aus den Gleichungen I und IV folgen $c = 1$ und $d = 4$. Eine Kontrolle in Gleichung III verifiziert diese beiden Lösungen.

Setzt man $a = 2$ und $b = -9$ in die Gleichungen I, III und IV ein, so folgt

$$\begin{array}{lcll} 29c - d & = & 41 & \text{I} \\ c^2 + cd + d^2 & = & 21 & \text{III} \\ -34c - 15d & = & 34 & \text{IV.} \end{array}$$

Aus den Gleichungen I und IV folgen $c = \frac{83}{67}$ und $d = -\frac{340}{67}$. Eine Kontrolle in Gleichung III führt zu keinem Widerspruch.

Sei nun noch als weitere Möglichkeit $a = 8$ fest vorgegeben.

Aus Gleichung II folgt dann $b^2 + 8b - 3 = 0$ mit den Lösungen $b_1 = \sqrt{19} - 4$ und $b_2 = -\sqrt{19} - 4$.

Setzt man jetzt noch $a = 2$ und $b_1 = \sqrt{19} - 4$ in die Gleichungen I, III und IV ein, so folgt

$$\begin{array}{lcll} \left(20 - 3\sqrt{19}\right) c + \left(28 + \sqrt{19}\right) d & = & 41 & \text{I} \\ c^2 + cd + d^2 & = & 21 & \text{III} \\ \left(-8 + 4\sqrt{19}\right) c + \left(-28 + \sqrt{19}\right) d & = & 34 & \text{IV.} \end{array}$$

Aus den Gleichungen I und IV folgen $c = \frac{300 - \sqrt{19}}{67}$ und $d = \frac{-144 + 38\sqrt{19}}{67}$. Eine Kontrolle in Gleichung III bestätigt diese beiden Lösungen.

Damit hat man schon drei verschiedene Matrizen T gefunden, die die zu untersuchende Bedingung erfüllen:

$$T_1 = \begin{pmatrix} 2 & 7 \\ 1 & 4 \end{pmatrix},$$

$$T_2 = \begin{pmatrix} 2 & -9 \\ \frac{83}{67} & -\frac{340}{67} \end{pmatrix} \text{ und}$$

$$T_3 = \begin{pmatrix} 8 & \sqrt{19} - 4 \\ \frac{300 - \sqrt{19}}{67} & \frac{-144 + 38\sqrt{19}}{67} \end{pmatrix}.$$

Also sind die Matrizen A' und A ähnlich.

Aufgabe 4.5.21

Für welche $a \in \mathbb{R}$ hat die Determinante

$$\begin{vmatrix} a & 1 & -2 \\ -a & a & 1 \\ a & 2a & 3 \end{vmatrix}$$

den Wert 17?

Lösung:

Mithilfe der Regel von Sarrus folgt

$$\begin{aligned} \begin{vmatrix} a & 1 & -2 \\ -a & a & 1 \\ a & 2a & 3 \end{vmatrix} &= a \cdot a \cdot 3 + 1 \cdot 1 \cdot a + (-2) \cdot (-a) \cdot 2a \\ & \quad -a \cdot a \cdot (-2) - 2a \cdot 1 \cdot a - 3 \cdot (-a) \cdot 1 \\ &= 3a^2 + a + 4a^2 + 2a^2 - 2a^2 + 3a \\ &= 7a^2 + 4a. \end{aligned}$$

Also gilt:

$$\begin{aligned} 7a^2 + 4a &= 17 \\ 7a^2 + 4a - 17 &= 0 \\ a_{1,2} &= \frac{-4 \pm \sqrt{16 - 4 \cdot 7 \cdot (-17)}}{14} \\ &= \frac{-4 \pm \sqrt{492}}{14} = \frac{-4 \pm 2\sqrt{123}}{14} \end{aligned}$$

$$\Longrightarrow a_1 = -\frac{2}{7} + \frac{1}{7} \cdot \sqrt{123} \text{ und } a_2 = -\frac{2}{7} - \frac{1}{7} \cdot \sqrt{123}.$$

Aufgabe 4.5.22
Bestimmen Sie die Determinante der Matrix

$$A = \begin{pmatrix} 5 & 4 & 1 & -1 \\ 1 & 1 & 1 & 1 \\ 0 & r & 4 & 6 \\ 4 & s & 2 & 1 \end{pmatrix}.$$

in Abhängigkeit von r und s.

Lösung:
Mit dem Determinantenentwicklungssatz und der Entwicklung nach der ersten Spalte sowie der Regel von Sarrus gilt:

$$\begin{aligned} det(A) &= \begin{vmatrix} 5 & 4 & 1 & -1 \\ 1 & 1 & 1 & 1 \\ 0 & r & 4 & 6 \\ 4 & s & 2 & 1 \end{vmatrix} \\ &= 5 \cdot \begin{vmatrix} 1 & 1 & 1 \\ r & 4 & 6 \\ s & 2 & 1 \end{vmatrix} - 1 \cdot \begin{vmatrix} 4 & 1 & -1 \\ r & 4 & 6 \\ s & 2 & 1 \end{vmatrix} \\ &\quad +0 \cdot \begin{vmatrix} 4 & 1 & -1 \\ 1 & 1 & 1 \\ s & 2 & 1 \end{vmatrix} - 4 \cdot \begin{vmatrix} 4 & 1 & -1 \\ 1 & 1 & 1 \\ r & 4 & 6 \end{vmatrix} \end{aligned}$$

$$\begin{aligned}
&= 5\cdot(1\cdot 4\cdot 1+1\cdot 6\cdot s+1\cdot r\cdot 2\\
&\quad -s\cdot 4\cdot 1-2\cdot 6\cdot 1-1\cdot r\cdot 1)\\
&\quad -1\cdot(4\cdot 4\cdot 1+1\cdot 6\cdot s+(-1)\cdot r\cdot 2\\
&\quad -s\cdot 4\cdot(-1)-2\cdot 6\cdot 4-1\cdot r\cdot 1)\\
&\quad +0\cdot(4\cdot 1\cdot 1+1\cdot 1\cdot s+(-1)\cdot 1\cdot 2\\
&\quad -s\cdot 1\cdot(-1)-2\cdot 1\cdot 4-1\cdot 1\cdot 1)\\
&\quad -4\cdot(4\cdot 1\cdot 6+1\cdot 1\cdot r+(-1)\cdot 1\cdot 4\\
&\quad -r\cdot 1\cdot(-1)-4\cdot 1\cdot 4-6\cdot 1\cdot 1)\\
&= 5\cdot(4+6s+2r-4s-12-r)\\
&\quad -1\cdot(16+6s-2r+4s-48-r)\\
&\quad +0\cdot(4+s-2+s-8-1)\\
&\quad -4\cdot(24+r-4+r-16-6)\\
&= 5\cdot(r+2s-8)-(-3r+10s-32)\\
&\quad +0\cdot(2s-7)-4\cdot(2r-2)\\
&= 5r+10s-40+3r-10s+32-8r+8 \;=\; 0.
\end{aligned}$$

Aufgabe 4.5.23

Es seien die 2 Basen $\mathcal{B}$ und $\mathcal{B}'$ des 2-dimensionalen reellen Vektorraums gegeben durch

$$\mathcal{B}=\left\{\vec{b}_1,\vec{b}_2\right\}=\left\{\begin{pmatrix}-1\\1\end{pmatrix},\begin{pmatrix}2\\4\end{pmatrix}\right\} \quad \text{und}$$

$$\mathcal{B}'=\left\{\vec{b}_1{}',\vec{b}_2{}'\right\}=\left\{\begin{pmatrix}5\\1\end{pmatrix},\begin{pmatrix}2\\0\end{pmatrix}\right\}$$

sowie die 2 Basen $\mathcal{C}$ und $\mathcal{C}'$ des 4-dimensionalen reellen Vektorraums

$$\mathcal{C}=\{\vec{c}_1,\vec{c}_2,\vec{c}_3,\vec{c}_4\}=\left\{\begin{pmatrix}1\\0\\0\\0\end{pmatrix},\begin{pmatrix}0\\1\\0\\0\end{pmatrix},\begin{pmatrix}0\\0\\1\\0\end{pmatrix},\begin{pmatrix}0\\0\\0\\1\end{pmatrix}\right\} \quad \text{und}$$

$$\mathcal{C}' = \{\vec{c_1}', \vec{c_2}', \vec{c_3}', \vec{c_4}'\} = \left\{ \begin{pmatrix} 1 \\ 1 \\ 0 \\ 0 \end{pmatrix}, \begin{pmatrix} 0 \\ 1 \\ 1 \\ 0 \end{pmatrix}, \begin{pmatrix} 0 \\ 0 \\ 1 \\ 1 \end{pmatrix}, \begin{pmatrix} 1 \\ 2 \\ 3 \\ 3 \end{pmatrix} \right\}.$$

Außerdem sei eine lineare Abbildung von $\mathbb{R}^2$ nach $\mathbb{R}^4$ durch die Matrix

$$M = \begin{pmatrix} 1 & 2 \\ 0 & -1 \\ 4 & 3 \\ 2 & 0 \end{pmatrix}$$

gegeben. Die beiden Basen hierzu seien $\mathcal{B}$ und $\mathcal{C}$.
Geben Sie die Matrix M' dieser linearen Abbildung bezüglich der Basen $\mathcal{B}'$ und $\mathcal{C}'$ an.

Lösung:
Für die Koordinatentransformation der Basisvektoren von $\mathcal{B}$ nach $\mathcal{B}'$ gilt

$$\vec{b}_1 = \begin{pmatrix} -1 \\ 1 \end{pmatrix} = 1 \cdot \begin{pmatrix} 5 \\ 1 \end{pmatrix} - 3 \cdot \begin{pmatrix} 2 \\ 0 \end{pmatrix},$$

$$\vec{b}_2 = \begin{pmatrix} 2 \\ 4 \end{pmatrix} = 4 \cdot \begin{pmatrix} 5 \\ 1 \end{pmatrix} - 9 \cdot \begin{pmatrix} 2 \\ 0 \end{pmatrix}.$$

Damit gilt

$$T^T = \begin{pmatrix} 1 & -3 \\ 4 & -9 \end{pmatrix} \text{ und } T = \begin{pmatrix} 1 & 4 \\ -3 & -9 \end{pmatrix}.$$

Für die Koordinatentransformation der Basisvektoren von $\mathcal{C}$ nach $\mathcal{C}'$ gilt

$$\vec{c}_1 = \begin{pmatrix} 1 \\ 0 \\ 0 \\ 0 \end{pmatrix} = 2 \cdot \begin{pmatrix} 1 \\ 1 \\ 0 \\ 0 \end{pmatrix} + 0 \cdot \begin{pmatrix} 0 \\ 1 \\ 1 \\ 0 \end{pmatrix} + 3 \cdot \begin{pmatrix} 0 \\ 0 \\ 1 \\ 1 \end{pmatrix} - 1 \cdot \begin{pmatrix} 1 \\ 2 \\ 3 \\ 3 \end{pmatrix},$$

$$\vec{c}_2 = \begin{pmatrix} 0 \\ 1 \\ 0 \\ 0 \end{pmatrix} = -1 \cdot \begin{pmatrix} 1 \\ 1 \\ 0 \\ 0 \end{pmatrix} + 0 \cdot \begin{pmatrix} 0 \\ 1 \\ 1 \\ 0 \end{pmatrix} - 3 \cdot \begin{pmatrix} 0 \\ 0 \\ 1 \\ 1 \end{pmatrix} + 1 \cdot \begin{pmatrix} 1 \\ 2 \\ 3 \\ 3 \end{pmatrix},$$

$$\vec{c}_3 = \begin{pmatrix} 0 \\ 0 \\ 1 \\ 0 \end{pmatrix} = 1 \cdot \begin{pmatrix} 1 \\ 1 \\ 0 \\ 0 \end{pmatrix} + 1 \cdot \begin{pmatrix} 0 \\ 1 \\ 1 \\ 0 \end{pmatrix} + 3 \cdot \begin{pmatrix} 0 \\ 0 \\ 1 \\ 1 \end{pmatrix} - 1 \cdot \begin{pmatrix} 1 \\ 2 \\ 3 \\ 3 \end{pmatrix},$$

$$\vec{c}_4 = \begin{pmatrix} 0 \\ 0 \\ 0 \\ 1 \end{pmatrix} = -1 \cdot \begin{pmatrix} 1 \\ 1 \\ 0 \\ 0 \end{pmatrix} - 1 \cdot \begin{pmatrix} 0 \\ 1 \\ 1 \\ 0 \end{pmatrix} - 2 \cdot \begin{pmatrix} 0 \\ 0 \\ 1 \\ 1 \end{pmatrix} + 1 \cdot \begin{pmatrix} 1 \\ 2 \\ 3 \\ 3 \end{pmatrix}.$$

Es gilt also:

$$S^T = \begin{pmatrix} 2 & 0 & 3 & -1 \\ -1 & 0 & -3 & 1 \\ 1 & 1 & 3 & -1 \\ -1 & -1 & -2 & 1 \end{pmatrix} \text{ und } S = \begin{pmatrix} 2 & -1 & 1 & -1 \\ 0 & 0 & 1 & -1 \\ 3 & -3 & 3 & -2 \\ -1 & 1 & -1 & 1 \end{pmatrix}.$$

Aufgrund der Formel

$$M' = S \cdot M \cdot T^{-1}.$$

muß zuerst die inverse Matrix T^{-1} der Matrix T bestimmt werden.

$$\left(\begin{array}{rr|rr} 1 & 4 & 1 & 0 \\ -3 & -9 & 0 & 1 \end{array} \right) \begin{array}{l} \text{I} \\ \text{II} \end{array} \sim$$

$$\left(\begin{array}{rr|rr} 1 & 4 & 1 & 0 \\ 0 & 3 & 3 & 1 \end{array} \right) \begin{array}{l} \text{I} \\ 3 \cdot \text{I} + \text{II} \;\widehat{=}\; \text{III} \end{array} \sim$$

$$\left(\begin{array}{rr|rr} 3 & 0 & -9 & -4 \\ 0 & 3 & 3 & 1 \end{array} \right) \begin{array}{l} 3 \cdot \text{I} - 4 \cdot \text{III} \;\widehat{=}\; \text{IV} \\ \text{III} \end{array} \sim$$

$$\left(\begin{array}{cc|cc} 1 & 0 & -3 & -\frac{4}{3} \\ 0 & 1 & 1 & \frac{1}{3} \end{array}\right) \quad \begin{array}{l} IV : 3 \\ III : 3. \end{array}$$

Damit gilt :

$$T^{-1} = \begin{pmatrix} -3 & -\frac{4}{3} \\ 1 & \frac{1}{3} \end{pmatrix}.$$

Damit folgt

$$\begin{aligned} M' &= S \cdot M \cdot T^{-1} \\ &= \begin{pmatrix} 2 & -1 & 1 & -1 \\ 0 & 0 & 1 & -1 \\ 3 & -3 & 3 & -2 \\ -1 & 1 & -1 & 1 \end{pmatrix} \cdot \begin{pmatrix} 1 & 2 \\ 0 & -1 \\ 4 & 3 \\ 2 & 0 \end{pmatrix} \cdot \begin{pmatrix} -3 & -\frac{4}{3} \\ 1 & \frac{1}{3} \end{pmatrix} \\ &= \begin{pmatrix} -4 & -\frac{8}{3} \\ -3 & -\frac{5}{3} \\ -15 & -\frac{26}{3} \\ 3 & 2 \end{pmatrix}. \end{aligned}$$

Aufgabe 4.5.24

Gegeben seien die Punkte $P = (1,2)$, $Q = (-2,1)$ und $R = (4,7)$ mit den Bildpunkten $P' = (5,0)$, $Q' = (1,1)$ und $R' = (3,-3)$. Geben Sie die Matrixdarstellung der dadurch eindeutig bestimmten affinen Abbildung an.

Lösung:

Setzt man die drei Punktpaare in die Ausgangsgleichung

$$\begin{pmatrix} x_1' \\ x_2' \end{pmatrix} = \begin{pmatrix} a & b \\ c & d \end{pmatrix} \begin{pmatrix} x_1 \\ x_2 \end{pmatrix} + \begin{pmatrix} e \\ f \end{pmatrix}$$

ein, so folgen

$$\begin{pmatrix} 5 \\ 0 \end{pmatrix} = \begin{pmatrix} a & b \\ c & d \end{pmatrix} \begin{pmatrix} 1 \\ 2 \end{pmatrix} + \begin{pmatrix} e \\ f \end{pmatrix},$$

$$\begin{pmatrix} 1 \\ 1 \end{pmatrix} = \begin{pmatrix} a & b \\ c & d \end{pmatrix} \begin{pmatrix} -2 \\ 1 \end{pmatrix} + \begin{pmatrix} e \\ f \end{pmatrix},$$

$$\begin{pmatrix} 3 \\ -3 \end{pmatrix} = \begin{pmatrix} a & b \\ c & d \end{pmatrix} \begin{pmatrix} 4 \\ 7 \end{pmatrix} + \begin{pmatrix} e \\ f \end{pmatrix}.$$

Dies ergibt ein lineares Gleichungssystem mit 6 Gleichungen und 6 Unbekannten:

$$\begin{aligned} 5 &= a + 2b + e \\ 0 &= c + 2d + f \\ 1 &= -2a + b + e \\ 1 &= -2c + d + f \\ 3 &= 4a + 7b + e \\ -3 &= 4c + 7d + f. \end{aligned}$$

Aufgrund der Verteilung der 6 Unbekannten ergeben sich 2 lineare Gleichungssysteme mit jeweils 3 Unbekannten, die nacheinander gelöst werden:

$$\begin{array}{rl} a + 2b + e = 5 & \text{I} \\ -2a + b + e = 1 & \text{II} \\ 4a + 7b + e = 3 & \text{III} \end{array}$$

$$\begin{array}{rlcl} a + 2b + e = 5 & \text{I} & & \\ 5b + 3e = 11 & 2 \cdot \text{I} + \text{II} & \widehat{=} & \text{IV} \\ b + 3e = 17 & 4 \cdot \text{I} - \text{III} & \widehat{=} & \text{V} \end{array}$$

$$\begin{array}{rlcl} a + 2b + e = 5 & \text{I} & & \\ 5b + 3e = 11 & \text{IV} & & \\ -12e = -74 & \text{IV} - 5 \cdot \text{V} & \widehat{=} & \text{VI}. \end{array}$$

Aus Gleichung VI folgt $e = \frac{37}{6}$.

Damit folgt aus Gleichung IV

$$5b + 3 \cdot \frac{37}{6} = 11 \Longrightarrow b = -\frac{3}{2}.$$

Damit folgt aus Gleichung I

$$a + 2 \cdot \left(-\frac{3}{2}\right) + \frac{37}{6} = 5 \Longrightarrow a = \frac{11}{6}.$$

Das zweite lineare Gleichungssystem hat folgende Lösung:

$$\begin{array}{rcrl} c + 2d + f &=& 0 & \text{I} \\ -2c + d + f &=& 1 & \text{II} \\ 4c + 7d + f &=& -3 & \text{III} \end{array}$$

$$\begin{array}{rll} c + 2d + f = 0 & \text{I} & \\ 5d + 3f = 1 & 2 \cdot \text{I} + \text{II} & \mathrel{\widehat{=}} \text{IV} \\ d + 3f = 3 & 4 \cdot \text{I} - \text{III} & \mathrel{\widehat{=}} \text{V} \end{array}$$

$$\begin{array}{rcrll} c + 2d + f &=& 0 & \text{I} & \\ 5d + 3f &=& 1 & \text{IV} & \\ -12f &=& -14 & \text{IV} - 5 \cdot \text{V} & \mathrel{\widehat{=}} \text{VI}. \end{array}$$

Aus Gleichung VI folgt $f = \frac{7}{6}$.

Damit folgt aus Gleichung IV

$$5d + 3 \cdot \frac{7}{6} = 1 \Longrightarrow d = -\frac{1}{2}.$$

Aus Gleichung I erhält man

$$c + 2 \cdot \left(-\frac{1}{2}\right) + \frac{7}{6} = 0 \Longrightarrow c = -\frac{1}{6}.$$

Die affine Abbildung hat die Matrixgleichung

$$\begin{pmatrix} x_1' \\ x_2' \end{pmatrix} = \begin{pmatrix} \frac{11}{6} & -\frac{3}{2} \\ -\frac{1}{6} & -\frac{1}{2} \end{pmatrix} \begin{pmatrix} x_1 \\ x_2 \end{pmatrix} + \begin{pmatrix} \frac{37}{6} \\ \frac{7}{6} \end{pmatrix}.$$

Aufgabe 4.5.25
Gegeben seien die affinen Abbildungen

$$\alpha : \vec{x}\,' = \begin{pmatrix} 0 & 1 \\ -2 & 5 \end{pmatrix} \vec{x} + \begin{pmatrix} 1 \\ -1 \end{pmatrix} \quad \text{und}$$

$$\beta : \vec{x}\,' = \begin{pmatrix} 1 & 2 \\ -1 & -3 \end{pmatrix} \vec{x} + \begin{pmatrix} 0 \\ 1 \end{pmatrix}.$$

Bestimmen Sie die Gleichungen der Verkettungen $\alpha \circ \alpha$, $\beta \circ \beta$, $\alpha \circ \beta$ und $\beta \circ \alpha$.

Lösung:

Sind α und β zwei affine Abbildungen mit den Matrixdarstellungen

$$\alpha \; : \; \vec{x}\,' = M_1 \cdot \vec{x} + \vec{v}_1 \;\text{ und }\; \beta \; : \; \vec{x}\,' = M_2 \cdot \vec{x} + \vec{v}_2,$$

so gilt für die Verkettung

$$\alpha \circ \beta = \alpha(\beta) \; : \; \vec{x}\,' = M_1 \cdot M_2 \cdot \vec{x} + M_1 \vec{v}_2 + \vec{v}_1.$$

Also folgen

$$\begin{aligned}
\alpha \circ \alpha : \vec{x}\,' &= \begin{pmatrix} 0 & 1 \\ -2 & 5 \end{pmatrix} \cdot \begin{pmatrix} 0 & 1 \\ -2 & 5 \end{pmatrix} \vec{x} \\
&\quad + \begin{pmatrix} 0 & 1 \\ -2 & 5 \end{pmatrix} \cdot \begin{pmatrix} 1 \\ -1 \end{pmatrix} + \begin{pmatrix} 1 \\ -1 \end{pmatrix} \\
&= \begin{pmatrix} -2 & 5 \\ -10 & 23 \end{pmatrix} \vec{x} + \begin{pmatrix} 0 \\ -8 \end{pmatrix}.
\end{aligned}$$

$$\begin{aligned}
\beta \circ \beta : \vec{x}\,' &= \begin{pmatrix} 1 & 2 \\ -1 & -3 \end{pmatrix} \cdot \begin{pmatrix} 1 & 2 \\ -1 & -3 \end{pmatrix} \vec{x} \\
&\quad + \begin{pmatrix} 1 & 2 \\ -1 & -3 \end{pmatrix} \cdot \begin{pmatrix} 0 \\ 1 \end{pmatrix} + \begin{pmatrix} 0 \\ 1 \end{pmatrix} \\
&= \begin{pmatrix} -1 & -4 \\ 2 & 7 \end{pmatrix} \vec{x} + \begin{pmatrix} 2 \\ -2 \end{pmatrix}.
\end{aligned}$$

$$\begin{aligned}
\alpha \circ \beta : \vec{x}' &= \begin{pmatrix} 0 & 1 \\ -2 & 5 \end{pmatrix} \cdot \begin{pmatrix} 1 & 2 \\ -1 & -3 \end{pmatrix} \vec{x} \\
&\quad + \begin{pmatrix} 0 & 1 \\ -2 & 5 \end{pmatrix} \cdot \begin{pmatrix} 0 \\ 1 \end{pmatrix} + \begin{pmatrix} 1 \\ -1 \end{pmatrix} \\
&= \begin{pmatrix} -1 & -3 \\ -7 & -19 \end{pmatrix} \vec{x} + \begin{pmatrix} 2 \\ 4 \end{pmatrix}.
\end{aligned}$$

$$\begin{aligned}
\beta \circ \alpha : \vec{x}' &= \begin{pmatrix} 1 & 2 \\ -1 & -3 \end{pmatrix} \cdot \begin{pmatrix} 0 & 1 \\ -2 & 5 \end{pmatrix} \vec{x} \\
&\quad + \begin{pmatrix} 1 & 2 \\ -1 & -3 \end{pmatrix} \cdot \begin{pmatrix} 1 \\ -1 \end{pmatrix} + \begin{pmatrix} 0 \\ 1 \end{pmatrix} \\
&= \begin{pmatrix} -4 & 11 \\ 6 & -16 \end{pmatrix} \vec{x} + \begin{pmatrix} -1 \\ 3 \end{pmatrix}.
\end{aligned}$$

Aufgabe 4.5.26

Gegeben sei die affine Abbildung

$$\begin{pmatrix} x_1' \\ x_2' \end{pmatrix} = \begin{pmatrix} 1 & 1 \\ 4 & -2 \end{pmatrix} \begin{pmatrix} x_1 \\ x_2 \end{pmatrix}.$$

Bestimmen Sie die Eigenwerte und die Eigenräume von f_α. Ermitteln Sie die Umkehrabbildung samt ihren Eigenwerten und Eigenräumen.

Lösung:

Für die charakteristische Gleichung gilt

$$\begin{aligned}
(1-\lambda)(-2-\lambda) - 1 \cdot 4 &= 0 \\
\lambda^2 + \lambda - 6 &= 0 \\
(\lambda+3)(\lambda-2) &= 0.
\end{aligned}$$

Damit gilt: $\lambda_1 = -3$ und $\lambda_2 = 2$.

Für $\lambda_1 = -3$ gilt für das lineare Gleichungssystem $(M - \lambda_1 E)\,\vec{v}_1 = \vec{0}$:

$$\begin{aligned}
4v_1 + v_2 &= 0 \\
4v_1 + v_2 &= 0.
\end{aligned}$$

Sei nun $v_1 = t \in \mathbb{R}$. Dann folgt $v_2 = -4t$.

Deshalb ist $\vec{v}_1 = \begin{pmatrix} 1 \\ -4 \end{pmatrix}$ ein Eigenvektor zum Eigenwert $\lambda_1 = -3$.

Der Eigenraum ist gegeben durch

$$E_1 = \left\{ \vec{x} \,\middle|\, \vec{x} = t \cdot \begin{pmatrix} 1 \\ -4 \end{pmatrix},\ t \in \mathbb{R} \right\}.$$

Für $\lambda_2 = 2$ gilt für das lineare Gleichungssystem $(M - \lambda_2 E)\,\vec{v}_2 = \vec{0}$:

$$\begin{aligned} -v_1 + v_2 &= 0 \\ 4v_1 - 4v_2 &= 0. \end{aligned}$$

Sei nun $v_1 = t \in \mathbb{R}$. Dann folgt $v_2 = t$.

Deshalb ist $\vec{v}_2 = \begin{pmatrix} 1 \\ 1 \end{pmatrix}$ ein Eigenvektor zum Eigenwert $\lambda_2 = 2$.

Der dazugehörige Eigenraum ist

$$E_2 = \left\{ \vec{x} \,\middle|\, \vec{x} = t \cdot \begin{pmatrix} 1 \\ 1 \end{pmatrix},\ t \in \mathbb{R} \right\}.$$

Für die Umkehrabbildung muß die inverse Matrix M^{-1} bestimmt werden.

$$\left(\begin{array}{cc|cc} 1 & 1 & 1 & 0 \\ 4 & -2 & 0 & 1 \end{array}\right) \quad \begin{array}{l} \text{I} \\ \text{II} \end{array} \quad \sim$$

$$\left(\begin{array}{cc|cc} 1 & 1 & 1 & 0 \\ 0 & 6 & 4 & -1 \end{array}\right) \quad \begin{array}{l} \text{I} \\ 4 \cdot \text{I} - \text{II} \;\widehat{=}\; \text{III} \end{array} \quad \sim$$

$$\left(\begin{array}{cc|cc} 6 & 0 & 2 & 1 \\ 0 & 6 & 4 & -1 \end{array}\right) \quad \begin{array}{l} 6 \cdot \text{I} - \text{III} \;\widehat{=}\; \text{IV} \\ \text{III} \end{array} \quad \sim$$

$$\left(\begin{array}{cc|cc} 1 & 0 & \frac{1}{3} & \frac{1}{6} \\ 0 & 1 & \frac{2}{3} & -\frac{1}{6} \end{array}\right) \quad \begin{array}{l} \text{IV} : 6 \\ \text{III} : 6. \end{array}$$

Damit gilt

$$M^{-1} = \begin{pmatrix} \frac{1}{3} & \frac{1}{6} \\ \frac{2}{3} & -\frac{1}{6} \end{pmatrix}$$

und folglich

$$\alpha^{-1} : \vec{x} = \begin{pmatrix} \frac{1}{3} & \frac{1}{6} \\ \frac{2}{3} & -\frac{1}{6} \end{pmatrix} \cdot \vec{x}\,'.$$

Für die charakteristische Gleichung der Umkehrabbildung gilt

$$\begin{aligned} \left(\frac{1}{3} - \lambda\right)\left(-\frac{1}{6} - \lambda\right) - \frac{1}{6} \cdot \frac{2}{3} &= 0 \\ \lambda^2 - \frac{1}{6} \cdot \lambda - \frac{1}{6} &= 0 \\ \left(\lambda + \frac{1}{3}\right)\left(\lambda - \frac{1}{2}\right) &= 0. \end{aligned}$$

Also sind $\lambda_1 = -\frac{1}{3}$ und $\lambda_2 = \frac{1}{2}$.

Ist $\lambda_1 = -\frac{1}{3}$, so gilt für das lineare Gleichungssystem $(M - \lambda_1 E)\,\vec{v}_1 = \vec{0}$:

$$\begin{aligned} \frac{2}{3} \cdot v_1 + \frac{1}{6} \cdot v_2 = 0 \\ \frac{2}{3} \cdot v_1 + \frac{1}{6} \cdot v_2 = 0. \end{aligned}$$

Sei nun $v_1 = t \in \mathbb{R}$. Dann folgt $v_2 = -4t$.

Deshalb ist $\vec{v}_1 = \begin{pmatrix} 1 \\ -4 \end{pmatrix}$ ein Eigenvektor zum Eigenwert $\lambda_1 = -\frac{1}{3}$.

Der Eigenraum ist dann gegeben durch

$$E_1 = \left\{ \vec{x} \,\middle|\, \vec{x} = t \cdot \begin{pmatrix} 1 \\ -4 \end{pmatrix},\ t \in \mathbb{R} \right\}.$$

Für $\lambda_2 = \frac{1}{2}$ gilt für das lineare Gleichungssystem $(M - \lambda_2 E)\,\vec{v}_2 = \vec{0}$:

$$-\frac{1}{6} \cdot v_1 + \frac{1}{6} \cdot v_2 = 0$$
$$\frac{2}{3} \cdot v_1 - \frac{2}{3} \cdot v_2 = 0.$$

Sei nun $v_1 = t \in \mathbb{R}$. Dann folgt $v_2 = t$.

Deshalb ist $\vec{v}_2 = \begin{pmatrix} 1 \\ 1 \end{pmatrix}$ ein Eigenvektor zum Eigenwert $\frac{1}{2}$.

Der Eigenraum ist dann gegeben durch

$$E_2 = \left\{ \vec{x} \,\middle|\, \vec{x} = t \cdot \begin{pmatrix} 1 \\ 1 \end{pmatrix},\ t \in \mathbb{R} \right\}.$$

Aufgabe 4.5.27

Bestimmen Sie alle Fixpunkte, Fixpunktgeraden und Fixgeraden der affinen Abbildungen α mit

$$\alpha : \begin{pmatrix} x_1' \\ x_2' \end{pmatrix} = \begin{pmatrix} 3 & -1 \\ -8 & 5 \end{pmatrix} \begin{pmatrix} x_1 \\ x_2 \end{pmatrix} + \begin{pmatrix} 1 \\ -4 \end{pmatrix}.$$

Lösung:

Für Fixpunkte und Fixgeraden gilt $\vec{x} = M\vec{x} + \vec{v}$, also

$$\begin{pmatrix} 3 & -1 \\ -8 & 5 \end{pmatrix} \cdot \begin{pmatrix} x_1 \\ x_2 \end{pmatrix} + \begin{pmatrix} 1 \\ -4 \end{pmatrix} = \begin{pmatrix} x_1 \\ x_2 \end{pmatrix}.$$

Dieses lineare Gleichungssystem muß gelöst werden.

$$\begin{aligned} 3x_1 - x_2 + 1 &= x_1 \qquad \text{I} \\ -8x_1 + 5x_2 - 4 &= x_2 \qquad \text{II} \end{aligned}$$

$$\begin{aligned} 2x_1 - x_2 &= -1 \qquad \text{I} \\ -8x_1 + 4x_2 &= 4 \qquad \text{II} \end{aligned}$$

$$\begin{aligned} 2x_1 - x_2 &= -1 \quad \text{I} \\ 0 &= 0 \quad 4 \cdot \text{I} + \text{II} \ \widehat{=} \ \text{III} \end{aligned}$$

Damit hat dieses lineare Gleichungssystem unendlich viele Lösungen und es folgt mit $x_1 = \lambda \in \mathbb{R}$: $x_2 = 1 + 2\lambda$.

Damit ist die Gerade $g : \vec{x} = \begin{pmatrix} 0 \\ 1 \end{pmatrix} + \lambda \cdot \begin{pmatrix} 1 \\ 2 \end{pmatrix}$, $\lambda \in \mathbb{R}$, eine Fixpunktgerade.

Um Fixgeraden berechnen zu können, müssen zuerst die Eigenwerte und Eigenvektoren ermittelt werden.
Für die charakteristische Gleichung gilt

$$\begin{aligned} (3-\lambda)(5-\lambda) - (-1)\cdot(-8) &= 0 \\ \lambda^2 - 8\lambda + 7 &= 0 \\ (\lambda - 1)(\lambda - 7) &= 0. \end{aligned}$$

Damit gilt: $\lambda_1 = 1$ und $\lambda_2 = 7$.

Für $\lambda_1 = 1$ gilt für das lineare Gleichungssystem $(M - \lambda_1 E)\,\vec{v}_1 = \vec{0}$:

$$\begin{aligned} 2v_1 - v_2 &= 0 \\ -8v_1 + 4v_2 &= 0. \end{aligned}$$

Sei nun $v_1 = k \in \mathbb{R}$. Dann folgt $v_2 = 2k$.

Deshalb ist $\vec{v}_1 = \begin{pmatrix} 1 \\ 2 \end{pmatrix}$ ein Eigenvektor zum Eigenwert $\lambda_1 = 1$.

Für $\lambda_2 = 7$ gilt für das lineare Gleichungssystem $(M - \lambda_2 E)\,\vec{v}_2 = \vec{0}$:

$$\begin{aligned} -4v_1 - v_2 &= 0 \\ -8v_1 - 2v_2 &= 0. \end{aligned}$$

Sei nun $v_1 = k \in \mathbb{R}$. Dann folgt $v_2 = -4k$.

Deshalb ist $\vec{v}_2 = \begin{pmatrix} 1 \\ -4 \end{pmatrix}$ ein Eigenvektor zum Eigenwert $\lambda_2 = 7$.

Folglich können Fixgeraden nur die Gestalt $g : \vec{x} = \begin{pmatrix} p_1 \\ p_2 \end{pmatrix} + \lambda \cdot \begin{pmatrix} 1 \\ 2 \end{pmatrix}$

oder $g : \vec{x} = \begin{pmatrix} p_1 \\ p_2 \end{pmatrix} + \lambda \cdot \begin{pmatrix} 1 \\ -4 \end{pmatrix}$, $\lambda \in \mathbb{R}$, haben.

Sei zuerst $g : \vec{x} = \begin{pmatrix} p_1 \\ p_2 \end{pmatrix} + \lambda \cdot \begin{pmatrix} 1 \\ 2 \end{pmatrix}$.

Dann folgt mit $P(p_1, p_2)$ und $P'(3p_1 - p_2 + 1, -8p_1 + 5p_2 - 4)$

$$\vec{p}' - \vec{p} = t \begin{pmatrix} 1 \\ 2 \end{pmatrix} \quad \text{oder}$$

$$\begin{pmatrix} 3p_1 - p_2 + 1 \\ -8p_1 + 5p_2 - 4 \end{pmatrix} - \begin{pmatrix} p_1 \\ p_2 \end{pmatrix} = t \begin{pmatrix} 1 \\ 2 \end{pmatrix}.$$

Dieses lineare Gleichungssystem ist zu lösen.

$$\begin{array}{rll} 2p_1 - p_2 + 1 = & t & \text{I} \\ -8p_1 + 4p_2 - 4 = & 2t & \text{II} \end{array}$$

$$\begin{array}{rll} 2p_1 - p_2 + 1 = & t & \text{I} \\ 0 = & 6t & 4 \cdot \text{I} + \text{II} \;\;\widehat{=}\;\; \text{III}. \end{array}$$

Mit $t = 0$ sei nun $p_1 = r \in \mathbb{R}$. Dann folgt $p_2 = 2r + 1$ und es ist

$$\begin{pmatrix} p_1 \\ p_2 \end{pmatrix} = \begin{pmatrix} 0 \\ 1 \end{pmatrix} + r \begin{pmatrix} 1 \\ 2 \end{pmatrix}.$$

Für die Fixgerade gilt dann:

$$g : \vec{x} = \begin{pmatrix} 0 \\ 1 \end{pmatrix} + r \begin{pmatrix} 1 \\ 2 \end{pmatrix} + \lambda \begin{pmatrix} 1 \\ 2 \end{pmatrix} = \begin{pmatrix} 0 \\ 1 \end{pmatrix} + \lambda^* \begin{pmatrix} 1 \\ 2 \end{pmatrix}, \lambda^* \in \mathbb{R}.$$

Dies ist aber die schon berechnete Fixpunktgerade.

Sei dann $g : \vec{x} = \begin{pmatrix} p_1 \\ p_2 \end{pmatrix} + \lambda \cdot \begin{pmatrix} 1 \\ -4 \end{pmatrix}$.

Dann folgt mit $P(p_1, p_2)$ und $P'(3p_1 - p_2 + 1, -8p_1 + 5p_2 - 4)$

$$\vec{p}' - \vec{p} = t \begin{pmatrix} 1 \\ -4 \end{pmatrix} \quad \text{oder}$$

$$\begin{pmatrix} 3p_1 - p_2 + 1 \\ -8p_1 + 5p_2 - 4 \end{pmatrix} - \begin{pmatrix} p_1 \\ p_2 \end{pmatrix} = t \begin{pmatrix} 1 \\ -4 \end{pmatrix}.$$

Dies führt zu:

$$\begin{aligned} 2p_1 - \quad p_2 + 1 &= \quad t \qquad \text{I} \\ -8p_1 + 4p_2 - 4 &= -4t \qquad \text{II} \end{aligned}$$

$$\begin{aligned} 2p_1 - p_2 + 1 &= t \qquad \text{I} \\ 0 &= 0 \qquad 4 \cdot \text{I} + \text{II} \;\widehat{=}\; \text{III}. \end{aligned}$$

Mit $t \in \mathbb{R}$ sei nun $p_1 = r \in \mathbb{R}$. Dann folgt $p_2 = 2r - t + 1$.

Für die Fixgerade gilt dann:

$$g : \vec{x} = \begin{pmatrix} r \\ 2r - t + 1 \end{pmatrix} + \lambda \begin{pmatrix} 1 \\ -4 \end{pmatrix}.$$

Da aber durch den Vektor $\begin{pmatrix} r \\ 2r - t + 1 \end{pmatrix}$, $r, t \in \mathbb{R}$, jeder beliebige Punkt der zweidimensionalen reellen Zahlenebene dargestellt werden kann, ist jede Gerade der Form

$$g : \vec{x} = \begin{pmatrix} a \\ b \end{pmatrix} + \lambda \begin{pmatrix} 1 \\ -4 \end{pmatrix}, \quad a, b \in \mathbb{R}$$

eine Fixgerade.

Aufgabe 4.5.28

Gegeben sei die Schar affiner Abbildungen α_t mit

$$\alpha_t : \begin{pmatrix} x_1' \\ x_2' \end{pmatrix} = \begin{pmatrix} t-2 & 2 \\ t & 1 \end{pmatrix} \begin{pmatrix} x_1 \\ x_2 \end{pmatrix} + \begin{pmatrix} 3 \\ 3 \end{pmatrix}, \quad t \in \mathbb{R}.$$

a) Für welche t ist α_t eine Affinität?

b) Berechnen Sie alle Fixpunkte und Fixpunktgeraden in Abhängigkeit von t.

c) Berechnen Sie die Eigenwerte von f_α.

d) Berechnen Sie die Fixgeraden für $t = 0$.

Lösung:

a) α_t eine Affinität, falls $(t-2)\cdot 1 - 2\cdot t \neq 0$ gilt, also $t \neq -2$ ist.

b) Für Fixpunkte und Fixgeraden gilt $\vec{x} = M\vec{x} + \vec{v}$, also

$$\begin{aligned} (t-2)x_1 + 2x_2 + 3 &= x_1 \quad \text{I} \\ tx_1 + x_2 + 3 &= x_2 \quad \text{II} \end{aligned}$$

$$\begin{aligned} (t-3)x_1 + 2x_2 &= -3 \quad \text{I} \\ tx_1 &= -3 \quad \text{II.} \end{aligned}$$

Für $t \neq 0$ folgt $x_1 = -\frac{3}{t}$ und damit

$$x_2 = \frac{1}{2}\cdot\left(-3 - (t - 3\cdot\left(-\frac{3}{t}\right)\right) = -\frac{3}{2} + \frac{3}{2} - \frac{9}{2t} = -\frac{9}{2t}.$$

Also ist $P_t\left(-\frac{3}{t}, -\frac{9}{2t}\right)$ für $t \neq 0$ einziger Fixpunkt.

Folglich gibt es keine Fixpunktgeraden.

c) Für die charakteristische Gleichung gilt

$$\begin{aligned} ((t-2)-\lambda)(1-\lambda) - 2t &= 0 \\ \lambda^2 + (1-t)\lambda - t - 2 &= 0. \end{aligned}$$

Damit gilt:

$$\lambda_{1,2} = \frac{t - 1 \pm \sqrt{(1-t)^2 - 4(-t-2)}}{2} = \frac{t-1 \pm \sqrt{t^2+2t+9}}{2}.$$

d) Für $t = 0$ folgen mit Teil c) die Eigenwerte $\lambda_1 = 1$ und $\lambda_2 = -2$.

Für $\lambda_1 = 1$ gilt für das lineare Gleichungssystem $(M - \lambda_1 E)\,\vec{v}_1 = \vec{0}$:

$$\begin{aligned} -3v_1 + 2v_2 &= 0 \\ 0 &= 0. \end{aligned}$$

Sei nun $v_2 = s \in \mathbb{R}$. Dann folgt $v_1 = \frac{2s}{3}$.

Deshalb ist $\vec{v}_1 = \begin{pmatrix} 2 \\ 3 \end{pmatrix}$ ein Eigenvektor zum Eigenwert $\lambda_1 = 1$.

Für $\lambda_2 = -2$ gilt für das lineare Gleichungssystem $(M - \lambda_2 E)\,\vec{v}_2 = \vec{0}$:

$$\begin{aligned} 2v_2 &= 0 \\ 3v_2 &= 0. \end{aligned}$$

Mit $v_2 = 0$ folgt $v_1 = s \in \mathbb{R}$.

Deshalb ist $\vec{v}_2 = \begin{pmatrix} 1 \\ 0 \end{pmatrix}$ ein Eigenvektor zum Eigenwert $\lambda_2 = -2$.

Folglich können Fixgeraden nur die Gestalt $g : \vec{x} = \begin{pmatrix} p_1 \\ p_2 \end{pmatrix} + \lambda \cdot \begin{pmatrix} 2 \\ 3 \end{pmatrix}$
oder $g : \vec{x} = \begin{pmatrix} p_1 \\ p_2 \end{pmatrix} + \lambda \cdot \begin{pmatrix} 1 \\ 0 \end{pmatrix}$, $\lambda \in \mathbb{R}$, haben.

Sei zuerst $g : \vec{x} = \begin{pmatrix} p_1 \\ p_2 \end{pmatrix} + \lambda \cdot \begin{pmatrix} 2 \\ 3 \end{pmatrix}$.

Dann folgt mit $P = (p_1, p_2)$ und $P' = (-2p_1 + 2p_2 + 3, p_2 + 3)$

$$\vec{p}\,' - \vec{p} = k \begin{pmatrix} 2 \\ 3 \end{pmatrix} \quad \text{oder}$$

$$\begin{pmatrix} -2p_1 + 2p_2 + 3 \\ p_2 + 3 \end{pmatrix} - \begin{pmatrix} p_1 \\ p_2 \end{pmatrix} = k \begin{pmatrix} 2 \\ 3 \end{pmatrix}.$$

Dieses lineare Gleichungssystem muß gelöst werden.

$$\begin{aligned} -3p_1 + 2p_2 + 3 &= 2k \qquad \text{I} \\ 3 &= 3k \qquad \text{II.} \end{aligned}$$

Mit $k = 1$ sei nun $p_2 = r \in \mathbb{R}$. Dann folgt $p_1 = \dfrac{2r+1}{3}$.

Für die Fixgerade gilt dann:

$$g : \vec{x} = \begin{pmatrix} \frac{1}{3} + \frac{2}{3}r \\ r \end{pmatrix} + \lambda \begin{pmatrix} 2 \\ 3 \end{pmatrix} = \begin{pmatrix} \frac{1}{3} \\ 0 \end{pmatrix} + \lambda^* \begin{pmatrix} 2 \\ 3 \end{pmatrix}, \lambda^* \in \mathbb{R}.$$

Sei dann $g : \vec{x} = \begin{pmatrix} p_1 \\ p_2 \end{pmatrix} + \lambda \cdot \begin{pmatrix} 1 \\ 0 \end{pmatrix}$.

Dann folgt mit $P(p_1, p_2)$ und $P'(-2p_1 + 2p_2 + 3, p_2 + 3)$

$$\vec{p}' - \vec{p} = k \begin{pmatrix} 1 \\ 0 \end{pmatrix}$$

$$\begin{pmatrix} -2p_1 + 2p_2 + 3 \\ p_2 + 3 \end{pmatrix} - \begin{pmatrix} p_1 \\ p_2 \end{pmatrix} = k \begin{pmatrix} 1 \\ 0 \end{pmatrix}.$$

Dieses lineare Gleichungssystem muß gelöst werden.

$$\begin{aligned} -3p_1 + 2p_2 + 3 &= k \quad \text{I} \\ 3 &= 0 \quad \text{II.} \end{aligned}$$

Aufgrund des Widerspruchs in Gleichung II gibt es keine weiteren Fixgeraden.

Aufgabe 4.5.29

Gegeben sei die Schar affiner Abbildungen α_k, $k \in \mathbb{R} \setminus \{0\}$, mit

$$\alpha_k : \begin{pmatrix} x_1' \\ x_2' \end{pmatrix} = \begin{pmatrix} -k & 0 \\ k^2 & 3k \end{pmatrix} \begin{pmatrix} x_1 \\ x_2 \end{pmatrix}.$$

Berechnen Sie die Eigenwerte und die Eigenvektoren. Transformieren Sie diese Abbildung auf eine Basis aus möglichst vielen Eigenvektoren.

Lösung:

Für die charakteristische Gleichung gilt

$$\begin{aligned} (-k - \lambda)(3k - \lambda) - 0 \cdot k^2 &= 0 \\ (\lambda + k)(\lambda - 3k) &= 0. \end{aligned}$$

Somit sind: $\lambda_1 = -k$ und $\lambda_2 = 3k$.

Für $\lambda_1 = -k$ gilt für das lineare Gleichungssystem $(M + kE)\,\vec{v}_1 = \vec{0}$:

$$\begin{aligned} 0 &= 0 \\ k^2 v_1 + 4kv_2 &= 0. \end{aligned}$$

Sei nun $v_2 = t \in \mathbb{R}$. Dann folgt $v_1 = -\dfrac{4t}{k}$.

Dann ist $\vec{v}_1 = \begin{pmatrix} -\frac{4}{k} \\ 1 \end{pmatrix}$ ein Eigenvektor zum Eigenwert $\lambda_1 = k$.

Für $\lambda_2 = 3k$ gilt für das lineare Gleichungssystem $(M - 3kE)\,\vec{v}_2 = \vec{0}$:

$$\begin{aligned} -4kv_1 &= 0 \\ k^2 v_1 &= 0. \end{aligned}$$

Mit $v_1 = 0$ folgt $v_2 = t \in \mathbb{R}$.

Dann ist $\vec{v}_2 = \begin{pmatrix} 0 \\ 1 \end{pmatrix}$ ein Eigenvektor zum Eigenwert $\lambda_2 = 3k$.

Es wird nun eine Basis- bzw. Koordinatentransformation durchgeführt.
Die Basen $\mathcal{C}$ und $\mathcal{C}'$ des 2-dimensionalen reellen Vektorraums seien gegeben durch

$$\mathcal{C} = \{\vec{e}_1, \vec{e}_2\} = \left\{ \begin{pmatrix} 1 \\ 0 \end{pmatrix}, \begin{pmatrix} 0 \\ 1 \end{pmatrix} \right\} \quad \text{und}$$

$$\mathcal{C}' = \{\vec{v}_1, \vec{v}_2\} = \left\{ \begin{pmatrix} -\frac{4}{k} \\ 1 \end{pmatrix}, \begin{pmatrix} 0 \\ 1 \end{pmatrix} \right\} \quad \text{mit } k \in \mathbb{R} \setminus \{0\}.$$

Es folgt für die Basistransformation von der Basis $\mathcal{C}$ in die Basis $\mathcal{C}'$

$$\vec{e}_1 = \begin{pmatrix} 1 \\ 0 \end{pmatrix} = -\frac{k}{4} \cdot \begin{pmatrix} -\frac{4}{k} \\ 1 \end{pmatrix} + \frac{k}{4} \cdot \begin{pmatrix} 0 \\ 1 \end{pmatrix},$$

$$\vec{e}_2 = \begin{pmatrix} 0 \\ 1 \end{pmatrix} = 0 \cdot \begin{pmatrix} -\frac{4}{k} \\ 1 \end{pmatrix} + 1 \cdot \begin{pmatrix} 0 \\ 1 \end{pmatrix}.$$

Damit gilt

$$T^T = \begin{pmatrix} -\frac{k}{4} & \frac{k}{4} \\ 0 & 1 \end{pmatrix}.$$

Die Matrix T für die Koordinatentransformation lautet dann

$$T = \begin{pmatrix} -\frac{k}{4} & 0 \\ \frac{k}{4} & 1 \end{pmatrix}.$$

Daraus folgt für die Matrix A':

$$A' = TAT^{-1}.$$

Die inverse Matrix T^{-1} muß noch berechnet werden.

$$\left(\begin{array}{cc|cc} -\frac{k}{4} & 0 & 1 & 0 \\ \frac{k}{4} & 1 & 0 & 1 \end{array}\right) \begin{array}{l} \mathrm{I} \\ \mathrm{II} \end{array} \sim$$

$$\left(\begin{array}{cc|cc} -\frac{k}{4} & 0 & 1 & 0 \\ 0 & 1 & 1 & 1 \end{array}\right) \begin{array}{l} \mathrm{I} \\ \mathrm{I}+\mathrm{II} \;\widehat{=}\; \mathrm{III} \end{array} \sim$$

$$\left(\begin{array}{cc|cc} 1 & 0 & -\frac{k}{4} & 0 \\ 0 & 1 & 1 & 1 \end{array}\right) \begin{array}{l} \mathrm{I} : \left(-\frac{k}{4}\right) \;\widehat{=}\; \mathrm{IV} \\ \mathrm{III}. \end{array}$$

Die inverse Matrix T^{-1} lautet

$$T^{-1} = \begin{pmatrix} -\frac{k}{4} & 0 \\ 1 & 1 \end{pmatrix}.$$

Für die Matrix A' folgt mit $k \in \mathbb{R} \setminus \{0\}$:

$$A' = \begin{pmatrix} -\frac{k}{4} & 0 \\ \frac{k}{4} & 1 \end{pmatrix} \cdot \begin{pmatrix} -k & 0 \\ k^2 & 3k \end{pmatrix} \cdot \begin{pmatrix} -\frac{k}{4} & 0 \\ 1 & 1 \end{pmatrix} = \begin{pmatrix} -k & 0 \\ 0 & 3k \end{pmatrix}.$$

Also lautet die Darstellung dieser affinen Abbildung im neuen Koordinatensystem $\mathcal{K} = \{(0,0)^T, \vec{v}_1, \vec{v}_2\}$

$$\alpha : \vec{x}\,' = \begin{pmatrix} -k & 0 \\ 0 & 3k \end{pmatrix} \vec{x}.$$

Kapitel 5

Lineare Gleichungssysteme

5.1 Beispiel und Definition linearer Gleichungssysteme

Die Theorie der linearen Gleichungssysteme ist ein unentbehrliches Themengebiet in der Mathematik. In nahezu allen Disziplinen treten lineare Gleichungssysteme auf.
In diesem Kapitel werden lineare Gleichungssysteme eingeführt und die verschiedenen Lösungsmöglichkeiten vorgestellt.

Beispiel 5.1.1
Ein Produkt wird durch drei verschiedene Verfahren aus drei unterschiedlichen Rohstoffen hergestellt. Bei der Herstellung nach dem ersten Verfahren werden 30 Mengeneinheiten von Rohstoff 1, 40 Mengeneinheiten von Rohstoff 2 und 20 Mengeneinheiten von Rohstoff 3 benötigt. Bei der Herstellung nach dem zweiten Verfahren werden 20 Mengeneinheiten von Rohstoff 1, 50 Mengeneinheiten von Rohstoff 2 und 10 Mengeneinheiten von Rohstoff 3 benötigt. Bei der Herstellung nach dem dritten Verfahren werden 10 Mengeneinheiten von Rohstoff 1, 10 Mengeneinheiten von Rohstoff 2 und 60 Mengeneinheiten von Rohstoff 3 benötigt. Der Materialvorrat beträgt 8 000

Mengeneinheiten von Rohstoff 1, 15 000 Mengeneinheiten von Rohstoff 2 und 10 000 Mengeneinheiten von Rohstoff 3.
Wieviele Produkte können durch die 3 Verfahren hergestellt werden, wenn der gesamte Materialvorrat ausgeschöpft werden soll?

Die Anzahl der hergestellten Produkte nach dem ersten Verfahren sei x_1.
Die Anzahl der hergestellten Produkte nach dem zweiten Verfahren sei x_2.
Die Anzahl der hergestellten Produkte nach dem dritten Verfahren sei x_3.

Dann gilt:

$$\begin{aligned} 30x_1 + 20x_2 + 10x_3 &= 8\,000 \quad \text{für den Rohstoff 1} \\ 40x_1 + 50x_2 + 10x_3 &= 15\,000 \quad \text{für den Rohstoff 2} \\ 20x_1 + 10x_2 + 60x_3 &= 10\,000 \quad \text{für den Rohstoff 3.} \end{aligned}$$

Gesucht sind drei Zahlen x_1, x_2 und x_3, so daß alle drei Gleichungen erfüllt sind.

Der große Unterschied zu einer linearen Gleichung (siehe Band 1: Grundlagen) ist, daß hier im allgemeinen m Gleichungen mit n Unbekannten gelöst werden müssen.

Definition 5.1.1
Ein **lineares Gleichungssystem** *ist ein System von m linearen Gleichungen für n Unbekannte der Form:*

$$\begin{array}{ccccccccc} a_{11}x_1 & + & a_{12}x_2 & + & a_{13}x_3 & \dots & + & a_{1n}x_n & = & b_1 \\ a_{21}x_1 & + & a_{22}x_2 & + & a_{23}x_3 & \dots & + & a_{2n}x_n & = & b_2 \\ \vdots & & \vdots & & \vdots & \ddots & & \vdots & & \vdots \\ a_{m1}x_1 & + & a_{m2}x_2 & + & a_{m3}x_3 & \dots & + & a_{mn}x_n & = & b_m, \end{array}$$

wobei für die Zahlen $a_{ij}, 1 \leq i \leq m, 1 \leq j \leq n$ und $b_i, 1 \leq i \leq m$ gilt:

$$a_{ij} \in \mathbb{R}, \ \ b_i \in \mathbb{R}.$$

Die Zahlen a_{ij} werden **Koeffizienten** *genannt, die Zahlen b_i die* **rechten Seiten**.

Betrachtet man die Terme der linken Seite zusammen, so erkennt man, daß es sich um eine Multiplikation einer Matrix mit einem Vektor handelt:

$$\begin{pmatrix} a_{11} & a_{12} & a_{13} & \ldots & a_{1n} \\ a_{21} & a_{22} & a_{23} & \ldots & a_{2n} \\ a_{31} & a_{32} & a_{33} & \ldots & a_{3n} \\ \vdots & \vdots & \vdots & \vdots & \vdots \\ a_{m1} & a_{m2} & a_{m3} & \ldots & a_{mn} \end{pmatrix} \cdot \begin{pmatrix} x_1 \\ x_2 \\ x_3 \\ \vdots \\ x_n \end{pmatrix} = \begin{pmatrix} b_1 \\ b_2 \\ b_3 \\ \vdots \\ b_m \end{pmatrix}$$

bzw.

$$A \cdot \vec{x} = \vec{b}.$$

Diese Darstellung ist die **Matrix-Darstellung** eines linearen Gleichungssystems. A ist dabei die **Koeffizientenmatrix** ($m \times n$-Matrix), $\vec{x}$ der **Lösungsvektor** und $\vec{b}$ der **Vektor der rechten Seiten**.

Definition 5.1.2
Gegeben sei ein lineares Gleichungssystem $A \cdot \vec{x} = \vec{b}$.

Ist $\vec{b} = \vec{0}$, *so heißt das lineare Gleichungssystem* **homogen**.
Ist $\vec{b} \neq \vec{0}$, *so heißt das lineare Gleichungssystem* **inhomogen**.

5.2 Lösungskriterien für lineare Gleichungssysteme

Mithilfe des Rangs einer Matrix kann eine Bedingung angegeben werden, ob ein lineares Gleichungssystem Lösungen besitzt und wieviele Lösungen es sind.

Für die Lösungsvielfachheit eines linearen Gleichungssystems gilt: Es hat entweder keine Lösung, genau eine Lösung oder unendlich viele Lösungen.

Definition 5.2.1
Gegeben sei ein lineares Gleichungssystem $A \cdot \vec{x} = \vec{b}$.

Die Koeffizientenmatrix sei eine $m \times n$*-Matrix. Wird dieser Matrix als letzte Spalte der Vektor* $\vec{b}$ *hinzugefügt, so erhält man eine* $m \times (n+1)$*-Matrix, die* **erweiterte Matrix** A_{erw}.

Damit kann jetzt ein **Lösungskriterium** für lineare Gleichungssysteme formuliert werden.

Ein lineares Gleichungssystem ist genau dann lösbar, falls gilt:

$$rg(A) = rg(A_{erw}) = r \leq n$$

Gilt zusätzlich $r = n$, so gibt es genau eine Lösung.

Gilt zusätzlich $r < n$, so gibt es unendlich viele Lösungen, die $n - r$ freie Parameter enthalten.

Dieses Kriterium ist eigentlich nur bei theoretischen Untersuchungen von Nutzen. Der Anwender benötigt im Normalfall die Lösung eines linearen Gleichungssystems und nicht nur deren Existenz.

5.3 Lösungsmöglichkeiten für lineare Gleichungssysteme

Es gibt viele verschiedene Möglichkeiten, lineare Gleichungssysteme zu lösen. Zuerst seien hier (aus der Schule sicher bekannt) das **Einsetzungsverfahren** und das **Gleichsetzungsverfahren** genannt. Diese Verfahren kommen aber nur bei kleinen Systemen zum Einsatz, da der Rechenaufwand sehr schnell groß wird. Bei größeren Systemen ist das Additions- oder Subtraktionsverfahren, das sogenannte **Gauß'sche Eliminationsverfahren** oder der **Gauß-Algorithmus** vorzuziehen.
Für Systeme aus n Gleichungen mit n Unbekannten, die genau eine Lösung besitzen, werden noch zwei spezielle Lösungsmöglichkeiten angegeben, die **Cramer-Regel** und die Lösung mithilfe der **inversen Matrix**.

5.3.1 Der Gauß-Algorithmus

Beim Gauß-Algorithmus kommt die folgende Eigenschaft linearer Gleichungssysteme zum tragen. Die Lösung eines linearen Gleichungssystems verändert sich nicht, wenn es mittels der drei Umformungen

1.) Vertauschen zweier Zeilen

2.) Multiplikation einer Zeile mit $c \neq 0$

3.) Addition des Vielfachen einer Zeile zum Vielfachen einer anderen Zeile

verändert wird.

Dadurch ist es möglich, sowohl die Anzahl der Gleichungen als auch die Anzahl der Unbekannten zu reduzieren.

Beispiel 5.3.1
Bestimmen Sie alle Lösungen des folgenden linearen Gleichungssystems.

$$\begin{array}{rcrcrcrl} x_1 & & & - & x_3 & = & 2 & \text{I} \\ 2x_1 & - & x_2 & - & 3x_3 & = & -9 & \text{II} \\ -3x_1 & + & x_2 & + & 5x_3 & = & 4 & \text{III.} \end{array}$$

Lösung:

Die erste Gleichung bleibt erhalten

$$x_1 - x_3 = 2 \qquad \text{I.}$$

Durch geeignetes Multiplizieren und anschließendes Addieren oder Subtrahieren wird jetzt die Unbekannte x_1 entfernt.

Multipliziert man die erste Gleichung mit 2 und subtrahiert davon die zweite Gleichung, so folgt

$$x_2 + x_3 = 13 \qquad \text{IV.}$$

Multipliziert man die erste Gleichung mit 3 und addiert dazu die dritte Gleichung, so folgt

$$x_2 + 2x_3 = 10 \qquad \text{V.}$$

Es bleibt also ein reduziertes System übrig:

$$\begin{array}{rlll} x_1 \quad - \ x_3 = & 2 & \mathrm{I} & \\ x_2 + \ x_3 = & 13 & 2 \cdot \mathrm{I} - \mathrm{II} & \widehat{=} \ \mathrm{IV} \\ x_2 + 2x_3 = & 10 & 3 \cdot \mathrm{I} + \mathrm{III} & \widehat{=} \ \mathrm{V}. \end{array}$$

Jetzt wird das Verfahren auf das auf zwei Gleichungen mit zwei Unbekannten reduzierte System der Gleichungen IV und V angewendet.

Subtrahiert man die fünfte Gleichung von der vierten Gleichung, so folgt

$$-x_3 = 3 \qquad \mathrm{VI}.$$

Es entsteht ein noch weiter reduziertes System:

$$\begin{array}{rlll} x_1 \quad - x_3 = & 2 & \mathrm{I} & \\ x_2 + x_3 = & 13 & 2 \cdot \mathrm{I} - \mathrm{II} & \widehat{=} \ \mathrm{IV} \\ - x_3 = & 3 & \mathrm{IV} - \mathrm{V} & \widehat{=} \ \mathrm{VI}. \end{array}$$

Jetzt können aber die Lösungen sukzessive von unten nach oben berechnet werden.

Aus Gleichung VI folgt:

$$-x_3 = 3$$

$\Longrightarrow x_3 = -3.$

Aus Gleichung IV folgt mit $x_3 = -3$:

$$\begin{aligned} x_2 + x_3 &= 13 \\ x_2 - \ 3 &= 13 \end{aligned}$$

$\Longrightarrow x_2 = 16.$

Aus Gleichung I folgt mit $x_2 = 16$ und $x_3 = -3$:

$$\begin{aligned} x_1 - \quad x_3 &= 2 \\ x_1 - (-3) &= 2 \end{aligned}$$

$\Longrightarrow x_1 = -1.$

Damit hat das lineare Gleichungssystem die Lösung

$$(x_1, x_2, x_3) = (-1, 16, -3).$$

Da sich bei den gesamten Umformungen die Berechnungen nur auf die Koeffizienten, nicht aber auf die Unbekannten auswirken, hat sich die folgende Matrizen-Kurzschreibweise eingebürgert:

$$\left(\begin{array}{rrr|r} 1 & 0 & -1 & 2 \\ 2 & -1 & -3 & -9 \\ -3 & 1 & 5 & 4 \end{array}\right) \begin{array}{l} \text{I} \\ \text{II} \\ \text{III} \end{array} \sim$$

$$\left(\begin{array}{rrr|r} 1 & 0 & -1 & 2 \\ 0 & 1 & 1 & 13 \\ 0 & 1 & 2 & 10 \end{array}\right) \begin{array}{lcl} \text{I} & & \\ 2 \cdot \text{I} - \text{II} & \widehat{=} & \text{IV} \\ 3 \cdot \text{I} + \text{III} & \widehat{=} & \text{V} \end{array} \sim$$

$$\left(\begin{array}{rrr|r} 1 & 0 & -1 & 2 \\ 0 & 1 & 1 & 13 \\ 0 & 0 & -1 & 3 \end{array}\right) \begin{array}{lcl} \text{I} & & \\ \text{IV} & & \\ \text{IV} - \text{V} & \widehat{=} & \text{VI}. \end{array}$$

Aus Gleichung VI folgt:

$$-x_3 = 3$$

$\Longrightarrow x_3 = -3.$

Aus Gleichung IV folgt mit $x_3 = -3$:

$$\begin{aligned} x_2 + x_3 &= 13 \\ x_2 - \phantom{x_{}}3 &= 13 \end{aligned}$$

$\Longrightarrow x_2 = 16.$

Aus Gleichung I folgt mit $x_2 = 16$ und $x_3 = -3$:

$$\begin{aligned} x_1 - x_3 &= 2 \\ x_1 - (-3) &= 2 \end{aligned}$$

$\Longrightarrow x_1 = -1.$

Die Lösung ist dann $(x_1, x_2, x_3) = (-1, 16, -3)$.

Diese Vorgehensweise kann auf beliebige lineare Gleichungssysteme angewendet werden. Das Ziel ist es, durch die oben angegebenen Umformungen möglichst viele der Unbekannten aus den Gleichungen zu entfernen. Dies bedeutet, daß man die Koeffizientenmatrix so lange umformen muß, bis unterhalb der Hauptdiagonalen lauter Nullen stehen.

Hier bietet sich der **Gauß-Algorithmus** (C. F. Gauß, 1777-1855) an.

Das Ausgangsschema

$$\left(\begin{array}{ccccc|c}
x_1 & x_2 & x_3 & \dots & x_n & \\
\hline
a_{11} & a_{12} & a_{13} & \dots & a_{1n} & b_1 \\
a_{21} & a_{22} & a_{23} & \dots & a_{2n} & b_2 \\
\vdots & \vdots & \vdots & \ddots & \vdots & \vdots \\
a_{m1} & a_{m2} & a_{m3} & \dots & a_{mn} & b_m
\end{array}\right)$$

wird mittels der drei Umformungen

1.) Vertauschen zweier Zeilen

2.) Multiplikation einer Zeile mit $c \neq 0$

3.) Addition des Vielfachen einer Zeile zum Vielfachen einer anderen Zeile

solange umgeformt, bis folgendes Schema erreicht ist:

$$\left(\begin{array}{cccc|ccc|c}
x_1 & x_2 & \dots & x_r & x_{r+1} & \dots & x_n & \\
\hline
a_{11}^* & a_{12}^* & \dots & a_{1r}^* & a_{1,r+1}^* & \dots & a_{1n}^* & b_1^* \\
0 & a_{22}^* & \dots & a_{2r}^* & a_{2,r+1}^* & \dots & a_{2n}^* & b_2^* \\
\vdots & \vdots & \ddots & \vdots & \vdots & \ddots & \vdots & \vdots \\
0 & 0 & \dots & a_{rr}^* & a_{r,r+1}^* & \dots & a_{rn}^* & b_r^* \\
\hline
0 & 0 & \dots & 0 & 0 & \dots & 0 & b_{r+1}^* \\
\vdots & \vdots & \ddots & \vdots & \vdots & \ddots & \vdots & \vdots \\
0 & 0 & \dots & 0 & 0 & \dots & 0 & b_m^*
\end{array}\right).$$

Dabei entsteht links oben eine $r \times r$-Dreiecksmatrix und rechts oben eine $r \times (n-r)$-Matrix.

Die Anzahl der Lösungen kann aus diesem Schema abgelesen werden.

a) Ist mindestens eine der Zahlen $b_i^*, r+1 \leq i \leq m$ von 0 verschieden, so gibt es keine Lösung.

b) Gilt $b_{r+1}^* = b_{r+2}^* = b_m^* = 0$ und ist zusätzlich $r = n$, so gibt es genau eine Lösung.

c) Gilt $b_{r+1}^* = b_{r+2}^* = b_m^* = 0$ und ist zusätzlich $r < n$, so gibt es unendlich viele Lösungen. Die Anzahl der freien Parameter ist dann $n - r$.

Die explizite Gestalt der Lösung wird ausgehend von der letzten Gleichung im Schema sukzessive von unten nach oben berechnet.

Beispiel 5.3.2

Bestimmen Sie alle Lösungen des folgenden linearen Gleichungssystems

$$\begin{aligned} x_1 - 2x_2 + x_3 &= 4 \\ 2x_1 + x_2 - 3x_3 &= 3 \\ x_1 - 7x_2 + 6x_3 &= 9. \end{aligned}$$

Lösung:

$$\left(\begin{array}{rrr|r} 1 & -2 & 1 & 4 \\ 2 & 1 & -3 & 3 \\ 1 & -7 & 6 & 9 \end{array}\right) \quad \begin{array}{l} \mathrm{I} \\ \mathrm{II} \\ \mathrm{III} \end{array} \quad \sim$$

$$\left(\begin{array}{rrr|r} 1 & -2 & 1 & 4 \\ 0 & -5 & 5 & 5 \\ 0 & 5 & -5 & -5 \end{array}\right) \quad \begin{array}{lcl} \mathrm{I} & & \\ 2 \cdot \mathrm{I} - \mathrm{II} & \widehat{=} & \mathrm{IV} \\ \mathrm{I} - \mathrm{III} & \widehat{=} & \mathrm{V} \end{array} \quad \sim$$

$$\left(\begin{array}{rrr|r} 1 & -2 & 1 & 4 \\ 0 & -5 & 5 & 5 \\ 0 & 0 & 0 & 0 \end{array}\right) \quad \begin{array}{lcl} \mathrm{I} & & \\ \mathrm{IV} & & \\ \mathrm{IV} - \mathrm{V} & \widehat{=} & \mathrm{VI}. \end{array}$$

Damit hat das lineare Gleichungssystem unendlich viele Lösungen.

Aus Gleichung IV folgt:

$$-5x_2 + 5x_3 = 5.$$

Mit $x_3 = \lambda \in \mathbb{R}$ folgt $x_2 = \lambda - 1$.

Aus Gleichung I folgt mit $x_2 = \lambda - 1$ und $x_3 = \lambda$:

$$\begin{aligned} x_1 - \quad 2x_2 + x_3 &= \quad 4 \\ x_1 - 2 \cdot (-1 + \lambda) + \lambda &= \quad 4 \\ x_1 \quad &= 2 + \lambda. \end{aligned}$$

Damit lauten die (alle auf einer Geraden des $\mathbb{R}^3$ liegenden) unendlich vielen Lösungen:

$$\begin{pmatrix} x_1 \\ x_2 \\ x_3 \end{pmatrix} = \begin{pmatrix} 2+\lambda \\ -1+\lambda \\ \lambda \end{pmatrix} = \begin{pmatrix} 2 \\ -1 \\ 0 \end{pmatrix} + \lambda \begin{pmatrix} 1 \\ 1 \\ 1 \end{pmatrix}, \ \lambda \in \mathbb{R}.$$

Beispiel 5.3.3

Bestimmen Sie alle Lösungen des folgenden linearen Gleichungssystems

$$\begin{aligned} 5x_1 - \ 3x_2 + 8x_3 &= 14 \\ -x_1 + \ 7x_2 - 3x_3 &= 12 \\ 3x_1 + 11x_2 + 2x_3 &= 41. \end{aligned}$$

Lösung:

$$\left(\begin{array}{rrr|r} 5 & -3 & 8 & 14 \\ -1 & 7 & -3 & 12 \\ 3 & 11 & 2 & 41 \end{array}\right) \quad \begin{array}{l} \text{I} \\ \text{II} \\ \text{III} \end{array} \quad \sim$$

$$\left(\begin{array}{rrr|r} 5 & -3 & 8 & 14 \\ 0 & 32 & -7 & 74 \\ 0 & 32 & -7 & 77 \end{array}\right) \quad \begin{array}{lcl} \text{I} & & \\ \text{I} + 5 \cdot \text{II} & \widehat{=} & \text{IV} \\ 3 \cdot \text{II} + \text{III} & \widehat{=} & \text{V} \end{array} \quad \sim$$

$$\left(\begin{array}{rrr|r} 5 & -3 & 8 & 14 \\ 0 & 32 & -7 & 74 \\ 0 & 0 & 0 & -3 \end{array}\right) \quad \begin{array}{lcl} \text{I} & & \\ \text{IV} & & \\ \text{IV} - \text{V} & \widehat{=} & \text{VI}. \end{array}$$

Aus Gleichung IV folgt: $0 = -3$.

Damit hat das lineare Gleichungssystem keine Lösung.

5.4 Spezielle Lösungsmethoden für den Fall $n = m$

Ist die Anzahl der Gleichungen eines linearen Gleichungssystems $A \cdot \vec{x} = \vec{b}$ gleich der Anzahl der Unbekannten, gilt also $n = m$, gibt es zwei weitere, sehr effiziente Lösungsmethoden, die auf inversen Matrizen oder Determinanten beruhen. Beide Verfahren sind jedoch nur dann möglich, wenn das lineare Gleichungssystem genau eine Lösung hat, d.h. wenn $rg(A) = n$ ist.

5.4.1 Lösung mithilfe der inversen Matrix

Gegeben sei ein lineares Gleichungssystem mit genau einer Lösung, bei dem die Anzahl der Gleichungen gleich der Anzahl der Unbekannten ist.

Mithilfe der inversen Matrix A^{-1} und den bekannten Rechenregeln für Matrizen kann die Matrix-Darstellung dieses linearen Gleichungssystems

$$A \cdot \vec{x} = \vec{b}$$

nach dem unbekannten Vektor $\vec{x}$ aufgelöst werden.

Dazu wird obige Gleichung von links mit der inversen Matrix A^{-1} multipliziert.

$$\begin{aligned}
A \cdot \vec{x} &= \vec{b} \\
A^{-1} \cdot (A \cdot \vec{x}) &= A^{-1} \cdot \vec{b} \\
\left(A^{-1} \cdot A \cdot\right) \vec{x} &= A^{-1} \cdot \vec{b} \\
E \cdot \vec{x} &= A^{-1} \cdot \vec{b} \\
\vec{x} &= A^{-1} \cdot \vec{b}.
\end{aligned}$$

Damit gilt für die Lösung des linearen Gleichungssystems

$$\vec{x} = A^{-1} \cdot \vec{b}.$$

Die dazu notwendige Matrix A^{-1} wird dabei mit dem im letzten Kapitel angegebenen Verfahren berechnet.

Beispiel 5.4.1

Bestimmen Sie alle Lösungen des folgenden linearen Gleichungssystems

$$\begin{aligned} x_1 \qquad - x_3 &= \ \ 2 \\ 2x_1 - x_2 - 3x_3 &= -9 \\ -3x_1 + x_2 + 5x_3 &= \ \ 4. \end{aligned}$$

Lösung:

Das lineare Gleichungssystem wird in Matrixform geschrieben:

$$\begin{pmatrix} 1 & 0 & -1 \\ 2 & -1 & -3 \\ -3 & 1 & 5 \end{pmatrix} \cdot \begin{pmatrix} x_1 \\ x_2 \\ x_3 \end{pmatrix} = \begin{pmatrix} 2 \\ -9 \\ 4 \end{pmatrix}.$$

Bestimmung der inversen Matrix A^{-1}:

$$\left(\begin{array}{rrr|rrr} 1 & 0 & -1 & 1 & 0 & 0 \\ 2 & -1 & -3 & 0 & 1 & 0 \\ -3 & 1 & 5 & 0 & 0 & 1 \end{array}\right) \begin{array}{l} \text{I} \\ \text{II} \\ \text{III} \end{array} \sim$$

$$\left(\begin{array}{rrr|rrr} 1 & 0 & -1 & 1 & 0 & 0 \\ 0 & 1 & 1 & 2 & -1 & 0 \\ 0 & 1 & 2 & 3 & 0 & 1 \end{array}\right) \begin{array}{lcl} \text{I} & & \\ 2 \cdot \text{I} - \text{II} & \hat{=} & \text{IV} \\ 3 \cdot \text{I} + \text{III} & \hat{=} & \text{V} \end{array} \sim$$

$$\left(\begin{array}{rrr|rrr} 1 & 0 & -1 & 1 & 0 & 0 \\ 0 & 1 & 1 & 2 & -1 & 0 \\ 0 & 0 & -1 & -1 & -1 & -1 \end{array}\right) \begin{array}{lcl} \text{I} & & \\ \text{IV} & & \\ \text{IV} - \text{V} & \hat{=} & \text{VI} \end{array} \sim$$

$$\left(\begin{array}{rrr|rrr} 1 & 0 & 0 & 2 & 1 & 1 \\ 0 & 1 & 0 & 1 & -2 & -1 \\ 0 & 0 & 1 & 1 & 1 & 1 \end{array}\right) \begin{array}{lcl} \text{I} - \text{VI} & \hat{=} & \text{VII} \\ \text{IV} + \text{VI} & \hat{=} & \text{VIII} \\ -\text{VI} & \hat{=} & \text{IX}. \end{array}$$

Damit gilt :

$$A^{-1} = \begin{pmatrix} 2 & 1 & 1 \\ 1 & -2 & -1 \\ 1 & 1 & 1 \end{pmatrix}.$$

Die Lösung des linearen Gleichungssystems lautet dann:

$$\begin{pmatrix} x_1 \\ x_2 \\ x_3 \end{pmatrix} = A^{-1} \cdot b = \begin{pmatrix} 2 & 1 & 1 \\ 1 & -2 & -1 \\ 1 & 1 & 1 \end{pmatrix} \cdot \begin{pmatrix} 2 \\ -9 \\ 4 \end{pmatrix} = \begin{pmatrix} -1 \\ 16 \\ -3 \end{pmatrix}.$$

5.4.2 Lösung mit der Cramer-Regel

Ein weiteres Verfahren, die **Cramer-Regel** (G. Cramer, 1704-1752), benötigt die Theorie der Determinanten.

Gegeben sei ein lineares Gleichungssystem mit genau einer Lösung, bei dem die Anzahl der Gleichungen gleich der Anzahl der Unbekannten ist, durch die Matrix-Darstellung

$$A \cdot \vec{x} = \vec{b}.$$

Sind $D = |A|$ ($D \neq 0$ wegen $rg(A) = n$) und $D_i = |A_i|$, wobei die Matrix A_i aus A hervorgeht, indem die i-te Spalte durch den Vektor $\vec{b}$ ersetzt wird, so gilt für die Lösungen:

$$x_i = \frac{D_i}{D} \quad \text{für alle } 1 \leq i \leq n.$$

Beispiel 5.4.2

Bestimmen Sie alle Lösungen des folgenden linearen Gleichungssystems

$$\begin{aligned} x_1 \qquad - x_3 &= 2 \\ 2x_1 - x_2 - 3x_3 &= -9 \\ -3x_1 + x_2 + 5x_3 &= 4. \end{aligned}$$

Lösung:

Alle Determinanten werden durch Entwicklung nach der ersten Zeile bestimmt.

$$\begin{aligned} D &= \begin{vmatrix} 1 & 0 & -1 \\ 2 & -1 & -3 \\ -3 & 1 & 5 \end{vmatrix} \\ &= 1 \cdot \begin{vmatrix} -1 & -3 \\ 1 & 5 \end{vmatrix} - 0 \cdot \begin{vmatrix} 2 & -3 \\ -3 & 5 \end{vmatrix} + (-1) \cdot \begin{vmatrix} 2 & -1 \\ -3 & 1 \end{vmatrix} \\ &= 1 \cdot ((-1) \cdot 5 - (-3) \cdot 1) - 0 \cdot (2 \cdot 5 - (-3) \cdot (-3)) \\ &\quad -1 \cdot (2 \cdot 1 - (-1) \cdot (-3)) \\ &= -2 + 0 + 1 = -1. \end{aligned}$$

$$\begin{aligned}
D_1 &= \begin{vmatrix} 2 & 0 & -1 \\ -9 & -1 & -3 \\ 4 & 1 & 5 \end{vmatrix} \\
&= 2 \cdot \begin{vmatrix} -1 & -3 \\ 1 & 5 \end{vmatrix} - 0 \cdot \begin{vmatrix} -9 & -3 \\ 4 & 5 \end{vmatrix} + (-1) \cdot \begin{vmatrix} -9 & -1 \\ 4 & 1 \end{vmatrix} \\
&= 2 \cdot ((-1) \cdot 5 - (-3) \cdot 1) - 0 \cdot ((-9) \cdot 5 - (-3) \cdot 4) \\
&\quad -1 \cdot ((-9) \cdot 1 - (-1) \cdot 4) \\
&= -4 + 0 + 5 = 1.
\end{aligned}$$

$$\begin{aligned}
D_2 &= \begin{vmatrix} 1 & 2 & -1 \\ 2 & -9 & -3 \\ -3 & 4 & 5 \end{vmatrix} \\
&= 1 \cdot \begin{vmatrix} -9 & -3 \\ 4 & 5 \end{vmatrix} - 2 \cdot \begin{vmatrix} 2 & -3 \\ -3 & 5 \end{vmatrix} + (-1) \cdot \begin{vmatrix} 2 & -9 \\ -3 & 4 \end{vmatrix} \\
&= 1 \cdot ((-9) \cdot 5 - (-3) \cdot 4) - 2 \cdot (2 \cdot 5 - (-3) \cdot (-3)) \\
&\quad -1 \cdot (2 \cdot 4 - (-9) \cdot (-3)) \\
&= -33 - 2 + 19 = -16.
\end{aligned}$$

$$\begin{aligned}
D_3 &= \begin{vmatrix} 1 & 0 & 2 \\ 2 & -1 & -9 \\ -3 & 1 & 4 \end{vmatrix} \\
&= 1 \cdot \begin{vmatrix} -1 & -9 \\ 1 & 4 \end{vmatrix} - 0 \cdot \begin{vmatrix} 2 & -9 \\ -3 & 4 \end{vmatrix} + 2 \cdot \begin{vmatrix} 2 & -1 \\ -3 & 1 \end{vmatrix} \\
&= 1 \cdot ((-1) \cdot 4 - (-9) \cdot 1) - 0 \cdot (2 \cdot 4 - (-9) \cdot (-3)) \\
&\quad +2 \cdot (2 \cdot 1 - (-1) \cdot (-3)) \\
&= 5 + 0 - 2 = 3.
\end{aligned}$$

Daraus folgen:

$$x_1 = \frac{D_1}{D} = \frac{1}{-1} = -1,$$

$$x_2 = \frac{D_2}{D} = \frac{-16}{-1} = 16 \text{ und}$$

$$x_3 = \frac{D_3}{D} = \frac{3}{-1} = -3.$$

Damit hat das lineare Gleichungssystem die Lösung

$$(x_1, x_2, x_3) = (-1, 16, -3).$$

5.5 Lineare Gleichungssysteme mit Parametern

Hängen die Koeffizienten eines linearen Gleichungssystems von Parametern ab, so beeinflussen diese Parameter nicht nur die explizite Gestalt der Lösung, sondern auch die Lösungsvielfachheiten. Die Lösung erfolgt völlig analog zu linearen Gleichungssystemen ohne Parametern, nämlich mit dem Gauß-Algorithmus.

Beispiel 5.5.1
Gegeben sei das lineare Gleichungssystem

$$\begin{aligned} 2x_1 + x_2 - 3x_3 &= 6 \\ -x_1 + 5x_2 + 7x_3 &= 8 \\ x_1 + 3x_2 + \left(2a^2 - 4a + 1\right) x_3 &= a^2 + 4 \end{aligned}$$

mit $a \in \mathbb{R}$.

Für welche $a \in \mathbb{R}$ hat das lineare Gleichungssystem keine Lösung bzw. genau eine Lösung bzw. unendlich viele Lösungen?
Wie sehen die Lösungen im Falle der Existenz aus?

Lösung:

$$\left(\begin{array}{rrr|r} 2 & 1 & -3 & 6 \\ -1 & 5 & 7 & 8 \\ 1 & 3 & 2a^2 - 4a + 1 & a^2 + 4 \end{array}\right) \begin{array}{l} \text{I} \\ \text{II} \\ \text{III} \end{array} \sim$$

$$\left(\begin{array}{rrr|r} 2 & 1 & -3 & 6 \\ 0 & 11 & 11 & 22 \\ 0 & 8 & 2a^2 - 4a + 8 & a^2 + 12 \end{array}\right) \begin{array}{lll} \text{I} & & \\ \text{I} + 2 \cdot \text{II} & \widehat{=} & \text{IV} \\ \text{II} + \text{III} & \widehat{=} & \text{V} \end{array} \sim$$

$$\left(\begin{array}{ccc|c} 2 & 1 & -3 & 6 \\ 0 & 1 & 1 & 2 \\ 0 & 0 & -2a^2+4a & 4-a^2 \end{array}\right) \quad \begin{array}{lcl} \mathrm{I} & & \\ \mathrm{IV}:11 & \widehat{=} & \mathrm{VI} \\ 8\cdot\mathrm{VI}-\mathrm{V} & \widehat{=} & \mathrm{VII}. \end{array}$$

Aus Gleichung VII folgt:

$$\left(-2a^2+4a\right)x_3 = 4-a^2.$$

Es gelten

$$-2a^2+4a = -2(a-2) = 0 \quad \text{für } a_1 = 0 \text{ oder } a_2 = 2,$$

$$4-a^2 = (2-a)(2+a) = 0 \quad \text{für } a_3 = 2 \text{ oder } a_4 = -2.$$

Deshalb müssen drei Fälle unterschieden werden.

1. Fall: $a = 0$

Aus Gleichung VII folgt:

$$0\cdot x_3 = 4 \Longrightarrow 0 = 4.$$

Also hat das lineare Gleichungssystem für $a = 0$ keine Lösung.

2. Fall: $a = 2$

Aus Gleichung VII folgt:

$$0\cdot x_3 = 0 \Longrightarrow 0 = 0.$$

Mit $x_2 = \lambda \in \mathbb{R}$ folgt aus Gleichung VI $x_3 = 2-\lambda$.

Aus Gleichung I folgt mit $x_2 = \lambda$ und $x_3 = 2-\lambda$:

$$\begin{aligned} 2x_1 + x_2 - \quad 3x_3 &= \quad 6 \\ 2x_1 + \lambda - 3(2-\lambda) &= \quad 6 \\ x_1 &= 6-2\lambda. \end{aligned}$$

Es existieren für $a = 2$ unendlich viele Lösungen, die alle auf einer Geraden des $\mathbb{R}^3$ liegen:

$$\begin{pmatrix} x_1 \\ x_2 \\ x_3 \end{pmatrix} = \begin{pmatrix} 6-2\lambda \\ \lambda \\ 2-\lambda \end{pmatrix} = \begin{pmatrix} 6 \\ 0 \\ 2 \end{pmatrix} + \lambda \begin{pmatrix} -2 \\ 1 \\ 2 \end{pmatrix}, \ \lambda \in \mathbb{R}.$$

3. Fall: $a \in \mathbb{R} \setminus \{0, 2\}$

Aus Gleichung VII folgt:

$$\begin{aligned} \left(-2a^2 + 4a\right) x_3 &= 4 - a^2 \\ -2a(a-2)x_3 &= (2-a)(2+a) \\ x_3 &= \frac{2+a}{2a}. \end{aligned}$$

Aus Gleichung VI folgt mit $x_3 = \dfrac{2+a}{2a}$:

$$\begin{aligned} x_2 + x_3 &= 2 \\ x_2 + \frac{2+a}{2a} &= 2 \\ x_2 &= \frac{-2+3a}{2a}. \end{aligned}$$

Aus Gleichung I folgt mit $x_2 = \dfrac{-2+3a}{2a}$ und $x_3 = \dfrac{2+a}{2a}$:

$$\begin{aligned} 2x_1 + x_2 - 3x_3 &= 6 \\ 2x_1 - \frac{-2+3a}{2a} - 3 \cdot \frac{2+a}{2a} &= 6 \\ 2x_1 &= 6 + \frac{8}{2a} \\ x_1 &= \frac{4+6a}{2a}. \end{aligned}$$

Damit hat das lineare Gleichungssystem für $a \in \mathbb{R} \setminus \{0, 2\}$ die Lösung

$$(x_1, x_2, x_3) = \left(\frac{4+6a}{2a}, \frac{-2+3a}{2a}, \frac{2+a}{2a}\right).$$

Bemerkung: $a = -2$ ist kein gesonderter Fall, hier gilt einfach $x_3 = 0$.

5.6 Aufgaben zu Kapitel 5

Aufgabe 5.6.1

Bestimmen Sie alle Lösungen der folgenden linearen Gleichungssysteme:

a) $$\begin{aligned} 2x_1 - x_2 &= 5 \\ 3x_1 + 2x_2 &= -3. \end{aligned}$$

b) $$\begin{aligned} 3x_1 + 2x_2 &= 4 \\ 4.5x_1 + 3x_2 &= 2. \end{aligned}$$

c) $$\begin{aligned} -2x_1 + x_2 &= 8 \\ 4x_1 - 2x_2 &= -16. \end{aligned}$$

d) $$\begin{aligned} \sqrt{2}x_1 - 2\sqrt{2}x_2 &= \sqrt{3} \\ \sqrt{5}x_1 + \sqrt{3}x_2 &= \sqrt{2}. \end{aligned}$$

e) $$\begin{aligned} 0.1x_1 + 10\,000x_2 &= 20 \\ 1\,000x_1 - 0.01x_2 &= 5. \end{aligned}$$

Lösung:

a) $$\left(\begin{array}{rr|r} 2 & -1 & 5 \\ 3 & 2 & -3 \end{array}\right) \begin{array}{l} \text{I} \\ \text{II} \end{array} \sim$$

$$\left(\begin{array}{rr|r} 2 & -1 & 5 \\ 0 & -7 & 21 \end{array}\right) \begin{array}{l} \text{I} \\ 3 \cdot \text{I} - 2 \cdot \text{II} \;\widehat{=}\; \text{III}. \end{array}$$

Aus Gleichung III folgt:

$$\begin{aligned} -7x_2 &= 21 \\ x_2 &= -3. \end{aligned}$$

Aus Gleichung I folgt mit $x_2 = -3$:

$$\begin{aligned} 2x_1 - x_2 &= 5 \\ 2x_1 - (-3) &= 5 \\ 2x_1 &= 2 \\ x_1 &= 1. \end{aligned}$$

Damit hat das lineare Gleichungssystem die Lösung

$$(x_1, x_2) = (1, -3).$$

b) $$\left(\begin{array}{cc|c} 3 & 2 & 4 \\ 4.5 & 3 & 2 \end{array}\right) \begin{array}{l} \mathrm{I} \\ \mathrm{II} \end{array} \sim$$

$$\left(\begin{array}{cc|c} 3 & 2 & 4 \\ 0 & 0 & 8 \end{array}\right) \begin{array}{l} \mathrm{I} \\ 3 \cdot \mathrm{I} - 2 \cdot \mathrm{II} \quad \widehat{=} \quad \mathrm{III}. \end{array}$$

Aus Gleichung III folgt:

$$0 = 8.$$

Damit hat das lineare Gleichungssystem keine Lösung.

c) $$\left(\begin{array}{cc|c} -2 & 1 & 8 \\ 4 & -2 & -16 \end{array}\right) \begin{array}{l} \mathrm{I} \\ \mathrm{II} \end{array} \sim$$

$$\left(\begin{array}{cc|c} -2 & 1 & 8 \\ 0 & 0 & 0 \end{array}\right) \begin{array}{l} \mathrm{I} \\ \mathrm{I} + \mathrm{II} : 2 \quad \widehat{=} \quad \mathrm{III}. \end{array}$$

Da Gleichung III allgemeingültig ist, folgt mit $x_1 = t \in \mathbb{R}$ aus Gleichung I:

$$\begin{aligned} -2x_1 + x_2 &= 8 \\ x_2 &= 8 + 2x_1 \\ x_2 &= 8 + 2t. \end{aligned}$$

Damit hat das lineare Gleichungssystem unendlich viele Lösungen:

$$\begin{pmatrix} x_1 \\ x_2 \end{pmatrix} = \begin{pmatrix} t \\ 8 + 2t \end{pmatrix} = \begin{pmatrix} 0 \\ 8 \end{pmatrix} + t \begin{pmatrix} 1 \\ 2 \end{pmatrix}, \ t \in \mathbb{R}.$$

d) $$\left(\begin{array}{cc|c} \sqrt{2} & -2\sqrt{2} & \sqrt{3} \\ \sqrt{5} & \sqrt{3} & \sqrt{2} \end{array}\right) \begin{array}{l} \mathrm{I} \\ \mathrm{II} \end{array} \sim$$

$$\left(\begin{array}{cc|c} \sqrt{2} & -2\sqrt{2} & \sqrt{3} \\ 0 & -2\sqrt{10} - \sqrt{6} & \sqrt{15} - 2 \end{array}\right) \begin{array}{l} \mathrm{I} \\ \sqrt{5} \cdot \mathrm{I} - \sqrt{2} \cdot \mathrm{II} \quad \widehat{=} \quad \mathrm{III}. \end{array}$$

Aus Gleichung III folgt:

$$\left(-2\sqrt{10}-\sqrt{6}\right)x_2=\sqrt{15}-2$$

$$x_2=\frac{\sqrt{15}-2}{-2\sqrt{10}-\sqrt{6}}$$

$$x_2=\frac{(\sqrt{15}-2)(-2\sqrt{10}+\sqrt{6})}{(-2\sqrt{10}-\sqrt{6})(-2\sqrt{10}+\sqrt{6})}$$

$$x_2=\frac{-10\sqrt{6}+3\sqrt{10}+4\sqrt{10}-2\sqrt{6}}{34}$$

$$x_2=\frac{7}{34}\sqrt{10}-\frac{6}{17}\sqrt{6}.$$

Aus Gleichung I folgt mit $x_2=\frac{7}{34}\sqrt{10}-\frac{6}{17}\sqrt{6}$:

$$\sqrt{2}x_1-2\sqrt{2}x_2=\sqrt{3}$$

$$\sqrt{2}x_1-2\sqrt{2}\left(\frac{7}{34}\sqrt{10}-\frac{6}{17}\sqrt{6}\right)=\sqrt{3}$$

$$\sqrt{2}x_1=\sqrt{3}+\frac{14}{17}\sqrt{5}-\frac{24}{17}\sqrt{3}$$

$$x_1=\frac{7}{17}\sqrt{10}-\frac{7}{34}\sqrt{6}.$$

Damit hat das lineare Gleichungssystem die Lösung

$$(x_1,x_2)=\left(\frac{7}{17}\sqrt{10}-\frac{7}{34}\sqrt{6},\frac{7}{34}\sqrt{10}-\frac{6}{17}\sqrt{6}\right).$$

e) $$\left(\begin{array}{cc|c} 0.1 & 10\,000 & 20 \\ 1\,000 & -0.01 & 5 \end{array}\right) \begin{array}{l} \text{I} \\ \text{II} \end{array} \sim$$

$$\left(\begin{array}{cc|c} 0.1 & 10\,000 & 20 \\ 0 & 10^8+0.01 & 199\,995 \end{array}\right) \begin{array}{l} \text{I} \\ 10\,000\cdot\text{I}-\text{II} \quad \widehat{=} \quad \text{III}. \end{array}$$

Aus Gleichung III folgt:

$$\left(10^8+0.01\right)x_2=199\,995$$

$$x_2=\frac{199\,995}{10^8+10^{-2}}$$

$$x_2=\frac{19\,999\,500}{10^{10}+1}.$$

Aus Gleichung I folgt mit $x_2 = \dfrac{19\,999\,500}{10^{10}+1}$:

$$0.1x_1 + 10\,000x_2 = 20$$

$$0.1x_1 + 10\,000 \cdot \frac{19\,999\,500}{10^{10}+1} = 20$$

$$0.1x_1 = 20 - 10\,000 \cdot \frac{19\,999\,500}{10^{10}+1}$$

$$x_1 = 200 - 100\,000 \cdot \frac{19\,999\,500}{10^{10}+1} = \frac{50\,000\,200}{10^{10}+1}.$$

Damit hat das lineare Gleichungssystem die Lösung

$$(x_1, x_2) = \left(\frac{50\,000\,200}{10^{10}+1}, \frac{19\,999\,500}{10^{10}+1}\right).$$

Aufgabe 5.6.2

Die folgenden linearen Gleichungssysteme haben genau eine Lösung. Bestimmen Sie diese mithilfe der inversen Matrix.

a)
$$\begin{aligned} 5x_1 + 3x_2 &= 17 \\ -2x_1 - x_2 &= 33. \end{aligned}$$

b)
$$\begin{aligned} 3x_1 - 5x_2 &= 18 \\ 8x_1 + x_2 &= 13. \end{aligned}$$

Lösung:

a) Das Gleichungssystem ist äquivalent zu $A\vec{x} = \vec{b}$, d.h.

$$\begin{pmatrix} 5 & 3 \\ -2 & -1 \end{pmatrix} \cdot \begin{pmatrix} x_1 \\ x_2 \end{pmatrix} = \begin{pmatrix} 17 \\ 33 \end{pmatrix}.$$

Bestimmung der inversen Matrix A^{-1}:

$$\left(\begin{array}{cc|cc} 5 & 3 & 1 & 0 \\ -2 & -1 & 0 & 1 \end{array}\right) \begin{array}{l} \text{I} \\ \text{II} \end{array} \sim$$

$$\left(\begin{array}{cc|cc} 5 & 3 & 1 & 0 \\ 0 & 1 & 2 & 5 \end{array}\right) \begin{array}{l} \text{I} \\ 2 \cdot \text{I} + 5 \cdot \text{II} \;\widehat{=}\; \text{III} \end{array} \sim$$

$$\left(\begin{array}{cc|cc} 5 & 0 & -5 & -15 \\ 0 & 1 & 2 & 5 \end{array}\right) \quad \begin{array}{l} \mathrm{I} - 3 \cdot \mathrm{III} \; \widehat{=} \; \mathrm{IV} \\ \mathrm{III} \end{array} \quad \sim$$

$$\left(\begin{array}{cc|cc} 1 & 0 & -1 & -3 \\ 0 & 1 & 2 & 5 \end{array}\right) \quad \begin{array}{l} \mathrm{IV} : 5 \\ \mathrm{III}. \end{array}$$

Damit gilt :

$$A^{-1} = \begin{pmatrix} -1 & -3 \\ 2 & 5 \end{pmatrix}.$$

Die Lösung des linearen Gleichungsystems lautet dann:

$$\begin{pmatrix} x_1 \\ x_2 \end{pmatrix} = A^{-1} \cdot \vec{b} = \begin{pmatrix} -1 & -3 \\ 2 & 5 \end{pmatrix} \cdot \begin{pmatrix} 17 \\ 33 \end{pmatrix} = \begin{pmatrix} -116 \\ 199 \end{pmatrix}.$$

$$\Longrightarrow (x_1, x_2) = (-116, 199).$$

b) Die entsprechende Matrixform $A\vec{x} = \vec{b}$ ist:

$$\begin{pmatrix} 3 & -5 \\ 8 & 1 \end{pmatrix} \cdot \begin{pmatrix} x_1 \\ x_2 \end{pmatrix} = \begin{pmatrix} 18 \\ 13 \end{pmatrix}.$$

Bestimmung der inversen Matrix A^{-1}:

$$\left(\begin{array}{cc|cc} 3 & -5 & 1 & 0 \\ 8 & 1 & 0 & 1 \end{array}\right) \quad \begin{array}{l} \mathrm{I} \\ \mathrm{II} \end{array} \quad \sim$$

$$\left(\begin{array}{cc|cc} 3 & -5 & 1 & 0 \\ 0 & -43 & 8 & -3 \end{array}\right) \quad \begin{array}{l} \mathrm{I} \\ 8 \cdot \mathrm{I} - 3 \cdot \mathrm{II} \; \widehat{=} \; \mathrm{III} \end{array} \quad \sim$$

$$\left(\begin{array}{cc|cc} 129 & 0 & 3 & 15 \\ 0 & -43 & 8 & -3 \end{array}\right) \quad \begin{array}{l} 43 \cdot \mathrm{I} - 5 \cdot \mathrm{III} \; \widehat{=} \; \mathrm{IV} \\ \mathrm{III} \end{array} \quad \sim$$

$$\left(\begin{array}{cc|cc} 1 & 0 & \frac{1}{43} & \frac{5}{43} \\ 0 & 1 & -\frac{8}{43} & \frac{3}{43} \end{array}\right) \quad \begin{array}{l} \mathrm{IV} : 129 \\ \mathrm{III} : (-43). \end{array}$$

Damit gilt :

$$A^{-1} = \frac{1}{43} \begin{pmatrix} 1 & 5 \\ -8 & 3 \end{pmatrix}.$$

Die Lösung des linearen Gleichungssystems lautet dann:

$$\begin{pmatrix} x_1 \\ x_2 \end{pmatrix} = A^{-1} \cdot \vec{b} = \frac{1}{43} \begin{pmatrix} 1 & 5 \\ -8 & 3 \end{pmatrix} \cdot \begin{pmatrix} 18 \\ 13 \end{pmatrix} = \frac{1}{43} \begin{pmatrix} 83 \\ -105 \end{pmatrix}.$$

$$\Longrightarrow (x_1, x_2) = \left(\frac{83}{43}, -\frac{105}{43} \right).$$

Aufgabe 5.6.3

Die folgenden linearen Gleichungssysteme haben genau eine Lösung. Bestimmen Sie diese mithilfe der Cramer-Regel.

a) $$\begin{aligned} 2x_1 - 3x_2 &= -1 \\ 5x_1 + 2x_2 &= \ \ 7. \end{aligned}$$

b) $$\begin{aligned} 3x_1 + 5x_2 &= \ \ 7 \\ 4x_1 - 7x_2 &= 12. \end{aligned}$$

c) $$\begin{aligned} 98x_1 - 47x_2 &= \ \ 117 \\ 44x_1 + 33x_2 &= -123. \end{aligned}$$

Lösung:

a) $$D = \begin{vmatrix} 2 & -3 \\ 5 & 2 \end{vmatrix} = 2 \cdot 2 - (-3) \cdot 5 = 4 + 15 = 19.$$

$$D_1 = \begin{vmatrix} -1 & -3 \\ 7 & 2 \end{vmatrix} = -1 \cdot 2 - (-3) \cdot 7 = -2 + 21 = 19.$$

$$D_2 = \begin{vmatrix} 2 & -1 \\ 5 & 7 \end{vmatrix} = 2 \cdot 7 - (-1) \cdot 5 = 14 + 5 = 19.$$

Daraus folgen:

$$x_1 = \frac{D_1}{D} = \frac{19}{19} = 1 \text{ und}$$

$$x_2 = \frac{D_2}{D} = \frac{19}{19} = 1.$$

Damit hat das lineare Gleichungssystem die Lösung

$$(x_1, x_2) = (1, 1).$$

b) $D = \begin{vmatrix} 3 & 5 \\ 4 & -7 \end{vmatrix} = 3 \cdot (-7) - 5 \cdot 4 = -21 - 20 = -41.$

$$D_1 = \begin{vmatrix} 7 & 5 \\ 12 & -7 \end{vmatrix} = 7 \cdot (-7) - 5 \cdot 12 = -49 - 60 = -109.$$

$$D_2 = \begin{vmatrix} 3 & 7 \\ 4 & 12 \end{vmatrix} = 3 \cdot 12 - 7 \cdot 4 = 36 - 28 = 8.$$

Daraus folgen:

$$x_1 = \frac{D_1}{D} = \frac{-109}{41} = -\frac{109}{41} \text{ und}$$

$$x_2 = \frac{D_2}{D} = \frac{-8}{41} = -\frac{8}{41}.$$

Damit hat das lineare Gleichungssystem die Lösung

$$(x_1, x_2) = \left(-\frac{109}{41}, -\frac{8}{41}\right).$$

c) $D = \begin{vmatrix} 98 & -47 \\ 44 & 33 \end{vmatrix} = 98 \cdot 33 - (-47) \cdot 44 = 3\,234 + 2\,068 = 5\,302.$

$$D_1 = \begin{vmatrix} 117 & -47 \\ -123 & 33 \end{vmatrix} = 117 \cdot 33 - (-47) \cdot (-123) = -1\,920.$$

$$D_2 = \begin{vmatrix} 98 & 117 \\ 44 & -123 \end{vmatrix} = 98 \cdot (-123) - 117 \cdot 44 = -17\,202.$$

Daraus folgen:

$$x_1 = \frac{D_1}{D} = \frac{-1\,920}{5\,302} = -\frac{960}{2\,651} \text{ und}$$

$$x_2 = \frac{D_2}{D} = \frac{-17\,202}{5\,302} = -\frac{8\,601}{2\,651}.$$

Damit hat das lineare Gleichungssystem die Lösung

$$(x_1, x_2) = \left(-\frac{960}{2\,651}, -\frac{8\,601}{2\,651}\right).$$

Aufgabe 5.6.4

Bestimmen Sie alle Lösungen der folgenden linearen Gleichungssysteme:

a)
$$\begin{aligned} 2x_1 - 3x_2 + 5x_3 &= 1 \\ 2x_1 - 2x_2 - 4x_3 &= 5 \\ x_1 - x_2 - 4x_3 &= -2. \end{aligned}$$

b)
$$\begin{aligned} 2x_1 - 3x_2 + 5x_3 &= 12 \\ x_1 + x_2 - 2x_3 &= -1 \\ 7x_1 - 18x_2 + 31x_3 &= 63. \end{aligned}$$

c)
$$\begin{aligned} -x_1 - 3x_2 + 4x_3 &= 10 \\ 2x_1 + x_2 - x_3 &= 2 \\ -8x_1 - 9x_2 + 11x_3 &= 17. \end{aligned}$$

Lösung:

a)
$$\left(\begin{array}{ccc|c} 2 & -3 & 5 & 1 \\ 2 & -2 & -4 & 5 \\ 1 & -1 & -4 & -2 \end{array}\right) \quad \begin{array}{l} \text{I} \\ \text{II} \\ \text{III} \end{array} \sim$$

$$\left(\begin{array}{ccc|c} 2 & -3 & 5 & 1 \\ 0 & -1 & 9 & -4 \\ 0 & -1 & 13 & 5 \end{array}\right) \quad \begin{array}{lcl} \text{I} & & \\ \text{I} - \text{II} & \widehat{=} & \text{IV} \\ \text{I} - 2 \cdot \text{III} & \widehat{=} & \text{V} \end{array} \sim$$

$$\left(\begin{array}{ccc|c} 2 & -3 & 5 & 1 \\ 0 & -1 & 9 & -4 \\ 0 & 0 & -4 & -9 \end{array}\right) \quad \begin{array}{lcl} \text{I} & & \\ \text{IV} & & \\ \text{IV} - \text{V} & \widehat{=} & \text{VI}. \end{array}$$

Aus Gleichung VI folgt:

$$-4x_3 = -9$$

$$\Longrightarrow x_3 = \frac{9}{4}.$$

Aus Gleichung IV folgt mit $x_3 = \frac{9}{4}$:

$$-x_2 + 9x_3 = -4$$

$$-x_2 + 9 \cdot \frac{9}{4} = -4$$

$$\Longrightarrow x_2 = \frac{97}{4}.$$

Aus Gleichung I folgt mit $x_2 = \frac{97}{4}$ und $x_3 = \frac{9}{4}$:

$$2x_1 - 3x_2 + 5x_3 = 1$$

$$2x_1 - 3 \cdot \frac{97}{4} + 5 \cdot \frac{9}{4} = 1$$

$$\Longrightarrow x_1 = \frac{125}{4}.$$

Damit hat das lineare Gleichungssystem die Lösung

$$(x_1, x_2, x_3) = \left(\frac{125}{4}, \frac{97}{4}, \frac{9}{4}\right).$$

b)
$$\left(\begin{array}{ccc|c} 2 & -3 & 5 & 12 \\ 1 & 1 & -2 & -1 \\ 7 & -18 & 31 & 63 \end{array}\right) \begin{array}{l} \text{I} \\ \text{II} \\ \text{III} \end{array} \quad \sim$$

$$\left(\begin{array}{ccc|c} 2 & -3 & 5 & 12 \\ 0 & -5 & 9 & 14 \\ 0 & 25 & -45 & -70 \end{array}\right) \begin{array}{lll} \text{I} & & \\ \text{I} - 2 \cdot \text{II} & \widehat{=} & \text{IV} \\ 7 \cdot \text{II} - \text{III} & \widehat{=} & \text{V} \end{array} \quad \sim$$

$$\left(\begin{array}{ccc|c} 2 & -3 & 5 & 12 \\ 0 & -5 & 9 & 14 \\ 0 & 0 & 0 & 0 \end{array}\right) \begin{array}{lll} \text{I} & & \\ \text{IV} & & \\ 5 \cdot \text{IV} + \text{V} & \widehat{=} & \text{VI}. \end{array}$$

Aus Gleichung IV folgt:

$$-5x_2 + 9x_3 = 14.$$

Mit $x_3 = \lambda \in \mathbb{R}$ folgt $x_2 = -\frac{14}{5} + \frac{9}{5}\lambda$.

Aus Gleichung I folgt mit $x_2 = -\frac{14}{5} + \frac{9}{5}\lambda$ und $x_3 = \lambda$:

$$2x_1 - 3x_2 + 5x_3 = 12$$

$$2x_1 - 3 \cdot \left(-\frac{14}{5} + \frac{9}{5}\lambda\right) + 5\lambda = 12$$

$$2x_1 = \frac{18}{5} + \frac{2}{5}\lambda$$

$$x_1 = \frac{9}{5} + \frac{1}{5}\lambda.$$

Damit lauten die unendlich vielen Lösungen:

$$\begin{pmatrix} x_1 \\ x_2 \\ x_3 \end{pmatrix} = \begin{pmatrix} \frac{9}{5} \\ -\frac{14}{5} \\ 0 \end{pmatrix} + \lambda \begin{pmatrix} \frac{1}{5} \\ \frac{9}{5} \\ 1 \end{pmatrix}$$

$$= \begin{pmatrix} \frac{9}{5} \\ -\frac{14}{5} \\ 0 \end{pmatrix} + \lambda^* \cdot \begin{pmatrix} 1 \\ 9 \\ 5 \end{pmatrix}, \lambda^* \in \mathbb{R}.$$

c) $$\left(\begin{array}{ccc|c} -1 & -3 & 4 & 10 \\ 2 & 1 & -1 & 2 \\ -8 & -9 & 11 & 17 \end{array}\right) \begin{array}{l} \text{I} \\ \text{II} \\ \text{III} \end{array} \sim$$

$$\left(\begin{array}{ccc|c} -1 & -3 & 4 & 10 \\ 0 & -5 & 7 & 22 \\ 0 & -5 & 7 & 25 \end{array}\right) \begin{array}{lll} \text{I} & & \\ 2 \cdot \text{I} + \text{II} & \mathrel{\widehat{=}} & \text{IV} \\ 4 \cdot \text{II} + \text{III} & \mathrel{\widehat{=}} & \text{V} \end{array} \sim$$

$$\left(\begin{array}{ccc|c} -1 & -3 & 4 & 10 \\ 0 & -5 & 7 & 22 \\ 0 & 0 & 0 & 3 \end{array}\right) \begin{array}{lll} \text{I} & & \\ \text{IV} & & \\ \text{V} - \text{IV} & \mathrel{\widehat{=}} & \text{VI.} \end{array}$$

Aus Gleichung VI folgt: 0=3.

Damit hat das lineare Gleichungssystem keine Lösung.

Aufgabe 5.6.5

Die folgenden linearen Gleichungssysteme haben genau eine Lösung. Bestimmen Sie diese mithilfe der Cramer-Regel.

a)
$$\begin{aligned} 2x_1 - 3x_2 + x_3 &= 27 \\ -x_1 + x_2 - 5x_3 &= -48 \\ -3x_1 + 2x_2 - 3x_3 &= -45. \end{aligned}$$

b)
$$\begin{aligned} 15x_1 + 13x_2 - 7x_3 &= -36 \\ 8x_1 + 2x_2 - 5x_3 &= -23 \\ -7x_1 + 9x_2 + 13x_3 &= 46. \end{aligned}$$

Lösung:

Alle Determinanten werden mittels Entwicklung nach der ersten Zeile bestimmt.

a)
$$\begin{aligned}
D &= \begin{vmatrix} 2 & -3 & 1 \\ -1 & 1 & -5 \\ -3 & 2 & -3 \end{vmatrix} \\
&= 2\cdot\begin{vmatrix} 1 & -5 \\ 2 & -3 \end{vmatrix} - (-3)\cdot\begin{vmatrix} -1 & -5 \\ -3 & -3 \end{vmatrix} + 1\cdot\begin{vmatrix} -1 & 1 \\ -3 & 2 \end{vmatrix} \\
&= 2\cdot(1\cdot(-3)-(-5)\cdot 2)+3\cdot((-1)\cdot(-3)-(-5)\cdot(-3)) \\
&\quad +1\cdot((-1)\cdot 2-1\cdot(-3)) \\
&= 2\cdot 7+3\cdot(-12)+1\cdot 1 \;=\; 14-36+1 \;=\; -21.
\end{aligned}$$

$$\begin{aligned}
D_1 &= \begin{vmatrix} 27 & -3 & 1 \\ -48 & 1 & -5 \\ -45 & 2 & -3 \end{vmatrix} \\
&= 27\cdot\begin{vmatrix} 1 & -5 \\ 2 & -3 \end{vmatrix} - (-3)\cdot\begin{vmatrix} -48 & -5 \\ -45 & -3 \end{vmatrix} + 1\cdot\begin{vmatrix} -48 & 1 \\ -45 & 2 \end{vmatrix} \\
&= 27\cdot(1\cdot(-3)-(-5)\cdot 2)+3\cdot((-48)\cdot(-3)-(-5)\cdot(-45)) \\
&\quad +1\cdot((-48)\cdot 2-1\cdot(-45)) \\
&= 27\cdot 7+3\cdot(-81)+1\cdot(-51) \;=\; 189-243-51 \;=\; -105.
\end{aligned}$$

$$\begin{aligned}
D_2 &= \begin{vmatrix} 2 & 27 & 1 \\ -1 & -48 & -5 \\ -3 & -45 & -3 \end{vmatrix} \\
&= 2\cdot\begin{vmatrix} -48 & -5 \\ -45 & -3 \end{vmatrix} - 27\cdot\begin{vmatrix} -1 & -5 \\ -3 & -3 \end{vmatrix} + 1\cdot\begin{vmatrix} -1 & -48 \\ -3 & -45 \end{vmatrix} \\
&= 2\cdot((-48)\cdot(-3)-(-5)\cdot(-45))-27\cdot((-1)\cdot(-3) \\
&\quad -(-5)\cdot(-3))+1\cdot((-1)\cdot(-45)-(-48)\cdot(-3)) \\
&= 2\cdot(-81)-27\cdot(-12)+1\cdot(-99) \;=\; -162+324-99 \\
&= 63.
\end{aligned}$$

$$D_3 = \begin{vmatrix} 2 & -3 & 27 \\ -1 & 1 & -48 \\ -3 & 2 & -45 \end{vmatrix}$$

$$= 2 \cdot \begin{vmatrix} 1 & -48 \\ 2 & -45 \end{vmatrix} - (-3) \cdot \begin{vmatrix} -1 & -48 \\ -3 & -45 \end{vmatrix} + 27 \cdot \begin{vmatrix} -1 & 1 \\ -3 & 2 \end{vmatrix}$$

$$= 2 \cdot (1 \cdot (-45) - (-48) \cdot 2) + 3 \cdot ((-1) \cdot (-45) - (-48) \cdot (-3))$$
$$+27 \cdot ((-1) \cdot 2 - 1 \cdot (-3))$$

$$= 2 \cdot 51 + 3 \cdot (-99) + 27 \cdot 1 = 102 - 297 + 27 = -168.$$

Daraus folgen:

$$x_1 = \frac{D_1}{D} = \frac{-105}{-21} = 5,$$
$$x_2 = \frac{D_2}{D} = \frac{63}{-21} = -3 \text{ und}$$
$$x_3 = \frac{D_3}{D} = \frac{-168}{-21} = 8.$$

Damit hat das lineare Gleichungssystem die Lösung

$$(x_1, x_2, x_3) = (5, -3, 8).$$

b) $$D = \begin{vmatrix} 15 & 13 & -7 \\ 8 & 2 & -5 \\ -7 & 9 & 13 \end{vmatrix}$$

$$= 15 \cdot \begin{vmatrix} 2 & -5 \\ 9 & 13 \end{vmatrix} - 13 \cdot \begin{vmatrix} 8 & -5 \\ -7 & 13 \end{vmatrix} - 7 \cdot \begin{vmatrix} 8 & 2 \\ -7 & 9 \end{vmatrix}$$

$$= 15 \cdot (2 \cdot 13 - (-5) \cdot 9) - 13 \cdot (8 \cdot 13 - (-5) \cdot (-7))$$
$$-7 \cdot (8 \cdot 9 - 2 \cdot (-7))$$

$$= 15 \cdot 71 - 13 \cdot 69 - 7 \cdot 86 = 1\,065 - 897 - 602 = -434.$$

$$\begin{aligned}
D_1 &= \begin{vmatrix} -36 & 13 & -7 \\ -23 & 2 & -5 \\ 46 & 9 & 13 \end{vmatrix} \\
&= -36 \cdot \begin{vmatrix} 2 & -5 \\ 9 & 13 \end{vmatrix} - 13 \cdot \begin{vmatrix} -23 & -5 \\ 46 & 13 \end{vmatrix} - 7 \cdot \begin{vmatrix} -23 & 2 \\ 46 & 9 \end{vmatrix} \\
&= -36 \cdot (2 \cdot 13 - (-5) \cdot 9) - 13 \cdot ((-23) \cdot 13 - (-5) \cdot 46) \\
&\quad -7 \cdot ((-23) \cdot 9 - 2 \cdot 46) \\
&= -36 \cdot 71 - 13 \cdot (-69) - 7 \cdot (-299) = -2\,556 + 897 + 2\,093 \\
&= 434.
\end{aligned}$$

$$\begin{aligned}
D_2 &= \begin{vmatrix} 15 & -36 & -7 \\ 8 & -23 & -5 \\ -7 & 46 & 13 \end{vmatrix} \\
&= 15 \cdot \begin{vmatrix} -23 & -5 \\ 46 & 13 \end{vmatrix} - (-36) \cdot \begin{vmatrix} 8 & -5 \\ -7 & 13 \end{vmatrix} - 7 \cdot \begin{vmatrix} 8 & -23 \\ -7 & 46 \end{vmatrix} \\
&= 15 \cdot ((-23) \cdot 13 - (-5) \cdot 46)) + 36 \cdot (8 \cdot 13 - (-5) \cdot (-7)) \\
&\quad -7 \cdot (8 \cdot 46 - (-23) \cdot (-7)) \\
&= 15 \cdot (-69) + 36 \cdot 69 - 7 \cdot 207 = -1\,035 + 2\,484 - 1\,449 \\
&= 0.
\end{aligned}$$

$$\begin{aligned}
D_3 &= \begin{vmatrix} 15 & 13 & -36 \\ 8 & 2 & -23 \\ -7 & 9 & 46 \end{vmatrix} \\
&= 15 \cdot \begin{vmatrix} 2 & -23 \\ 9 & 46 \end{vmatrix} - 13 \cdot \begin{vmatrix} 8 & -23 \\ -7 & 46 \end{vmatrix} - 36 \cdot \begin{vmatrix} 8 & 2 \\ -7 & 9 \end{vmatrix} \\
&= 15 \cdot (2 \cdot 46 - (-23) \cdot 9) - 13 \cdot (8 \cdot 46 - (-23) \cdot (-7)) \\
&\quad -36 \cdot (8 \cdot 9 - 2 \cdot (-7)) \\
&= 15 \cdot 299 - 13 \cdot 207 - 36 \cdot 86 = 4\,485 - 2\,691 - 3\,096 \\
&= -1\,302.
\end{aligned}$$

Daraus folgen:

$$x_1 = \frac{D_1}{D} = \frac{434}{-434} = -1,$$

$$x_2 = \frac{D_2}{D} = \frac{0}{-434} = 0 \text{ und}$$

$$x_3 = \frac{D_3}{D} = \frac{-1\,302}{-434} = 3.$$

Damit hat das lineare Gleichungssystem die Lösung

$$(x_1, x_2, x_3) = (-1, 0, 3).$$

Aufgabe 5.6.6

Gegeben sei das lineare Gleichungssystem

$$\begin{aligned} x_1 + 4x_2 + \ \ 3x_3 &= b_1 \\ -2x_1 - 5x_2 + \ \ 8x_3 &= b_2 \\ x_1 \qquad\quad - 16x_3 &= b_3. \end{aligned}$$

Lösen Sie das lineare Gleichungssystem für die 5 verschiedenen rechten Seiten, die gegeben sind durch

a) $b_1 = 1$, $b_2 = 2$ und $b_3 = 3$,

b) $b_1 = -1$, $b_2 = 0$ und $b_3 = 5$,

c) $b_1 = 1$, $b_2 = \pi$ und $b_3 = e$,

d) $b_1 = \frac{1}{2}$, $b_2 = \frac{1}{4}$, und $b_3 = \frac{1}{8}$

e) $b_1 = \sqrt{2}$, $b_2 = \sqrt{3}$ und $b_3 = \sqrt{5}$.

Lösung:

Hier bietet sich eine Lösung mithilfe der inversen Matrix an:

$$\begin{pmatrix} 1 & 4 & 3 \\ -2 & -5 & 8 \\ 1 & 0 & -16 \end{pmatrix} \cdot \begin{pmatrix} x_1 \\ x_2 \\ x_3 \end{pmatrix} = \begin{pmatrix} b_1 \\ b_2 \\ b_3 \end{pmatrix}.$$

Bestimmung der inversen Matrix A^{-1}:

$$\left(\begin{array}{rrr|rrr} 1 & 4 & 3 & 1 & 0 & 0 \\ -2 & -5 & 8 & 0 & 1 & 0 \\ 1 & 0 & -16 & 0 & 0 & 1 \end{array}\right) \begin{array}{l} \text{I} \\ \text{II} \\ \text{III} \end{array} \sim$$

$$\left(\begin{array}{rrr|rrr} 1 & 4 & 3 & 1 & 0 & 0 \\ 0 & 3 & 14 & 2 & 1 & 0 \\ 0 & 4 & 19 & 1 & 0 & -1 \end{array}\right) \quad \begin{array}{lll} \text{I} & & \\ 2\cdot\text{I}+\text{II} & \widehat{=} & \text{IV} \\ \text{I}-\text{III} & \widehat{=} & \text{V} \end{array} \quad \sim$$

$$\left(\begin{array}{rrr|rrr} 1 & 0 & -16 & 0 & 0 & 1 \\ 0 & 3 & 14 & 2 & 1 & 0 \\ 0 & 0 & -1 & 5 & 4 & 3 \end{array}\right) \quad \begin{array}{lll} \text{I}-\text{V} & \widehat{=} & \text{VI} \\ \text{IV} & & \\ 4\cdot\text{IV}-3\cdot\text{V} & \widehat{=} & \text{VII} \end{array} \quad \sim$$

$$\left(\begin{array}{rrr|rrr} 1 & 0 & 0 & -80 & -64 & -47 \\ 0 & 3 & 0 & 72 & 57 & 42 \\ 0 & 0 & -1 & 5 & 4 & 3 \end{array}\right) \quad \begin{array}{lll} \text{VI}-16\cdot\text{VII} & \widehat{=} & \text{VIII} \\ \text{IV}+14\cdot\text{VII} & \widehat{=} & \text{IX} \\ \text{VII} & & \end{array} \quad \sim$$

$$\left(\begin{array}{rrr|rrr} 1 & 0 & 0 & -80 & -64 & -47 \\ 0 & 1 & 0 & 24 & 19 & 14 \\ 0 & 0 & 1 & -5 & -4 & -3 \end{array}\right) \quad \begin{array}{l} \text{VIII} \\ \text{IX} : 3 \\ \text{VII} : (-1). \end{array}$$

Damit gilt :

$$A^{-1} = \begin{pmatrix} -80 & -64 & -47 \\ 24 & 19 & 14 \\ -5 & -4 & -3 \end{pmatrix}.$$

Die Lösungen der linearen Gleichungssysteme lauten dann:

a)
$$\begin{pmatrix} x_1 \\ x_2 \\ x_3 \end{pmatrix} = A^{-1}\cdot\vec{b} = \begin{pmatrix} -80 & -64 & -47 \\ 24 & 19 & 14 \\ -5 & -4 & -3 \end{pmatrix} \cdot \begin{pmatrix} 1 \\ 2 \\ 3 \end{pmatrix} = \begin{pmatrix} -349 \\ 104 \\ 22 \end{pmatrix}.$$

b)
$$\begin{pmatrix} x_1 \\ x_2 \\ x_3 \end{pmatrix} = A^{-1}\cdot\vec{b} = \begin{pmatrix} -80 & -64 & -47 \\ 24 & 19 & 14 \\ -5 & -4 & -3 \end{pmatrix} \cdot \begin{pmatrix} -1 \\ 0 \\ 5 \end{pmatrix} = \begin{pmatrix} -155 \\ 46 \\ -10 \end{pmatrix}.$$

c)
$$\begin{pmatrix} x_1 \\ x_2 \\ x_3 \end{pmatrix} = A^{-1} \cdot \vec{b} = \begin{pmatrix} -80 & -64 & -47 \\ 24 & 19 & 14 \\ -5 & -4 & -3 \end{pmatrix} \cdot \begin{pmatrix} 1 \\ \pi \\ e \end{pmatrix}$$
$$= \begin{pmatrix} -47e - 53\pi - 80 \\ 14e + 19\pi + 24 \\ -3e - 4\pi - 5 \end{pmatrix} \approx \begin{pmatrix} -408.82 \\ 121.75 \\ -25.72 \end{pmatrix}.$$

d)
$$\begin{pmatrix} x_1 \\ x_2 \\ x_3 \end{pmatrix} = A^{-1} \cdot \vec{b} = \begin{pmatrix} -80 & -64 & -47 \\ 24 & 19 & 14 \\ -5 & -4 & -3 \end{pmatrix} \cdot \begin{pmatrix} \frac{1}{2} \\ \frac{1}{4} \\ \frac{1}{8} \end{pmatrix}$$
$$= \begin{pmatrix} \frac{495}{8} \\ \frac{37}{2} \\ \frac{31}{8} \end{pmatrix}.$$

e)
$$\begin{pmatrix} x_1 \\ x_2 \\ x_3 \end{pmatrix} = A^{-1} \cdot \vec{b} = \begin{pmatrix} -80 & -64 & -47 \\ 24 & 19 & 14 \\ -5 & -4 & -3 \end{pmatrix} \cdot \begin{pmatrix} \sqrt{2} \\ \sqrt{3} \\ \sqrt{5} \end{pmatrix}$$
$$= \begin{pmatrix} -80\sqrt{2} - 64\sqrt{3} - 47\sqrt{5} \\ 24\sqrt{2} + 19\sqrt{3} + 14\sqrt{5} \\ -5\sqrt{2} - 4\sqrt{3} - 3\sqrt{5} \end{pmatrix} \approx \begin{pmatrix} -329.08 \\ 98.16 \\ -20.71 \end{pmatrix}.$$

Aufgabe 5.6.7

Bestimmen Sie alle Lösungen des linearen Gleichungssystems

$$\begin{aligned} x_1 + x_2 - x_3 + 5x_4 - 2x_5 &= 17 \\ 2x_1 + x_2 + x_3 - 2x_4 + x_5 &= 12. \end{aligned}$$

Lösung:

$$\left(\begin{array}{ccccc|c} 1 & 1 & -1 & 5 & -2 & 17 \\ 2 & 1 & 1 & -2 & 1 & 12 \end{array}\right) \begin{array}{l} \text{I} \\ \text{II} \end{array} \sim$$

$$\left(\begin{array}{ccccc|c} 1 & 1 & -1 & 5 & -2 & 17 \\ 0 & 1 & -3 & 12 & -5 & 22 \end{array}\right) \begin{array}{l} \text{I} \\ 2 \cdot \text{I} - \text{II} \;\widehat{=}\; \text{III}. \end{array}$$

Aus Gleichung III folgt: $x_2 - 3x_3 + 12x_4 - 5x_5 = 22$.

Somit gibt es unendlich viele Lösungen mit genau 3 Parametern.

Seien deshalb $x_3 = r \in \mathbb{R}$, $x_4 = s \in \mathbb{R}$ und $x_5 = t \in \mathbb{R}$.

$\Longrightarrow x_2 = 22 + 3r - 12s + 5t$.

Damit folgt aus Gleichung I:

$$\begin{aligned} x_1 &= 17 - x_2 + x_3 - 5x_4 + 2x_5 \\ &= 17 - (22 + 3r - 12s + 5t) + r - 5s + 2t \\ &= -5 - 2r + 7s + 7t. \end{aligned}$$

Mit $, s, t \in \mathbb{R}$ lauten die Lösungen

$$\begin{aligned} \begin{pmatrix} x_1 \\ x_2 \\ x_3 \\ x_4 \\ x_5 \end{pmatrix} &= \begin{pmatrix} -5 - 2r + 7s + 7t \\ 22 + 3r - 12s + 5t \\ r \\ s \\ t \end{pmatrix} \\ &= \begin{pmatrix} -5 \\ 22 \\ 0 \\ 0 \\ 0 \end{pmatrix} + r \begin{pmatrix} -2 \\ 3 \\ 1 \\ 0 \\ 0 \end{pmatrix} + s \begin{pmatrix} 7 \\ -12 \\ 0 \\ 1 \\ 0 \end{pmatrix} + t \begin{pmatrix} 7 \\ 5 \\ 0 \\ 0 \\ 1 \end{pmatrix}. \end{aligned}$$

Aufgabe 5.6.8

Bestimmen Sie alle Lösungen des linearen Gleichungssystems

$$\begin{aligned} 4x_1 - 2x_2 + x_3 - 5x_4 - 2x_5 &= -9 \\ x_1 + x_2 - x_3 + 2x_4 - 6x_5 &= 3 \\ -2x_1 - x_2 + 4x_3 - 2x_4 - x_5 &= -18 \\ 5x_1 - 2x_2 + 3x_3 - x_4 + 2x_5 &= 5 \\ 2x_1 + x_2 + x_3 + 2x_4 - x_5 &= 6. \end{aligned}$$

Lösung:

$$\left(\begin{array}{rrrrr|r} 4 & -2 & 1 & -5 & -2 & -9 \\ 1 & 1 & -1 & 2 & -6 & 3 \\ -2 & -1 & 4 & -2 & -1 & -18 \\ 5 & -2 & 3 & -1 & 2 & 5 \\ 2 & 1 & 1 & 2 & -1 & 6 \end{array} \right) \begin{array}{l} \text{I} \\ \text{II} \\ \text{III} \\ \text{IV} \\ \text{V} \end{array} \sim$$

$$\left(\begin{array}{rrrrr|r} 4 & -2 & 1 & -5 & -2 & -9 \\ 0 & -6 & 5 & -13 & 22 & -21 \\ 0 & 1 & 2 & 2 & -13 & -12 \\ 0 & 7 & -8 & 11 & -32 & 10 \\ 0 & 0 & 5 & 0 & -2 & -12 \end{array}\right) \quad \begin{array}{lcl} \text{I} & & \\ \text{I} - 4 \cdot \text{II} & \widehat{=} & \text{VI} \\ 2 \cdot \text{II} + \text{III} & \widehat{=} & \text{VII} \\ 5 \cdot \text{II} - \text{IV} & \widehat{=} & \text{VIII} \\ \text{III} + \text{V} & \widehat{=} & \text{IX} \end{array} \quad \sim$$

$$\left(\begin{array}{rrrrr|r} 4 & -2 & 1 & -5 & -2 & -9 \\ 0 & -6 & 5 & -13 & 22 & -21 \\ 0 & 0 & 17 & -1 & -56 & -93 \\ 0 & 0 & 22 & 3 & -59 & -94 \\ 0 & 0 & 5 & 0 & -2 & -12 \end{array}\right) \quad \begin{array}{lcl} \text{I} & & \\ \text{VI} & & \\ \text{VI} + 6 \cdot \text{VII} & \widehat{=} & \text{X} \\ 7 \cdot \text{VII} - \text{VIII} & \widehat{=} & \text{XI} \\ \text{IX} & & \end{array} \quad \sim$$

$$\left(\begin{array}{rrrrr|r} 4 & -2 & 1 & -5 & -2 & -9 \\ 0 & -6 & 5 & -13 & 22 & -21 \\ 0 & 0 & 17 & -1 & -56 & -93 \\ 0 & 0 & 0 & -5 & -246 & -261 \\ 0 & 0 & 0 & 15 & -251 & -206 \end{array}\right) \quad \begin{array}{lcl} \text{I} & & \\ \text{VI} & & \\ \text{X} & & \\ 5 \cdot \text{X} - 17 \cdot \text{IX} & \widehat{=} & \text{XII} \\ 5 \cdot \text{XI} - 22 \cdot \text{IX} & \widehat{=} & \text{XIII} \end{array} \quad \sim$$

$$\left(\begin{array}{rrrrr|r} 4 & -2 & 1 & -5 & -2 & -9 \\ 0 & -6 & 5 & -13 & 22 & -21 \\ 0 & 0 & 17 & -1 & -56 & -93 \\ 0 & 0 & 0 & -5 & -246 & -261 \\ 0 & 0 & 0 & 0 & -989 & -989 \end{array}\right) \quad \begin{array}{lcl} \text{I} & & \\ \text{VI} & & \\ \text{X} & & \\ \text{XII} & & \\ 3 \cdot \text{XII} + \text{XIII} & \widehat{=} & \text{XIV}. \end{array}$$

Aus Gleichung XIV folgt:

$$\begin{aligned} -989x_5 &= -989 \\ x_5 &= 1. \end{aligned}$$

Aus Gleichung XII folgt mit $x_5 = 1$:

$$\begin{aligned} -5x_4 - 246x_5 &= -261 \\ -5x_4 - 246 \cdot 1 &= -261 \\ -5x_4 &= -15 \\ x_4 &= 3. \end{aligned}$$

Aus Gleichung X folgt mit $x_4 = 3$ und $x_5 = 1$:

$$\begin{aligned} 17x_3 - x_4 - 56x_5 &= -93 \\ 17x_3 - 3 - 56 \cdot 1 &= -93 \\ 17x_3 &= -34 \\ x_3 &= -2. \end{aligned}$$

Aus Gleichung VI folgt mit $x_3 = -2$, $x_4 = 3$ und $x_5 = 1$:

$$\begin{aligned} -6x_2 + 5x_3 - 13x_4 + 22x_5 &= -21 \\ -6x_2 + 5 \cdot (-2) - 13 \cdot 3 + 22 \cdot 1 &= -21 \\ -6x_2 &= 6 \\ x_2 &= -1. \end{aligned}$$

Aus Gleichung I folgt mit $x_2 = -1$, $x_3 = -2$, $x_4 = 3$ und $x_5 = 1$:

$$\begin{aligned} 4x_1 - 2x_2 + x_3 - 5x_4 - 2x_5 &= -9 \\ 4x_1 - 2 \cdot (-1) + (-2) - 5 \cdot 3 - 2 \cdot 1 &= -9 \\ 4x_1 &= 8 \\ x_1 &= 2. \end{aligned}$$

Damit hat das lineare Gleichungssystem die Lösung

$$(x_1, x_2, x_3, x_4, x_5) = (2, -1, -2, 3, 1).$$

Aufgabe 5.6.9

Bestimmen Sie alle Lösungen des folgenden linearen Gleichungssystems

$$\begin{aligned} 4x_1 - 3x_2 + x_3 + 9x_4 - x_5 &= 8 \\ 2x_1 + x_2 - 4x_3 + 2x_4 + 4x_5 &= -3 \\ 3x_1 + 2x_2 + x_3 - x_4 - 2x_5 &= 1 \\ x_1 - x_2 - x_3 + 2x_4 - x_5 &= -1 \\ x_1 + 5x_2 - 5x_3 - 2x_4 + 11x_5 &= 3. \end{aligned}$$

Lösung:

$$\left(\begin{array}{rrrrr|r} 4 & -3 & 1 & 9 & -1 & 8 \\ 2 & 1 & -4 & 2 & 4 & -3 \\ 3 & 2 & 1 & -1 & -2 & 1 \\ 1 & -1 & -1 & 2 & -1 & -1 \\ 1 & 5 & -5 & -2 & 11 & 3 \end{array}\right) \begin{array}{l} \text{I} \\ \text{II} \\ \text{III} \\ \text{IV} \\ \text{V} \end{array} \sim$$

$$\left(\begin{array}{ccccc|c} 4 & -3 & 1 & 9 & -1 & 8 \\ 0 & 1 & 5 & 1 & 3 & 12 \\ 0 & 3 & -2 & -2 & 6 & -1 \\ 0 & 5 & 4 & -7 & 1 & 4 \\ 0 & -6 & 4 & 4 & -12 & -4 \end{array}\right) \begin{array}{lcl} \text{I} & & \\ \text{I} - 4 \cdot \text{IV} & \widehat{=} & \text{VI} \\ \text{II} - 2 \cdot \text{IV} & \widehat{=} & \text{VII} \\ \text{III} - 3 \cdot \text{IV} & \widehat{=} & \text{VIII} \\ \text{IV} - \text{V} & \widehat{=} & \text{IX} \end{array} \sim$$

$$\left(\begin{array}{ccccc|c} 4 & -3 & 1 & 9 & -1 & 8 \\ 0 & 1 & 5 & 1 & 3 & 12 \\ 0 & 0 & 17 & 5 & 3 & 37 \\ 0 & 0 & 21 & 12 & 14 & 56 \\ 0 & 0 & 34 & 10 & 6 & 68 \end{array}\right) \begin{array}{lcl} \text{I} & & \\ \text{VI} & & \\ 3 \cdot \text{VI} - \text{VII} & \widehat{=} & \text{X} \\ 5 \cdot \text{VI} - \text{VIII} & \widehat{=} & \text{XI} \\ 6 \cdot \text{VI} + \text{IX} & \widehat{=} & \text{XII} \end{array} \sim$$

$$\left(\begin{array}{ccccc|c} 4 & -3 & 1 & 9 & -1 & 8 \\ 0 & 1 & 5 & 1 & 3 & 12 \\ 0 & 0 & 17 & 5 & 3 & 37 \\ 0 & 0 & 0 & -99 & -175 & -175 \\ 0 & 0 & 0 & 198 & 350 & 476 \end{array}\right) \begin{array}{lcl} \text{I} & & \\ \text{VI} & & \\ \text{X} & & \\ 21 \cdot \text{X} - 17 \cdot \text{XI} & \widehat{=} & \text{XIII} \\ 34 \cdot \text{XI} - 21 \cdot \text{XII} & \widehat{=} & \text{XIV} \end{array} \sim$$

$$\left(\begin{array}{ccccc|c} 4 & -3 & 1 & 9 & -1 & 8 \\ 0 & 1 & 5 & 1 & 3 & 12 \\ 0 & 0 & 17 & 5 & 3 & 37 \\ 0 & 0 & 0 & -99 & -175 & -175 \\ 0 & 0 & 0 & 0 & 0 & 126 \end{array}\right) \begin{array}{lcl} \text{I} & & \\ \text{VI} & & \\ \text{X} & & \\ \text{XIII} & & \\ 2 \cdot \text{XIII} + \text{XIV} & \widehat{=} & \text{XV}. \end{array}$$

Aus Gleichung XV folgt:

$$0 = 126.$$

Da dies ein Widerspruch ist, hat das lineare Gleichungssystem keine Lösung.

Aufgabe 5.6.10

Bestimmen Sie alle Lösungen des folgenden linearen Gleichungssystems

$$\begin{aligned} x_1 + x_2 \qquad\qquad\qquad &= 0 \\ x_2 + x_3 \qquad\qquad &= 0 \\ x_3 + x_4 \qquad &= 0 \\ x_4 + x_5 &= 0 \\ x_1 \qquad\qquad\qquad - x_5 &= 0. \end{aligned}$$

Lösung:

$$\left(\begin{array}{ccccc|c} 1 & 1 & 0 & 0 & 0 & 0 \\ 0 & 1 & 1 & 0 & 0 & 0 \\ 0 & 0 & 1 & 1 & 0 & 0 \\ 0 & 0 & 0 & 1 & 1 & 0 \\ 1 & 0 & 0 & 0 & -1 & 0 \end{array}\right) \begin{array}{l} \mathrm{I} \\ \mathrm{II} \\ \mathrm{III} \\ \mathrm{IV} \\ \mathrm{V} \end{array} \sim$$

$$\left(\begin{array}{ccccc|c} 1 & 1 & 0 & 0 & 0 & 0 \\ 0 & 1 & 1 & 0 & 0 & 0 \\ 0 & 0 & 1 & 1 & 0 & 0 \\ 0 & 0 & 0 & 1 & 1 & 0 \\ 0 & 1 & 0 & 0 & 1 & 0 \end{array}\right) \begin{array}{l} \mathrm{I} \\ \mathrm{II} \\ \mathrm{III} \\ \mathrm{IV} \\ \mathrm{I} - \mathrm{V} \;\widehat{=}\; \mathrm{VI} \end{array} \sim$$

$$\left(\begin{array}{ccccc|c} 1 & 1 & 0 & 0 & 0 & 0 \\ 0 & 1 & 1 & 0 & 0 & 0 \\ 0 & 0 & 1 & 1 & 0 & 0 \\ 0 & 0 & 0 & 1 & 1 & 0 \\ 0 & 0 & 1 & 0 & -1 & 0 \end{array}\right) \begin{array}{l} \mathrm{I} \\ \mathrm{II} \\ \mathrm{III} \\ \mathrm{IV} \\ \mathrm{II} - \mathrm{VI} \;\widehat{=}\; \mathrm{VII} \end{array} \sim$$

$$\left(\begin{array}{ccccc|c} 1 & 1 & 0 & 0 & 0 & 0 \\ 0 & 1 & 1 & 0 & 0 & 0 \\ 0 & 0 & 1 & 1 & 0 & 0 \\ 0 & 0 & 0 & 1 & 1 & 0 \\ 0 & 0 & 0 & 1 & 1 & 0 \end{array}\right) \begin{array}{l} \mathrm{I} \\ \mathrm{II} \\ \mathrm{III} \\ \mathrm{IV} \\ \mathrm{III} - \mathrm{VII} \;\widehat{=}\; \mathrm{VIII} \end{array} \sim$$

$$\left(\begin{array}{ccccc|c} 1 & 1 & 0 & 0 & 0 & 0 \\ 0 & 1 & 1 & 0 & 0 & 0 \\ 0 & 0 & 1 & 1 & 0 & 0 \\ 0 & 0 & 0 & 1 & 1 & 0 \\ 0 & 0 & 0 & 0 & 0 & 0 \end{array}\right) \begin{array}{l} \mathrm{I} \\ \mathrm{II} \\ \mathrm{III} \\ \mathrm{IV} \\ \mathrm{IV} - \mathrm{VIII} \;\widehat{=}\; \mathrm{IX}. \end{array}$$

Aus Gleichung IV folgt:

$$x_4 + x_5 = 0.$$

Mit $x_5 = t \in \mathbb{R}$ folgt $x_4 = -t$.

Aus Gleichung III folgt mit $x_4 = -t$:

$$\begin{aligned} x_3 + x_4 &= 0 \\ x_3 - t &= 0 \\ x_3 &= t. \end{aligned}$$

Aus Gleichung II folgt mit $x_3 = t$:

$$\begin{aligned} x_2 + x_3 &= 0 \\ x_2 + t &= 0 \\ x_2 &= -t. \end{aligned}$$

Aus Gleichung I folgt mit $x_2 = -t$:

$$\begin{aligned} x_1 + x_2 &= 0 \\ x_1 - t &= 0 \\ x_1 &= t. \end{aligned}$$

Damit hat das lineare Gleichungssystem unendlich viele Lösungen:

$$\begin{pmatrix} x_1 \\ x_2 \\ x_3 \\ x_4 \\ x_5 \end{pmatrix} = t \cdot \begin{pmatrix} 1 \\ -1 \\ 1 \\ -1 \\ 1 \end{pmatrix}, \; t \in \mathbb{R}.$$

Aufgabe 5.6.11

Das folgende lineare Gleichungssystem hat genau eine Lösung.

$$\begin{aligned} 2x_1 - x_2 - 3x_3 + 2x_4 &= -7 \\ x_1 + x_2 - x_3 + x_4 &= -3 \\ -2x_1 + 2x_2 + x_3 - 3x_4 &= -2 \\ -x_1 + 3x_2 + 2x_3 - x_4 &= 3. \end{aligned}$$

Bestimmen Sie diese mithilfe

- des Gauß-Algorithmus,
- der Cramer-Regel und
- der inversen Matrix.

Lösung:

Gauß-Algorithmus:

$$\left(\begin{array}{rrrr|r} 2 & -1 & -3 & 2 & -7 \\ 1 & 1 & -1 & 1 & -3 \\ -2 & 2 & 1 & -3 & -2 \\ -1 & 3 & 2 & -1 & 3 \end{array}\right) \begin{array}{l} \text{I} \\ \text{II} \\ \text{III} \\ \text{IV} \end{array} \sim$$

$$\left(\begin{array}{rrrr|r} 2 & -1 & -3 & 2 & -7 \\ 0 & -3 & -1 & 0 & -1 \\ 0 & 1 & -2 & -1 & -9 \\ 0 & 4 & 1 & 0 & 0 \end{array}\right) \begin{array}{lll} \text{I} & & \\ \text{I} - 2 \cdot \text{II} & \widehat{=} & \text{V} \\ \text{I} + \text{III} & \widehat{=} & \text{VI} \\ \text{II} + \text{IV} & \widehat{=} & \text{VII} \end{array} \sim$$

$$\left(\begin{array}{rrrr|r} 2 & -1 & -3 & 2 & -7 \\ 0 & -3 & -1 & 0 & -1 \\ 0 & 0 & -7 & -3 & -28 \\ 0 & 0 & -9 & -4 & -36 \end{array}\right) \begin{array}{lll} \text{I} & & \\ \text{V} & & \\ \text{V} + 3 \cdot \text{VI} & \widehat{=} & \text{VIII} \\ 4 \cdot \text{VI} - \text{VII} & \widehat{=} & \text{IX} \end{array} \sim$$

$$\left(\begin{array}{rrrr|r} 2 & -1 & -3 & 2 & -7 \\ 0 & -3 & -1 & 0 & -1 \\ 0 & 0 & -7 & -3 & -28 \\ 0 & 0 & 0 & 1 & 0 \end{array}\right) \begin{array}{lll} \text{I} & & \\ \text{V} & & \\ \text{VIII} & & \\ 9 \cdot \text{VIII} - 7 \cdot \text{IX} & \widehat{=} & \text{X} \end{array}$$

Aus Gleichung X folgt:

$$x_4 = 0.$$

Aus Gleichung VIII folgt mit $x_4 = 0$:

$$\begin{aligned} -7x_3 - 3x_4 &= -28 \\ -7x_3 - 3 \cdot 0 &= -28 \\ x_3 &= 4. \end{aligned}$$

Aus Gleichung V folgt mit $x_3 = 4$ und $x_4 = 0$:

$$\begin{aligned} -3x_2 - x_3 &= -1 \\ -3x_2 - 4 &= -1 \\ x_2 &= -1. \end{aligned}$$

Aus Gleichung I folgt mit $x_2 = -1$, $x_3 = 4$ und $x_4 = 0$:

$$\begin{aligned} 2x_1 - x_2 - 3x_3 + 2x_4 &= -7 \\ 2x_1 + 1 - 3 \cdot 4 + 2 \cdot 0 &= -7 \\ 2x_1 &= 4 \\ x_1 &= 2. \end{aligned}$$

Damit hat das lineare Gleichungssystem die Lösung

$$(x_1, x_2, x_3, x_4) = (2, -1, 4, 0).$$

Cramer-Regel: (Entwicklung nach der ersten Zeile)

$$\begin{aligned} D &= \begin{vmatrix} 2 & -1 & -3 & 2 \\ 1 & 1 & -1 & 1 \\ -2 & 2 & 1 & -3 \\ -1 & 3 & 2 & -1 \end{vmatrix} \\ &= 2 \cdot \begin{vmatrix} 1 & -1 & 1 \\ 2 & 1 & -3 \\ 3 & 2 & -1 \end{vmatrix} + 1 \cdot \begin{vmatrix} 1 & -1 & 1 \\ -2 & 1 & -3 \\ -1 & 2 & -1 \end{vmatrix} \\ &\quad -3 \cdot \begin{vmatrix} 1 & 1 & 1 \\ -2 & 2 & -3 \\ -1 & 3 & -1 \end{vmatrix} - 2 \cdot \begin{vmatrix} 1 & 1 & -1 \\ -2 & 2 & 1 \\ -1 & 3 & 2 \end{vmatrix} \\ &= 2 \cdot (1 \cdot 1 \cdot (-1) + (-1) \cdot (-3) \cdot 3 + 1 \cdot 2 \cdot 2 \\ &\quad -3 \cdot 1 \cdot 1 - 2 \cdot (-3) \cdot 1 - (-1) \cdot 2 \cdot (-1)) \\ &\quad +1 \cdot (1 \cdot 1 \cdot (-1) + (-1) \cdot (-3) \cdot (-1) + 1 \cdot (-2) \cdot 2 \\ &\quad -(-1) \cdot 1 \cdot 1 - 2 \cdot (-3) \cdot 1 - (-1) \cdot (-2) \cdot (-1)) \\ &\quad -3 \cdot (1 \cdot 2 \cdot (-1) + 1 \cdot (-3) \cdot (-1) + 1 \cdot (-2) \cdot 3 \\ &\quad -(-1) \cdot 2 \cdot 1 - 3 \cdot (-3) \cdot 1 - (-1) \cdot (-2) \cdot 1) \\ &\quad -2 \cdot (1 \cdot 2 \cdot 2 + 1 \cdot 1 \cdot (-1) + (-1) \cdot (-2) \cdot 3 \\ &\quad -(-1) \cdot 2 \cdot (-1) - 3 \cdot 1 \cdot 1 - 2 \cdot (-2) \cdot 1) \\ &= 2 \cdot (-1 + 9 + 4 - 3 + 6 - 2) + 1 \cdot (-1 - 3 - 4 + 1 + 6 + 2) \\ &\quad -3 \cdot (-2 + 3 - 6 + 2 + 9 - 2) - 2 \cdot (4 - 1 + 6 - 2 - 3 + 4) \\ &= 2 \cdot 13 + 1 \cdot 1 - 3 \cdot 4 - 2 \cdot 8 = 26 + 1 - 12 - 16 = -1. \end{aligned}$$

$$
\begin{aligned}
D_1 &= \begin{vmatrix} -7 & -1 & -3 & 2 \\ -3 & 1 & -1 & 1 \\ -2 & 2 & 1 & -3 \\ 3 & 3 & 2 & -1 \end{vmatrix} \\
&= -7 \cdot \begin{vmatrix} 1 & -1 & 1 \\ 2 & 1 & -3 \\ 3 & 2 & -1 \end{vmatrix} + 1 \cdot \begin{vmatrix} -3 & -1 & 1 \\ -2 & 1 & -3 \\ 3 & 2 & -1 \end{vmatrix} \\
&\quad -3 \cdot \begin{vmatrix} -3 & 1 & 1 \\ -2 & 2 & -3 \\ 3 & 3 & -1 \end{vmatrix} - 2 \cdot \begin{vmatrix} -3 & 1 & -1 \\ -2 & 2 & 1 \\ 3 & 3 & 2 \end{vmatrix} \\
&= -7 \cdot (1 \cdot 1 \cdot (-1) + (-1) \cdot (-3) \cdot 3 + 1 \cdot 2 \cdot 2 \\
&\quad -3 \cdot 1 \cdot 1 - 2 \cdot (-3) \cdot 1 - (-1) \cdot 2 \cdot (-1)) \\
&\quad +1 \cdot ((-3) \cdot 1 \cdot (-1) + (-1) \cdot (-3) \cdot 3 + 1 \cdot (-2) \cdot 2 \\
&\quad -3 \cdot 1 \cdot 1 - 2 \cdot (-3) \cdot (-3) - (-1) \cdot (-2) \cdot (-1)) \\
&\quad -3 \cdot ((-3) \cdot 2 \cdot (-1) + 1 \cdot (-3) \cdot 3 + 1 \cdot (-2) \cdot 3 \\
&\quad -3 \cdot 2 \cdot 1 - 3 \cdot (-3) \cdot (-3) - (-1) \cdot (-2) \cdot 1) \\
&\quad -2 \cdot ((-3) \cdot 2 \cdot 2 + 1 \cdot 1 \cdot 3 + (-1) \cdot (-2) \cdot 3 \\
&\quad -3 \cdot 2 \cdot (-1) - 3 \cdot 1 \cdot (-3) - 2 \cdot (-2) \cdot 1) \\
&= -7 \cdot (-1 + 9 + 4 - 3 + 6 - 2) + 1 \cdot (3 + 9 - 4 - 3 - 18 + 2) \\
&\quad -3 \cdot (6 - 9 - 6 - 6 - 27 - 2) - 2 \cdot (-12 + 3 + 6 + 6 + 9 + 4) \\
&= -7 \cdot 13 + 1 \cdot (-11) - 3 \cdot (-44) - 2 \cdot 16 \\
&= -91 - 11 + 132 - 32 = -2.
\end{aligned}
$$

$$
\begin{aligned}
D_2 &= \begin{vmatrix} 2 & -7 & -3 & 2 \\ 1 & -3 & -1 & 1 \\ -2 & -2 & 1 & -3 \\ -1 & 3 & 2 & -1 \end{vmatrix} \\
&= 2 \cdot \begin{vmatrix} -3 & -1 & 1 \\ -2 & 1 & -3 \\ 3 & 2 & -1 \end{vmatrix} + 7 \cdot \begin{vmatrix} 1 & -1 & 1 \\ -2 & 1 & -3 \\ -1 & 2 & -1 \end{vmatrix}
\end{aligned}
$$

$$-3 \cdot \begin{vmatrix} 1 & -3 & 1 \\ -2 & -2 & -3 \\ -1 & 3 & -1 \end{vmatrix} - 2 \cdot \begin{vmatrix} 1 & -3 & -1 \\ -2 & -2 & 1 \\ -1 & 3 & 2 \end{vmatrix}$$

$$\begin{aligned}
= \; & 2 \cdot ((-3) \cdot 1 \cdot (-1) + (-1) \cdot (-3) \cdot 3 + 1 \cdot (-2) \cdot 2 \\
& -3 \cdot 1 \cdot 1 - 2 \cdot (-3) \cdot (-3) - (-1) \cdot (-2) \cdot (-1)) \\
& +7 \cdot (1 \cdot 1 \cdot (-1) + (-1) \cdot (-3) \cdot (-1) + 1 \cdot (-2) \cdot 2 \\
& -(-1) \cdot 1 \cdot 1 - 2 \cdot (-3) \cdot 1 - (-1) \cdot (-2) \cdot (-1)) \\
& -3 \cdot (1 \cdot (-2) \cdot (-1) + (-3) \cdot (-3) \cdot (-1) + 1 \cdot (-2) \cdot 3 \\
& -(-1) \cdot (-2) \cdot 1 - 3 \cdot (-3) \cdot 1 - (-1) \cdot (-2) \cdot (-3)) \\
& -2 \cdot (1 \cdot (-2) \cdot 2 + (-3) \cdot 1 \cdot (-1) + (-1) \cdot (-2) \cdot 3 \\
& -(-1) \cdot (-2) \cdot (-1) - 3 \cdot 1 \cdot 1 - 2 \cdot (-2) \cdot (-3)) \\
= \; & 2 \cdot (3 + 9 - 4 - 3 - 18 + 2) + 7 \cdot (-1 - 3 - 4 + 1 + 6 + 2) \\
& -3 \cdot (2 - 9 - 6 - 2 + 9 - 6) - 2 \cdot (-4 + 3 + 6 + 2 - 3 - 12) \\
= \; & 2 \cdot (-11) + 7 \cdot 1 - 3 \cdot 0 - 2 \cdot (-8) \; = \; -22 + 7 + 16 \; = \; 1.
\end{aligned}$$

$$D_3 = \begin{vmatrix} 2 & -1 & -7 & 2 \\ 1 & 1 & -3 & 1 \\ -2 & 2 & -2 & -3 \\ -1 & 3 & 3 & -1 \end{vmatrix}$$

$$= 2 \cdot \begin{vmatrix} 1 & -3 & 1 \\ 2 & -2 & -3 \\ 3 & 3 & -1 \end{vmatrix} + 1 \cdot \begin{vmatrix} 1 & -3 & 1 \\ -2 & -2 & -3 \\ -1 & 3 & -1 \end{vmatrix}$$

$$-7 \cdot \begin{vmatrix} 1 & 1 & 1 \\ -2 & 2 & -3 \\ -1 & 3 & -1 \end{vmatrix} - 2 \cdot \begin{vmatrix} 1 & 1 & -3 \\ -2 & 2 & -2 \\ -1 & 3 & 3 \end{vmatrix}$$

$$\begin{aligned}
= \; & 2 \cdot (1 \cdot (-2) \cdot (-1) + (-3) \cdot (-3) \cdot 3 + 1 \cdot 2 \cdot 3 \\
& -3 \cdot (-2) \cdot 1 - 3 \cdot (-3) \cdot 1 - (-1) \cdot 2 \cdot (-3)) \\
& +1 \cdot (1 \cdot (-2) \cdot (-1) + (-3) \cdot (-3) \cdot (-1) + 1 \cdot (-2) \cdot 3 \\
& -(-1) \cdot (-2) \cdot 1 - 3 \cdot (-3) \cdot 1 - (-1) \cdot (-2) \cdot (-3))
\end{aligned}$$

$$
\begin{aligned}
& -7\cdot(1\cdot 2\cdot(-1)+1\cdot(-3)\cdot(-1)+1\cdot(-2)\cdot 3\\
& -(-1)\cdot 2\cdot 1-3\cdot(-3)\cdot 1-(-1)\cdot(-2)\cdot 1)\\
& -2\cdot(1\cdot 2\cdot 3+1\cdot(-2)\cdot(-1)+(-3)\cdot(-2)\cdot 3\\
& -(-1)\cdot 2\cdot(-3)-3\cdot(-2)\cdot 1-3\cdot(-2)\cdot 1)\\
= {} & 2\cdot(2+27+6+6+9-6)+1\cdot(2-9-6-2+9+6)\\
& -7\cdot(-2+3-6+2+9-2)-2\cdot(6+2+18-6+6+6)\\
= {} & 2\cdot 44+1\cdot 0-7\cdot 4-2\cdot 32 \;=\; 88+0-28-64 \;=\; -4.
\end{aligned}
$$

$$
\begin{aligned}
D_4 \;=\; & \begin{vmatrix} 2 & -1 & -3 & -7\\ 1 & 1 & -1 & -3\\ -2 & 2 & 1 & -2\\ -1 & 3 & 2 & 3 \end{vmatrix}\\
= {} & 2\cdot\begin{vmatrix} 1 & -1 & -3\\ 2 & 1 & -2\\ 3 & 2 & 3 \end{vmatrix} + 1\cdot\begin{vmatrix} 1 & -1 & -3\\ -2 & 1 & -2\\ -1 & 2 & 3 \end{vmatrix}\\
& -3\cdot\begin{vmatrix} 1 & 1 & -3\\ -2 & 2 & -2\\ -1 & 3 & 3 \end{vmatrix} + 7\cdot\begin{vmatrix} 1 & 1 & -1\\ -2 & 2 & 1\\ -1 & 3 & 2 \end{vmatrix}\\
= {} & 2\cdot(1\cdot 1\cdot 3+(-1)\cdot(-2)\cdot 3+(-3)\cdot 2\cdot 2\\
& -3\cdot 1\cdot(-3)-2\cdot(-2)\cdot 1-3\cdot 2\cdot(-1))\\
& +1\cdot(1\cdot 1\cdot 3+(-1)\cdot(-2)\cdot(-1)+(-3)\cdot(-2)\cdot 2\\
& -(-1)\cdot 1\cdot(-3)-2\cdot(-2)\cdot 1-3\cdot(-2)\cdot(-1))\\
& -3\cdot(1\cdot 2\cdot 3+1\cdot(-2)\cdot(-1)+(-3)\cdot 2\cdot(-3)\\
& -(-1)\cdot 2\cdot(-3)-3\cdot(-2)\cdot 1-3\cdot(-2)\cdot 1)\\
& +7\cdot(1\cdot 2\cdot 2+1\cdot 1\cdot(-1)+(-1)\cdot(-2)\cdot 3\\
& -(-1)\cdot 2\cdot(-1)-3\cdot 1\cdot 1-2\cdot(-2)\cdot 1)\\
= {} & 2\cdot(3+6-12+9+4+6)+1\cdot(3-2+12-3+4-6)\\
& -3\cdot(6+2+18-6+6+6)+7\cdot(4-1+6-2-3+4)\\
= {} & 2\cdot 16+1\cdot 8-3\cdot 32+7\cdot 8 \;=\; 32+8-96+56 \;=\; 0.
\end{aligned}
$$

Daraus folgen:

$$x_1 = \frac{D_1}{D} = \frac{-2}{-1} = 2,$$

$$x_2 = \frac{D_2}{D} = \frac{1}{-1} = -1\ ,$$

$$x_3 = \frac{D_3}{D} = \frac{-4}{-1} = 4 \text{ und}$$

$$x_4 = \frac{D_4}{D} = \frac{0}{-1} = 0.$$

Damit hat das lineare Gleichungssystem die Lösung

$$(x_1, x_2, x_3, x_4) = (2, -1, 4, 0).$$

Inverse Matrix:

Wegen $A \cdot \vec{x} = \vec{b} \Longrightarrow \vec{x} = A^{-1} \cdot \vec{b}$ muß die inverse Matrix A^{-1} bestimmt werden:

$$\left(\begin{array}{rrrr|rrrr} 2 & -1 & -3 & 2 & 1 & 0 & 0 & 0 \\ 1 & 1 & -1 & 1 & 0 & 1 & 0 & 0 \\ -2 & 2 & 1 & -3 & 0 & 0 & 1 & 0 \\ -1 & 3 & 2 & -1 & 0 & 0 & 0 & 1 \end{array}\right) \begin{array}{l} \text{I} \\ \text{II} \\ \text{III} \\ \text{IV} \end{array} \sim$$

$$\left(\begin{array}{rrrr|rrrr} 2 & -1 & -3 & 2 & 1 & 0 & 0 & 0 \\ 0 & -3 & -1 & 0 & 1 & -2 & 0 & 0 \\ 0 & 1 & -2 & -1 & 1 & 0 & 1 & 0 \\ 0 & 4 & 1 & 0 & 0 & 1 & 0 & 1 \end{array}\right) \begin{array}{lll} \text{I} & & \\ \text{I} - 2 \cdot \text{II} & \hat{=} & \text{V} \\ \text{I} + \text{III} & \hat{=} & \text{VI} \\ \text{II} + \text{IV} & \hat{=} & \text{VII} \end{array} \sim$$

$$\left(\begin{array}{rrrr|rrrr} 2 & 0 & -5 & 1 & 2 & 0 & 1 & 0 \\ 0 & -3 & -1 & 0 & 1 & -2 & 0 & 0 \\ 0 & 0 & -7 & -3 & 4 & -2 & 3 & 0 \\ 0 & 0 & -9 & -4 & 4 & -1 & 4 & -1 \end{array}\right) \begin{array}{lll} \text{I} + \text{VI} & \hat{=} & \text{VIII} \\ \text{V} & & \\ \text{V} + 3 \cdot \text{VI} & \hat{=} & \text{IX} \\ 4 \cdot \text{VI} - \text{VII} & \hat{=} & \text{X} \end{array} \sim$$

$$\left(\begin{array}{rrrr|rrrr} 14 & 0 & 0 & 22 & -6 & 10 & -8 & 0 \\ 0 & -21 & 0 & 3 & 3 & -12 & -3 & 0 \\ 0 & 0 & -7 & -3 & 4 & -2 & 3 & 0 \\ 0 & 0 & 0 & 1 & 8 & -11 & -1 & 7 \end{array}\right) \begin{array}{lll} 7 \cdot \text{VIII} - 5 \cdot \text{IX} & \hat{=} & \text{XI} \\ 7 \cdot \text{V} - \text{IX} & \hat{=} & \text{XII} \\ \text{IX} & & \\ 9 \cdot \text{IX} - 7 \cdot \text{X} & \hat{=} & \text{XIII} \end{array}$$

$$\left(\begin{array}{cccc|cccc} 14 & 0 & 0 & 0 & -182 & 252 & 14 & -156 \\ 0 & -21 & 0 & 0 & -21 & 21 & 0 & -21 \\ 0 & 0 & -7 & 0 & 28 & -35 & 0 & 21 \\ 0 & 0 & 0 & 1 & 8 & -11 & -1 & 7 \end{array}\right) \begin{array}{ll} \text{XI} - 22 \cdot \text{XIII} & \widehat{=}\text{XIV} \\ \text{XII} - 3 \cdot \text{XIII} & \widehat{=}\text{XV} \\ \text{IX} + 3 \cdot \text{XIII} & \widehat{=}\text{XVI} \\ \text{XIII} & \end{array}$$

$$\left(\begin{array}{cccc|cccc} 1 & 0 & 0 & 0 & -13 & 18 & 1 & -11 \\ 0 & 1 & 0 & 0 & 1 & -1 & 0 & 1 \\ 0 & 0 & 1 & 0 & -4 & 5 & 0 & -3 \\ 0 & 0 & 0 & 1 & 8 & -11 & -1 & 7 \end{array}\right) \begin{array}{l} \text{XIV} : 14 \\ \text{XV} : (-21) \\ \text{XVI} : (-7) \\ \text{XIII}. \end{array}$$

Damit gilt :

$$A^{-1} = \begin{pmatrix} -13 & 18 & 1 & -11 \\ 1 & -1 & 0 & 1 \\ -4 & 5 & 0 & -3 \\ 8 & -11 & -1 & 7 \end{pmatrix}.$$

Die Lösung des linearen Gleichungssystems lautet dann:

$$\begin{pmatrix} x_1 \\ x_2 \\ x_3 \\ x_4 \end{pmatrix} = A^{-1} \cdot \vec{b} = \begin{pmatrix} -13 & 18 & 1 & -11 \\ 1 & -1 & 0 & 1 \\ -4 & 5 & 0 & -3 \\ 8 & -11 & -1 & 7 \end{pmatrix} \cdot \begin{pmatrix} -7 \\ -3 \\ -2 \\ 3 \end{pmatrix}$$

$$= \begin{pmatrix} -13 \cdot (-7) + 18 \cdot (-3) + 1 \cdot (-2) - 11 \cdot 3 \\ 1 \cdot (-7) - 1 \cdot (-3) + 0 \cdot (-2) + 1 \cdot 3 \\ -4 \cdot (-7) + 5 \cdot (-3) + 0 \cdot (-2) - 3 \cdot 3 \\ 8 \cdot (-7) - 11 \cdot (-3) - 1 \cdot (-2) + 7 \cdot 3 \end{pmatrix}$$

$$= \begin{pmatrix} 91 - 54 - 2 - 33 \\ -7 + 3 + 3 \\ 28 - 15 - 9 \\ -56 + 33 + 2 + 21 \end{pmatrix} = \begin{pmatrix} 2 \\ -1 \\ 4 \\ 0 \end{pmatrix}.$$

Aufgabe 5.6.12

Bestimmen Sie alle Lösungen des folgenden linearen Gleichungssystems in Abhängigkeit von $t \in \mathbb{R}$:

$$\begin{aligned} 2x_1 + x_2 - 3x_3 &= 1 \\ - 4x_2 + 2x_3 &= -2 \\ 2x_1 - 7x_2 + x_3 &= -3 + t. \end{aligned}$$

Lösung:

$$\left(\begin{array}{ccc|c} 2 & 1 & -3 & 1 \\ 0 & -4 & 2 & -2 \\ 2 & -7 & 1 & -3+t \end{array}\right) \begin{array}{l} \text{I} \\ \text{II} \\ \text{III} \end{array} \sim$$

$$\left(\begin{array}{ccc|c} 2 & 1 & -3 & 1 \\ 0 & -2 & 1 & -1 \\ 0 & 8 & -4 & 4-t \end{array}\right) \begin{array}{lcl} \text{I} & & \\ \text{II}:2 & \widehat{=} & \text{IV} \\ \text{I}-\text{III} & \widehat{=} & \text{V} \end{array} \sim$$

$$\left(\begin{array}{ccc|c} 2 & 1 & -3 & 1 \\ 0 & -2 & 1 & -1 \\ 0 & 0 & 0 & -t \end{array}\right) \begin{array}{lcl} \text{I} & & \\ \text{IV} & & \\ 4\cdot\text{IV}+\text{V} & \widehat{=} & \text{VI}. \end{array}$$

Aus Gleichung VI folgt:

$$0 = -t.$$

Damit gibt es keine Lösungen für $t \neq 0$ und unendlich viele Lösungen für $t = 0$.

Für $t = 0$ folgt aus Gleichung IV:

$$-2x_2 + x_3 = -1.$$

Mit $x_2 = \lambda \in \mathbb{R}$ folgt $x_3 = -1 + 2\lambda$.

Aus Gleichung I folgt mit $x_2 = \lambda$ und $x_3 = -1 + 2\lambda$:

$$\begin{aligned} 2x_1 + x_2 - {} & 3x_3 = 1 \\ 2x_1 + \lambda - 3 & \cdot (-1 + 2\lambda) = 1. \end{aligned}$$

$$\Longrightarrow x_1 = \frac{1}{2} - \frac{1}{2}\lambda + \frac{3}{2} \cdot (-1 + 2\lambda) = -1 + \frac{5}{2} \cdot \lambda.$$

Damit lauten die unendlich vielen Lösungen für $t = 0$:

$$\begin{pmatrix} x_1 \\ x_2 \\ x_3 \end{pmatrix} = \begin{pmatrix} -1 + \frac{5}{2} \cdot \lambda \\ \lambda \\ -1 + 2\lambda \end{pmatrix} = \begin{pmatrix} -1 \\ 0 \\ -1 \end{pmatrix} + \lambda \begin{pmatrix} \frac{5}{2} \\ 1 \\ 2 \end{pmatrix}$$

$$= \begin{pmatrix} -1 \\ 0 \\ -1 \end{pmatrix} + \lambda^* \begin{pmatrix} 5 \\ 2 \\ 4 \end{pmatrix}, \ \lambda^* \in \mathbb{R}.$$

Aufgabe 5.6.13

Für welche $k \in \mathbb{R}$ besitzt das lineare Gleichungssystem

$$\begin{aligned} kx_1 + \ x_2 + \ x_3 &= 1 \\ x_1 + kx_2 + \ x_3 &= 1 \\ x_1 + \ x_2 + kx_3 &= 1 \end{aligned}$$

keine, genau eine bzw. unendlich viele Lösungen?

Lösung:

$$\left(\begin{array}{ccc|c} k & 1 & 1 & 1 \\ 1 & k & 1 & 1 \\ 1 & 1 & k & 1 \end{array}\right) \quad \begin{array}{l} \text{I} \\ \text{II} \\ \text{III} \end{array} \quad \sim$$

$$\left(\begin{array}{ccc|c} k & 1 & 1 & 1 \\ 0 & k-1 & 1-k & 0 \\ 0 & 1-k^2 & 1-k & 1-k \end{array}\right) \quad \begin{array}{lcl} \text{I} & & \\ \text{II} - \text{III} & \hat{=} & \text{IV} \\ \text{I} - k \cdot \text{II} & \hat{=} & \text{V}, k \neq 0 \end{array} \quad \sim$$

$$\left(\begin{array}{ccc|c} k & 1 & 1 & 1 \\ 0 & 1 & -1 & 0 \\ 0 & k^2+k-2 & 0 & k-1 \end{array}\right) \quad \begin{array}{lcl} \text{I} & & \\ \text{IV} : (k-1) & \hat{=} & \text{VI}, k \neq 1 \\ \text{IV} - \text{V} & \hat{=} & \text{VII}. \end{array}$$

Aus Gleichung VI folgt:

$$\begin{aligned} \left(k^2 + k - 2\right) x_2 &= k - 1 \\ (k-1)(k+2)x_2 &= k - 1. \end{aligned}$$

Folglich müssen die Fälle $k = -2$, $k = 1$ und $k \in \mathbb{R} \setminus \{-2, 1\}$ betrachtet werden.

1. Fall: $k = -2$

Aus Gleichung VII folgt:

$$0 \cdot x_2 = -3 \implies 0 = -3.$$

Also hat das lineare Gleichungssystem für $k = -2$ keine Lösung.

2. Fall: $k = 1$

Aus Gleichung VII folgt:

$$0 \cdot x_2 = 0 \implies 0 = -0.$$

Mit $x_2 = \lambda \in \mathbb{R}$ erhält man aus Gleichung IV $0 = 0$.

Also muß auch x_3 beliebig vorgegeben werden: $x_3 = \mu \in \mathbb{R}$.

Aus Gleichung I ergibt sich mit $x_2 = \lambda$ und $x_3 = \mu$:

$$\begin{aligned} x_1 + x_2 + x_3 &= 1 \\ x_1 + \lambda + \mu &= 1 \\ x_1 &= 1 - \lambda - \mu. \end{aligned}$$

Mit $\lambda, \mu \in \mathbb{R}$ lauten die unendlich vielen Lösungen (Ebene im $\mathbb{R}^3$) für $k = 1$:

$$\begin{pmatrix} x_1 \\ x_2 \\ x_3 \end{pmatrix} = \begin{pmatrix} 1 - \lambda - \mu \\ \lambda \\ \mu \end{pmatrix} = \begin{pmatrix} 1 \\ 0 \\ 0 \end{pmatrix} + \lambda \begin{pmatrix} -1 \\ 0 \\ 1 \end{pmatrix} + \mu \begin{pmatrix} -1 \\ 1 \\ 0 \end{pmatrix}.$$

3. Fall: $k \in \mathbb{R} \setminus \{-2, 1\}$

Aus Gleichung VII folgt:

$$\begin{aligned} (k-1)(k+2)x_2 &= k - 1 \\ x_2 &= \frac{1}{k+2}. \end{aligned}$$

Aus Gleichung VI folgt mit $x_2 = \dfrac{1}{k+2}$:

$$\begin{aligned} x_2 - x_3 &= 0 \\ \frac{1}{k+2} - x_3 &= 0 \\ x_3 &= \frac{1}{k+2}. \end{aligned}$$

Aus Gleichung I folgt mit $x_2 = \frac{1}{k+2}$ und $x_3 = \frac{1}{k+2}$:

$$\begin{aligned} kx_1 + \quad x_2 + \quad x_3 &= 1 \\ kx_1 + \frac{1}{k+2} + \frac{1}{k+2} &= 1 \\ kx_1 &= 1 - \frac{2}{k+2} \\ kx_1 &= \frac{k}{k+2} \\ x_1 &= \frac{1}{k+2}, k \neq 0. \end{aligned}$$

Der Sonderfall $k = 0$ ergibt die Lösung $x_1 = x_2 = x_3 = \frac{1}{2}$.

Damit hat das lineare Gleichungssystem für $k \in \mathbb{R} \setminus \{-2, 1\}$ die Lösung

$$(x_1, x_2, x_3) = \left(\frac{1}{k+2}, \frac{1}{k+2}, \frac{1}{k+2}\right).$$

Aufgabe 5.6.14

Für welche $k \in \mathbb{R}$ besitzt das lineare Gleichungssystem

$$\begin{aligned} 5x_1 - \quad x_2 - 4x_3 &= -12 \\ 2x_1 - 3x_2 + \quad x_3 &= \quad 16 \\ 5x_1 - \quad x_2 - \quad x_3 &= \quad 3 \\ 3x_1 + \quad x_2 + 3x_3 &= \quad k \end{aligned}$$

keine Lösung?

Für welche $k \in \mathbb{R}$ gibt es Lösungen? Berechnen Sie diese Lösungen!

Lösung:

$$\left(\begin{array}{rrr|r} 5 & -1 & -4 & -12 \\ 2 & -3 & 1 & 16 \\ 5 & -1 & -1 & 3 \\ 3 & 1 & 3 & k \end{array}\right) \begin{array}{l} \text{I} \\ \text{II} \\ \text{III} \\ \text{IV} \end{array} \sim$$

$$\left(\begin{array}{rrr|r} 5 & -1 & -4 & -12 \\ 0 & 13 & -13 & -104 \\ 0 & 0 & -3 & -15 \\ 0 & -11 & -3 & 48-2k \end{array}\right) \begin{array}{lcl} \text{I} & & \\ 2 \cdot \text{I} - 5 \cdot \text{II} & \hat{=} & \text{V} \\ \text{I} - \text{III} & \hat{=} & \text{VI} \\ 3 \cdot \text{II} - 2 \cdot \text{IV} & \hat{=} & \text{VII} \end{array} \sim$$

$$\left(\begin{array}{ccc|c} 5 & -1 & -4 & -12 \\ 0 & 1 & -1 & -8 \\ 0 & 0 & 1 & 5 \\ 0 & 0 & -182 & -520-26k \end{array}\right) \quad \begin{array}{lcl} \text{I} & & \\ \text{V}:13 & \widehat{=} & \text{VIII} \\ \text{VI}:(-3) & \widehat{=} & \text{IX} \\ 11\cdot\text{V}+13\cdot\text{VII} & \widehat{=} & \text{X}. \end{array}$$

Aus Gleichung IX folgt:

$$x_3 = 5.$$

Aus Gleichung X folgt mit $x_3 = 5$:

$$\begin{aligned} -182x_3 &= -520 - 26k \\ -182\cdot 5 &= -520 - 26k \\ 26k &= 390 \\ k &= 15. \end{aligned}$$

Damit kann es nur für $k = 15$ Lösungen geben.

Aus Gleichung VIII folgt mit $x_3 = 5$:

$$\begin{aligned} x_2 - x_3 &= -8 \\ x_2 - 5 &= -8 \end{aligned}$$

$\Longrightarrow x_2 = -3.$

Aus Gleichung I folgt mit $x_2 = -3$ und $x_3 = 5$:

$$\begin{aligned} 5x_1 - x_2 - 4x_3 &= -12 \\ 5x_1 + 3 - 20 &= -12 \\ 5x_1 &= -5 \end{aligned}$$

$\Longrightarrow x_1 = 1.$

Damit hat das lineare Gleichungssystem für $k = 15$ die Lösung

$$(x_1, x_2, x_3) = (1, -3, 5).$$

Für $k \neq 15$ gibt es keine Lösung.

Aufgabe 5.6.15

Bestimmen Sie alle Lösungen des folgenden linearen Gleichungssystems in Abhängigkeit von $a \in \mathbb{R}$:

$$\begin{aligned} x_1 + 4x_2 + 2x_3 &= 10 \\ x_1 + x_2 - x_3 &= 4 \\ x_1 + 3x_2 + \left(2a^2 - 1\right) x_3 &= a + 7. \end{aligned}$$

Lösung:

$$\left(\begin{array}{ccc|c} 1 & 4 & 2 & 10 \\ 1 & 1 & -1 & 4 \\ 1 & 3 & 2a^2-1 & a+7 \end{array}\right) \begin{array}{l} \mathrm{I} \\ \mathrm{II} \\ \mathrm{III} \end{array} \sim$$

$$\left(\begin{array}{ccc|c} 1 & 4 & 2 & 10 \\ 0 & 3 & 3 & 6 \\ 0 & 2 & 2a^2 & a+3 \end{array}\right) \begin{array}{lcl} \mathrm{I} & & \\ \mathrm{I} - \mathrm{II} & \widehat{=} & \mathrm{IV} \\ \mathrm{III} - \mathrm{II} & \widehat{=} & \mathrm{V} \end{array} \sim$$

$$\left(\begin{array}{ccc|c} 1 & 4 & 2 & 10 \\ 0 & 3 & 3 & 6 \\ 0 & 0 & 6-6a^2 & -3a+3 \end{array}\right) \begin{array}{lcl} \mathrm{I} & & \\ \mathrm{IV} & & \\ 2 \cdot \mathrm{IV} - 3 \cdot \mathrm{V} & \widehat{=} & \mathrm{VI}. \end{array}$$

Aus Gleichung VI folgt:

$$\left(6 - 6a^2\right) x_3 = 3 - 3a.$$

Es muß durch $6 - 6a^2$ dividiert werden.

Fall 1: $6 - 6a^2 \neq 0 \Longrightarrow a^2 \neq 1 \Longrightarrow a \neq \pm 1$.

Aus Gleichung VI folgt:

$$x_3 = \frac{3 - 3a}{6 - 6a^2} = \frac{3(1-a)}{6(1-a)(1+a)} = \frac{1}{2(1+a)}.$$

Mit $x_3 = \dfrac{1}{2(1+a)}$ erhält man aus Gleichung IV:

$$\begin{aligned} 3x_2 + 3x_3 &= 6 \\ x_2 &= 2 - \frac{1}{2(1+a)} = \frac{3+4a}{2(1+a)}. \end{aligned}$$

Aus Gleichung I folgt mit $x_2 = \dfrac{3+4a}{2(1+a)}$ und $x_3 = \dfrac{1}{2(1+a)}$:

$$\begin{aligned} x_1 + 4x_2 + 2x_3 &= 10 \\ x_1 &= 10 - 4x_2 - 2x_3 \\ x_1 &= 10 - 4 \cdot \frac{3+4a}{2(1+a)} - 2 \cdot \frac{1}{2(1+a)} \\ x_1 &= \frac{20 + 20a - 12 - 16a - 2}{2(1+a)} \\ x_1 &= \frac{6+4a}{2(1+a)} = \frac{3+2a}{1+a}. \end{aligned}$$

Damit hat das lineare Gleichungssystem die Lösung

$$(x_1, x_2, x_3) = \left(\frac{3+2a}{1+a}, \frac{3+4a}{1+a}, \frac{1}{1+a} \right).$$

Fall 2: $6 - 6a^2 = 0 \Longrightarrow a = 1$ oder $a = -1$.

Fall 2a: $a = -1$.

Aus Gleichung VI folgt:

$$0 \cdot x_3 = 6.$$

Da dies ein Widerspruch ist, hat das lineare Gleichungssystem keine Lösung.

Fall 2b: $a = 1$.

Aus Gleichung VI folgt:

$$0 \cdot x_3 = 0.$$

Es kann also x_3 beliebig gewählt werden.
Mit $x_3 = \lambda \in \mathbb{R}$ folgt aus Gleichung IV:

$$\begin{aligned} 3x_2 + 3x_3 &= 6 \\ 3x_2 + \ 3\lambda &= 6 \\ x_2 &= 2 - \lambda. \end{aligned}$$

Mit $x_2 = 2 - \lambda$ und $x_3 = \lambda \in \mathbb{R}$ folgt aus Gleichung I:

$$\begin{aligned} x_1 + 4x_2 + 2x_3 &= 10 \\ x_1 &= 10 - 4x_2 - 2x_3 \\ x_1 &= 10 - 4(2-\lambda) - 2\lambda \ = \ 2 + 2\lambda. \end{aligned}$$

Es gibt also unendlich viele Lösungen (Gerade im $\mathbb{R}^3$):

$$\begin{pmatrix} x_1 \\ x_2 \\ x_3 \end{pmatrix} = \begin{pmatrix} 2 \\ 2 \\ 0 \end{pmatrix} + \lambda \begin{pmatrix} 2 \\ -1 \\ 1 \end{pmatrix}, \lambda \in \mathbb{R}.$$

Aufgabe 5.6.16

Bestimmen Sie alle Lösungen des folgenden linearen Gleichungssystems für beliebiges $n \in \mathbb{N}$, $n \geq 2$.

$$\begin{array}{rcl} x_2 + x_3 + \ldots + x_{n-1} + x_n &=& 1 \\ x_1 \quad + x_3 + \ldots + x_{n-1} + x_n &=& 2 \\ x_1 + x_2 \quad + \ldots + x_{n-1} + x_n &=& 3 \\ \ldots\ldots\ldots\ldots\ldots\ldots\ldots\ldots && \\ x_1 + x_2 + x_3 + \ldots \quad + x_n &=& n-1 \\ x_1 + x_2 + x_3 + \ldots + x_{n-1} \quad &=& n \end{array}$$

Also lösen Sie $\sum_{k=1, k \neq j}^{n} x_k = j$ für alle $1 \leq j \leq n$, $j \in \mathbb{N}$, $n \in \mathbb{N}$, $n \geq 2$.

Lösung:

$$\left(\begin{array}{cccccc|c} 0 & 1 & 1 & \ldots & 1 & 1 & 1 \\ 1 & 0 & 1 & \ldots & 1 & 1 & 2 \\ 1 & 1 & 0 & \ldots & 1 & 1 & 3 \\ \vdots & \vdots & \vdots & \vdots & \vdots & \vdots & \vdots \\ 1 & 1 & 1 & \ldots & 0 & 1 & n-1 \\ 1 & 1 & 1 & \ldots & 1 & 0 & n \end{array}\right) \begin{array}{l} G_1 \\ G_2 \\ G_3 \\ \vdots \\ G_{n-1} \\ G_n \end{array} \sim$$

$$\left(\begin{array}{cccccc|c} 0 & 1 & 1 & \ldots & 1 & 1 & 1 \\ 1 & -1 & 0 & \ldots & 0 & 0 & 1 \\ 1 & 0 & -1 & \ldots & 0 & 0 & 2 \\ \vdots & \vdots & \vdots & \vdots & \vdots & \vdots & \vdots \\ 1 & 0 & 0 & \ldots & -1 & 0 & n-2 \\ 1 & 0 & 0 & \ldots & 0 & -1 & n-1 \end{array}\right) \begin{array}{lcl} G_1 & & \\ G_2 - G_1 & \widehat{=} & G_2^* \\ G_3 - G_1 & \widehat{=} & G_3^* \\ \vdots & & \\ G_{n-1} - G_1 & \widehat{=} & G_{n-1}^* \\ G_n - G_1 & \widehat{=} & G_n^*. \end{array}$$

Im nächsten Schritt wird G_1 ersetzt durch $G_1 + \sum_{k=2}^{n} G_k^* \,\widehat{=}\, G_1^{**}$.

Dadurch stehen auf der linken Seite an den Positionen 2 bis n nur noch Nullen.

Das Absolutglied ist gegeben durch (vergleiche hierzu Band 2: Analysis)

$$1+\sum_{k=1}^{n-1} k = 1 + \frac{n-1}{2}\cdot n = \frac{1}{2}\left(n^2-n+2\right).$$

Es folgt damit:

$$\left(\begin{array}{cccccc|c} n-1 & 0 & 0 & \dots & 0 & 0 & \frac{n^2-n+2}{2} \\ 1 & -1 & 0 & \dots & 0 & 0 & 1 \\ 1 & 0 & -1 & \dots & 0 & 0 & 2 \\ \vdots & \vdots & \vdots & \vdots & \vdots & \vdots & \vdots \\ 1 & 0 & 0 & \dots & -1 & 0 & n-2 \\ 1 & 0 & 0 & \dots & 0 & -1 & n-1 \end{array}\right) \begin{array}{l} G_1^{**} \\ G_2^* \\ G_3^* \\ \vdots \\ G_{n-1}^* \\ G_n^*. \end{array}$$

Mit Gleichung G_1^{**} gilt:

$$(n-1)\cdot x_1 = \frac{1}{2}\left(n^2-n+2\right)$$

$$\Longrightarrow x_1 = \frac{1}{2}\cdot\frac{n^2-n+2}{n-1} = \frac{1}{n-1}+\frac{n}{2}.$$

Die Gleichungen G_k^*, $2 \le k \le n$, $k \in \mathbb{N}$ haben alle die gleiche Struktur:

$$x_1 - x_k = k-1.$$

$$\Longrightarrow x_k = x_1 - k + 1 = \frac{1}{n-1}+\frac{n}{2} - k + 1 = \frac{n^2+n}{2(n-1)} - k.$$

Also hat das lineare Gleichungssystem genau eine Lösung:

$$x_1 = \frac{n^2-n+2}{2(n-1)} \text{ und } x_k = \frac{n^2+n}{2(n-1)} - k,\ 2 \le k \le n,\ k \in \mathbb{N}.$$

Aufgabe 5.6.17

Bestimmen Sie alle Lösungen des folgenden linearen Gleichungssystems in Abhängigkeit von $t \in \mathbb{R}$:

$$\begin{aligned} x_1 + 2x_2 + 2x_3 + (t+1)x_4 &= 2 \\ x_1 + x_2 + x_3 &= 1 \\ 3x_1 + (2t+3)x_2 - tx_3 - (t+1)x_4 &= 1 \\ -3tx_1 + 3x_2 + 9x_4 &= t^2-t+1. \end{aligned}$$

Lösung:

$$\left(\begin{array}{cccc|c} 1 & 2 & 2 & t+1 & 2 \\ 1 & 1 & 1 & 0 & 1 \\ 3 & 2t+3 & -t & -t-1 & 1 \\ -3t & 3 & 0 & 9 & t^2-t+1 \end{array}\right) \begin{array}{l} \text{I} \\ \text{II} \\ \text{III} \\ \text{IV} \end{array} \sim$$

$$\left(\begin{array}{cccc|c} 1 & 2 & 2 & t+1 & 2 \\ 0 & 1 & 1 & t+1 & 1 \\ 0 & -2t & t+3 & t+1 & 2 \\ 0 & 3t+3 & 3t & 9 & t^2+2t+1 \end{array}\right) \begin{array}{l} \text{I} \\ \text{I}-\text{II} \mathrel{\widehat{=}} \text{V} \\ 3\cdot\text{II}-\text{III} \mathrel{\widehat{=}} \text{VI} \\ 3t\cdot\text{II}+\text{IV} \mathrel{\widehat{=}} \text{VII} \end{array} \sim$$

für $t \neq 0$.

$$\left(\begin{array}{cccc|c} 1 & 2 & 2 & t+1 & 2 \\ 0 & 1 & 1 & t+1 & 1 \\ 0 & 0 & 3t+3 & 2t^2+3t+1 & 2t+2 \\ 0 & 0 & 3 & 3t^2+6t-6 & -t^2+t+2 \end{array}\right) \begin{array}{l} \text{I} \\ \text{V} \\ 2t\cdot\text{V}+\text{VI} \mathrel{\widehat{=}} \text{VIII} \\ (3t+3)\cdot\text{V}-\text{VII} \mathrel{\widehat{=}} \text{IX} \end{array}$$

für $t \neq 0$ und $t \neq -1$.

$$\left(\begin{array}{cccc|c} 1 & 2 & 2 & t+1 & 2 \\ 0 & 1 & 1 & t+1 & 1 \\ 0 & 0 & 3t+3 & 2t^2+3t+1 & 2t+2 \\ 0 & 0 & 0 & -3t^3-7t^2+3t+7 & t^3-t \end{array}\right) \begin{array}{l} \text{I} \\ \text{V} \\ \text{VIII} \\ \text{VIII}-(t+1)\cdot\text{IX} \mathrel{\widehat{=}} \text{X}. \end{array}$$

für $t \neq -1$.

Aus Gleichung X folgt:

$$\left(-3t^3-7t^2+3t+7\right)x_4 = t^3-t$$
$$(t+1)(1-t)(3t+7)x_4 = t(t+1)(t-1).$$

Aufgrund dieser Gleichung müssen vier Fälle unterschieden werden.

1. Fall: $t = -1$.

Dies ist einer der beiden Sonderfälle, die während den Berechnungen schon ausgeschlossen wurden.

2. Fall: $t = 1$.

Aus Gleichung X folgt dann:

$$0 \cdot x_4 = 0 \implies 0 = 0.$$

Es kann also x_4 beliebig gewählt werden.
Mit $x_4 = \lambda \in \mathbb{R}$ folgt aus Gleichung VIII:

$$\begin{aligned} 6x_3 + 6x_4 &= 4 \\ 6x_3 + 6\lambda &= 4 \\ x_3 &= \frac{2}{3} - \lambda. \end{aligned}$$

Mit $x_3 = \frac{2}{3} - \lambda$ und $x_4 = \lambda$ folgt aus Gleichung V:

$$\begin{aligned} x_2 + x_3 + 2x_4 &= 1 \\ x_2 + \frac{2}{3} - \lambda + 2\lambda &= 1 \\ x_2 &= \frac{1}{3} - \lambda. \end{aligned}$$

Mit $x_2 = \frac{1}{3} - \lambda$, $x_3 = \frac{2}{3} - \lambda$ und $x_4 = \lambda$ folgt aus Gleichung I:

$$\begin{aligned} x_1 + 2x_2 + 2x_3 + 2x_4 &= 2 \\ x_1 + 2 \cdot \left(\frac{1}{3} - \lambda\right) + 2 \cdot \left(\frac{2}{3} - \lambda\right) + 2\lambda &= 2 \\ x_1 &= 2\lambda. \end{aligned}$$

3. Fall: $t = -\frac{7}{3}$.

Aus Gleichung X folgt dann:

$$0 \cdot x_4 = -\frac{280}{27} \implies 0 = -\frac{280}{27}.$$

Da dies ein Widerspruch ist, hat das lineare Gleichungssystem keine Lösung.

4. Fall: $t \in \mathbb{R} \setminus \left\{-1, 1 - \frac{7}{3}, 0\right\}$.

Aus Gleichung X folgt dann:

$$\begin{aligned} (3t + 7) \cdot x_4 &= -t \\ x_4 &= -\frac{t}{3t + 7}. \end{aligned}$$

Mit $x_4 = -\frac{t}{3t+7}$ folgt aus Gleichung VIII:

$$(3t+3)x_3 + \left(2t^2+3t+1\right) \cdot x_4 = 2t+2$$

$$(3t+3)x_3 + \left(2t^2+3t+1\right) \cdot \left(-\frac{t}{3t+7}\right) = 2t+2 \mid : (t+1)$$

$$3x_3 - \frac{t(2t+1)}{3t+7} = 2$$

$$\Longrightarrow x_3 = \frac{2}{3} + \frac{2t^2+t}{3(3t+7)} = \frac{2t^2+7t+14}{3(3t+7)}.$$

Mit $x_3 = \frac{2t^2+7t+14}{3(3t+7)}$ und $x_4 = -\frac{t}{3t+7}$ folgt aus Gleichung V:

$$x_2 + x_3 + (t+1)x_4 = 1$$

$$x_2 + \frac{2t^2+7t+14}{3(3t+7)} - \frac{t(t+1)}{3t+7} = 1$$

$$\Longrightarrow x_2 = \frac{t^2+5t+7}{3(3t+7)}.$$

Mit $x_2 = \frac{t^2+5t+7}{3(3t+7)}$ und $x_3 = \frac{2t^2+7t+14}{3(3t+7)}$ folgt aus Gleichung II (schneller als aus Gleichung I):

$$x_1 + x_2 + x_3 = 1$$

$$x_1 + \frac{t^2+5t+7}{3(3t+7)} + \frac{2t^2+7t+14}{3(3t+7)} = 1$$

$$\Longrightarrow x_1 = -\frac{3t^2+3t}{3(3t+7)} = -\frac{t^2+t}{3t+7}.$$

Die beiden Sonderfälle $t = 0$ und $t = -1$ führen durch elementare Berechnungen auf die Lösungen

$$(x_1, x_2, x_3, x_4) = \left(0, \frac{1}{3}, \frac{2}{3}, 0\right) \text{ und } (x_1, x_2, x_3, x_4) = \left(0, \frac{1}{4}, \frac{3}{4}, \frac{1}{4}\right).$$

Insgesamt folgt also:

$t = -\frac{7}{3}$: keine Lösung.

$t \in \mathbb{R} \setminus \left\{-\frac{7}{3}, 1\right\}$: eine Lösung $\begin{pmatrix} x_1 \\ x_2 \\ x_3 \\ x_4 \end{pmatrix} = \frac{1}{3t+7} \cdot \begin{pmatrix} -(t^2+t) \\ \frac{t^2+5t+7}{3} \\ \frac{2t^2+7t+14}{3} \\ -t \end{pmatrix}$.

$t = 1$: ∞-viele Lösungen $\begin{pmatrix} x_1 \\ x_2 \\ x_3 \\ x_4 \end{pmatrix} = \begin{pmatrix} 0 \\ \frac{1}{3} \\ \frac{2}{3} \\ 0 \end{pmatrix} + \lambda \begin{pmatrix} 2 \\ -1 \\ -1 \\ 1 \end{pmatrix}, \lambda \in \mathbb{R}.$

Aufgabe 5.6.18

Bestimmen Sie alle Lösungen des folgenden linearen Gleichungssystems in Abhängigkeit von $t \in \mathbb{R}$:

$$\begin{aligned} 2x_1 + 2x_2 + 3x_3 &= 2t+2 \\ 3x_1 + (2t+1)x_2 + (2t+1)x_4 &= 2t-11 \\ 2x_1 + 2x_2 + (4t+4)x_3 &= 9 \\ x_1 + x_2 + 3x_3 - x_4 &= 2t+5. \end{aligned}$$

Lösung:

$$\left(\begin{array}{cccc|c} 2 & 2 & 3 & 0 & 2t+2 \\ 3 & 2t+1 & 0 & 2t+1 & 2t-11 \\ 2 & 2 & 4t+4 & 0 & 9 \\ 1 & 1 & 3 & -1 & 2t+5 \end{array}\right) \begin{array}{l} \text{I} \\ \text{II} \\ \text{III} \\ \text{IV} \end{array} \sim$$

$$\left(\begin{array}{cccc|c} 2 & 2 & 3 & 0 & 2t+2 \\ 0 & 0 & -3 & 2 & -2t-8 \\ 0 & 2t-2 & -9 & 2t+4 & -4t-26 \\ 0 & 0 & 4t-2 & 2 & -4t-1 \end{array}\right) \begin{array}{lcl} \text{I} & & \\ \text{I} - 2 \cdot \text{IV} & \hat{=} & \text{V} \\ \text{II} - 3 \cdot \text{IV} & \hat{=} & \text{VI} \\ \text{III} - 2 \cdot \text{IV} & \hat{=} & \text{VII} \end{array} \sim$$

$$\left(\begin{array}{cccc|c} 2 & 2 & 3 & 0 & 2t+2 \\ 0 & 2t-2 & -9 & 2t+4 & -4t-26 \\ 0 & 0 & -3 & 2 & -2t-8 \\ 0 & 0 & 4t-2 & 2 & -4t-1 \end{array}\right) \begin{array}{l} \text{I} \\ \text{VI} \\ \text{V} \\ \text{VII} \end{array} \sim$$

$$\left(\begin{array}{cccc|c} 2 & 2 & 3 & 0 & 2t+2 \\ 0 & 2t-2 & -9 & 2t+4 & -4t-26 \\ 0 & 0 & -3 & 2 & -2t-8 \\ 0 & 0 & 0 & 8t+2 & -8t^2-40t+13 \end{array}\right) \quad \begin{array}{l} \text{I} \\ \text{VI} \\ \text{V} \\ (4t-2)\cdot\text{V}+3\text{VII} \mathrel{\widehat{=}} \text{VIII} \end{array}$$

für $t \neq \frac{1}{2}$.

Aus Gleichung VIII folgt:

$$(8t+2)x_4 = -8t^2 - 40t + 13.$$

Aufgrund dieser Gleichung müssen vorerst zwei Fälle unterschieden werden.

1. Fall: $t = -\frac{1}{4}$.

Gleichung VIII lautet dann:

$$0 \cdot x_4 = \frac{45}{2} \implies 0 = \frac{45}{2}.$$

Da dies ein Widerspruch ist, hat das lineare Gleichungssystem keine Lösung.

2. Fall: $t \neq -\frac{1}{4}$.

Aus Gleichung VIII folgt dann:

$$\begin{aligned} (8t+2)x_4 &= -8t^2 - 40t + 13 \\ x_4 &= \frac{-8t^2 - 40t + 13}{8t+2}. \end{aligned}$$

Mit $x_4 = \dfrac{-8t^2 - 40t + 13}{8t+2}$ folgt aus Gleichung V:

$$-3x_3 + 2 \cdot \frac{-8t^2 - 40t + 13}{8t+2} = -2t - 8$$

$$\implies x_3 = -\frac{1}{3} \cdot \left(-2t - 8 - 2 \cdot \frac{-8t^2 - 40t + 13}{8t+2}\right) = \frac{7-2t}{1+4t}.$$

Mit $x_3 = \dfrac{7-2t}{1+4t}$ und $x_4 = \dfrac{-8t^2-40t+13}{8t+2}$ folgt aus Gleichung VI:

$$(2t-2)x_2 - 9x_3 + (2t+4)x_4 = -4t-26$$

$$(2t-2)x_2 - 9\cdot\frac{7-2t}{1+4t} + (2t+4)\cdot\frac{-8t^2-40t+13}{8t+2} = -4t-26$$

$$\Longrightarrow x_2 = \frac{1}{2t-2}\cdot\left(-4t-26+9\cdot\frac{7-2t}{1+4t} - (2t+4)\cdot\frac{-8t^2-40t+13}{8t+2}\right)$$

$$= \frac{8t^2+48t-11}{2(4t+1)} \text{ für } t \neq 1.$$

Mit $x_2 = \dfrac{8t^2+48t-11}{2(4t+1)}$ und $x_3 = \dfrac{7-2t}{1+4t}$ folgt aus Gleichung I:

$$2x_1 + 2x_2 + 3x_3 = 2t+2$$

$$2x_1 + 2\cdot\frac{8t^2+48t-11}{2(4t+1)} + 3\cdot\frac{7-2t}{1+4t} = 2t+2$$

$$\Longrightarrow x_1 = \frac{1}{2}\cdot\left(2t+2-2\cdot\frac{8t^2+48t-11}{2(4t+1)} - 3\cdot\frac{7-2t}{1+4t}\right) = -4.$$

Der Sonderfall $t = \dfrac{1}{2}$ führt auf die Lösung

$$(x_1, x_2, x_3, x_4) = \left(-4, \frac{5}{2}, 2, -\frac{3}{2}\right).$$

Wegen der Einschränkung $t \neq 1$ im 2. Fall gibt es noch einen weiteren Fall.

3. Fall: $t = 1$.

Die dritte Matrix des Gauß-Algorithmus lautet dann:

$$\left(\begin{array}{cccc|c} 2 & 2 & 3 & 0 & 4 \\ 0 & 0 & -3 & 2 & -10 \\ 0 & 0 & -9 & 6 & -30 \\ 0 & 0 & 2 & 2 & -5 \end{array}\right) \begin{array}{l} \text{I} \\ \text{V} \\ \text{VI} \\ \text{VII} \end{array} \sim$$

$$\left(\begin{array}{cccc|c} 2 & 2 & 3 & 0 & 4 \\ 0 & 0 & -3 & 2 & -10 \\ 0 & 0 & 0 & 10 & -35 \\ 0 & 0 & 0 & 0 & 0 \end{array}\right) \begin{array}{lcl} \text{I} & & \\ \text{V} & & \\ 2\cdot\text{V}+3\cdot\text{VII} & \widehat{=} & \text{VIII} \\ 3\cdot\text{V}-\text{VI} & \widehat{=} & \text{IX.} \end{array}$$

Aus Gleichung VIII folgt:

$$10x_4 = -35 \Longrightarrow x_4 = -\frac{7}{2}.$$

Aus Gleichung V folgt mit $x_4 = -\frac{7}{2}$:

$$-3x_3 + 2 \cdot \left(-\frac{7}{2}\right) = -10 \Longrightarrow x_3 = 1.$$

Aus Gleichung I folgt mit $x_3 = 1$:

$$2x_1 + 2x_2 + 3 \cdot 1 = 4 \text{ oder } 2x_1 + 2x_2 = 1.$$

Mit $x_2 = \lambda \in \mathbb{R}$ folgt $x_1 = \frac{1}{2} - x_2 = \frac{1}{2} - \lambda$.

Es gibt also unendlich viele Lösungen:

$$\begin{pmatrix} x_1 \\ x_2 \\ x_3 \\ x_4 \end{pmatrix} = \begin{pmatrix} \frac{1}{2} \\ 0 \\ 1 \\ -\frac{7}{2} \end{pmatrix} + \lambda \begin{pmatrix} -1 \\ 1 \\ 0 \\ 0 \end{pmatrix}, \lambda \in \mathbb{R}.$$

Insgesamt folgt also:

$t = -\frac{1}{4}$: keine Lösung.

$t \in \mathbb{R} \setminus \left\{-\frac{1}{4}, 1\right\}$: eine Lösung $\begin{pmatrix} x_1 \\ x_2 \\ x_3 \\ x_4 \end{pmatrix} = \begin{pmatrix} -4 \\ \frac{8t^2+48t-11}{2(4t+1)} \\ \frac{7-2t}{1+4t} \\ \frac{-8t^2-40t+13}{8t+2} \end{pmatrix}$.

$t = 1$: ∞-viele Lösungen $\begin{pmatrix} x_1 \\ x_2 \\ x_3 \\ x_4 \end{pmatrix} = \begin{pmatrix} \frac{1}{2} \\ 0 \\ 1 \\ -\frac{7}{2} \end{pmatrix} + \lambda \begin{pmatrix} -1 \\ 1 \\ 0 \\ 0 \end{pmatrix}, \lambda \in \mathbb{R}$.

Aufgabe 5.6.19

Auf einem Bauernhof leben Kühe und Hühner. Die Tiere haben zusammen 125 Köpfe und 324 Beine. Wieviel Kühe und wieviel Hühner leben auf dem Bauernhof?

Lösung:

Die Anzahl der Kühe sei x.
Die Anzahl der Hühner sei y.

Zu lösen ist das folgende lineare Gleichungssystem.

$$\begin{aligned} x + y &= 125 \quad \text{(Anzahl der Köpfe)} \\ 4x + 2y &= 324 \quad \text{(Anzahl der Beine).} \end{aligned}$$

$$\left(\begin{array}{cc|c} 1 & 1 & 125 \\ 4 & 2 & 324 \end{array}\right) \quad \begin{array}{l} \mathrm{I} \\ \mathrm{II} \end{array} \quad \sim$$

$$\left(\begin{array}{cc|c} 1 & 1 & 125 \\ 0 & 2 & 176 \end{array}\right) \quad \begin{array}{l} \mathrm{I} \\ 4 \cdot \mathrm{I} - \mathrm{II} \quad \widehat{=} \quad \mathrm{III}. \end{array}$$

Aus Gleichung III folgt $2y = 176 \Longrightarrow y = 88$.

Aus Gleichung I folgt dann $x + y = 125 \Longrightarrow x + 88 = 125 \Longrightarrow x = 37$.

Es leben 37 Kühe und 88 Hühner auf dem Bauernhof.

Aufgabe 5.6.20

Drei Zahnräder eines Getriebes haben zusammen 200 Zähne. Dreht sich das erste Zahnrad 15 mal, so dreht sich das zweite Zahnrad 8 mal. Dreht sich das erste Zahnrad 31 mal, so dreht sich das dritte Zahnrad 24 mal. Wieviel Zähne haben die einzelnen Zahnräder?

Lösung:

Die Anzahl der Zähne des ersten Zahnrads sei x.
Die Anzahl der Zähne des zweiten Zahnrads sei y.
Die Anzahl der Zähne des dritten Zahnrads sei z.

Zu lösen ist das folgende lineare Gleichungssystem:

$$\begin{aligned} x + y + z &= 200 \\ 15x &= 8y \\ 31x &= 24z, \quad \text{also} \end{aligned}$$

$$\begin{aligned} x + \;\; y \;\; + \;\; z &= 200 \\ 15x - 8y \qquad &= \;\; 0 \\ 31x \qquad - 24z &= \;\; 0. \end{aligned}$$

$$\left(\begin{array}{rrr|r} 1 & 1 & 1 & 200 \\ 15 & -8 & 0 & 0 \\ 31 & 0 & -24 & 0 \end{array}\right) \quad \begin{array}{l} \text{I} \\ \text{II} \\ \text{III} \end{array} \quad \sim$$

$$\left(\begin{array}{rrr|r} 1 & 1 & 1 & 200 \\ 0 & 23 & 15 & 3\,000 \\ 0 & 31 & 55 & 6\,200 \end{array}\right) \quad \begin{array}{lcl} \text{I} & & \\ 15 \cdot \text{I} - \text{II} & \widehat{=} & \text{IV} \\ 31 \cdot \text{I} - \text{III} & \widehat{=} & \text{V} \end{array} \quad \sim$$

$$\left(\begin{array}{rrr|r} 1 & 1 & 1 & 200 \\ 0 & 23 & 15 & 3\,000 \\ 0 & 0 & -800 & -49\,600 \end{array}\right) \quad \begin{array}{lcl} \text{I} & & \\ \text{IV} & & \\ 31 \cdot \text{IV} - 23 \cdot \text{V} & \widehat{=} & \text{VI} \end{array}$$

Aus Gleichung VI folgt:

$$-800z = -49\,600$$

$\Longrightarrow z = 62.$

Aus Gleichung IV folgt mit $z = 62$:

$$\begin{aligned} 23x + \quad 15z &= 3\,000 \\ 23x + 15 \cdot 62 &= 3\,000 \end{aligned}$$

$\Longrightarrow y = 90.$

Aus Gleichung I folgt mit $y = 90$ und $z = 62$:

$$\begin{aligned} x + \;\; y + \;\; z &= 200 \\ x + 90 + 62 &= 200 \end{aligned}$$

$\Longrightarrow x = 48.$

Das erste Zahnrad hat 48 Zähne, das zweite Zahnrad hat 90 Zähne und das dritte Zahnrad hat 62 Zähne.

Aufgabe 5.6.21
Ein Schüler denkt sich vier Zahlen x_1, x_2, x_3 und x_4 aus und gibt alle möglichen Summen aus zweien dieser Zahlen an:

$$\begin{aligned} x_1 + x_2 &= 24 \\ x_1 + x_3 &= 32 \\ x_1 + x_4 &= 73 \\ x_2 + x_3 &= 30 \\ x_2 + x_4 &= 71 \\ x_3 + x_4 &= 79. \end{aligned}$$

Ermitteln Sie aus diesen Angaben die vier Zahlen.

Lösung:
Zu lösen ist das obenstehende lineare Gleichungssystem, bestehend aus 6 Gleichungen mit 4 Unbekannten.

$$\left(\begin{array}{cccc|c} 1 & 1 & 0 & 0 & 24 \\ 1 & 0 & 1 & 0 & 32 \\ 1 & 0 & 0 & 1 & 73 \\ 0 & 1 & 1 & 0 & 30 \\ 0 & 1 & 0 & 1 & 71 \\ 0 & 0 & 1 & 1 & 79 \end{array}\right) \begin{array}{l} \mathrm{I} \\ \mathrm{II} \\ \mathrm{III} \\ \mathrm{IV} \\ \mathrm{V} \\ \mathrm{VI} \end{array} \sim$$

$$\left(\begin{array}{cccc|c} 1 & 1 & 0 & 0 & 24 \\ 0 & 1 & -1 & 0 & -8 \\ 0 & 1 & 0 & -1 & -49 \\ 0 & 1 & 1 & 0 & 30 \\ 0 & 1 & 0 & 1 & 71 \\ 0 & 0 & 1 & 1 & 79 \end{array}\right) \begin{array}{lll} \mathrm{I} & & \\ \mathrm{I}-\mathrm{II} & \widehat{=} & \mathrm{VII} \\ \mathrm{I}-\mathrm{III} & \widehat{=} & \mathrm{VIII} \\ \mathrm{IV} & & \\ \mathrm{V} & & \\ \mathrm{VI} & & \end{array} \sim$$

$$\left(\begin{array}{cccc|c} 1 & 1 & 0 & 0 & 24 \\ 0 & 1 & -1 & 0 & -8 \\ 0 & 0 & -2 & 0 & -38 \\ 0 & 0 & 0 & -2 & -120 \\ 0 & 0 & 1 & -1 & -41 \\ 0 & 0 & 1 & 1 & 79 \end{array}\right) \begin{array}{lcl} \text{I} & & \\ \text{VII} & & \\ \text{VII} - \text{IV} & \widehat{=} & \text{IX} \\ \text{VIII} - \text{V} & \widehat{=} & \text{X} \\ \text{IV} - \text{V} & \widehat{=} & \text{XI} \\ \text{VI} & & \end{array} \sim$$

$$\left(\begin{array}{cccc|c} 1 & 0 & 1 & 0 & 32 \\ 0 & 2 & 0 & 0 & 22 \\ 0 & 0 & 1 & 0 & 19 \\ 0 & 0 & 0 & 1 & 60 \\ 0 & 0 & 0 & -2 & -120 \\ 0 & 0 & 0 & -2 & -120 \end{array}\right) \begin{array}{lcl} \text{I} - \text{VII} & \widehat{=} & \text{XII} \\ 2 \cdot \text{VII} - \text{IX} & \widehat{=} & \text{XIII} \\ \text{IX} : (-2) & \widehat{=} & \text{XIV} \\ \text{X} : (-2) & \widehat{=} & \text{XV} \\ \text{IX} + 2 \cdot \text{XI} & \widehat{=} & \text{XVI} \\ \text{XI} - \text{VI} & \widehat{=} & \text{XVII} \end{array} \sim$$

$$\left(\begin{array}{cccc|c} 1 & 0 & 0 & 0 & 13 \\ 0 & 1 & 0 & 0 & 11 \\ 0 & 0 & 1 & 0 & 19 \\ 0 & 0 & 0 & 1 & 60 \\ 0 & 0 & 0 & 1 & 60 \\ 0 & 0 & 0 & 1 & 60 \end{array}\right) \begin{array}{l} \text{XII} - \text{XIV} \\ \text{XIII} : 2 \\ \text{XIV} \\ \text{XV} \\ \text{XVI} : (-2) \\ \text{XVII} : (-2) \end{array}$$

Also lauten die 4 Zahlen:

$$x_1 = 13,\ x_2 = 11,\ x_3 = 19 \text{ und } x_4 = 60.$$

Aufgabe 5.6.22

Ein Rätselfreund denkt sich sechs Zahlen x_1, x_2, x_3, x_4, x_5 und x_6 aus und gibt folgende Summen aus zweien dieser Zahlen an:

$$\begin{aligned} x_1 + x_2 &= 27 \\ x_1 + x_3 &= 40 \\ x_1 + x_4 &= 33 \\ x_1 + x_5 &= 24 \\ x_1 + x_6 &= 22. \end{aligned}$$

Die Summe aller sechs Zahlen beträgt 90.

Können aus diesen Angaben die sechs Zahlen berechnet werden. Geben Sie diese, falls möglich, an.

Lösung:

Zu lösen ist das folgende lineare Gleichungssystem, bestehend aus sechs Gleichungen mit sechs Unbekannten.

$$\begin{aligned}
x_1 + x_2 \qquad\qquad\qquad\qquad &= 27 \\
x_1 \qquad + x_3 \qquad\qquad\qquad &= 40 \\
x_1 \qquad\qquad + x_4 \qquad\qquad &= 33 \\
x_1 \qquad\qquad\qquad + x_5 \qquad &= 24 \\
x_1 \qquad\qquad\qquad\qquad + x_6 &= 22 \\
x_1 + x_2 + x_3 + x_4 + x_5 + x_6 &= 90.
\end{aligned}$$

Die Lösung erfolgt mit dem Gauß-Algorithmus.

$$\left(\begin{array}{cccccc|c} 1 & 1 & 0 & 0 & 0 & 0 & 27 \\ 1 & 0 & 1 & 0 & 0 & 0 & 40 \\ 1 & 0 & 0 & 1 & 0 & 0 & 33 \\ 1 & 0 & 0 & 0 & 1 & 0 & 24 \\ 1 & 0 & 0 & 0 & 0 & 1 & 22 \\ 1 & 1 & 1 & 1 & 1 & 1 & 90 \end{array}\right) \begin{array}{l} \text{I} \\ \text{II} \\ \text{III} \\ \text{IV} \\ \text{V} \\ \text{VI} \end{array} \sim$$

$$\left(\begin{array}{cccccc|c} 5 & 1 & 1 & 1 & 1 & 1 & 146 \\ 1 & 1 & 1 & 1 & 1 & 1 & 90 \\ 1 & 1 & 0 & 0 & 0 & 0 & 27 \\ 1 & 0 & 1 & 0 & 0 & 0 & 40 \\ 1 & 0 & 0 & 1 & 0 & 0 & 33 \\ 1 & 0 & 0 & 0 & 1 & 0 & 24 \end{array}\right) \begin{array}{lcl} \text{I} + \text{II} + \text{III} + \text{IV} + \text{V} & \widehat{=} & \text{VII} \\ \text{VI} & & \\ \text{I} & & \\ \text{II} & & \\ \text{III} & & \\ \text{IV} & & \end{array} \sim$$

$$\left(\begin{array}{cccccc|c} 4 & 0 & 0 & 0 & 0 & 0 & 56 \\ 1 & 1 & 0 & 0 & 0 & 0 & 27 \\ 1 & 0 & 1 & 0 & 0 & 0 & 40 \\ 1 & 0 & 0 & 1 & 0 & 0 & 33 \\ 1 & 0 & 0 & 0 & 1 & 0 & 24 \\ -3 & 0 & 0 & 0 & 0 & 1 & -34 \end{array}\right) \begin{array}{lcl} \text{VII} - \text{VI} & \widehat{=} & \text{VIII} \\ \text{I} & & \\ \text{II} & & \\ \text{III} & & \\ \text{IV} & & \\ \text{VI} - (\text{I} + \text{II} + \text{III} + \text{IV}) & \widehat{=} & \text{IX} \end{array} \sim$$

$$\left(\begin{array}{cccccc|c} 4 & 0 & 0 & 0 & 0 & 0 & 56 \\ 0 & 4 & 0 & 0 & 0 & 0 & 52 \\ 0 & 0 & 4 & 0 & 0 & 0 & 104 \\ 0 & 0 & 0 & 4 & 0 & 0 & 76 \\ 0 & 0 & 0 & 0 & 4 & 0 & 40 \\ 0 & 0 & 0 & 0 & 0 & 4 & 32 \end{array}\right) \begin{array}{lcl} \text{VIII} & & \\ 4 \cdot \text{I} - \text{VIII} & \widehat{=} & \text{X} \\ 4 \cdot \text{II} - \text{VIII} & \widehat{=} & \text{XI} \\ 4 \cdot \text{III} - \text{VIII} & \widehat{=} & \text{XII} \\ 4 \cdot \text{IV} - \text{VIII} & \widehat{=} & \text{XIII} \\ 3 \cdot \text{VIII} + 4 \cdot \text{IX} & \widehat{=} & \text{XIV} \end{array} \sim$$

$$\left(\begin{array}{cccccc|c} 1 & 0 & 0 & 0 & 0 & 0 & 14 \\ 0 & 1 & 0 & 0 & 0 & 0 & 13 \\ 0 & 0 & 1 & 0 & 0 & 0 & 26 \\ 0 & 0 & 0 & 1 & 0 & 0 & 19 \\ 0 & 0 & 0 & 0 & 1 & 0 & 10 \\ 0 & 0 & 0 & 0 & 0 & 1 & 8 \end{array}\right) \quad \begin{array}{l} \mathrm{VIII}:4 \\ \mathrm{X}:4 \\ \mathrm{XI}:4 \\ \mathrm{XII}:4 \\ \mathrm{XIII}:4 \\ \mathrm{XIV}:4. \end{array}$$

Damit lauten die sechs Zahlen:

$$x_1 = 14,\ x_2 = 13,\ x_3 = 26,\ x_4 = 19,\ x_5 = 10 \text{ und } x_6 = 8.$$

Aufgabe 5.6.23

Die Firma Informix Datenbanksysteme stellte 1997 folgendes Weihnachtsrätsel: An einem Weihnachtsbaum hängen neun Kugeln in Form einer 3×3-Matrix. Die Kugeln sollen so mit den Zahlen von 1 bis 9 beschriftet werden, daß die Summen dreier Zahlen waagrecht, senkrecht und diagonal stets die gleiche Zahl ergeben.

Lösung:

Die Anordnung der Kugeln sei durch folgende Matrix gegeben:

$$\begin{pmatrix} a & b & c \\ d & e & f \\ g & h & i \end{pmatrix}.$$

Da die Summe der Zahlen von 1 bis 9 genau 45 beträgt, ergibt sich das folgende lineare Gleichungssystem, bestehend aus acht Gleichungen für die neun Unbekannten.

$$\begin{aligned} a+b+c &= 15 \\ d+e+f &= 15 \\ g+h+i &= 15 \\ a+d+g &= 15 \\ b+e+h &= 15 \\ c+f+i &= 15 \\ a+e+i &= 15 \\ c+e+g &= 15. \end{aligned}$$

Die neun Unbekannten a bis i sind aus der Menge der Zahlen von 1 bis 9 und dabei paarweise verschieden, was als Nebenbedingung gesehen werden kann.

Die Lösung erfolgt mit dem Gauß-Algorithmus.

$$\left(\begin{array}{ccccccccc|c}
1 & 1 & 1 & 0 & 0 & 0 & 0 & 0 & 0 & 15 \\
0 & 0 & 0 & 1 & 1 & 1 & 0 & 0 & 0 & 15 \\
0 & 0 & 0 & 0 & 0 & 0 & 1 & 1 & 1 & 15 \\
1 & 0 & 0 & 1 & 0 & 0 & 1 & 0 & 0 & 15 \\
0 & 1 & 0 & 0 & 1 & 0 & 0 & 1 & 0 & 15 \\
0 & 0 & 1 & 0 & 0 & 1 & 0 & 0 & 1 & 15 \\
1 & 0 & 0 & 0 & 1 & 0 & 0 & 0 & 1 & 15 \\
0 & 0 & 1 & 0 & 1 & 0 & 1 & 0 & 0 & 15
\end{array}\right)
\begin{array}{l}
\text{I} \\ \text{II} \\ \text{III} \\ \text{IV} \\ \text{V} \\ \text{VI} \\ \text{VII} \\ \text{VIII}
\end{array}
\quad \sim$$

$$\left(\begin{array}{ccccccccc|c}
1 & 1 & 1 & 0 & 0 & 0 & 0 & 0 & 0 & 15 \\
0 & 1 & 0 & 0 & 1 & 0 & 0 & 1 & 0 & 15 \\
0 & 0 & 1 & 0 & 0 & 1 & 0 & 0 & 1 & 15 \\
0 & 0 & 0 & 1 & 1 & 1 & 0 & 0 & 0 & 15 \\
0 & 0 & 1 & 0 & 1 & 0 & 1 & 0 & 0 & 15 \\
0 & 1 & 1 & -1 & 0 & 0 & -1 & 0 & 0 & 0 \\
0 & 0 & 0 & 1 & -1 & 0 & 1 & 0 & -1 & 0 \\
0 & 0 & 0 & 0 & 0 & 0 & 1 & 1 & 1 & 15
\end{array}\right)
\begin{array}{lll}
\text{I} & & \\ \text{V} & & \\ \text{VI} & & \\ \text{II} & & \\ \text{VIII} & & \\ \text{I} - \text{IV} & \widehat{=} & \text{IX} \\ \text{IV} - \text{VII} & \widehat{=} & \text{X} \\ \text{III} & &
\end{array}
\quad \sim$$

$$\left(\begin{array}{ccccccccc|c}
1 & 1 & 1 & 0 & 0 & 0 & 0 & 0 & 0 & 15 \\
0 & 1 & 0 & 0 & 1 & 0 & 0 & 1 & 0 & 15 \\
0 & 0 & 1 & 0 & 0 & 1 & 0 & 0 & 1 & 15 \\
0 & 0 & 0 & 1 & 1 & 1 & 0 & 0 & 0 & 15 \\
0 & 0 & 0 & 0 & 1 & -1 & 1 & 0 & -1 & 0 \\
0 & 0 & 1 & -1 & -1 & 0 & -1 & -1 & 0 & -15 \\
0 & 0 & 0 & 0 & 2 & 1 & -1 & 0 & 1 & 15 \\
0 & 0 & 0 & 0 & 0 & 0 & 1 & 1 & 1 & 15
\end{array}\right)
\begin{array}{lll}
\text{I} & & \\ \text{V} & & \\ \text{VI} & & \\ \text{II} & & \\ \text{VIII} - \text{VI} & \widehat{=} & \text{XI} \\ \text{IX} - \text{V} & \widehat{=} & \text{XII} \\ \text{II} - \text{X} & \widehat{=} & \text{XIII} \\ \text{III} & &
\end{array}$$

$$\left(\begin{array}{ccccccccc|c} 1 & 1 & 1 & 0 & 0 & 0 & 0 & 0 & 0 & 15 \\ 0 & 1 & 0 & 0 & 1 & 0 & 0 & 1 & 0 & 15 \\ 0 & 0 & 1 & 0 & 0 & 1 & 0 & 0 & 1 & 15 \\ 0 & 0 & 0 & 1 & 1 & 1 & 0 & 0 & 0 & 15 \\ 0 & 0 & 0 & 0 & 1 & -1 & 1 & 0 & 1 & 0 \\ 0 & 0 & 0 & 0 & 0 & -3 & 3 & 0 & -3 & -15 \\ 0 & 0 & 0 & 0 & 0 & 0 & 1 & 1 & 1 & 15 \\ 0 & 0 & 0 & 0 & 0 & 0 & 1 & 1 & 1 & 15 \end{array}\right) \begin{array}{lcl} \text{I} & & \\ \text{V} & & \\ \text{VI} & & \\ \text{II} & & \\ \text{XI} & & \\ 2\cdot\text{XI}-\text{XIII} & \widehat{=} & \text{XIV} \\ \text{III} & & \\ \text{VI}-\text{II}-\text{XII} & \widehat{=} & \text{XV}. \end{array}$$

Aus den letzten beiden Gleichungen folgt $g+h+i=15$.

Deshalb müssen zwei Parameter frei vorgegeben werden:

$$i = x \text{ und } h = y, \;\; x, y \in \{1, 2, \ldots, 9\}.$$

Aus den verbleibenden Gleichungen folgt dann sukzessive durch elementares Einsetzen:

$$\begin{aligned} g &= 15 - x - y \\ f &= 20 - 2x - y \\ e &= 5 \\ d &= -10 + 2x + y \\ c &= -5 + x + y \\ b &= 10 - y \\ a &= 10 - x. \end{aligned}$$

Die 2-parametrige Lösungsschar lautet dann

$$\begin{pmatrix} a \\ b \\ c \\ d \\ e \\ f \\ g \\ h \\ i \end{pmatrix} = \begin{pmatrix} 10 \\ 10 \\ -5 \\ -10 \\ 5 \\ 20 \\ 15 \\ 0 \\ 0 \end{pmatrix} + x \cdot \begin{pmatrix} -1 \\ 0 \\ 1 \\ 2 \\ 0 \\ -2 \\ -1 \\ 0 \\ 1 \end{pmatrix} + y \cdot \begin{pmatrix} 0 \\ -1 \\ 1 \\ 1 \\ 0 \\ -1 \\ -1 \\ 1 \\ 0 \end{pmatrix}.$$

Jetzt müssen nur noch alle Lösungen gefunden werden, die der oben angegebenen Nebenbedingung genügen.

Aus den 81 möglichen Kombinationen für x und y ergeben sich durch elementares Einsetzen genau 8 verschiedene Lösungen, die in der folgenden Tabelle angegeben sind:

	a	b	c	d	e	f	g	h	i
Lösung Nr. 1	8	3	4	1	5	9	6	7	2
Lösung Nr. 2	8	1	6	3	5	7	4	9	2
Lösung Nr. 3	6	7	2	1	5	9	8	3	4
Lösung Nr. 4	6	1	8	7	5	3	2	9	4
Lösung Nr. 5	4	9	2	3	5	7	8	1	6
Lösung Nr. 6	4	3	8	9	5	1	2	7	6
Lösung Nr. 7	2	9	4	7	5	3	6	1	8
Lösung Nr. 8	2	7	6	9	5	1	4	3	8

Aufgabe 5.6.24

In einer Kantine werden aus den Lebensmitteln Schweinebauch, Getreidebratling, Erbsen und Kroketten zwei Menüs M_1 und M_2 zubereitet.

In der folgenden Tabelle sind der Energiegehalt (in KJ) und der Anteil der Bestandteile Eiweiß, Fett und Kohlenhydrate je 100 g dieser Lebensmittel dargestellt.

	Schweinebauch	Getreidebratling	Erbsen	Kroketten
Energie	2 035	1 500	343	364
Eiweiß	17	9	7	6
Fett	43	2	1	1
Kohlenhydrate	0	65	12	78

Der Bedarf an Lebensmitteln für die einzelnen Menüs (in g) ist

	Schweinebauch	Getreidebratling	Erbsen	Kroketten
Menü M_1	200	0	100	150
Menü M_2	0	250	80	125

a) Geben Sie eine Tabelle an, die die Mengen an Energie und Bestandteilen der beiden Menüs angibt.

b) Das Menü M_1 werde von 800 Personen und das Menü M_2 von 1 200 Personen gegessen. Welche Mengen der einzelnen Lebensmittel werden dabei konsumiert? Wieviel Energie und wieviel kg der einzelnen Bestandteile werden dabei aufgenommen?

c) Für Ausdauersportler soll das Menü M_2 von den Ausgangsmengen so verändert werden, daß ein Menü entsteht, das 4 000 KJ Energie und 400 g Kohlenhydrate enthält. Dabei sollen halb so viel Erbsen wie Kroketten verwendet werden. Welche Mengen der einzelnen Lebensmittel enthält das Menü und wieviel g Eiweiß und wieviel g Fett?

Lösung:

a) Diese Tabelle ergibt sich aus einer Matrizenmultiplikation der Matrix aus der ersten Tabelle (Bestandteile nach unten, Lebensmittel nach rechts) und der Matrix aus der zweiten Tabelle (Lebensmittel nach unten, Menüs nach rechts) bezogen aber auf 100 g.

$$\begin{pmatrix} 2\,035 & 1\,500 & 343 & 364 \\ 17 & 9 & 7 & 6 \\ 43 & 2 & 1 & 1 \\ 0 & 65 & 12 & 78 \end{pmatrix} \cdot \begin{pmatrix} 2 & 0 \\ 0 & 2.5 \\ 1 & 0.8 \\ 1.5 & 1.25 \end{pmatrix} = \begin{pmatrix} 4\,959 & 4\,479.4 \\ 50 & 35.6 \\ 88.5 & 7.05 \\ 129 & 269.6 \end{pmatrix} .$$

Folglich lautet die gesuchte Tabelle

	Menü M_1	Menü M_2
Energie	4 959.00	4 479.40
Eiweiß	50.00	35.60
Fett	88.50	7.05
Kohlenhydrate	129.00	269.60

b) Die Mengen der konsumierten Lebensmittel ergeben sich aus folgender Multiplikation (Ergebnis in 100 g).

$$\begin{pmatrix} 2.00 & 0.00 \\ 0.00 & 2.50 \\ 1.00 & 0.80 \\ 1.50 & 1.25 \end{pmatrix} \cdot \begin{pmatrix} 800 \\ 1\,200 \end{pmatrix} = \begin{pmatrix} 1\,600 \\ 3\,000 \\ 1\,760 \\ 2\,700 \end{pmatrix}.$$

Also wurden 160 kg Schweinebauch, 300 kg Getreidebratling, 176 kg Erbsen und 270 kg Kroketten konsumiert.

In Teil a) wurden die Mengen an Energie und Bestandteilen der beiden Menüs berechnet. Daraus folgen die Aufnahmemengen an Energie und Bestandteilen durch folgende Matrizenmultiplikation.

$$\begin{pmatrix} 4\,959.00 & 4\,479.40 \\ 50.00 & 35.60 \\ 88.50 & 7.05 \\ 129.00 & 269.60 \end{pmatrix} \cdot \begin{pmatrix} 800 \\ 1\,200 \end{pmatrix} = \begin{pmatrix} 9\,342\,480 \\ 82\,720 \\ 79\,260 \\ 426\,720 \end{pmatrix}.$$

Also wurden 9 342 480 KJ Energie , 82.72 kg Eiweiß, 79.26 kg Fett und 426.72 kg Kohlenhydrate aufgenommen.

c) Seien
x: Menge der Erbsen in 100g
2x: Menge der Kroketten in 100g
y: Menge der Getreidebratlinge in 100g
a: Menge an Eiweiß g
b: Menge an Fett g

Dann gilt analog zu Teil a) folgende Matrizenmultiplikation

$$\begin{pmatrix} 1\,500 & 343 & 364 \\ 9 & 7 & 6 \\ 2 & 1 & 1 \\ 65 & 12 & 78 \end{pmatrix} \cdot \begin{pmatrix} y \\ x \\ 2x \end{pmatrix} = \begin{pmatrix} 4\,000 \\ a \\ b \\ 400 \end{pmatrix}.$$

Damit ergibt sich ein lineares Gleichungssystem:

$$\begin{aligned} 1\,500y + 343x + 728x &= 4\,000 \\ 9y + \quad 7x + \quad 12x &= a \\ 2y + \quad x + \quad 2x &= b \\ 65y + \quad 12x + 156x &= 400 \end{aligned}$$

$$\begin{aligned} 1\,071x + 1\,500y &= 4\,000 && \text{I} \\ 19x + \quad 9y &= a && \text{II} \\ 3x + \quad 2y &= b && \text{III} \\ 168x + \quad 65y &= 400 && \text{IV.} \end{aligned}$$

Aus den Gleichungen I und IV werden zuerst die Unbekannten x und y berechnet:

$$\left(\begin{array}{cc|c} 1\,071 & 1\,500 & 4\,000 \\ 168 & 65 & 400 \end{array}\right) \begin{array}{l} \text{I} \\ \text{IV} \end{array} \sim$$

$$\left(\begin{array}{cc|c} 1\,071 & 1\,500 & 4\,000 \\ 0 & 182\,385 & 243\,600 \end{array}\right) \begin{array}{l} \text{I} \\ 168 \cdot \text{I} - 1\,071 \cdot \text{IV} \quad \hat{=} \quad \text{V}. \end{array}$$

Aus Gleichung V folgt:

$$\begin{aligned} 182\,385y &= 243\,600 \\ y &= \ 1.336\ . \end{aligned}$$

Aus Gleichung I folgt mit $y = 1.336$:

$$\begin{aligned} 1\,071x + 1\,500 \cdot 1.336 &= \ 4\,000 \\ x &= 1.864\ . \end{aligned}$$

Aus Gleichung II folgt $a = 19x + 9y = 19 \cdot 1.864 + 9 \cdot 1.336 = 47.44$.

Aus Gleichung III folgt $b = 3x + 2y = 3 \cdot 1.864 + 2 \cdot 1.336 = 8.26$.

Das Menü für Ausdauersportler besteht also aus 133.6 g Getreidebratlingen, 186.4 g Erbsen und 372.8 g Kroketten.
Der Energiegehalt ist 4 000 KJ und es enthält 47.44 g Eiweiß, 8.26 g Fett und 400 g Kohlenhydrate.

Index